配位化学

主　编　张　良

副主编　党方方　王　耀

西北大学出版社

·西安·

图书在版编目(CIP)数据

配位化学 / 张良主编. — 西安 ：西北大学出版社，2023.10（2024.9重印）

ISBN 978-7-5604-5224-1

Ⅰ. ①配… Ⅱ. ①张… Ⅲ. ①络合物化学 Ⅳ. ①O641.4

中国国家版本馆 CIP 数据核字(2023)第 189033 号

配位化学

PEIWEI HUAXUE

主　　编　张　良
副 主 编　党方方　王　耀
出版发行　西北大学出版社
地　　址　西安市太白北路 229 号
邮　　编　710069
电　　话　029-88302590
网　　址　http://nwupress.nwu.edu.cn
电子邮箱　xdpress@nwu.edu.cn
经　　销　全国新华书店
印　　装　陕西瑞升印务有限公司
开　　本　787 mm×1092 mm　1/16
印　　张　15.25
字　　数　378 千字
版　　次　2023 年 10 月第 1 版　2024 年 9 月第 2 次印刷
书　　号　ISBN 978-7-5604-5224-1
定　　价　40.00 元

前　言

配合物在化学相关的科研和实践中应用日益广泛，研究深度、广度不断延伸，特别是冶金、环境及材料方面有大量相关配合物的应用研究成果。绝大多数的工科院校有环境、材料学科，这些学科专业的教师在配位化学的教学方面的缺失，会使学生在理解相关专业文献及专业领域内大量相关配合物的研究方面，缺乏必备的专业知识。本书针对这些工科专业，在确保学生了解基础的配位知识后，针对配合物在环境、冶金领域的应用进行了阐述。

本书共分九章：第一章介绍了配位化学的发展简史及配合物的基础概念；第二章介绍了配合物的立体结构；第三章介绍了配合物的化学键理论，包括价键理论、晶体场理论和分子轨道理论等；第四章概述了当前的有机金属配合物，包括合成、性质及成键理论等；第五章介绍了中心离子及配体对配合物稳定性的影响；第六章介绍了配位反应中的取代反应和氧化还原反应的动力学；第七章针对配合物在环境中的应用做了相关介绍，包括配合物在环境分析中的应用，在重金属废水处理中的应用，以及在有机污染物处理中的应用；第八章介绍了配合物在冶金中的应用；第九章介绍了配合物在新材料中的应用。

本书由张良（第一、二章和附录）、韩果萍（第三章）、许冰（第四、九章）、王耀（第五、八章）、党方方（第六、七章）几人共同撰写完成，并由张良统稿。同时，在编撰过程中，徐浩洋、王婷、申月、冯瑶、张佳文、王一啸、郭旭恩和刘梦佳等学生在内容校对、图片和表格绘制等方面做了很多工作，在此一并表示感谢。

本书在撰写过程中参考了大量文献资料，但是由于配位化学涉及非常广泛，限于编写人员的学术水平，尚有内容未被纳入，此外书中难免会出现疏漏，敬请广大读者批评指正。

张良

2022 年 12 月

目 录

第一章 配位化学基础知识 …… 1
第一节 引 言 …… 1
第二节 配位化学的发展简史 …… 3
第三节 配合物的基础概念 …… 4
一、配合物的定义 …… 4
二、配位原子 …… 5
三、配体的类型 …… 5
四、中心原子的配位数 …… 6
第四节 配合物的命名 …… 7
一、配合物的命名规则 …… 7
二、配离子的命名规则 …… 7
三、配离子中多配体命名次序规则 …… 8
习 题 …… 9
第二章 立体结构 …… 11
第一节 配位数和配合物结构 …… 11
一、配位数为 2 的配合物 …… 11
二、配位数为 3 的配合物 …… 12
三、配位数为 4 的配合物 …… 12
四、配位数为 5 的配合物 …… 13
五、配位数为 6 的配合物 …… 13
六、配位数为 7 的配合物 …… 13
七、配位数为 8 及以上的配合物 …… 14
第二节 配合物的异构现象 …… 15
一、几何异构现象 …… 15
二、光学异构现象 …… 18
三、化学结构异构现象 …… 19
习 题 …… 21
第三章 配合物的化学键理论 …… 22
第一节 配合物化学键理论的发展 …… 22
第二节 配合物的价键理论 …… 23
一、价键理论的基本要点 …… 23

二、外轨型配合物和内轨型配合物 …… 25
三、价键理论的优点及局限性 …… 27
第三节　配合物的晶体场理论 …… 27
一、晶体场理论要点 …… 27
二、中心原子 d 轨道的能级分裂 …… 28
三、分裂能和光谱化学序列 …… 32
四、电子成对能和配合物高低自旋配合物 …… 33
五、晶体场稳定化能和配合物的热力学性质 …… 34
六、晶体场理论的应用 …… 35
七、d 轨道分裂的结构效应 …… 37
第四节　配合物的配位场理论 …… 38
第五节　配合物的分子轨道理论 …… 40
一、配合物分子轨道的形成 …… 41
二、分子轨道理论解释光谱化学序列 …… 45
习　题 …… 46

第四章　金属有机配合物 …… 47
第一节　引　言 …… 47
一、金属有机配合物的发展史 …… 47
二、金属有机配合物的定义与分类 …… 49
第二节　金属羰基配合物 …… 50
一、金属羰基配合物的结构与化学键 …… 50
二、金属羰基配合物的性质和反应 …… 51
三、金属羰基配合物的制备 …… 53
四、有效原子序数(EAN)规则 …… 54
五、金属羰基配合物在催化合成中的应用 …… 56
第三节　类羰基配体的有机过渡金属化合物 …… 58
一、分子 N_2 配合物 …… 58
二、亚硝酰基配合物 …… 59
第四节　过渡金属环多烯化合物 …… 60
一、茂金属配合物的结构 …… 60
二、茂金属配合物的性质与反应 …… 61
三、茂金属配合物的合成 …… 64
四、茂金属配合物的应用 …… 66
第五节　金属原子簇合物 …… 69
一、原子簇合物的分类 …… 69
二、金属原子簇合物的成键与结构 …… 70
三、金属-羰基原子簇合物 …… 72
四、其他重要的金属原子簇合物 …… 75

五、金属原子簇合物的应用 …… 78
第六节　金属烷基化合物 …… 80
一、金属烷基化合物的分类 …… 80
二、金属烷基化合物的合成 …… 80
三、金属烷基化合物的反应 …… 82
四、金属烷基化合物的应用 …… 83
第七节　金属卡宾和卡拜配合物 …… 84
一、金属卡宾配合物 …… 85
二、金属卡拜配合物 …… 89
习　题 …… 90
第五章　配离子稳定性 …… 92
第一节　稳定常数的表示方法 …… 92
一、化学计量稳定常数的表示方法 …… 92
二、逐级稳定常数(或连续稳定常数) …… 92
第二节　配合物稳定性的影响因素 …… 94
一、中心离子性质的影响 …… 94
二、配体性质的影响 …… 97
三、配离子稳定性的其他影响因素 …… 100
四、软硬酸碱理论 …… 100
第三节　配合物稳定常数测定 …… 103
一、pH 法测定配合物的稳定常数 …… 103
二、等摩尔连续变化法 …… 104
三、稳定常数的其他测定方法 …… 105
习　题 …… 106
第六章　配合物的反应动力学 …… 108
第一节　引　言 …… 108
一、取代反应 …… 108
二、异构化反应 …… 108
三、氧化还原反应(电子转移反应) …… 109
四、加成反应和离解反应 …… 109
五、配体的反应 …… 109
第二节　配合物取代反应的基本概念 …… 109
一、活化配合物和中间化合物 …… 109
二、活性配合物和惰性配合物 …… 110
三、亲核取代反应的离解机制、缔合机制和交换机制 …… 111
四、过渡态理论 …… 112
五、配合物稳定性的经验理论 …… 113

第三节　八面体配合物的取代反应 …… 116
一、配位水分子的取代 …… 117
二、溶剂的分解或水解 …… 118
三、取代反应的立体化学 …… 121
第四节　平面正方形配合物的取代反应 …… 124
一、平面正方形取代反应的一般机制 …… 124
二、反位效应和反位影响 …… 125
三、影响平面正方形取代反应速率的因素 …… 128
第五节　配合物的氧化还原反应 …… 131
一、外层机制 …… 132
二、内层机制 …… 135
习　题 …… 140
第七章　配位化学在环境方面的应用 …… 142
第一节　配位化学在环境分析中的应用 …… 142
一、荧光探针用于污染物的检测 …… 142
二、离子印迹材料用于污染物的检测 …… 154
三、化学传感器对污染物的检测 …… 155
四、MOF 材料用于污染物的检测 …… 161
第二节　配位化学在重金属废水处理方面的应用 …… 161
一、分子(离子)印迹材料 …… 162
二、高分子螯合材料 …… 164
三、MOF 材料 …… 166
第三节　配合物为基体材料在有机污染物方面的应用 …… 166
一、吸附 …… 167
二、光催化 …… 169
习　题 …… 171
第八章　配合物在冶金中的应用 …… 172
第一节　助萃配位剂 …… 172
一、含氮助萃配位剂 …… 173
二、含硫助萃配位剂 …… 174
三、含氧助萃配位剂 …… 174
四、其他助萃配位剂 …… 175
第二节　选择性识别 …… 175
一、高分子离子印迹材料对贵金属的回收 …… 175
二、固相萃取 …… 177
第三节　离子交换 …… 177
一、阳离子 …… 177

二、螯合树脂 …… 178
习　题 …… 179

第九章　配位化学在材料中的应用 …… 180
第一节　配合物基 MOF 材料 …… 180
一、超级电容器用 MOF 材料 …… 180
二、传感器用 MOF 材料 …… 181
三、聚合催化用 MOF 材料 …… 182
四、药物运输用刺激响应性 MOF 材料 …… 184
第二节　离子印迹材料 …… 186
一、金属离子表面印迹材料 …… 187
二、聚合物为载体的离子印迹材料 …… 188
三、离子印迹聚合物 …… 190
第三节　配合物功能材料 …… 190
一、发光配合物材料 …… 190
二、磁性配合物功能材料 …… 196
三、导电性配合物功能材料 …… 198
习　题 …… 202

参考文献 …… 203

附录　常见配合物的稳定常数 …… 223
附录一　金属-无机配体配合物的稳定常数(291～298 K) …… 223
附录二　金属-有机配体配合物的稳定常数 …… 228

第一章　配位化学基础知识

学习目标：了解配位化学的历史起源及发展，理解及掌握配合物的命名方法。

培养目标：学生应能利用本章所学知识，进行配合物的组成分析和命名。

第一节　引　言

配位化学是配位化合物化学的简称，以前我国称之为络合物化学。它是无机化学的一个重要分支。自20世纪60年代以来，在无机化合物的研究中有关配位化合物（简称配合物）的研究已经占据主导地位。配位化学的研究虽已有近200年历史，但仅在最近40年，由于元素分离技术、配位催化及生物配合物等方面的实际需要的推动才获得更迅猛的发展。它已广泛渗透到有机化学、分析化学、物理化学、结构化学、工业化学、催化化学、生物化学等领域，并出现了交叉性的边缘学科，如金属有机化学、生物无机化学等。

配位化学的重要基础理论的一个方面是来源于结构化学。20世纪30年代的价键理论和50年代的配位场理论对配位化学的发展起了巨大作用。现代物质结构理论和实验方法的发展更加对配合物的研究提供了有利条件。反过来，它也促进了物质结构理论的发展，为结构化学提出了许多新的研究课题。例如，新型配合物如夹心化合物二茂铁[$Fe(C_5H_5)_2$]、二苯铬[$Cr(C_6H_6)_2$]被发现以后，就引起了人们对其价键本质进行广泛研究。最近人们又合成了锕系及镧系元素的许多配合物，从而提出了f电子参与配位的问题。随着配位化学的发展，需要了解配合物的结构与化学性能之间的关系，这又促使各种现代实验方法应用于配位化学中。

配位化学向有机化学中渗透，使金属有机化学得到了很大的发展。20世纪50年代发现的新型配合物二茂铁[$Fe(C_5H_5)_2$]引起了人们的极大关注，促进人们发现了许多过渡金属有机化合物。某些过渡金属有机化合物在有机合成工业中起重要的催化作用，如氧化、氢化、聚合、羰基化等基本有机合成反应，均可借助于过渡金属配合物作为催化剂来实现。例如，已投入工业生产的钯配合物催化乙烯直接氧化制取乙醛的方法，与古老的由乙炔水合制乙醛的方法比较，投资与成本都较低。再如，用$Rh(CO)[P(C_6H_5)_3]_2$铑配合物作催化剂，实现了用甲醇合成醋酸的新工艺，将操作压力由650 kg/cm^2降低到常压，温度由300℃降到200℃左右。

配位化学与分析化学的关系也很密切。无论在定性分析还是定量分析方面，都有大量配合物的使用，特别是螯合物。离子的检验、分离和沉淀等往往与配合物的形成和性质有关。常用的螯合剂如丁二肟、8-羟基喹啉、1,10-菲啰啉(phen)、二苯硫腙等是分析化学中有关金属离子的检验、分离和沉淀所常用的试剂。对于铂系元素的分离、稀土元素的分离、放射性元素裂变产物的分离等，配合物都起着重大的作用。定量分析中以氨羧配位剂（即络合剂）为基础的配位滴定（即络合滴定），应用各种螯合剂的比色分析、溶剂萃取、离子交换等，都是利用配合物而达到分析目的。

生物无机化学是配位化学向生物科学渗透而形成的边缘学科。生物体中的许多金属元素都是以配合物的形式存在。例如，血红素在血液中起着贮存氧和输送氧的作用，它是铁元素与卟吩的衍生物形成的配合物。植物中的叶绿素是光合作用的关键物质，它是卟吩的衍生物与镁形成的配合物。人体中的许多酶是含有金属元素的配合物，在体内起着重要的化学作用，是生物体内合成蛋白质的催化剂。在自然界中许多化合物以配合物的形式存在，配合物的形成是很普遍的现象。

配合物的形成能明显表现出各元素的化学个性，因此配位化学的应用非常广泛。在冶金工业、化学分析、电镀工业、医药工业、鞣革工业、染色工业、有机合成工业，以及原子能、火箭等尖端工业，甚至化学仿生学等方面，都或多或少能见到配合物的应用。例如，近百年，铜、锌、银、金等电镀工艺中，一直采用氰化物电镀液，以便得到均匀、细密、光亮的良好镀层，这与这些金属离子能和氰根离子（CN^-）形成稳定的氰根配离子有密切关系。但是氰化物的毒性很大。为了消除电镀过程中的氰化物污染，有学者广泛研究了应用柠檬酸、焦磷酸盐、氨三乙酸等配位剂进行无氰电镀。目前采用 1-羟-乙叉-1,1-二膦酸，在一定条件下，可以得到锌、镉、铜及铜锡合金镀层，其质量和氰化物电镀所得结果相近。配合物在药物治疗中也发挥重大作用。例如，EDTA 钙钠（分子式 $C_{10}H_{12}CaN_2Na_2O_8 \cdot 6H_2O$）是排除人体内铀、钍、钚等放射性元素的高效解毒剂。顺式-二氯·二氨合铂（Ⅱ）[*cis*-$Pt(NH_3)_2Cl_2$]用于治疗癌症，但它的副作用较大，会引起呕吐和肾病等。南京大学配位化学研究所研究人员发现[$Pt(NH_3)_2C_2H_5CH(COO)_2$]等铂的几种有机配合物抑癌作用更强，毒性较小。一旦能解除癌症对人类生命的威胁，那将是配位化学对人类的一项重大贡献。铂族金属的有机配合物是抑癌药的研究方向之一。

在环境领域，配合物（包含金属-有机骨架，MOFs）以及配合物相关材料已经被大量地应用于环境领域的各个方面。例如，荧光探针、离子印迹聚合物等应用于环境污染物的监测。此外，有机污染物和无机污染物的去除，特别是关于重金属离子污染的治理，与配位化学更是具有密切的关系。

在湿法冶金中，用螯合萃取剂提取和分离有色金属（铜、镍和钴等）、稀有金属的案例也越来越多。目前对铜的萃取有了突破，并取得了良好的经济效益，对减少"三废"的产生、防止环境的污染有重要意义。

利用配合物及其结构形成的新型功能材料，在吸附、催化和抑菌等领域也得到了广泛的关注，如 MOFs 材料、离子印迹材料和功能高分子材料等。功能材料是新材料领域的核心，按使用性能分类，功能材料可分为微电子材料、光电子材料、传感器材料、信息材料、生物医用材料、生态环境材料、能源材料和机敏（智能）材料等。

由上述情况可见，配位化学无论是在理论研究上还是在生产实际中都具有非常重要的作用。它的发展极其迅速，应用广泛，已成为无机化学研究中最活跃的领域；与配合物结合的相关应用研究，在材料、冶金和环境等领域也受到广泛的关注。研究配位化学的重要任务是研究配合物的制备、性质、结构及有关的规律，并把它们应用于工农业生产和科学实验中去，为生产实践服务。

第二节　配位化学的发展简史

配位化学的诞生和发展，是人类通过生产活动，逐渐了解到某些自然现象和规律，并加以总结发展的结果。历史上有记载的最早发现的第一个配合物是普鲁士蓝。它是1704年由在柏林的Diesbach得到的。他在染料作坊中为寻找蓝色染料，而将兽皮、兽血同碳酸钠在铁锅中加水煮沸，得到一种蓝色化合物(因氨基酸水解产生的CN^-与Fe^{2+}、Fe^{3+}结合而成)。但是对配位化合物的了解和研究一般认为是始于1798年Tassart发现第一个钴氨化合物$CoCl_3 \cdot 6NH_3$，发表于1789年创刊的《法国化学记录》[*Annales de Chimie*,28,106(1799)]。他作为分析化学工作者，当时想用氢氧化钠使二价钴离子沉淀为氢氧化钴，再将其灼烧为氧化钴，由它的质量确定试样中钴的含量。有一天，他因氢氧化钠用完，改用氨水，结果发现加入过量的氨水后，无沉淀生成，他感到奇怪，于是保留了溶液，准备第二天再做。到了第二天，他发现溶液中出现了橙黄色的结晶，后经分析得知其成分为$CoCl_3 \cdot 6NH_3$。随后，他又陆续发现了$CoCl_3 \cdot 5NH_3$、$CoCl_3 \cdot 5NH_3 \cdot H_2O$、$CoCl_3 \cdot 4NH_3$以及其他铬、铁、钴、镍、铂等元素的许多配合物。这些化合物的形成，在当时是难于理解的，因为根据当时经典的化合价理论，$CoCl_3$和NH_3都是化合价已经饱和的稳定化合物，它们之间又怎样结合成稳定的化合物呢？于是化学家们先后提出了多种理论，来对这些“复杂的化合物”进行解释，其中较成功的理论就是A. Werner的配位理论。1891年，年仅25岁的瑞士人A. Werner开始发表论文[发表于*Z. an org. Chem*,3,267(1893)]，提出了对“复杂化合物”(即现在的配位化合物)的结构见解，逐渐形成了Werner配位理论，其基本要点如下：①大多数元素表现有两种形式的价，即主价和副价；②每一个元素倾向于既要满足它的主价，又要满足它的副价；③副价指向空间的确定位置。配位理论提出副价的概念，补充了当时不完善的化合价理论。这是A. Werner的重要贡献之一。配位理论提出的空间概念，创造性地把有机化学中的结构理论扩展到无机物的领域，奠定了配合物的立体化学基础，这是A. Werner的重要贡献之二。化学界公认他是近代配位化学的奠基人，但是配位理论中的主价和副价的概念后来被抛弃，另外提出了配位数的概念。1916年，美国化学家G. N. Lewis提出酸碱电子理论，在共价键基础上形成配位键，进一步揭示了配体和中心原子结合的本质。1923年英国化学家N. V. Sidgwick提出有效原子序数规则(EAN规则)，揭示中心原子电子数与配位数之间的关系。1930年，L. Pauling提出了价键理论，简单明了地解释了配合物的空间构型与配位数之间的关系。Van Vleck分子轨道理论(molecular orbit theory, MOT)及晶体场(crystal field theory, CFT)概念应用于配合物，H. Hartman, Orgel分别用晶体场理论解释了配合物的光谱和稳定性。将上述两种理论结合发展出配位场理论(ligand field theory,

阿尔弗雷德·维尔纳(A. Werner)的名字已成为配位化学的代名词。维尔纳的研究几乎遍及配位化学的各个方面，其贡献是如此之巨大和广泛。至今，配合物尤其是金属氨合物，仍被称为维尔纳络合物，配位理论被通称为维尔纳理论。维尔纳是配位化学无可争辩的奠基人。

LFT)。这些理论的提出及逐步完善，可以对配合物的形成、配合物的整体电子结构如何决定配合物的磁学、光谱学的性质等理论问题做出说明。1910—1940 年，随着现代研究方法，如 IR、UV、XRD、电子衍射、磁学测量等在配合物中得到应用，依赖物理测试手段已经能定量地搞清楚配合物结构的细节。而且在热力学方面，已能准确测定或计算配合物形成和转化的热力学数据；在动力学方面，配合物形成和转化的动力学知识也获得了迅速的发展。此外，利用经特别设计的配位体去合成某种模型化合物(配合物)，研究配位反应的机制，确定反应的类型。这些发展逐步形成了完整的配位化学学科。

第三节　配合物的基础概念

一、配合物的定义

一般地说，配合物的共同特点主要有以下三点：①中心离子(或原子)有空的价电子轨道；②配体分子或离子含有孤对电子或 π 键电子；③配合物形成体与配体可形成具有一定空间构型和一定特性的复杂化学单元。根据以上特点，配合物的定义如下：由具有空轨道可接受孤对电子或多个不定域电子的原子或离子(形成体/中心离子/中心原子)与可以给出孤对电子或多个不定域电子的一定数目的离子或分子(配体)按一定的组成和空间构型所形成的复杂化学单元，这样所形成的带电荷复杂化学单元称为配离子，含有这样复杂化学单元的化合物就称为配合物。如$[Cu(NH_3)_4]^{2+}$、$[Ag(CN)_2]^-$等带电荷的复杂单元就是配离子；如$[Cu(NH_3)_4]SO_4$、$K[Ag(CN)]_2$、$Ni(CO)_4$、$Co(NH_3)_3Cl_3$、$Pt(NH_3)_2Cl_2$、二茂铁等，包含这样不带电荷的复杂单元的化合物就是配合物。实际上通常把配离子也称为配合物。

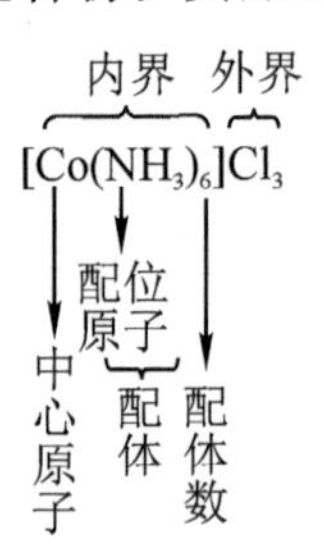

按照配位理论，在一般的配合物中，有一个称为配合物形成体 (或中心原子、中心离子) 的金属阳离子(在少数情况下，也可能是电中性的原子)。例如，$CoCl_3 \cdot 6NH_3$ 中的 Co^{3+} 中心离子的周围，有一定数目的阴离子或分子，称为配位体(简称配体)，配体与中心离子直接较紧密地结合着，这种结合称为配位。中心离子与配体一起构成配合物的内界；书写配合物的化学式时，一般用方括号表明内界。在方括号的外面，可能还有一定数目的离子，距中心离子较远，构成配合物的外界，与整个内界相结合，这样使整个配合物呈电中性。在个别配合物中，内界的电荷已等于零，那么就没有外界，如 $Pt(NH_3)_2Cl_2$。在配合物中，与中心离子直接相结合的、由配体提供的原子称为配位原子。如 NH_3 配体中的 N 原子。与中心离子直接相结合的配位原子的总数，称为中心离子的配位数，如$[Co(NH_3)_6]Cl_3$ 中 Co^{3+} 的配位数为 6。书写配合物的化学式时，要注意到化合价和配位数两个方面。例如，在 $K_4[Fe(CN)_6]$ 中，六个 CN^- 满足了 Fe^{2+} 的配位数 6，但因已知 Fe^{2+} 为+2 价，CN^- 为−1 价，$[Fe(CN)_6]^{4-}$

整体就带四个负电荷，所以外界中有提供四个正电荷的 K^+，这样使整个配合物呈电中性。在一般的配合物中，内界整体是配离子。有些配离子带正电荷，可称为配阳离子；有些配离子带负电荷，可称为配阴离子。例如，$[Co(NH_3)_6]Cl_3$ 中有配阳离子 $[Co(NH_3)_6]^{3+}$，然而 $K_4[Fe(CN)_6]$ 中有配阴离子 $[Fe(CN)_6]^{4-}$。像 $Pt(NH_3)_2Cl_2$ 没有外界的配合物中就不存在配离子，或可说它是电荷为零的配离子。

二、配位原子

配体中以孤对电子与中心离子（或原子）直接结合的原子称为配位原子。配位原子主要属于周期表中右上角第Ⅴ、Ⅵ、Ⅶ类三个主族元素，外加负氢离子和碳原子，常见的是卤素（F、Cl、Br、I）和氧、硫、氮、碳八种元素。那些含有 π 键的烯烃、炔烃、芳香烃等分子也可作配体，但它们没有配位原子。这类配体可提供成键电子，与某些金属形成配合物。这将在本书后面章节介绍。

三、配体的类型

配体可以是简单的阴离子，也可是多原子的阴离子或电中性的分子。配体按照不同的特征可以分为不同的类型。

（一）常见配体分类

一般常见的配体，根据所配位原子的不同，可分为以下几种类型：①卤素配体 F^-、Cl^-、Br^-；②以氧作配位原子的配体 H_2O、OH^-、无机含氧酸根如 CO_3^{2-}、SO_4^{2-}、ONO^-（亚硝酸根）等、$C_2O_4^{2-}$、RCOOR$_2$O（醚类）（R 代表烃基）等；③以硫作配位原子的配体 S^{2-}、SCN^-（硫氰酸根）、RSH（硫醇）、R_2S（硫醚）等；④以氮作配位原子的配体 NH_3、NO（亚硝基）、NO_2^-（硝基）、N_2、RNH_2、R_2NH、R_3N、C_5H_5N（吡啶）、RCN（腈类）、NCS^-（异硫氰酸根）等；⑤以磷或砷作配位原子的配体 PH_3、PR_3（膦类）、PF_3、PCl_3、PBr_3、AsR_3（胂类）、$AsCl_3$ 等；⑥以碳作配位原子的配体 CN^-、CO（羰基）、RNC（异腈类）等。

（二）按照配体中所含的配位原子数分类

按照配体中所含的配位原子数，可将常见的配体分为单齿配体和多齿配体。

1. 单齿配体

在以下分子或离子中，分别含有一对、二对、三对和四对孤对电子，NH_3、H_2O 等，不管这些配体中配位原子含有多少孤对电子，它们只拿出一对孤对电子与一个形成体结合形成一个配位键，这样的配体叫单齿配体（或单合配体）。

2. 多齿配体

如果配体中有两个或两个以上配位原子，且与一个中心离子形成两个或两个以上配位键，这样的配体叫多齿配体（或多合配体）。多齿配体能与形成体形成螯环，故又叫螯合配体。多齿配体按其能提供的配位原子的数目又分为二齿、三齿、四齿等配体。例如，乙二胺 $NH_2—CH_2—CH_2—NH_2$（简写为 en），草酸根 $C_2O_4^{2-}$，乙酰丙酮根，联吡啶等都是二齿配体。二水杨醛缩乙二胺合钴 Co(Salen)是四齿配体，EDTA 是六齿配体等。

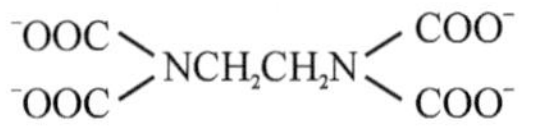

^{-}OOC, ^{-}OOC NCH_2CH_2N COO^{-}, COO^{-}

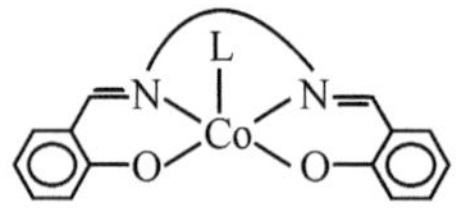

L N Co N O O

(三)按照键合电子的特征分类

按照键合电子的特征，可将配体分为 σ-配体、π-酸配体和 π-配体。

1. σ-配体

凡能提供孤对电子对与中心原子形成 σ-配键的配体。如 X^{-}、NH_3、OH^{-}。

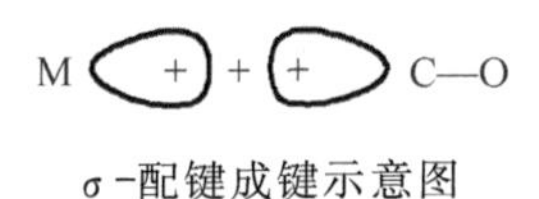

σ-配键成键示意图

2. π-酸配体

除能提供孤对电子对与中心原子形成 σ-配键外，同时还有与金属离子(或原子)d 轨道对称性匹配的空轨道(p，d 或 π^{*})，能接受中心离子或原子提供的非键 d 电子对，形成反馈 π 键的配体。如 R_3P、R_3As、CO、CN^{-} 等。

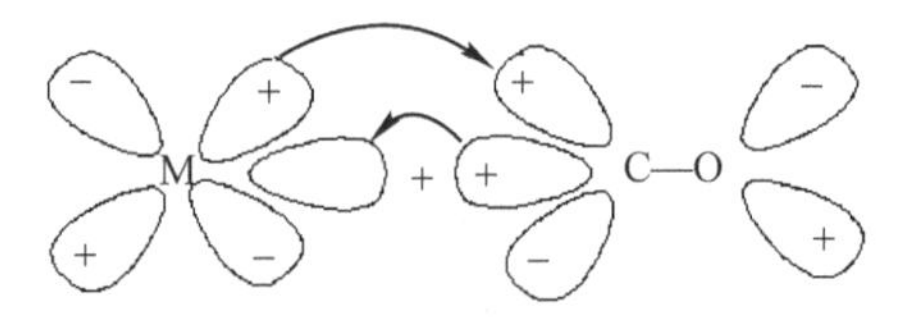

σ－π 配键成键示意图

3. π-配体

既能提供 π 电子(定域或离域 π 键中的电子)与中心离子或原子形成配键，又能接受中心原子提供的非键 d 电子对形成反馈 π 键的不饱和有机配体。可分为链状(烯烃、炔烃、π-烯丙基等)和环状(苯、环戊二烯、环庚三烯、环辛四烯)等二类。

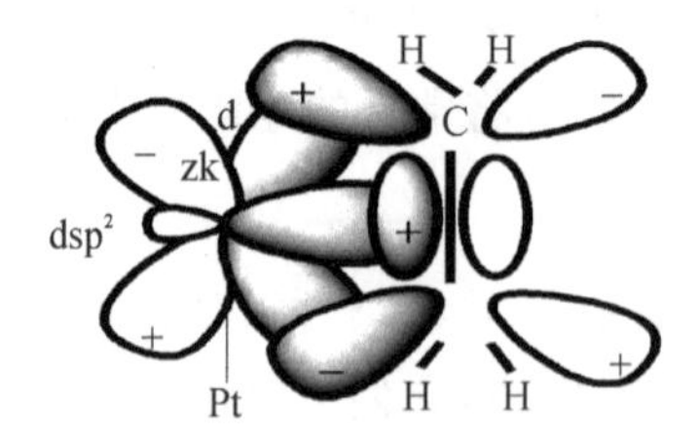

$[Pt(C_2H_4)Cl_5]^{-}$ 中的 Pt 与 C_2H_4 之间的化学键

四、中心原子的配位数

与形成体直接相结合的配位原子的总数，称为形成体的配位数。

(一)单齿配体和多齿配体

单齿配体：配位数等于内界配体的总数。

多齿配体：各配体的配位原子数与配体个数乘积之和。如$[Co(NO_2)(NH_3)_5]Cl_2$、$[CrCl(H_2O)_5]Cl_2 \cdot H_2O$、$[Co(NH_3)_4C_2O_4]^+$$[Pt(en)C_2O_4]$的配位数均为6。

（二）影响中心原子配位数的因素

1. 中心原子对配位数的影响

(1)一般来说，中心离子电荷越高，越有利于形成配位数较高的配合物。

例如：$[AgI_2]^+$、$[HgI_4]^{2+}$

(2)一般来说，中心离子的体积增大，则配位数增大。

例如：$[BF_4]^-$、$[AlF_6]^{3-}$

例外：$CuCl_6^{4-}$、$HgCl_4^{2-}$

2. 配体对配位数的影响

(1)配体电荷：配体负电荷增加，一方面增加中心阳离子对配体的吸引力，但同时也增加了配体间的斥力。

例如：SiF_6^{2-}、SiO_4^{2-}；$[Zn(NH_3)_6]^{2+}$、$[Zn(CN)_4]^{2-}$

(2)配体体积：配体体积越大，则中心离子周围可容纳的配体数越少。

如：$[AlF_6]^{3-}$、$[AlCl_4]^-$

3. 外界条件的影响

(1)配体浓度：一般而言，增加配体的浓度，有利于形成高配位数的配合物。

(2)温度：温度越高，配位数降低。

综上所述，影响配位数的因素虽然复杂，但是有些中心离子在较大范围的改变条件下和许多配体形成配合物，往往具有一个几乎不变的配位数，称为特征配位数。如Co^{3+}、Cr^{3+}的特征配位数为6。Pd^{2+}的特征配位数为4。

第四节　配合物的命名

根据《中国化学会无机化学命名原则》(1980)，本书对一般的配位化合物的命名法概括以下几点予以介绍。对于比较特殊的配合物的命名，在讲到那些配合物时再介绍。

一、配合物的命名规则

配合物分为配酸、配碱、配盐和中性分子。它的总的命名原则遵循无机化合物的命名规律：先阴离子后阳离子，先简单后复杂。配酸，可命名为“×××酸”，如$HAuCl_4$，四氯合金(Ⅲ)酸。配碱，可命名为“氢氧化×××”，如$[Cu(NH_3)_4](OH)_2$，氢氧化四氨合铜(Ⅱ)。配盐，可先命名阴离子后命名阳离子，简单酸根加“化”字，复杂酸根加“酸”字，如$[Co(NH_3)_6]Cl_3$，氯化六氨合钴(Ⅲ)；再如$K_3[Fe(CN)_6]$，六氰合铁(Ⅲ)酸钾；中性分子$[Ni(CO)_4]$，四羰基合镍(0)。

二、配离子的命名规则

由上可知，配合物中重点是配离子部分的命名。其命名规则如下：配离子中配体的名称

放在中心原子名称之前，不同配体名称之间以中圆点（·）分开，在最后一个配体名称之后缀以“合”字。配体的数目用二、三、四等数字表示（可读作二个、三个、四个配体）。如果作为中心原子的那种元素可能有不止一种的氧化数，可在该元素名称之后加一个圆括号，圆括号里面的罗马数字表明它的氧化数，或用带圆括号的阿拉伯数字如（1－）或（1＋）表示配离子的电荷数，数字后的正负号表示配离子电荷的正负。例如：$[Co(NH_3)_6]^{3+}$ 六氨合钴（Ⅲ）配离子或六氨合钴（3＋）配离子；$[Fe(CN)_6]^{3-}$ 六氰合铁（Ⅲ）配离子或六氰合铁（3－）配离子；$[Co(NH_2)_2(NH_3)_4]^{+}$ 二氨基·四氨合钴（Ⅲ）配离子或二氨基·四氨合钴（1＋）配离子。

含配阴离子的配合物内界命名同上，只在配阴离子与外界阳离子之间用“酸”字连接，若外界为氢离子，则在配阴离子之后缀以“酸”字。例如：$K_3[Fe(CN)_6]$六氰合铁（Ⅲ）酸钾或六氰合铁酸（3－）钾；$K[AgF_4]$四氟合银（Ⅲ）酸钾或四氟合银酸（1－）钾；H_2PtCl_6 六氯合铂（Ⅳ）酸（简称氯铂酸）。

含配阳离子的配合物的内界命名同上，只是外界阴离子在前，配阳离子在后。例如：$[Co(NH_3)_6]Cl_3$，服从无机盐的命名，命名为氯化六氨合钴（Ⅲ），或三氯化六氨合钴（3＋）；$[Cu(NH_3)_4]SO_4$，命名为硫酸四氨合铜（Ⅱ）或硫酸四氨合铜（2＋）；$[Ag(NH_3)_2]OH$ 命名为氢氧化二氨合银（Ⅰ）或氢氧化二氨合银（1＋）。

三、配离子中多配体命名次序规则

在配合物中配体的命名次序按以下规定：

（1）既有无机配体又有有机配体，则无机配体排列在前，有机配体排列在后（先无机配体，后有机配体）。

例如：*cis*-$[PtCl_2(Ph_3P)_2]$　顺式-二氯·二（三苯基磷）合铂（Ⅱ）

（2）先列出阴离子，后列出阳离子，中性分子的名称。

例如：$K[PtCl_3NH_3]$　三氯·氨合铂（Ⅱ）酸钾

（3）同类配体（无机或有机类）按配位原子元素符号的英文字母顺序排列。

例如：$[Co(NH_3)_5H_2O]Cl_3$　三氯化五氨·（一）水合钴（Ⅲ）

（4）同一配位原子时，将含较少原子数的配体排在前面。

例如：$[Pt(NO_2)(NH_3)(NH_2OH)(py)]Cl$　氯化硝基·氨·羟氨·吡啶合铂（Ⅱ）

（5）配位原子相同，配体中所含的原子数目也相同时，按结构式中与配原子相连的原子的元素符号的英文顺序排列。

例如：$[Pt(NH_2)(NO_2)(NH_3)_2]$　氨基·硝基·二氨合铂（Ⅱ）

（6）配体化学式相同但配位原子不同，（—SCN、—NCS）时，则按配位原子元素符号的字母顺序排列。

（7）配位原子的标记：若一个配体上有几种可能的配位原子，为了标明哪个原子配位，必须把配位原子的元素符号放在配体名称之后。

例如：二硫代草酸根的氧和硫均可能是配位原子，若S为配位原子，则用（—S、S′）表示，如二（二硫代草酸根—S、S′）合镍（Ⅱ）酸钾。

$$K_2\left\{\begin{matrix} O-C=S \\ | \quad\ | \\ O-C=S \end{matrix}\right.\!\!\!\!\!\!\!\! \quad\ \ \ \ \ \ \ Ni \ \ \begin{matrix} S-C=O \\ | \quad\ | \\ S-C=O \end{matrix}\Big\}$$

表 1-1 给出一些常见配体的缩写符号。

表 1-1　常见配体的缩写符号

缩写	化学式	中文名称
Ac	CH_3COO^-	乙酸根
acac	$(CH_3CO)_2CH^-$	乙酰丙酮根
bipy	$C_{10}H_8N_2$	2,2′-联吡啶
cp	$C_5H_5^-$	环戊二烯基
dien	$H_2NCH_2CH_2NHCH_2CH_2NH_2$	二乙三胺
en	$H_2NCH_2CH_2NH_2$	乙二胺
etn	$C_2H_5NH_2$	乙胺
gly	$NH_2CH_2COO^-$	甘氨酸根
edta	$(^-OOCCH_2)_2NCH_2CH_2N(CH_2COO^-)_2$	乙二胺四乙酸根
ox	$C_2O_4^{2-}$	草酸根
phen	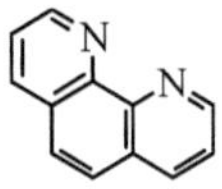	1,10-菲啰啉
py	C_5H_5N	吡啶

爱国、敬业典范——戴安邦院士

戴安邦先生是中国化学会的发起人之一，是中国化学会最早主办的刊物《化学》的创办者，长期任该刊总编，为中国的化学事业发展奉献了一生，对中国化学特别是无机化学的发展和繁荣有重大贡献。戴安邦先生认为化学是造福于人类的科学，化学家首先应热爱化学，有为事业、为国家的献身精神。化学家对科学发展应有责任敏感性和创新意识，具有团队协作精神和高尚的品德。戴安邦先生一生根据祖国科学技术的发展需要，从事了多个化学领域的教学和科研工作。先后在胶体化学及多酸多碱，化学模拟生物固氮，配合物固相反应研究，抗肿瘤金属配合物研究和新功能配合物设计与合成等领域取得重大成果。他是中国配位化学的主要奠基人之一，建立了南京大学配位化学研究所、配位化学国家重点实验室，为我国配位化学的繁荣发展及人才培养做出了重大贡献。

习　题

一、是非题

1. 历史上有记载的最早发现的第一个配合物是黄色氯化钴。　(　　)
2. 具有配位键的化合物就是配合物。　(　　)
3. 只有同时具有内外界(层)的化合物才是配合物。　(　　)

4. N. V. Sidgwick 提出有效原子序数规则奠定了配合物的立体化学基础。 ( )

5. $[Cu(NH_3)_4]SO_4 \cdot H_2O$ 的命名为水合硫酸四氨合铜(Ⅱ)。 ( )

二、选择题

1. 下列说法正确的是 ( )

A. 只有金属离子才能作为配合物的形成体

B. 配位体的数目就是形成体的配位数

C. 配离子的电荷数等于中心离子的电荷数

D. 配离子的几何构型取决于中心离子所采用的杂化轨道类型

2. 乙二胺能与金属离子形成下列中的哪种物质? ( )

A. 复合物 B. 沉淀物 C. 螯合物 D. 聚合物

3. 下列说法中正确的是 ( )

A. 配合物的内界与外界之间主要以共价键结合

B. 内界中有配键,也可能形成共价键

C. 由多齿配体形成的配合物,可称为螯合物

D. 在螯合物中没有离子键

4. 关于影响配位数的主要因素的叙述,正确的是 ( )

A. 不论何种配体,中心离子的电荷越高、半径越小,配位数越大

B. 不论何种中心原子,配体的体积都是对配位数影响最大的因素

C. 讨论配位数的大小要从外部条件、中心离子、配体等方面考虑

D. 中心离子的电荷与半径,决定了形成配合物的配位数高低

5. $[Pt(NO_2)(NH_3)(NH_2OH)(py)]Cl$ 的命名正确的是 ( )

A. 氯化硝基·氨·羟氨·吡啶合铂(Ⅱ)

B. 氯化氨·硝基·羟氨·吡啶合铂(Ⅱ)

C. 氯化硝基·羟安·氨·吡啶合铂(Ⅱ)

D. 氨化羟氨·氨·硝基·吡啶合铂(Ⅱ)

三、问答题

1. 配阴离子配合物命名

$K_3[Fe(NCS)_6]$ $H_2[PtCl_6]$ $K_2[SiF_6]$

2. 配阳离子配合物命名

$[Cu(NH_3)_4](OH)_2$ $[Zn(OH)(H_2O)_3]NO_3$ $[Cu(NH_3)_4]SO_4$

3. 中性配合物命名

$[PtCl_2(NH_3)_2]$ $Fe(CO)_5$ $[Co(NH_3)_3](NO_2)_3$

4. 给下列各化合物命名

$[Co(en)_2(CN)_2]ClO_3$ $K_4[Co(CN)_6]$ $[Ni(NH_3)_6]_3[Co(NO_2)_6]_2$

5. 写出下列各化合物的化学式

二氯·四氨合铑(Ⅲ)离子 四羟基合铝(Ⅲ)离子 四氯合锌(Ⅱ)离子

6. 给下列各离子命名

$[PdBr_4]^{2-}$ $[Au(CN)_4]^-$ $[Fe(CN)_6]^{3-}$

第二章　立体结构

学习目标：了解配合物的几何构型、异构现象，理解并掌握几何异构，旋光异构现象。

培养目标：学生应能利用本章所学知识，进行配合物的几何构型和几何异构分析。

A. Werner 最早提出配位数的概念，并且明确了配体具有一定的空间指向，确定了配合物具有空间立体结构特征，而配合物的立体结构又与配位数直接相关。本章从配位数和配合物的立体结构对应关系入手，研究不同配位数配离子的空间立体结构，同时进一步了解异构现象。

第一节　配位数和配合物结构

关于配合物的立体结构的概念，早在 1897 年 A. Werner 就提出来，他根据异构体的数目，用化学方法确定了配位数为 6 的配合物具有八面体结构，配位数为 4 的配合物有四面体结构和平面正方形结构两种。目前，我们已经有了充分的近代实验方法如 X 射线分析、旋光光度法、偶极矩、磁矩、紫外及可见光谱、红外光谱、核磁共振、顺磁共振、莫斯堡光谱等，可以确定配合物的立体结构(或称空间构型)。实验表明，中心离子的配位数与配合物的立体结构有密切的关系。配位数不同，则配合物的立体结构不同。即使配位数相同，由于中心离子和配体种类以及相互作用不同，配合物的立体结构也可能不同。

前面已说过，配位数是指在配合物中直接与中心离子(或原子)相连的配位原子的总数，但不一定是配体的总数。例如，在 $Co(NH_3)_6^{2+}$ 中 Co(Ⅱ)的配位数为 6，在 $Pt(en)_2Cl_2$ 中 Pt(Ⅱ)的配位数为 4。从本质上来讲，中心离子的配位数是中心离子接受孤对电子的数目或是形成配键的数目。抓住这个本质，就比较容易确定一个中心离子的配位数。中心离子的配位数已知的有 2、3、4、5、6、7、8、9、10、11、12。其中较常见的是 2、4、6；最常见的是 6 和 4，配位数为奇数的配合物较少，为偶数的配合物较多。不同的配位数代表形成不同数量配位键，反映出形成不同的空间构型。现将一些常见的配合物的立体结构，分别举例说明如下。

一、配位数为 2 的配合物

配位数为 2 的配合物，如 $Cu(NH_3)_2^+$、$AgCl_2^+$、$Au(CN)_2^-$ 等，其共同特征是：①形成体大都具有 d^0 和 d^{10} 的电子结构，如第一副族元素(ⅠB)；②立体结构呈现直线形，即配位原子-金属-配位原子键角为 180°，如 $Ag(NH_3)_2^+$。也有些特殊的比如 AgSCN，看起来配位数好像是 1，但是实际为 2，其分子为链状，立体结构见图 2-1，N—Ag—S 键角为 180°。

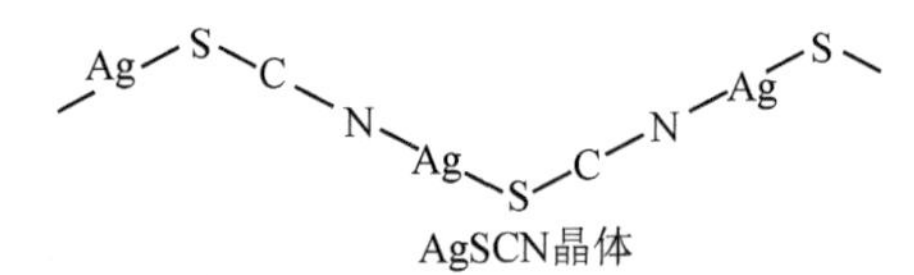

图 2-1 直线型(AgSCN)的结构示意图

二、配位数为 3 的配合物

配位数为 3 的金属配合物是比较少的。已经确认的有 K[$Cu(CN)_2$](图 2-2a)。它是一个聚合的阴离子，其中每个 Cu (Ⅰ)原子与两个 C 原子和一个 N 原子键合。配位数为 3 的配合物构型上有平面三角形和三角锥形两种可能。平面三角形配合物：键角为 120°，sp^2、dp^2 或 d^2s 杂化轨道与配体的适合轨道成键，采取这种构型的中心原子一般为 Cu^+、Hg^+、Pt^0、Ag^+，如 $[HgI_3]^-$、$[AuCl_3]^-$、$[Pt^0(Pph_3)_3]$。三角锥配合物：中心原子具有非键电子对，并占据三角锥的顶点，如 $[SnCl_3]^-$、$[AsO_3]^{3-}$、$[Cu(Me_3PS)_3]Cl$(Me_3PS 为烷基硫化磷)，见图 2-2b。

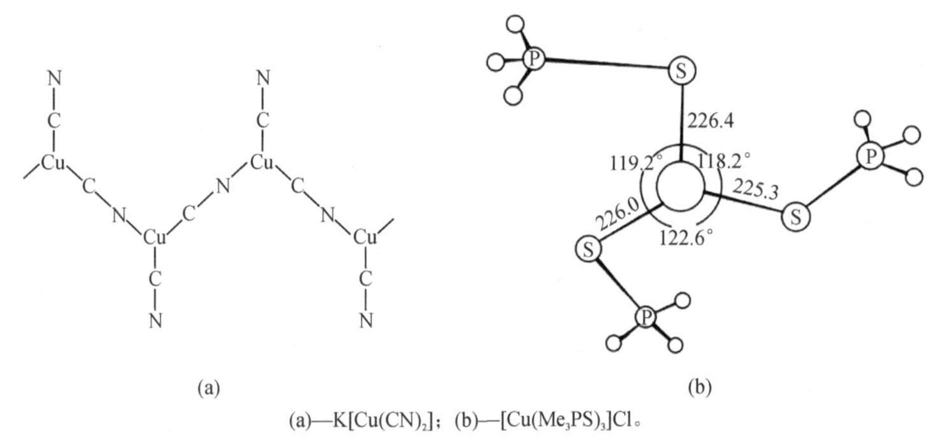

(a)—$K[Cu(CN)_2]$; (b)—$[Cu(Me_3PS)_3]Cl$。

图 2-2 $K[Cu(CN)_2]$(a)和$[Cu(Me_3PS)_3]Cl$(b)的结构示意图

需要注意的是，并非化学式为 MX_3 都是三配位的。例如：$CrCl_3$ 为层状结构，是六配位的；而 $CuCl_3$ 是链状的，为四配位，其中含有氯桥键；$AuCl_3$ 也是四配位的，确切的分子式为 Au_2Cl_6。

三、配位数为 4 的配合物

四配位是配合物中常见的配位形式，包括平面正方形和四面体两种构型，一般非过渡元素的四配位化合物都是四面体构型(图 2-3)，如 $BeCl_4^{2-}$。过渡金属的四配位化合物既有四面体形($NiCl_4^{2-}$)，也有平面正方形[$Ni(CN)_4^{2-}$、$Cu(NH_3)_4^{2+}$]。主要取决于下面两个因素：①配体之间的相互静电排斥作用；②配位场稳定化能的影响。

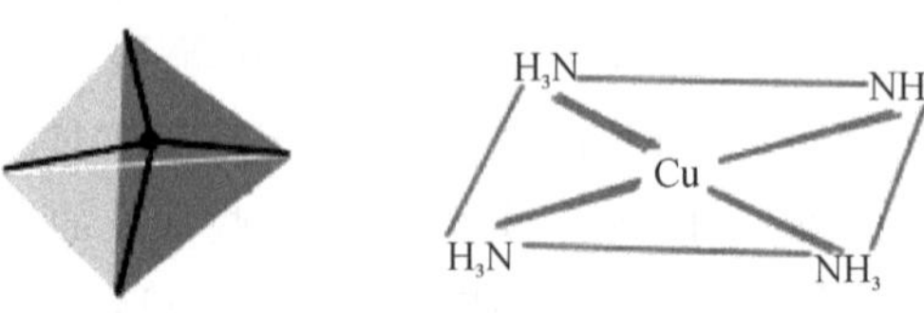

图 2-3 四面体和平面正方形[$Cu(NH_3)_4^{2+}$]的结构示意图

这是因为采取四面体空间排列，配体间能尽量远离，静电排斥作用最小，能量最低。但除了用于成键的 4 对电子外，还多余 2 对电子时，也能形成平面正方形构型，此时两对电子分别位于平面的上下方，如 XeF_4 就是这样。一般地，当 4 个配体与不含有 d^8 电子构型的过渡金属离子或原子配位时可形成四面体构型配合物。而 d^8 组态的过渡金属离子或原子一般是形成平面正方形配合物，但具有 d^8 组态的金属若因原子太小，或配位体原子太大，以致不可能形成平面正方形时，也可能形成四面体的构型。

四、配位数为 5 的配合物

配位数为 5 的配合物有三角双锥和四方锥两种基本构型（图 2－4）。五配位还存在变形的三角双锥和变形的四方锥构型，它们分别属于 D_{3h} 和 C_{4v} 对称群，这两种构型易互相转化，热力学稳定性相近，如在 $Ni(CN)_5^{3-}$ 的结晶化合物中，两种构型共存。这是两种构型具有相近能量的有力证明。应当指出，虽然有相当数目的配位数为 5 的分子已被确证，但呈现这种奇配位数的化合物要比配位数为 4 和 6 的化合物要少得多。因此，在根据化学式写出空间构型时，要了解实验测定的结果，以免判断失误。

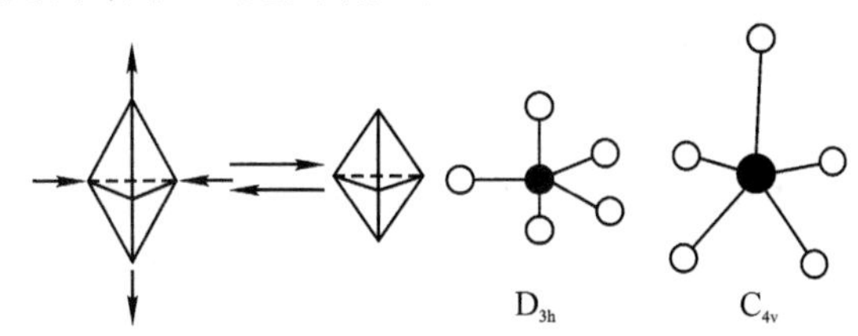

图 2－4　三角双锥和四方锥的结构示意图

五、配位数为 6 的配合物

配位数为 6 的配合物空间构型为八面体或变形八面体，如$[InCl_6]^{3-}$八面体变形四方形畸变和三方形畸变 $Al(acac)_3$（图 2－5）。对于过渡金属，这是最普遍且最重要的配位数。其几何构型通常是相当于 6 个配位原子占据四方形畸变，包括八面体沿一个四重轴压缩或者拉长的两种变体。三方形畸变，它包括八面体沿三重对称轴的缩短或伸长，形成三方反棱柱体。之所以罕见，是因为在三棱柱构型中配位原子间的排斥力比在三方反棱柱构型中要大。如果将一个三角面相对于相对的三角面旋转 60°，就可将三棱柱变成三方反棱柱的构型。

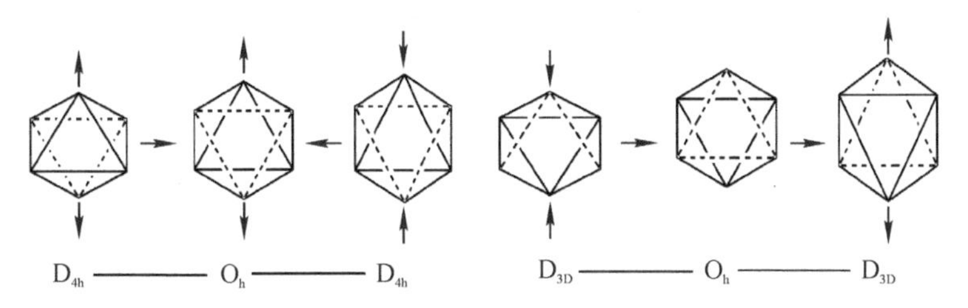

图 2－5　八面体变形四方形畸变和三方形畸变的结构示意图

六、配位数为 7 的配合物

七配位化合物比较少见，最常见的有三种类型（图 2－6）。

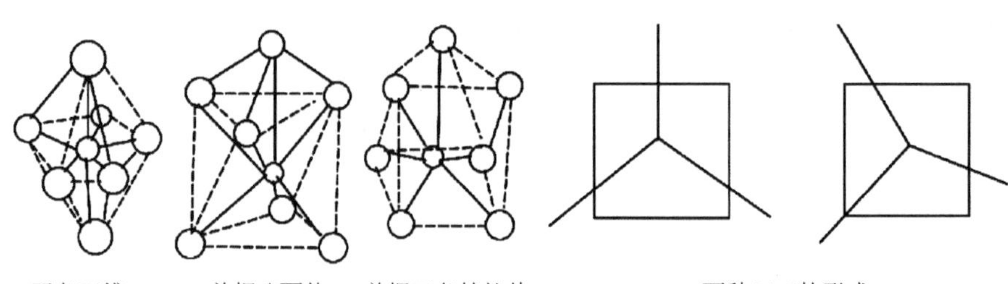

图 2-6　七配位配合物的结构示意图

可以发现:①在中心离子周围的 7 个配位原子所构成的几何体远比其他配位形式所构成的几何体对称性要差得多。②这些低对称性结构要比其他几何体更易发生畸变,在溶液中极易发生分子内重排。③含 7 个相同单齿配体的配合物数量极少,含有 2 个或 2 个以上不同配位原子所组成的七配位配合物更趋稳定,结果又加剧了配位多面体的畸变。

七、配位数为 8 及以上的配合物

配位数为 8 和 8 以上的配合物即高配位的配合物,比较少见,因为形成这些配合物需要具备下面几个条件。第一,中心原子较大,而配体较小,使在配合物中配体相互间的空间阻碍较小;第二,中心原子或离子含电子数较少,与配体的电子间的排斥力小;第三,在配位键形成时,电荷从 L→M(L 为配体,M 为中心原子),为了使 M 上的电荷不致积累过多,M 的正价态要高,使积累电荷不显著。从上述三点考虑,高配位配合物通常是第二、第三长周期的过渡元素,镧系和锕系元素等半径大、电构型为 $d^0 \rightarrow d^2$,且氧化值不小于+3 的金属离子。

对常见低配位(配位数≤6)的配合物,其配位数和结构的对应关系见表 2-1。

表 2-1　中心原子配位数、d 电子数和配合物的空间结构

配位数	结构	结构图	实例	中心原子 d 电子数
2	直线形($D_{\infty h}$)		$[Ag(CN)_2]^-$	d^{10}
			$[Cu(NH_3)_2]^+$	d^{10}
3	三角形(D_{3h})		$[Au(PPh_3)_3]^-$	d^{10}
			$[Pt(PPh_3)_3]^-$	d^{10}
4	四面体(T_d)		$[ZnCl_4]^{2-}$	d^{10}
			$[BeF_4]^{2-}$	d^0
			$[NiCl_4]^{2-}$	d^8
			$[FeCl_4]^-$	d^5
			$[CuBr_4]^{2-}$	d^9
	平面正方形(D_{4h})		$[Pt(NH_3)_4]^{2+}$	d^8
			$[Ni(CN)_4]^{2-}$	d^8

续表

配位数	结构	结构图	实例	中心原子 d 电子数
5	三角双锥(D_{3h})		$[CdCl_5]^{3-}$	d^{10}
			$[Fe(CO)_5]$	d^8
	四方锥(C_{4v})		$[Ni(CN)_5]^{3-}$	d^8
6	八面体		$[Co(NH_3)_6]^{3+}$	d^6

第二节 配合物的异构现象

异构现象是配合物的重要性质之一。A. Werner 首先把立体概念引进到配合物中来，是为了解释异构现象。配合物的异构现象是指配合物的化学组成相同而原子间的联结方式或空间排列方式不同而引起性质不同的一些现象。配位化合物异构包括立体异构和化学结构异构。立体异构是化学式和原子排列次序都相同，仅原子在空间的排列不同的异构体，包括几何异构和光学异构。化学结构异构是化学式相同，原子排列次序不同的异构体，包括电离异构、键合异构、配位异构、配位体异构、构型异构、溶剂合异构和聚合异构。这个领域的内容十分丰富，下面就其中主要的类型作一些介绍。

一、几何异构现象

化学组成相同，配体在空间的位置不同而产生的异构现象称为几何异构现象，其异构体称为几何异构体。几何异构现象主要发生于配位数为 4 的平面正方形型(而不是四面体型)和配位数为 6 的八面体型的配合物中。例如：化学组成为 $Pt(NH_3)_2Cl_2$ 的二氯・二氨合铂(Ⅱ)是一个平面四方型的配合物，由于中心离子周围的 4 个配体在空间的排列不同而具有 2 种不同的结构。几何异构中最重要的是顺反异构，即由于配体所处顺、反位置不同而造成的异构现象。下面就平面正方形配合物和八面体配合物中的几何异构现象，进行介绍。

(一)平面正方形配合物

平面正方形配合物，其配位数为 4，可以具有下面的形式的组成$[MA_4]$型、$[MA_2B_2]$型、$[MA_3B_1]$型、$[M(AB)_2]$型[(AB)形式为二齿配体]、$[MA_2BC]$、$[MABCD]$型。其中$[MA_4]$型、$[MA_1B_3]$型或$[MA_3B_1]$型不具有几何异构现象。下面分别就$[MA_2B_2]$型、$[MABCD]$型、$[M(AB)_2]$型的几何异构——顺反异构现象进行介绍。

1. [MA_2B_2]型、[MA_2BC]型和[$M(AB)_2$]型

[MA_2B_2]型、[MA_2BC]型和[$M(AB)_2$]型有两种几何异构体，分别为顺式异构体和反式异构体。

以 $Pt(NH_3)_2Cl_2$[二氯·二氨合铂(Ⅱ)]为例进行介绍，其可能的几何异构体见图 2-7，分别命名为顺-二氯·二氨合铂(Ⅱ)(相同配体处于相邻的位置)和反-二氯·二氨合铂(Ⅱ)(相同配体处于相对的位置)。这两个物质由于原子的排列位置不同，导致性质发生较大差异，如顺-二氯·二氨合铂(Ⅱ)是极性分子($u>0$)，呈棕黄色，在水中溶解度大($S=0.2523$ g/100g H_2O)。反-二氯·二氨合铂(Ⅱ)是非极性分子($u=0$)，呈淡黄色，在水中溶解度小($S=0.0366$ g/100g H_2O)。顺-二氯·二氨合铂(Ⅱ)是一种治疗癌症的药物，但是其副作用比较大，现在已被替代。[MA_2BC]结构形式与[MA_2B_2]类似，以 A 配体的相邻和相对，也分为相应的顺反异构。[$M(AB)_2$]型也是类似的，但是注意 AB 配体是连在一起的，如[$Pt(gly)_2$]，gly=$H_2NCH_2COO^-$(甘氨酸根)(不对称二齿配体)，其结构也见图 2-7。

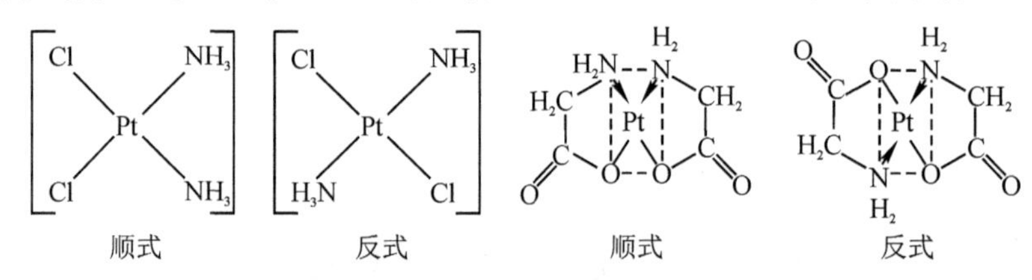

图 2-7 二氯·二氨合铂(Ⅱ)和二甘氨酸根合铂(Ⅱ)的结构示意图

2. [MABCD]型

[MABCD]型有三种几何异构体。

如[$Pt(NH_3)(py)ClBr$]具有下面所示的三种异构体(图 2-8)，其命名可分别记作[Pt<Cl(NH_3)><(py)Br>]、[Pt<Cl Br><(py)(NH_3)>]、[Pt<Cl(py)><Br(NH_3)>]，从命名上可清晰地反映其结构。

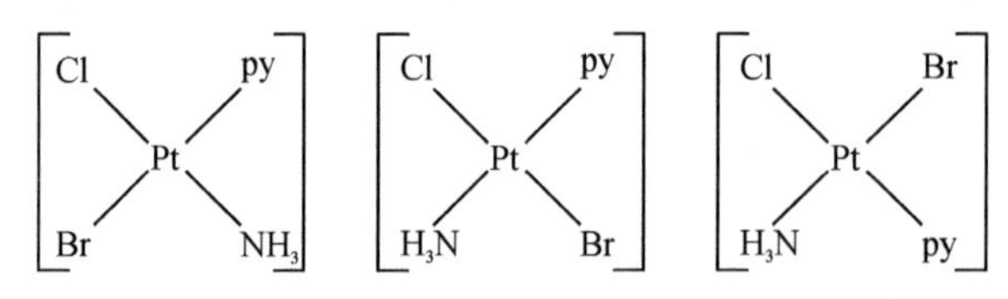

图 2-8 [$Pt(NH_3)(py)ClBr$]的几何异构体示意图

对平面正方形配合物几何异构体数目进行总结，其结果见表 2-2。

表 2-2 平面正方形配合物几何异构体数目

配合物类型	MA_4	MA_3B	MA_2B_2	MA_2BC	MABCD
异构体数目	1	1	2	2	3

(二)八面体型配合物

八面体型配合物因为配体的不同，具有不同类型的异构形式，如有[MA_6]、[MA_5B]、[MA_4B_2]、[MA_3B_3]、[$M(AB)_3$]、[MA_4BC]、[MA_3B_2C]、[$MA_2B_2C_2$]、[MABCDEF]等形式，其中 MA_6、MA_5B 没有几何异构体。

1. [MA_4B_2]型

[MA_4B_2]型有顺式和反式 2 种异构体，如[$CoCl_2(NH_3)_4$]$^+$(图 2-9)。

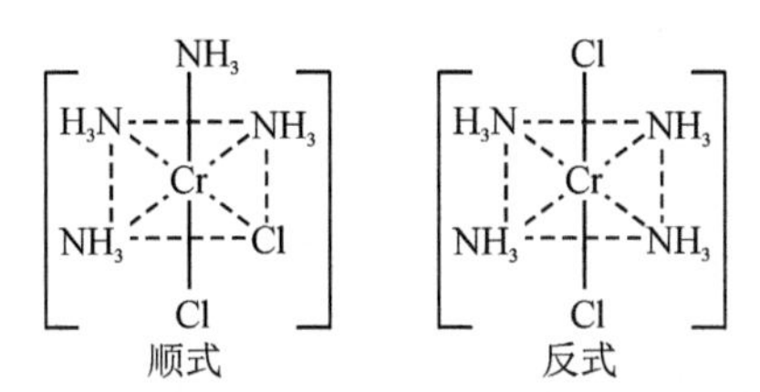

图 2-9　[$CoCl_2(NH_3)_4$]$^+$的几何异构体示意图

2. [MA_3B_3]型

[MA_3B_3]型有面式和经式 2 种异构体，如[$CoCl_2(NH_3)_4$]$^+$(图 2-10)。

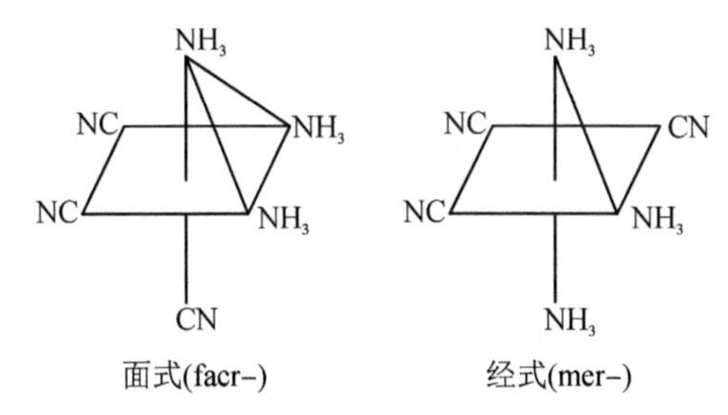

图 2-10　[$CoCl_2(NH_3)_4$]$^+$的几何异构体示意图

面表示八面体的 3 个相同配体占据八面体同一个面的 3 个顶角；经表示八面体的 3 个相同配体中有 2 个是互为对位的。

面-经式异构体实例：$Ru(H_2O)_3Cl_3$、$Pt(NH_3)_3Br_3^+$、$Pt(NH_3)_3I_3^+$、$Ir(H_2O)_3Cl_3$、$Rh(CH_3CN)_3Cl_3$、$Co(NH_3)_3(NO_2)_3$、$Rh(NH_3)_3Cl_3$。

3. [$MA_2B_2C_2$]型

[$MA_2B_2C_2$]型有 5 种几何异构体(图 2-11)，分别为三反式、一反二顺式、三顺式，如[$Pt(NH_3)_2(OH_2)_2Cl_2$]。

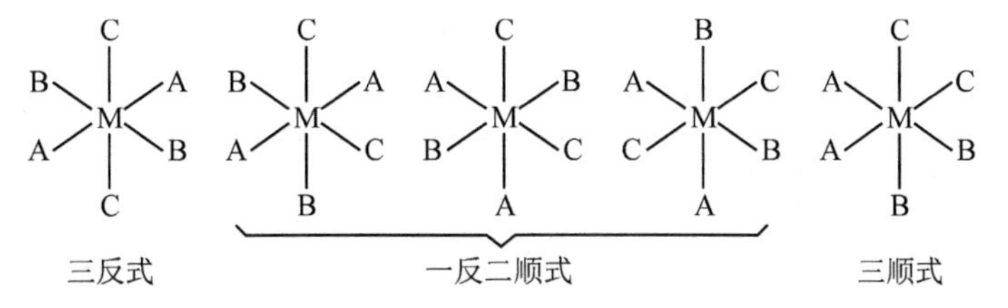

图 2-11　[$MA_2B_2C_2$]型的几何异构体示意图

4. [$M(AB)_3$]型

[$M(AB)_3$]型有面式和经式 2 种异构体(图 2-12)。

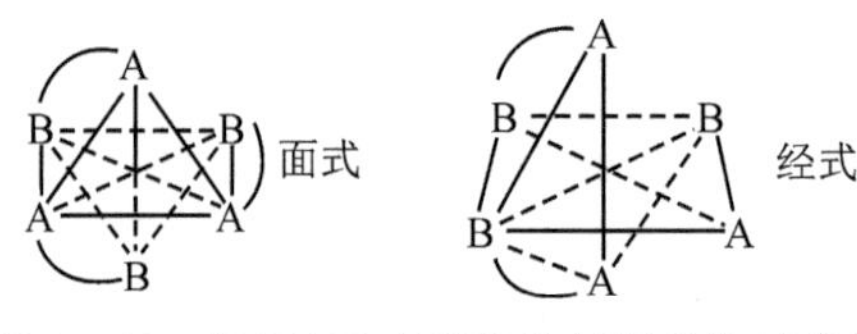

图 2－12 [M(AB)$_3$]型的几何异构体示意图

5. [MA_3(BC)D]型

[MA_3(BC)D]型(其中 BC 为不对称二齿配体)也有面式和经式的区别。在面式中 3 个 A 处于一个三角面的 3 个顶点,在经式中 3 个 A 在一个四方平面的 3 个顶点之上(图 2－13)。

图 2－13 [MA_3(BC)D]型的几何异构体示意图

6. [M(ABA)$_2$]型

[M(ABA)$_2$]型(其中 ABA 为三齿配体)也有面式、对称经式和不对称经式 3 种异构体。

7. [M(AA)$_2B_2$]型

[M(AA)$_2B_2$]型具有 2 个对称二齿配体,如[Co(en)$_2Cl_2$]$^+$有反式和顺式 2 种几何异构体(图 2－14)。

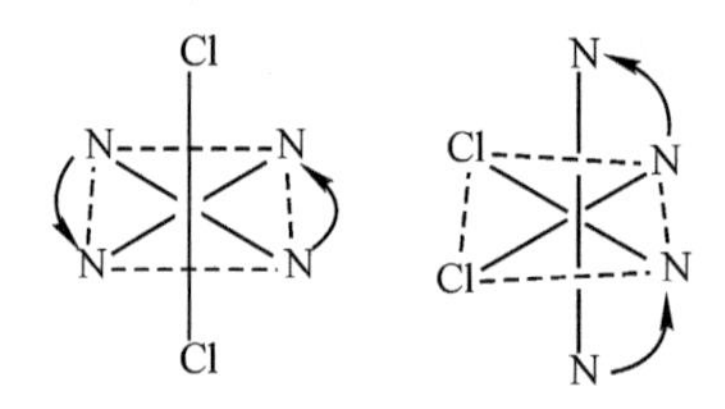

图 2－14 [M(AA)$_2B_2$]型的几何异构体示意图

对八面体配合物几何异构体数目进行总结,其配合物类型和异构体数目的对应关系见表 2－3。

表 2－3 八面体配合物几何异构体数目

配合物类型	[MA_6]	[MA_5B]	[MA_4B_2]	[MA_3B_3]	[MA_4BC]	[MA_3B_2C]	[$MA_2B_2C_2$]	[MABCDEF]
异构体数目	1	1	2	2	2	3	5	15

二、光学异构现象

某些配合物除可表现出几何异构现象外,还表现出旋光异构现象。例如:Rh(en)$_2Cl_2$ 除存在顺反异构体外,从其顺式还可以分离出两种旋光异构体,这两种旋光异构体的一般物理、化学性质相同,但对偏振光的旋转方向不同。由于两种异构体分别具有对偏振光平面向右旋或左旋性质,故称之为旋光异构体。其中一个称右旋异构体,通常用符号(＋)表示,另一个称左旋异构体，通常用符号(－)表示。虽然右旋异构体使偏振光平面向右旋，而左旋异构体向左旋，但旋转的程度是恰恰相等的。因此，若两种异构体浓度相等，则旋光性彼此抵消，这样的混合物称为外消旋混合物，用(±)表示，它的溶液不能使偏振光平面旋转，是光学不活性的。把外消旋混合物分离成为右旋体和左旋体的过程叫做拆分。旋光异构体的对称关系与人的左右手的对称性相似，它们彼此互为镜像，但不能互相重叠。故旋光异构体也叫做对映异构体，旋光异构现象又称对映异构现象。如 $[Co(en)_3]^{3-}$，其旋光异构体见图 2－15。

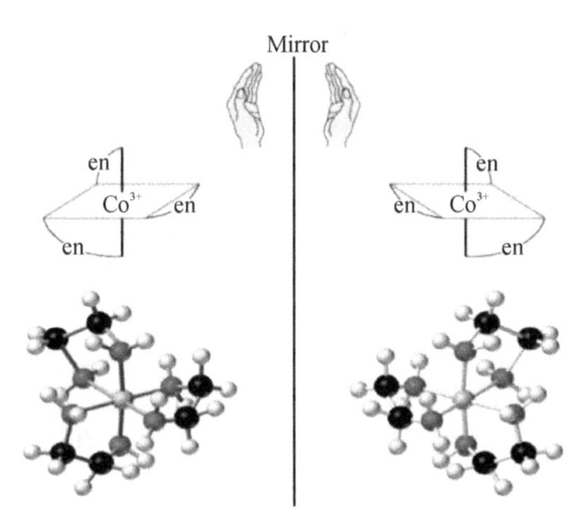

图 2－15　$[Co(en)_3]^{3-}$ 的旋光异构体示意图

三、化学结构异构现象

化学结构异构是因为配合物分子中原子与原子间成键的顺序不同而造成的，常见的结构异构包括电离异构、键合异构、配位体异构和聚合异构等。

(一)电离异构

配合物在溶液中产生不同离子的异构体，如 $[Co(NH_3)_5Br]SO_4$（紫红色）和 $[Co(NH_3)_5SO_4]Br$(红色)，电离能产生 SO_4^{2-} 和 Br^-。

(二)溶剂合异构

当溶剂分子取代配位基团而进入配离子的内界所产生的溶剂合异构现象。它们各含有6、5、4个配位水分子，这些异构体在物理和化学性质上有显著的差异，如它们的颜色分别为绿色、蓝绿色、蓝紫色。例如：$[Cr(H_2O)_6]Cl_3$(绿色)、$[Cr(H_2O)_5Cl]Cl_2 \cdot H_2O$(蓝绿色)、$[Cr(H_2O)_4Cl_2]Cl \cdot 2H_2O$(蓝紫色)。

(三)键合异构

有些单齿配体可通过不同的配位原子与金属结合，得到不同键合方式的异构体，这种现象称为键合异构。例如：$[Co(NO_2)(NH_3)_5]^{2+}$ 和 $[Co(ONO)(NH_3)_5]^{2+}$。类似的例子还有 SCN^- 和 CNS^-，前者可用 S 或 N 进行配位，后者可用 C 和 N 进行配位。

(四)配位异构

在阳离子和阴离子都是配离子的化合物中,配体的分布是可以变化的,这种异构现象叫配位异构。例如:$[Co(NH_3)_6][Cr(CN)_6]$和$[Cr(NH_3)_6][Co(CN)_6]$、$[Pt^{II}(NH_3)_4][Pt^{IV}Cl_6]$和$[Pt^{IV}(NH_3)_4Cl_2][Pt^{II}Cl_4]$。

(五)聚合异构

聚合异构指的是既聚合又异构。如$[Co(NH_3)_6][Co(NO_2)_6]$与$[Co(NO_2)(NH_3)_5][Co(NO_2)_4(NH_3)_2]_2$、$[Co(NO_2)_2(NH_3)_4]_3[Co(NO_2)_6]$与$[Co(NH_3)_3(NO_2)_3]$,其式量前者分别为后者的$\frac{2}{3}$和 4 倍。

(六)配位体异构

配位体异构是由于配位体本身存在异构体,导致配合单元互为异构所致。如$[Co(H_2N—CH_2—CH_2—CH_2—NH_2)Cl_2]$、$[Co(H_2N—CH_2—CH(NH_2)—CH_3)Cl_2]$互为异构体。

(七)配位位置异构

配体在两个配位中心之间具有不同的分布方式。主要存在于多核配合物。

透过现象看本质的科学哲理——开普勒

大约 500 年之前,丹麦有一个天文学家叫第谷,他从当时的丹麦国王那里要了一笔钱,建了一个实验室。第谷天天去观察每颗行星的运动轨迹,并且每天记录下来。第谷观察了 20 年,记录了大量的数据。不过,这个数据太多了,第谷花了大量时间、精力来分析这个数据,但没有发现任何规律。这时候,一个叫开普勒的人出现了。开普勒认为,第谷每天去观测,一年 365 天每一颗行星都会有 365 个数据,这样 20 年观测记录积累下来,要分析处理的数据就太多了,而且那个时候的数据分析只能依靠手工计算,这个处理工作量实在太大了。于是开普勒就说,能不能每年只给我一个数据,比如说,你可以只告诉我每年的 1 月 1 日,地球在什么位置,土星在什么位置,太阳在什么位置,等等。于是,20 年的观测数据筛选之后,每一颗行星的数据就只有 20 个了。开普勒知道,地球每隔 365 天会回到同一个位置,然后他把地球的位置固定,再分析其他行星跟地球的相对位置。开普勒通过固定地球的位置,对其他行星位置 20 年的数据进行分析,就成功得到了其他行星的运行轨迹。

此后开普勒就发现,如果地球位置不变的话,那么其他行星的 20 年运行轨迹画出来之后,这些行星都是围着太阳运转,运行轨迹都是椭圆形的。由此开普勒发现了行星运动的规律。

习　题

一、是非题

1. 四配位的四面体结构没有几何异构现象。　（　　）

2. 配位数为 5 对应的结构为八面体。　（　　）

3. 分子式相同配合物的不同异构具有相同的物理、化学性质。　（　　）

4. $Co(NH_3)_3(NO_2)_3$ 具有顺式结构。　（　　）

5. $[Pt(NH_3)(py)ClBr]$ 几何异构体数目为 2。　（　　）

二、选择题

1. $[Co(NO_2)(NH_3)_5]Cl_2$ 和$[Co(ONO)(NH_3)_5]Cl_2$ 属于　（　　）

A. 几何异构　B. 旋光异构　C. 电离异构　D. 键合异构

2. 已知 M 为配合物的中心原子(或离子)，A、B、C 为配位体，在具有下列化学式的配合物中，仅存在两种几何异构体的为　（　　）

A. MA_5B　B. $MA_2B_2C_2$

C. MA_2BC(平面正方形)　D. MA_2BC(四面体)

3. $[CrCl_2(NH_3)_4]^+$ 具有几何异构体的数目是　（　　）

A. 2　B. 3　C. 4　D. 6

4. 实验式为 $CoCl_3 \cdot 4NH_3$ 的某化合物，用过量 $AgNO_3$ 处理时，其 1 mol 能产生 AgCl 1 mol;用浓 H_2SO_4 处理是不能除去氨，此化合物的分子式最好表述为　（　　）

A. $[Co(NH_3)_2Cl_2]Cl \cdot NH_3$　B. $[Co(NH_3)_4]Cl_3$

C. $[Co(NH_3)_3 \cdot Cl_3]NH_3$　D. $[Co(NH_3)_4Cl_2]Cl$

5. 下列配合物中预料会有几何异构体的是　（　　）

A. $Zn(NH_3)_4^{2+}$　B. $Zn(H_2O)_2(OH)_2$

C. $Co(NH_3)Cl_2Br$　D. $Ag(NH_3)_2^+$

三、问答题

1. 写出八面体配合物$[MCl_2(NH_3)_4]$的几何异构体。

2. 配位离子$[Cr(NH_3)(OH)_2Cl_3]^{2-}$可能有多少几何异构体？写出结构式。

3. 已知$[Co(en)Cl_2Br_2]^-$有 4 个几何异构体，分别画出其结构式。

4. 指出结构为平面正方形的配离子$[Pt(NH_3)(NH_2OH)py(NO_2)]^+$可能有多少几何异构体？分别画出来。

5. 指出$[Rh(py)_3Cl_3]$可能有多少几何异构体？写出结构式。

第三章　配合物的化学键理论

学习目标：了解电对、电子结构、有效原子数等概念，理解并掌握价键理论、晶体场理论、分子轨道理论。

培养目标：学生应能应用配合物的价键理论、晶体场理论、分子轨道理论进行配合物组成结构和性质分析。

在配合物中，中心离子与配体之间的化学键，与其他化合物相比并没有本质上的区别。本章将带领大家了解配合物化学键理论的发展，以及当前常用的配合物化学键理论，包括配合物的价键理论、晶体场理论、配位场理论和分子轨道理论。

第一节　配合物化学键理论的发展

为了解释配合物丰富的立体结构、反应、光谱和磁性质，化学家相继提出了各种配合物成键的理论来解释配合物形成的本质。A. Werner 是近代配位化学的奠基者，他的配位理论认为：每种元素都有主价、副价之分，在形成配合物时，两者都倾向于得到满足，其中的副价代表了金属和配体之间的连接且其空间指向是固定的。该理论对一些经典配合物，特别是钴氨配合物的结构和立体化学做出了很好的解释，大大推动了配位化学的发展。W. Kossel 和 A. Magnus 分别在 1916 年和 1922 年提出了离子模型，即静电理论。该理论是将中心原子（或中心离子）和配体都视为无内部结构的点电荷或电偶极，认为配合物中各组分的结合至少在一级近似上是由纯粹静电力所决定的。该理论经修正和推广应用，发展为较为完善的静电理论，能够说明一些配合物的配位数、几何构型和稳定性，但是不能说明配合物的磁学和光学性质。1923 年，N. V. Sidgwick 将 G. N. Lewis 的酸碱电子理论应用于配合物，首次提出“配位共价键”的概念，他认为经典的钴氨配合物可以归类为 Lewis 盐或其加合物：其中金属阳离子为电子对接受体（Lewis 酸），每个氨分子为电子对给予体（Lewis 碱）。自此，维尔纳的“副价”之名不再采用。1931 年，配合物的价键理论诞生，这个理论是 L. Pauling 和 J. C. Slater 基于 G. N. Lewis 的电子理论、N. V. Sidgwick 的“配位共价键”概念以及 L. Pauling 自己创立的杂化轨道理论提出的。20 世纪 30 年代初至 50 年代初，价键理论对当时几乎所有已

> **科学的钻研精神**
>
> 侯德榜，著名科学家，杰出的化工专家，我国重化学工业的开拓者。他深信“处处留意皆学问”，强调在实践中学习。他倡导“寓创于学”，既强调认真学习，又不盲从照搬，要在融会贯通的基础上，结合具体情况改进、创新。他坚持科学态度，严谨认真，遇到疑难问题，总爱说：“down to root（追到底）”，直到问题被弄清解决为止。在学术讨论中，他坚持民主，鼓励和引导深入争论，相互取长补短，共同提高。

知的配位现象，如中心原子的配位数、配合物的几何构型和磁性都能给出满意的解释，因此深受化学家的欢迎。H. Bethe(1929 年)和 Van Vleck(1932 年)的工作奠定了配合物晶体场理论的基础，该理论当时只被物理学家所接受。20 世纪 50 年代以后，由于各种谱学技术和激光技术的发展，人们对配合物的性质有了更多、更深入的了解。价键理论在解释配合物的电子光谱、振动光谱及许多热力学和动力学性质方面都不能自圆其说，促使了一度处于停滞状态的晶体场理论有了迅速的发展。在配合物的化学键理论中，晶体场理论、配位场理论和分子轨道理论三者相伴发展、密不可分。它们的起源可以追溯到 1929 年 H. Bethe 发表的题为《晶体场中谱项的分裂》的著名论文。这篇论文明确提出了晶格中的离子与其所处的晶体环境间的相互作用是点电荷之间的纯静电相互作用的基本假设(晶体场理论的明确特征)，证明了可由群论方法决定由此产生的自由离子各状态分裂的情形及叙述了分裂能的计算方法。1932 年，Van Vleck 进一步提出，扬弃纯静电模型，保留 H. Bethe 近似方法的对称性部分，适度考虑金属和配体成键中的共价因素来处理金属和配体之间的相互作用，这种改进的晶体场理论后来发展为配位场理论。

第二节　配合物的价键理论

L. Pauling 等在 20 世纪 30 年代初提出了杂化轨道理论。他首先将杂化轨道理论与配位共价键、简单静电理论结合起来，并用来解释配合物的形成、几何构型和磁性等问题，建立了配合物的价键理论(valence bond theory，VBT)。该理论简单明了，保留了分子结构中“键”的概念，因此很快就被人们普遍接受，在配合物的化学键理论领域内占统治地位达 20 多年之久。

一、价键理论的基本要点

价键理论的基本要点是，中心离子与配体之间以配位键相结合，中心离子提供经杂化的空轨道，配位原子提供孤电子对而形成 σ 配键。利用上述理论，科学家不仅能够解释配合物的形成、结构和一些物理化学性质，而且可以用来预测某些未知配合物的结构和性能。价键理论利用杂化轨道的概念阐明了配位键的形成，合理地解释了配位数、配位构型及配合物的磁矩等性质。价键理论的核心是中心原子提供的空轨道必须先进行杂化形成能量相同的杂化轨道，然后与配体作用形成配位键。中心原子能够形成配位键的数目是由中心原子可利用的空轨道(即价电子轨道)数来决定的，不同的中心原子参与形成配位键的空轨道数是不一样的，因此其配位数也不一样。同时，由这些空轨道参与形成的杂化轨道本身是有方向性的。因此当配体提供的孤电子对与这些杂化空轨道发生重叠形成配位键时，配位键就有一定的方向，配合物也因此有一定的形状，即空间构型。

为了增强成键能力，共价配合物中的中心原子的能量相近的空轨道〔如 ns 与 np；$(n-1)$d、ns 与 np；ns、np 与 nd 等〕要采用适当的方式进行杂化，以杂化了的空轨道来接受配体的孤对电子形成配合物。杂化轨道的组合方式决定配合物的空间构型、配位数等。过渡金属元素的价电子轨道为 $(n-1)$d、ns 和 np 共 9 个轨道，主要的杂化轨道类型为 sp(直线形)、sp^2(正三角形)、sp^3(正四面体)、dsp^2(正方形)、dsp^3(三角双锥)、d^2sp^3(正八面体)和 d^4sp^3(正十二面体)等(表 3-1)。

表 3-1 主要的杂化轨道类型、空间结构、键角及实例

配位数	杂化类型	几何构型	键角	实例
2	sp	直线形 	180°	$[Ag(NH_3)_2]^+$、$[CuCl_2]^-$
3	sp^2	平面三角形 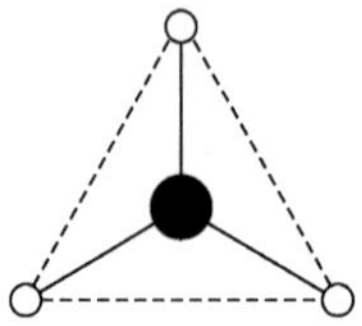	120°	$[CuCl_3]^{2-}$、$[HgI_3]^-$
4	sp^3	正四面体 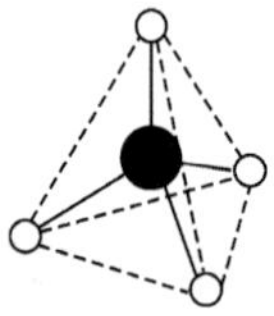	109°28′	$[Zn(NH_3)_4]^{2+}$、$[Ni(CO)_4]$、$[HgI_4]^{2-}$
	dsp^2	正方形 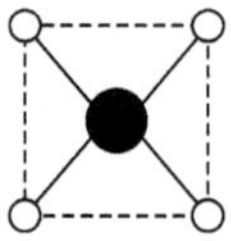	90°	$[Ni(CN)_4]^{2-}$、$[PtCl_2(NH_3)_2]$
5	sp^3d dsp^3 d^3sd	三角双锥形 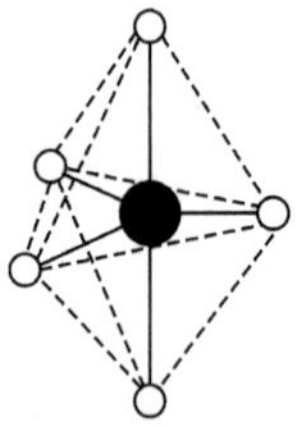	180°、120°和 90°	$[Fe(CO)_5]$、$[Mn(CO)_5]^-$、$[CdCl_5]^{2-}$
	d^2sp^2 d^4s	四方锥形 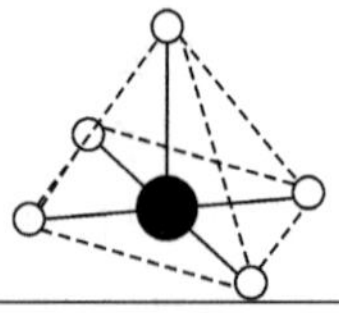		$[Co(CN)_5]^{3-}$、$[InCl_5]^{2-}$
6	sp^3d^2 d^2sp^3	正八面体形 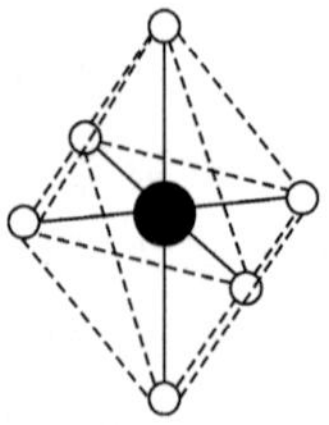	90°、180°	$[FeF_6]^{3-}$、$[CoF_6]^{3-}$、$[Fe(CN)_6]^{3-}$、$[Fe(CN)_6]^{4-}$、$[Co(NH_3)_6]^{3+}$、$[PtCl_6]^{2-}$

根据配合物的磁矩可以计算配合物中成单的电子数并由此确定杂化轨道的类型。磁矩 μ 的单位为波尔磁子(B. M.)，用 μ_B 表示，可以用下面的公式进行近似计算：

$$\mu_B = \sqrt{n(n+2)}$$

其中 n 为配合物中的成单电子数，μ_B 为配合物的磁矩。配合物的磁矩与未成对电子数的关系见表 3－2。一些配合物的磁矩见表 3－3。

表 3－2　配合物的磁矩与未成对电子数的关系

n	0	1	2	3	4	5
μ_B/B. M.	0.00	1.73	2.83	3.87	4.90	5.92

表 3－3　一些配合物的磁矩

d 电子数	离子	配合物	空间构型	不成对电子数	磁矩(μ_B)	
					计算	实测
1	V^{4+}			1	1.73	1.77～1.79
		$[VO(acac)_2]$	四方锥	1	1.73	1.80
4	Mn^{2+}			4	4.90	4.80～5.06
		$K_3[Mn(CN)_6]$	八面体	3	2.83	3.20
		$[Mn(acac)_3]$	八面体	4	4.90	4.90
5	Fe^{3+}			5	5.92	5.20～6.00
		$K_3[Fe(C_2O_4)_3]$	八面体	5	5.92	5.80
		$K_3[Fe(CN)_6]$	八面体	1	1.73	2.20
6	Fe^{2+}			4	4.90	5.00～5.50
		$(H_4N)_2Fe(SO_4)_2 \cdot 6H_2O$	八面体	4	4.90	5.50
		$K_4[Fe(CN)_6] \cdot 3H_2O$	八面体	0	0	0.10
6	Co^{3+}			4	4.90	4.30
		$K_3[CoF_6]$	八面体	4	4.90	5.50
		$[Co(en)_3]Cl_3$	八面体	0	0	0.20
7	Co^{2+}			3	3.87	4.30～5.20
		$Cs[CoCl_4]$	四面体	3	3.87	4.50
8	Ni^{2+}			2	2.83	2.80～3.50
		$K_3[Ni(CN)_4]$	平面正方形	0	0	0
9	Cu^{2+}			1	1.73	1.70～2.20
		$Cs_2[CuCl_4]$	四面体	1	1.73	2.00

二、外轨型配合物和内轨型配合物

配合物按中心原子使用 d 轨道的情况分为内轨型配合物(也叫共价型配合物)和外轨型配合物(也叫电价型配合物)。用 $(n-1)$d、ns、np 杂化轨道成键者为内轨型配合物，用 ns、np、nd 杂化轨道成键者为外轨型配合物。磁矩常常可以作为区分这两类配合物的标准。

配合物中的中心原子在形成杂化轨道时，究竟是利用内层 $(n-1)$d 轨道还是利用外层的 nd 轨道与 ns、np 杂化，不仅与中心原子所带电荷及电子层结构有关，而且与配体中配位原子的电负性有关。若配位原子电负性很大，如卤素、氧等，不易给出孤对电子，这时共用电子对将偏向配位原子一方，对中心原子的结构影响很小，中心原子的电子层结构基本不发生变化，仅用其外层空轨道 ns、np、nd 发生杂化，与配体结合形成“外轨型”八面体配合物。例如，对于$[Fe(H_2O)_6]^{3+}$，其自由离子 Fe^{3+} 5 个 d 电子排布为：

$Fe^{3+}(3d^5)$ 3d ↑ ↑ ↑ ↑ ↑ 4s ○ 4p ○○○ 4d ○○○○○

在电负性较大的配体 O^{2-} 负离子的影响下，中心离子 Fe(Ⅲ)只能利用 4s、4p 和 4d 空轨道发生 sp^3d^2 杂化，杂化后的轨道用于接受 6 个 H_2O 提供的 6 对孤对电子，形成如下所示的外轨型配合物：

$[Fe(H_2O)_6]^{3+}$ 3d ↑ ↑ ↑ ↑ ↑ 4s ↑↓ 4p ↑↓ ↑↓ ↑↓ 4d ↑↓ ↑↓ ○○○

由于 nd 轨道比 ns、np 轨道能量高得多，一般认为外轨型配合物不如内轨型稳定。因此价键理论认为外轨型配合物相对来说，键能小，键的极性大，较不稳定。

当配位原子的电负性较小时，如配位原子为 C、N、P、As 等，较易给出孤对电子，对中心原子的影响较大而使其结构发生变化，即 $(n-1)$d 轨道上的单电子被迫成对，腾出内层能量较低的空 d 轨道与 ns、np 形成杂化轨道来接受配体的孤对电子，形成“内轨型”配合物。例如，$[Fe(CN)_6]^{3-}$，配位原子为电负性较小的碳原子，自由离子 Fe^{3+} 的 3d 轨道上的 5 个 d 电子被激发“挤入”3 个 d 轨道，腾出 2 个 3d 轨道与 4s、4p 轨道杂化形成 6 个 d^2sp^3 杂化轨道，接受 6 个 CN^- 提供的 6 对孤对电子，形成如下所示的八面体配合物：

$[Fe(CN)_6]^{3-}$ 3d ↑↓ ↑↓ ↑ ↑↓ ↑↓ 4s ↑↓ 4p ↑↓ ↑↓ ↑↓ 4d ○○○○○

此类配合物与外轨型配合物相比，键能大，键的极性小，较稳定。

对于$[Ni(CN)_4]^{2-}$而言，Ni^{2+} 有 8 个 d 电子，配体 CN^- 中碳为配位原子，电负性较小，易给出孤对电子，对中心离子 Ni^{2+} 的电子层构型影响较大，使其电子成对并空出 1 个 3d 轨道与 4s、4p 以 dsp^2 杂化方式形成 4 个杂化轨道，来容纳 4 个 CN^- 中碳原子上的孤对电子，形成 4 个 σ 配键。这 4 个 σ 配键指向平面正方形的 4 个顶点，因此$[Ni(CN)_4]^{2-}$的空间构型为平面正方形，是四配位、反磁性的内轨型配合物。

形成内轨型配合物时，需要提供克服按 Hund 规则在 d 轨道排布的未成对电子变成配对重排时所需要的能量，因此中心原子与配体之间成键释放的总能量除了用以克服电子成对时所需要的能量(电子成对能)外，还需比形成外轨型配合物的总键能大，才能形成内轨型配合物。由于牵涉内层电子结构的重排，一般在形成内轨型配合物时，中心原子的未成对电子数会减少，即比自由离子的磁矩降低，因此可根据磁矩的降低来判断内轨型配合物的形成。根据价键理论分析，$[FeF_6]^{3-}$应有 5 个未成对电子，为外轨型配合物；而$[Fe(CN)_6]^{3-}$只有 1 个未成对电子，为内轨型配合物，磁矩判断与实验测定值基本相符。

此外，对于零价过渡金属原子形成的配合物，价键理论也能给出较满意的解释。例如，实验发现$[Ni(CO)_4]$、$[Fe(CO)_5]$和$[Cr(CO)_6]$等羰基化合物的存在，它们都是典型的共价化合物。以$[Fe(CO)_5]$为例，Fe原子的基态电子排布为：$3d^6 4s^2$。

根据价键理论，在电负性较小的配位碳原子作用下，2个4s电子被激发到内层的3d轨道上，剩余的1个空的3d轨道与4s、4p轨道以dsp^3杂化方式形成5个杂化轨道，从而容纳5个羰基配体上的5对孤对电子，形成内轨型配合物。

已知在$[Fe(CO)_5]$晶体中，$[Fe(CO)_5]$为三角双锥构型，抗磁性，应用价键理论很好地说明了该配合物的结构和磁性。

电负性中等的氮、氯等配位原子有时形成外轨型配合物，有时形成内轨型配合物，与配体的种类有关，但在很大程度上也取决于中心原子。中心原子的电荷增多有利于内轨型配合物的形成，这是因为中心离子电荷增大时，对配体提供的孤对电子的吸引力增强，使共用电子对不至于太偏向配位原子，因此对中心原子内层电子结构的扰动较大。第二、第三过渡系的重过渡元素能提供较大的有效核电荷，因此也倾向于形成内轨型配合物。

三、价键理论的优点及局限性

价键理论概念明确，模型具体，易为化学工作者所接受，能反映配合物的大致面貌，说明配合物的某些性质。但它仅能定性地说明配合物的性质，用价键理论说明Cu^{2+}配合物的平面正方形结构似乎有些勉强，因为Cu^{2+}以dsp^2杂化方式形成4个配位键时，Cu^{2+}中的9个电子中的1个要被激发到高能轨道上。据估计，在气态时这样的激发能量高达1 422.56 kJ，而且电子位于高能的4p轨道极易失去，这些都与实验事实相反。另外，过渡金属与某些配体所形成配合物的稳定性与中心原子的d电子数满足如下规律：$d^0<d^1<d^2<d^3<d^4>d^5<d^6<d^7<d^8<d^9>d^{10}$，以上事实用价键理论也难以定量地加以说明。用磁矩来区分$d^4\sim d^7$组态的内轨型和外轨型八面体配合物比较有效，但由于d^1、d^2、d^3、d^8、d^9组态的内轨型和外轨型配合物的未成对电子数相同，因而不能依据磁矩来加以区别。特别需要指出的是，价键理论只讨论了配合物的基态性质，对激发态却无能为力，因此不能用以解释配合物的颜色及吸收光谱。对一些非经典的配合物如羰基化合物，虽在一定程度上对其结构、性质能进行一些说明，但并不完善。此外，如二茂铁$[Fe(C_5H_5)_2]$、二苯铬$[Cr(C_6H_6)_2]$等的形成，价键理论也不能给出满意的解释。

第三节 配合物的晶体场理论

一、晶体场理论要点

晶体场理论认为，配体与中心原子之间的静电吸引是使配合物稳定存在的根本原因。由于这个力的本质类似于离子晶体中的作用力，所以该理论取名为晶体场理论。这意味着我们可以将配合物中的中心原子与它周围的原子(或离子)所产生的电场作用看作类似于置于晶格中的一个小空穴上的原子所受到的作用。晶体场理论认为中心原子上的电子基本定域于原先的原子轨道，中心原子与配体之间不发生轨道的重叠，完全忽略了配体与中心原子之间的共价作用。

晶体场理论模型的基本要点为：

(1)在配合物中，金属中心与配体之间的作用类似于离子晶体中正、负离子间的静电作用。这种作用是纯粹的静电排斥和吸引，即不形成共价键。

(2)金属中心在周围配体的电场作用下，原来能量相同的 5 个简并 d 轨道分裂成能量高低不同的几组轨道，有的轨道能量升高，有的轨道能量降低。

(3)由于 d 轨道能级的分裂，d 轨道上的电子重新排布，使体系的总能量有所降低，即给配合物带来了额外的稳定化能，形成稳定的配合物。

二、中心原子 d 轨道的能级分裂

如果只考虑中心离子和配体的静电作用，配体产生的电场称为晶体场(crystal filed)。在孤立的原子或离子状态下，金属原子或离子中的 5 个 d 轨道(图 3-1)在空间的伸展方向不同，但能量是相同的，称为简并轨道。当配体与中心离子形成配合物时，d 轨道受到配体所形成晶体场的作用，中心离子的正电荷与配体的负电荷相互吸引，中心离子 d 轨道上的电子受到配体电子云的排斥，因此 d 轨道的能量会升高。在不同方向，这种相互作用的大小不同，d 轨道能量变化的程度也不相同。

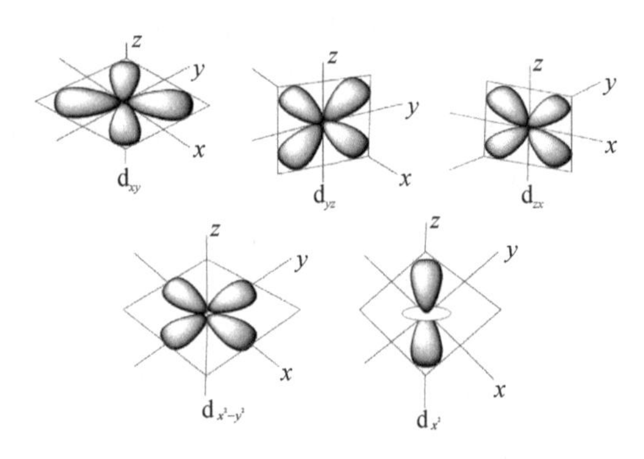

图 3-1 d 轨道示意图

(一)d 轨道在正八面体场中的能级分裂

在八面体晶体场中，5 个 d 轨道的能量都有所上升，但因上升程度不同而出现了能量高低差别。中心离子 d_{z^2} 和 $d_{x^2-y^2}$ 轨道的伸展方向正好处于正八面体的 6 个顶点方向，与配体迎头相遇，其能量上升较高；而 d_{xy}、d_{yz}、d_{xz} 轨道与正八面体轴向相错，与配体的相互作用小，能量上升较少(图 3-2)。因此，本来简并的 5 个 d 轨道分裂为 2 组，即能量相对较高的轨道(d_{z^2}、$d_{x^2-y^2}$)称为 e_g 轨道，能量相对较低的轨道(d_{xy}、d_{yz}、d_{xz})称为 t_{2g} 轨道。两组 d 轨道之间的能量差称为分裂能，以 Δ_o 表示。特别注意 Δ_o 只是表示能级差的一种符号，对不同的配合物体系，分裂能不同，Δ_o 的值也不同。

如图 3-3 所示，在球形场中，由于电子的总能量，亦即各轨道总能量保持不变，在转变为八面体场后，原来简并的轨道在外电场作用下如果发生分裂，则分裂后所有轨道的能量改变值的代数和为零。e_g 能量的升高总值必然等于 t_{2g} 轨道能量下降的总值，这就是所谓的重心守恒原理。

为了便于定量计算，将 Δ_o 当作一个能量单位，用符号 Dq 表示，即 $\Delta_o=10$ Dq，则有以下关系：

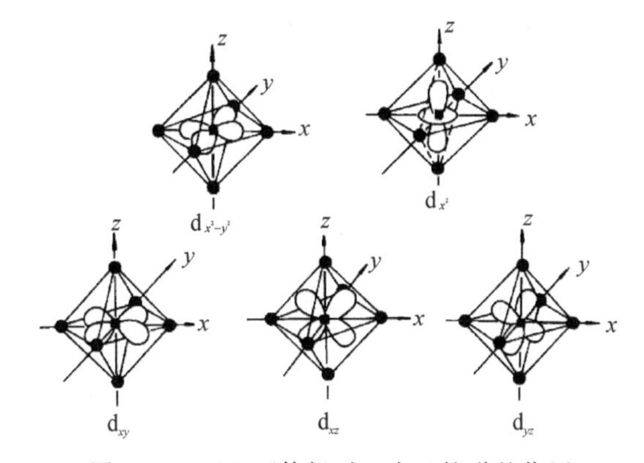

图 3-2　正八面体场对 5 个 d 轨道的作用

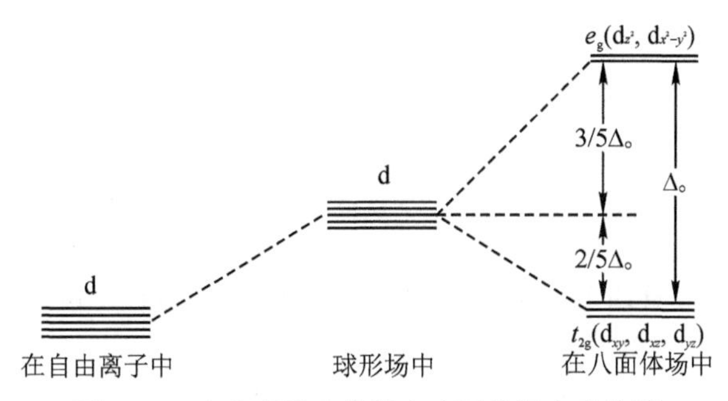

图 3-3　中心离子 d 轨道在八面体场中的分裂

$$\begin{cases}2E(e_g)+3E(t_{2g})=0\\E(e_g)-E(t_{2g})=\Delta_o\end{cases}$$

由此解得：

$$\begin{cases}E(e_g)=0.6\Delta_o=6\ \mathrm{Dq}\\E(t_{2g})=-0.4\Delta_o=-4\ \mathrm{Dq}\end{cases}$$

这意味着在八面体场中，中心离子的 t_{2g} 组轨道能量低于平均值 -4 Dq，而 e_g 组轨道能量高于平均值 6 Dq。

(二)正四面体场

当形成四面体配合物时，4 个配体处在四面体的 4 个顶点(图 3-4)。t_2 组轨道(d_{xy}、d_{yz}、d_{xz})的电子云极大值指向立方体棱边的中点，距配体较近，受到较强的静电作用；e 组轨道(d_{z^2}、$d_{x^2-y^2}$)的电子云极大值指向立方体棱边的面心，距配体较远，受到较弱的静电排斥作用。因此，当过渡金属离子 M^{n+} 被 4 个按四面体排列的配体配位时，d_{z^2}、$d_{z^2-x^2}$ 将比 d_{xy}、d_{yz}、d_{xz} 更有利于单电子占据，因此在四面体场的作用下，轨道的分裂情况与八面体场正好相反，过渡金属离子的 5 个 d 电子分裂成一组能量较高的三重简并的 t_2 轨道和一组能量相对较低的二重简并 e 组轨道(图 3-5)。因正四面体没有对称中心，故轨道下标不用 g 或 u。按照“能量重心守恒原理”，相对于球形场，t_2 组轨道能量升高了 $2/5\Delta_t$，e 组轨道能量降低了 $3/5\Delta_t$，Δ_t 为 e 组和 t_2 组轨道的能级差，称为四面体场的分裂能。由于在四面体场中 5 个 d 轨道都在一定程度上偏离了配体，不像在八面体场中配体直接指向金属离子的 d 轨道，因此

可以推测 $\Delta_t < \Delta_o$。在 M—L 键及其键距大致相同的情况下，通常 $\Delta_t \approx 4/9\Delta_o$。四面体场中 d 轨道能级分裂示意图见图 3－5。

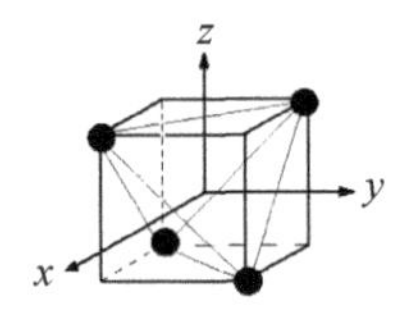

图 3－4　四面体场中 d 轨道和配体 L 的相对取向示意图

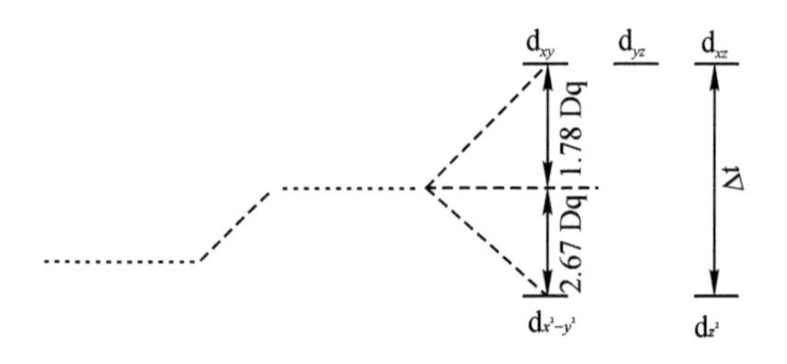

图 3－5　中心离子 d 轨道在四面体场中的分裂

同样，根据重心守恒原理可以求出 t_2 组及 e 组轨道的相对能量：

分裂能 Δ_t 小于 Δ_o，计算表明 $\Delta_t = (4/9)\Delta_o$

$$\begin{cases}\Delta_t = E(t_2) - E(e) = (4/9)\Delta_o \\ 3E(t_2) + 2E(e) = 0\end{cases}$$

解得：$E(t_2) = 1.78\ \mathrm{Dq}$　$E(e) = -2.67\ \mathrm{Dq}$

(三)拉长的八面体场

对于正八面体而言，在拉长八面体中，z 轴方向上的两个配体逐渐远离中心原子，排斥力下降，即 d_{z^2} 能量下降。同时，为了保持总静电能量不变，在 x 轴和 y 轴的方向上配体向中心原子靠拢，从而 $d_{x^2-y^2}$ 的能量升高，这样 e_g 轨道发生分裂。在 t_{2g} 三条轨道中，由于 xy 平面上的 d_{xy} 轨道离配体要近，能量升高，xz 和 yz 平面上的轨道 d_{xz} 和 d_{yz} 离配体远因而能量下降。结果，轨道也发生分裂(图 3－6)。

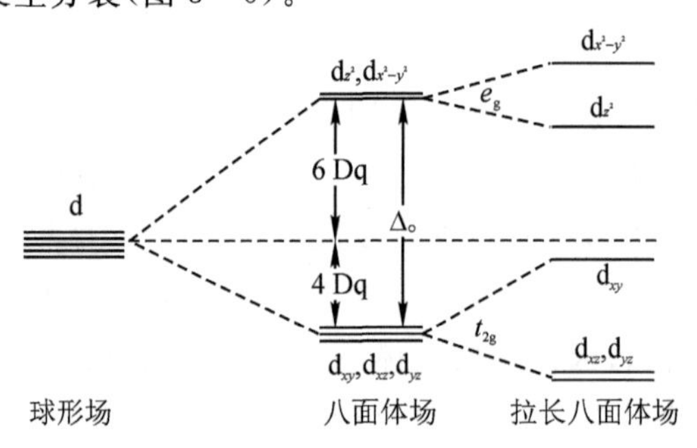

图 3－6　中心离子 d 轨道在拉长的八面体场中的分裂

(四)平面正方形场

当只考虑静电排斥作用，4 个配体位于 xy 平面内的坐标轴上形成平面正方形时，$d_{x^2-y^2}$

轨道的极大值指向这 4 个配体，因此 $d_{x^2-y^2}$ 轨道中的电子受配体的负电荷排斥作用最强烈，$d_{x^2-y^2}$ 轨道的能量最高。d_{xy} 轨道的极大值与 x 轴和 y 轴成 45°夹角；再次是 d_{z^2} 轨道的电子云只有在沿 xy 平面上的小环部分与配体有接触，而 d_{yz}、d_{xz} 轨道的能量最低。因此根据直观的物理模型并结合群论的方法考虑，在平面正方形场中，过渡金属离子的 5 个 d 轨道分裂为 $b_{1g}(d_{x^2-y^2})$、$b_{2g}(d_{xy})$，$a_{1g}(d_{z^2})$和 $e_g(d_{yz}、d_{xz})$4 组（图 3－7）。

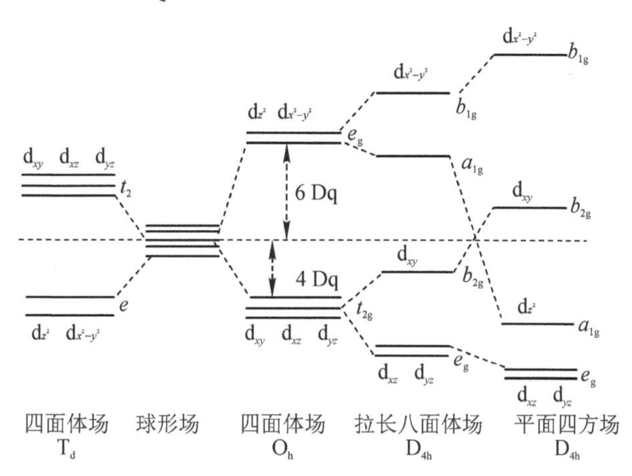

图 3－7　在晶体场中几种常见构型配合物的中心离子 d 轨道的能级分裂图

除以上讨论的 3 种构型的配合物外，其他构型中心原子 d 轨道的能级分裂情况在此不再详细讨论。根据计算，在各种对称性的晶体场中 d 轨道能级的分裂见表 3－4。

表 3－4　d 轨道在不同类型晶体场中的能级分裂[a]

配位数	晶体场类型	d_{z^2}	$d_{x^2-y^2}$	d_{xy}	d_{xz}	d_{yz}
1	直线[b]	5.14[a]	−3.14	−3.14	0.57	0.57
2	直线[b]	10.28	−6.28	−6.28	1.14	1.14
3	正三角形[c]	−3.21	5.46	5.46	−3.86	−3.86
4	正四面体	−2.67	−2.67	1.78	1.78	1.78
4	正方形[c]	−4.28	12.28	2.28	−5.14	−5.14
5	三角双锥[d]	7.07	−0.82	−0.82	−2.72	−2.72
5	四方锥[d]	0.86	9.14	−0.86	−4.57	−4.57
6	正八面体	6.00	6.00	−4.00	−4.00	−4.00
6	三棱柱	0.96	−5.84	−5.84	5.36	5.36
7	五角双锥	4.93	2.82	2.82	−5.28	−5.28
8	立方体	−5.34	−5.34	3.56	3.56	3.56
8	四方反棱柱	−5.34	−0.89	−0.89	3.56	3.56
9	$[ReHq]^{2-}$结构	−2.25	−0.38	−0.38	1.51	1.51
12	正二十面体	0.00	0.00	0.00	0.00	0.00

注：a—能量均以正八面体场的 Dq 为单位；b—配体位于 z 轴；c—配体位于 xy 平面；d—锥体底面位于 xy 平面。

从能量的大小可以绘出 d 轨道能级图，图 3－7 为常见的几种构型的中心原子 d 轨道的能级分裂图。

三、分裂能和光谱化学序列

Δ_o 是中心离子的 d 轨道的简并能级因配位场的影响而分裂成不同组能级之间的能量差。Δ_o 的大小与配体的场强、中心离子的电荷数及中心离子在元素周期表中的位置等因素有关。

(一)晶体场类型的影响

晶体场类型不同，Δ_o 值不同。如前已述及，在相同金属离子和相同配体的情况下，$\Delta_t \approx 4/9\Delta_o$。这是因为，一方面，在八面体场中有 6 个配体对中心金属离子的 d 电子施加影响，而在四面体场中只有 4 个配体参与作用，大约减少了 33%的影响；另一方面，在八面体场中，配体直接指向 e_g 组轨道，排斥作用最大，而对 t_{2g} 的影响相对较小，所以相应的分裂能较大。在四面体场中，配体并不直接指向任何 d 轨道，对 t_2 轨道的影响只是稍大于 e 组轨道。

(二)金属离子的影响

1. 金属离子的电荷

配体相同，中心金属离子相同时，金属离子的电荷越高，分裂能越大。例如：

$[Cr(H_2O)_6]^{3+}$　$\Delta_o = 17600\ cm^{-1}$　$[Cr(H_2O)_6]^{2+}$　$\Delta_o = 14000\ cm^{-1}$

$[Fe(H_2O)_6]^{3+}$　$\Delta_o = 13700\ cm^{-1}$　$[Fe(H_2O)_6]^{2+}$　$\Delta_o = 10400\ cm^{-1}$

对于同一种配体构成的相同类型的晶体场，中心金属离子的正电荷越高，拉引配体越近，配体对中心金属离子轨道的微扰作用就越强。因此随着中心金属离子氧化数的增加，Δ_o 值增大。氧化数由Ⅱ到Ⅲ，一般 Δ_o 值增加 40%～80%。

2. 金属离子 d 轨道的主量子数

在同一副族不同过渡系的金属的对应配合物中，分裂能值随着 d 轨道主量子数的增加而增大。例如：

$[CrCl_6]^{3-}$　$\Delta_o = 13600\ cm^{-1}$　$[MoCl_6]^{3-}$ $\Delta_o = 19200\ cm^{-1}$

中心离子的半径越大，d 轨道离核越远，越容易在配位场的作用下改变能量，所以 Δ_o 值也越大。在同族元素中，Δ_o 值随着中心离子轨道主量子数的增加而增加。由 3d 到 4d，Δ_o 值增大 40%～50%；由 4d 到 5d，Δ_o 值增大 20%～25%。

(三)配体的影响

配体的性质也是影响 Δ_o 的重要因素。对于同一金属离子，配体不同引起 Δ_o 值不同。中心离子相同，配体不同，配体的晶体场分裂能力越强，所产生的晶体场场强越大，分裂能越大。同一种金属离子分别与不同的配体生成一系列八面体配合物，用电子光谱法分别测定它们在八面体场中的 Δ_o，按由小到大的次序排列，得如下序列：

$I^- < Br^- < S^{2-} < SCN^- < Cl^- < NO_3^- < F^- < (NH_2)_2CO < OH^- \approx CH_3COO^- < HCOO^- < C_2O_4^{2-} < H_2O < NCS^- < Gly^- < CH_3CN < edta^{4-} < py < NH_3 < en < NH_2OH < bpy < phen < NO_2 < PPh_3 < CN^- < CO < P(OR)_3$

该序列又称为"光谱化学序列"。通常以水的分裂能为基准，将水前面的配体，如 I^-、Br^-、Cl^- 等，称为弱场配体，它们形成配合物时分裂能较小。水后面的配体，如 CN^-、CO 等，称为强场配体，它们形成的配合物分裂能较大。如果一个配合物中的配体被序列中后面的配体所取代，吸收带将发生蓝移（向短波方向移动）。配位场强度的大小是电子组态为 $d^4 \sim d^7$ 的第一过渡系金属的正八面体配合物可能具有高自旋态或低自旋态的主要影响因素。这里需要注意的是，在光谱化学序列中，有些配体的顺序与晶体场理论的假设不符，如果晶体场作用能起因于静电作用，那么就难以说明为什么带负电荷的卤素离子位于序列的前面，而一些中性的 π 酸配体却位于强场一侧，究其原因，是静电晶体场理论忽视了共价键特别是 π 键作用。无法解释光谱化学序列是晶体场理论的主要缺陷之一。

四、电子成对能和配合物高低自旋配合物

依据晶体场理论可以解释配合物的高、低自旋态。判别高低自旋态的参数有晶体场 Δ_o 和电子成对能（P）。P 是指当 2 个电子在占有同一轨道自旋成对时必须克服电子间的相互作用所需的能量。

电子成对能的大小可用描述电子相互作用的 Racah 电子排斥参数 B 和 C 来表示。通常：$C \approx 4B$

对气态的自由金属离子，已知：

$P(d^4)=6B+5C$　　$P(d^5)=7.5B+5C$　　$P(d^6)=2.5B+4C$　　$P(d^7)=4B+4C$

即：$P(d^5)>P(d^4)>P(d^7)>P(d^6)$

说明电子成对能与 d 电子数目有关。

根据成对能和分裂能的相对大小来进行判断高低自旋，强场与弱场：现有 2 个电子，当 $\Delta_o>P$ 时，即分裂能大于电子成对能，称为强场。这 2 个电子必须成对，才能使整个体系最稳定，即电子首先排满低能量 d 轨道。当 $\Delta_o<P$ 时，即分裂能小于电子成对能，称为弱场。这 2 个电子必须采取自旋平行，体系才最稳定，即电子首先成单地占有所有的 d 轨道。前者的电子排布称为低自旋排布，后者的电子排布称为高自旋排布。从图 3－8 中可以看出，对于 d^1、d^2、d^3、d^8、d^9、d^{10} 电子构型的正八面体配合物而言，高低自旋的电子排布是一样的。

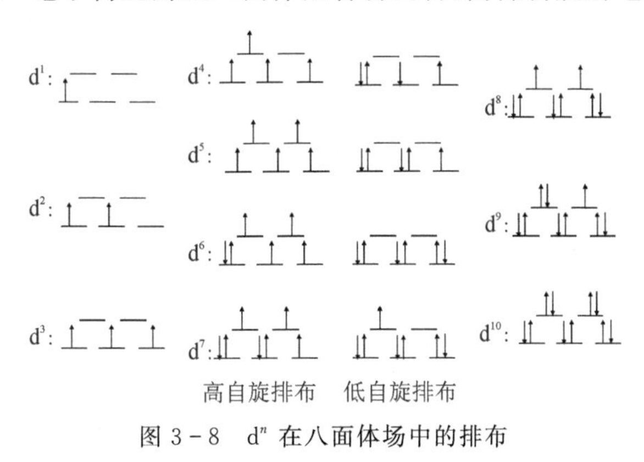

图 3－8　d^n 在八面体场中的排布

高、低自旋进行判断：①在弱场时，配合物将取高自旋构型；在强场时，配合物将取低自旋构型。②对于四面体配合物，由于 $\Delta_t=(4/9)\Delta_o$，这样小的 Δ_t 值，通常都不能超过成对能值，所以通常都是高自旋。③第二、第三过渡系金属因 Δ_o 值较大，故几乎都是低自旋的。④因 $P(d^5)>P(d^4)>P(d^7)>P(d^6)$，故在八面体场中 d^6 离子常为低自旋的〔但 $Fe(H_2O)_6^{2+}$ 和 CoF_6^{3-} 例外〕，而 d^5 离子常为高自旋的（CN^- 的配合物例外）。

五、晶体场稳定化能和配合物的热力学性质

(一)CFSE 的定义及影响因素

前面已经看到,由于 d 轨道的空间取向不同,引起它们在配位场中发生分裂。优先把所有电子填入能级较低的轨道与把电子填入同一(平均)能级的轨道相比,会使金属离子在能量上处于较有利的状态,也就是处于较稳定的状态。这个能量差别叫做配位场稳定化能(crystal field stabilization energy,CFSE)。在较高能级轨道上的电子当然会抵消稳定效应。总的配位场稳定化能可用能量间隔 Δ_o 表示。八面体场 t_{2g} 能级上的每个电子带来 $2/5\Delta_o$ 的稳定化作用,e_g 上每个电子带来 $3/5\Delta_o$ 的不稳定化作用。八面体场的所有 d^n 组态的 CFSE 分别列于表 3-5。

表 3-5　d 组态过渡金属离子在八面体场中电子组态和晶体场稳定化能

d^n	弱场				强场			
	构型	电子对数		CFSE	构型	电子对数		CFSE
		m_1	m_2			m_1	m_2	
d^1	$(t_{2g})^1$	0	0	−4 Dq	$(t_{2g})^1$	0	0	−4 Dq
d^2	$(t_{2g})^2$	0	0	−8 Dq	$(t_{2g})^2$	0	0	−8 Dq
d^3	$(t_{2g})^3$	0	0	−12 Dq	$(t_{2g})^3$	0	0	−12 Dq
d^4	$(t_{2g})^3(e_g)^1$	0	0	−6 Dq	$(t_{2g})^4$	1	0	−16 Dq+P
d^5	$(t_{2g})^3(e_g)^2$	0	0	0	$(t_{2g})^5$	2	0	−20 Dq+$2P$
d^6	$(t_{2g})^4(e_g)^2$	1	1	−4 Dq	$(t_{2g})^6$	3	1	−24 Dq+$2P$
d^7	$(t_{2g})^5(e_g)^2$	2	2	−8 Dq	$(t_{2g})^6(e_g)^1$	3	2	−18 Dq+P
d^8	$(t_{2g})^6(e_g)^2$	3	3	−12 Dq	$(t_{2g})^6(e_g)^2$	3	3	−12 Dq
d^9	$(t_{2g})^6(e_g)^3$	4	4	−6 Dq	$(t_{2g})^6(e_g)^3$	4	4	−6 Dq
d^{10}	$(t_{2g})^6(e_g)^4$	5	5	0	$(t_{2g})^6(e_g)^4$	5	5	0

对于四面体场,e 轨道的每个电子的稳定化作用为 $3/5\Delta_t$,而 t_2 能级上的每个电子去稳定化作用为 $2/5\Delta_t$。四面体场的所有 d^n 组态的 CFSE 分别列于表 3-6。

表 3-6　d^n 组态过渡金属离子在四面体场中电子组态和晶体场稳定化能

d^n	构型	未成对电子数	晶体场稳定化能
d^1	e^1	1	−4 Dq
d^2	e^2	2	−8 Dq
d^3	e^2t^1	3	−12 Dq
d^4	e^2t^2	4	−6 Dq
d^5	e^2t^3	5	−16 Dq+P
d^6	e^3t^3	4	0
d^7	e^4t^3	3	−20 Dq+$2P$
d^8	e^4t^4	2	−12 Dq
d^9	e^4t^5	1	−6 Dq
d^{10}	e^4t^6	0	0

由表3-5、表3-6可见，似乎在所有场合下(除d^0、d^5、d^{10}组态外)八面体构型都比四面体构型稳定(稳定化能大)，这可能是八面体(或近似八面体)的配合物远比四面体配合物常见的原因；但是仍然存在相当数量的四面体配合物，甚至相当稳定。这表明CFSE并不是决定配合物空间构型的唯一因素。可以估计中心离子和配体的体积及金属-配体间的距离等因素还有更大的影响。

由于四面体场的晶体场分裂能Δ_t只有八面体场分裂能的4/9，这样小的分裂能值，不能超过电子成对能P，因此过渡金属离子的四面体配合物只有高自旋而没有低自旋。

CFSE的大小与配合物的几何构型、中心原子的d电子数和所在周期数、配位场强弱及电子成对能密切相关。

(二)CFSE的计算

对于自旋状态没变化的配位场(弱场)：

$$\text{CFSE} = -4\ \text{Dq} \times n_1 + 6\ \text{Dq} \times n_2$$

对自旋状态发生变化的配位场(强场)：

$$\text{CFSE} = -4\ \text{Dq} \times n_1 + 6\ \text{Dq} \times n_2 + (m_1 - m_2)P$$

式中，n_1为t_{2g}轨道上的电子数，n_2为e_g轨道上的电子数；m_1、m_2分别为八面体场、球形场中的d轨道的成对电子数。

对d^4组态(图3.8)，若中心离子取低自旋构型，则：

$$\text{CFSE} = -4\ \text{Dq} \times 4 + 6\ \text{Dq} \times 0 + (1-0)P = -16\ \text{Dq} + P$$

若中心离子取高自旋构型，则：

$$\text{CFSE} = -4\ \text{Dq} \times 3 + 6\ \text{Dq} \times 1 + (0-0)P = -6\ \text{Dq}$$

六、晶体场理论的应用

(1)解释第一过渡系列$M(H_2O)_6^{2+}$的稳定性与d电子数的关系。同时，可以根据$\Delta_o > P$或$\Delta_o < P$来判断高低自旋配合物，即可以不用μ(磁矩)来判断配合物属于高自旋还是低自旋。

(2)配合物磁性的判断。在晶体场理论中，只要知道分裂能Δ_o和电子成对能P的数据，就可以判断该配离子属于强场或弱场离子，并进一步分析d电子在t_{2g}轨道和e_g轨道上的分布情况，判断成单电子数，并利用公式计算出该配离子磁矩的理论值。

(3)过渡金属离子的水合热的解释。晶体场理论的核心是配位体的静电场与中心离子的作用所引起的d轨道的分裂和d电子进入低能级轨道带来的稳定化能使体系能量下降，从而产生一种附加成键作用效应。

由图3-9可以发现，在正八面体弱场高自旋(HS)中，CFSE的曲线呈现“反W”形或“双峰”形状，三个极小值位于d^0、d^5、d^{10}处，两个极大值出现在d^3和d^8处，而在强场低自旋(LS)中，曲线呈“V”形，极小值为d^0和d^{10}，极大值为d^6。

既然CFSE引起附加成键效应，那么这种附加成键效应及其大小必然会在配合物的热力学性质上表现出来。$[M(H_2O)_6]^{2+}$是弱八面体场，高自旋态，$d^1 \sim d^3$填入t_{2g}，CSFE逐渐增大，故水化热比虚线低，d^4、d^5填入高能的e_g轨道，CFSE逐渐降低，水化能相应减少(指绝对值)。$d^6 \sim d^{10}$重复以上规律，故呈反双峰线(图3-10)。水合焓的变化规律正是CFSF随d电子数的变化规律的体现。

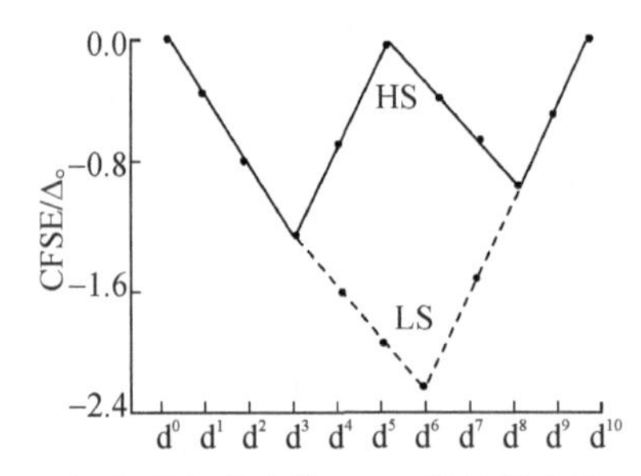

图 3-9 正八面体弱场高自旋(HS)强场低自旋(LS)的 CFSE

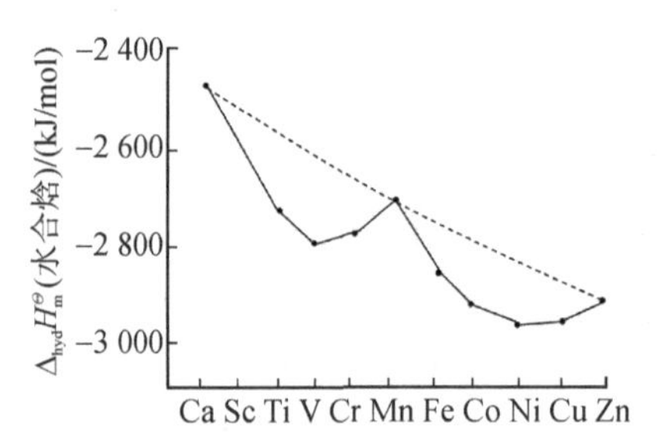

图 3-10 第一过渡系二价金属离子的水合能变化

注意:CFSE 只占金属与配体总键能的一小部分(5%～10%),只有当别的因素大致不变时,它的关键作用才能表现出来。

(4)解释配合物的稳定性。配合物的稳定性可以用晶体场稳定化能来解释。

(5)解释配合物的电子光谱和颜色。过渡金属配合物的颜色是因为中心原子 d 轨道未完全充满,较低能级轨道(如八面体场中 t_{2g} 轨道)中的 d 电子从可见光中吸收与分裂 Δ_o 能量相当的光波后跃迁到能量较高的轨道,即人们所熟悉的 d—d 跃迁。可见光的一部分被吸收后,配合物所反射或透射出的光就是有颜色的。配合物离子所吸收光子的频率与分裂能大小有关(图 3-11),颜色的深浅与跃迁电子数目有关。

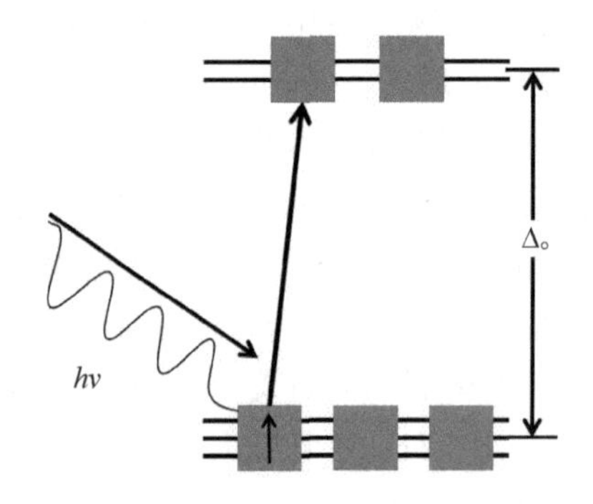

图 3-11 配合物离子所吸收光子的频率与分裂能大小的关系

配合物的颜色和波长关系见图 3-12。配合物吸收可见光中的能量,即一定波长的光,其透射和反射的光为其互补光,也就是配合物所呈现的颜色。

这样既解释了配合物的电子吸收光谱和颜色,也说明了 Cu(Ⅰ)、Ag(Ⅰ)和 Zn(Ⅱ)等具有 d^{10} 电子构型的金属离子为什么是无色的。金属离子$[M(H_2O)_6]^{n+}$水溶液的颜色见表 3-7。

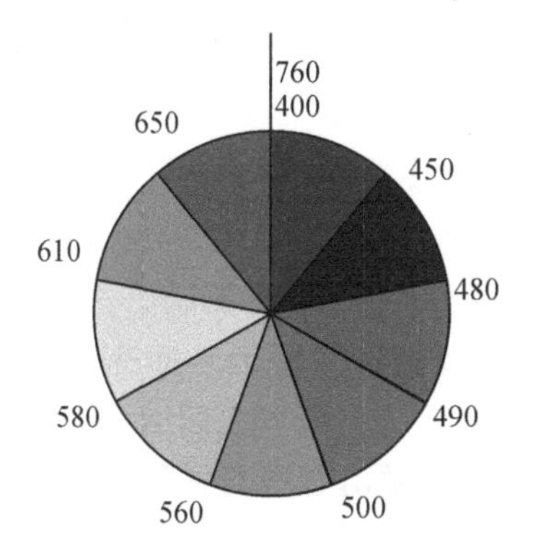

λ/nm	颜色	互补光
400—450	紫	黄绿
450—480	蓝	黄
480—490	绿蓝	橙
490—500	蓝绿	红
500—560	绿	紫红
560—580	黄绿	紫
580—610	黄	蓝
610—650	橙	绿蓝
650—760	红	蓝绿

图 3-12 配合物的颜色和波长关系

表 3-7 金属离子$[M(H_2O)_6]^{n+}$水溶液的颜色

d^n	M^{n+}	颜色
d^1	Ti^{3+}	紫色
d^2	V^{3+}	蓝色
d^3	Cr^{3+}	紫色
d^5	Mn^{2+}	肉红色
d^6	Fe^{2+}	红色
d^7	Co^{2+}	粉色
d^8	Ni^{2+}	绿色
d^9	Cu^{2+}	蓝色

七、d 轨道分裂的结构效应

(一)过渡金属的离子半径

以高自旋的第一过渡系二价金属离子在八面体配合物中的半径对 d^n 作图,可以得到一条"斜 W"曲线(图 3-13)。而通过 Ca^{2+}、Mn^{2+} 和 Zn^{2+} 等"闭壳层"的离子画出的线基本为一平滑直线,与一般离子半径的变化规律一致。这种现象是配位场稳定化能作用的结果。在弱场情况下,电子要按高自旋的方式进行排布,以获得有利的配位场稳定化能。从 Ti^{2+} 开始,d 电子先占据 t_{2g} 轨道,由于 t_{2g} 轨道不直接指向配体,因此配体受到的排斥作用较小,在这种非球形对称结构中,金属离子的有效半径显然要小于相应的等电子分布的假想球形离子。随着 d 电子数的增加,当 d 电子开始占据 e_g 轨道时(如 Cr^{2+}),由于 e_g 轨道提供较大的

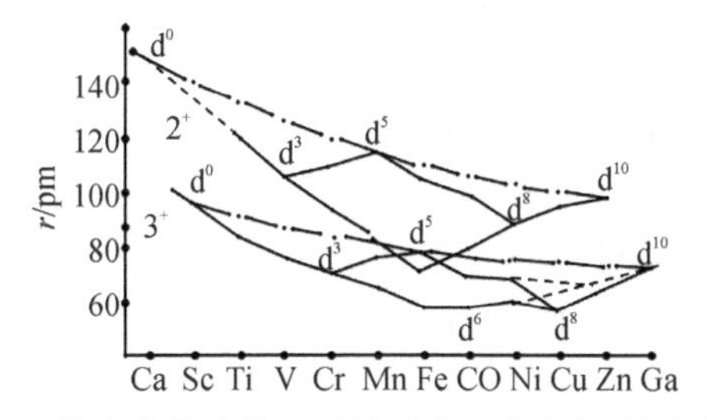

图 3-13 八面体配合物中第一过渡系离子的半径随原子序数的变化

屏蔽作用，离子半径开始增大，至 Mn^{2+} 达到最大值，然后又开始下降，出现一个下降峰，至 Ni^{2+} 达到最小值后又继续上升。

（二）扬-特勒效应

1937 年，H. A. Jahn 和 E. Teller 提出扬-特勒效应（Jahn - Teller effect）。在对称的非线性分子中，简并轨道的不对称占据必定会导致分子通过某种振动方式使其构型发生畸变，结果降低了分子的对称性和轨道的简并度，使体系的能量降低从而达到某种稳定状态。对于过渡金属配合物而言，扬-特勒效应主要出现在金属与配体之间有强 σ 相互作用的简并 d 轨道发生不对称占据时。该效应可以用晶体场理论做出合理的解释，值得注意的是扬-特勒效应中所说的简并度不是轨道本身的简并度，而是这些轨道被占时所产生的组态简并度。

以配离子$[Cu(NH_3)_4(H_2O)_2]^{2+}$为例，中心离子 Cu^{2+} 的电子构型为 $3d^9$，有 6 个电子填充在 t_{2g} 轨道上，另外 3 个填充在 e_g 轨道，在二重简并的 e_g 轨道中，3 个电子有 2 种能量相同的排列方式，即$(d_{z^2})^2(d_{x^2-y^2})^1$ 和$(d_{z^2})^1(d_{x^2-y^2})^2$。

如果按方式一排列，z 轴上的 2 个配体将受到比 x 轴和 y 轴上配体更大的电子排斥力，其结果是 z 轴上的配体的配位键被拉长，而 x 轴和 y 轴上的 4 个配体被压缩，形成拉长的八面体，由于这种畸变使 $d_{x^2-y^2}$ 轨道的能级上升，d_{z^2} 轨道的能级下降，即畸变使原来简并的 e_g 轨道进一步分裂，从而消除了简并性。相反，如果采用二排列，这种畸变使 d_{z^2} 轨道的能级上升，$d_{x^2-y^2}$ 轨道的能级下降，使之形成了压缩的八面体(图 3 - 14)。

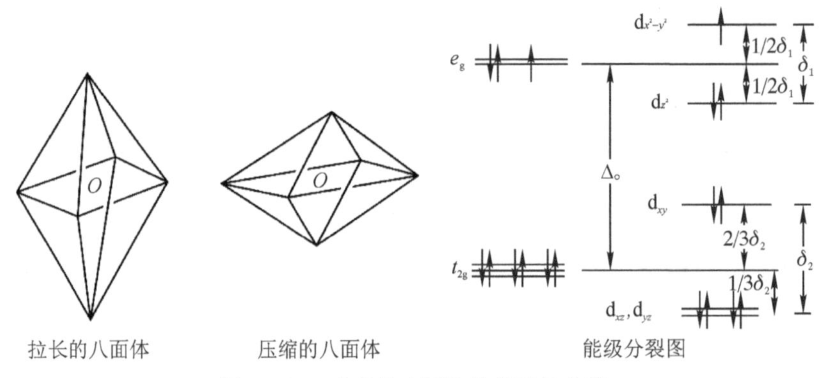

图 3 - 14　畸变的八面体及其能级分裂

无论采用哪一种几何畸变，都会引起能级的进一步分裂，消除简并，其中一个能级降低，从而获得额外的稳定化能。

第四节　配合物的配位场理论

晶体场理论是研究配位化学的重要理论。然而，该理论只考虑中心原子或离子的电子结构而不考虑配体的结构，只考虑中心离子与配体的静电作用而不考虑它们之间的轨道重叠，因而有明显的局限。例如，对中心为零价金属原子、对非极性配体（如烯烃）的配合物等不适用。因为在这些情况下，中心原子的纯静电稳定作用不明显，而中心原子与配体之间因轨道重叠形成的共价键应有更重要的作用；即使对极性配体，不考虑重叠效应也难以得到好的定量结果。这就不得不引入分子轨道，并与晶体场理论结合，发展成配位场理论。配位场理论在20世纪50年代以来发展非常迅速，成为化学键理论的重要分支。配位场理论（也称配体场理论）是计算配合物中原子的波函数和能级的一种理论方法，是在静电晶体场理论和过渡金属分子轨道理论的基础上发展起来的。配位场理论实质上属于配合物分子轨道理论，在预测和说明配合物的结构-性能关系、催化反应机制、激光物质工作原理、晶体物理性质、配合物的电子自旋共振谱和电子能谱等方面得到广泛应用。

配位场理论认为：①配体不是无结构的点电荷，而是具有一定电荷分布和结构的原子（或分子）；②成键作用既包括静电作用，也包括共价作用。对于大多数正常氧化态的金属配合物，可以考虑轨道的适度重叠将有关参数加以修正。

适当考虑共价作用就是承认金属和配体轨道重叠导致d电子离域，即d电子云扩展，这种现象叫做电子云扩展效应。电子云扩展效应的直接后果就是降低了中心离子上价电子间的排斥作用。考虑轨道重叠而对静电晶体场理论作的最直截了当的修正，就是把电子间相互作用的所有参数作为待定参数，它们不等于自由离子的参数值。在这些参数中，轨-旋耦合常数λ和电子间的互斥参数（Slater积分项F_B或更常用的拉卡参数B）是最重要的。

轨-旋耦合常数λ在决定许多配离子的精确磁矩（如某些真实磁矩对只考虑自旋的数值的偏差和某些磁矩固有的温度依赖关系）时起重要作用。研究表明，一般配合物中的λ值是自由离子的70%～85%。当利用这些较小的轨-旋耦合常数时，晶体场理论的预测和实验观测值可以很好地符合。

拉卡（Racah）参数是配合物中中心原子各谱项的能量间隔的量度。一般说来，自旋多重度相同的各态之间的能量差别只是B的倍数，而自旋多重度不同的各态之间的差别则用B和C的倍数之和表示。

不同的过渡元素分别有不同的A值、B值和C值，实验中发现$C\approx 4B$。显然同一组态生成的任何两个光谱项的能量差都和参数A无关，自旋多重度最大的两个光谱项的能量差仅和B有关。理论计算中，B值可作为衡量电子间相互作用的一个参量，因此可以通过修正B值来考虑被静电晶体场理论忽略了的共价作用、配合物中心离子的B'值可通过电子吸收光谱的数据计算，自由离子的B值可由发射光谱求得。表3-8列出了一些常见离子的B值和B'值。

表3-8　一些常见离子的B值和B'值

金属离子	自由金属离子的B值	不同配体八面体配合物中中心离子的金属离子的B'值							
		Br^-	Cl^-	$C_2O_4^{2-}$	H_2O	EDTA	NH_3	en	CN^-
Cr^{3+}	950	—	510	640	750	720	670	620	520
Mn^{2+}	850	—	—	—	790	760	—	750	—
Fe^{3+}	1000	—	—	—	770	—	—	—	—
Co^{3+}	1000	—	—	560	720	660	660	620	440
Rh^{3+}	800	300	400	—	500	—	460	460	—
Ir^{3+}	660	250	300	—	—	—	—	—	—
Co^{2+}	1030	—	—	—	约970	约940	—	—	—
Ni^{2+}	1130	760	780	—	940	870	840	840	—

约根逊(Jorgenson)引入一个参数 β 来表示 B' 相对于 B 减小的程度。

$$\beta=\frac{\text{配合物中心离子的 } B' \text{ 值}}{\text{该金属的自由离子的 } B \text{ 值}}$$

按照 β 值减小趋势排成一个序列，称为“电子云扩展序列”：

$F^- > H_2O > CO(NH_2)_2 > NH_3 > C_2O_4^{2-} \approx en > NCS^- > Cl^- \approx CN^- > Br^- > (C_2H_5O)_2PS_2^- \approx S^{2-} \approx I^- > (C_2H_5O)_2PSe_2^-$

这个序列大体上同配位原子的电负性一致，它很好地表征了中心离子和配体之间形成共价键的趋势，左端离子的 β 值较大，亦即 B' 大，即配离子中的中心金属离子的电子排斥作用减少得少。换句话说，就是共价作用不明显；右端的离子，β 值小，亦即 B' 小，电子离域作用大，即电子云扩展效应大，共价作用明显。

第五节 配合物的分子轨道理论

分子轨道理论的要点：分子轨道理论认为配合物的中心原子与配体间的化学键是共价键。当配体接近中心原子时，中心原子的价轨道与能量相近、对称性匹配的配体轨道可以重叠组成分子轨道。

两个原子结合时，其原子轨道互相作用形成了分子轨道，其中能量较低的轨道称为成键分子轨道，能量较高的轨道称为反键分子轨道。与晶体场理论中只考虑静电作用不同，分子轨道理论考虑了中心原子与配位原子间原子轨道的重叠，即配位键的共价性。构建配合物的分子轨道原则上与构建简单双原子分子的分子轨道方法相同，都是将中心原子和配位原子的原子轨道按一定的原则进行有效的线性组合。分子轨道理论有下面三个基本原则：①分子轨道的数目等于结合的原子轨道的数目。两个原子轨道可以形成两个分子轨道，能量较低的为成键分子轨道，能量较高的为反键分子轨道。②电子优先进入能量较低的分子轨道，一个轨道中最多能容纳两个电子。③电子尽可能分占不同的分子轨道。

分子轨道理论比价键理论和晶体场理论更能说明问题。它不仅可以用来解释如 π 配合物和羰基配合物等特殊配合物中配位键的本质，而且可以计算出所形成配合物中各分子轨道能量的高低，并定量地解释配合物的相关物理和化学性质。通常人们采用简化或某些近似处理的方法来得到分子轨道能量的大小。

分子轨道有几种典型形式，σ 分子轨道、π 分子轨道和 δ 分子轨道(图 3-15)。σ 分子轨道是原子轨道头对头方式重叠构成 σ 分子轨道，σ 重叠的电子云呈圆柱形对称分布于键轴，s—s、s—p、p_x—p_x 都可构成 σ 重叠。π 分子轨道是原子轨道以肩并肩方式重叠构成 π 分子轨道。π 分子轨道电子云对称分布于通过分子键轴的平面，p_y—p_y 和 p_z—p_z 都可构成 π 重叠。δ 分子轨道是对称性匹配的 d 轨道以面对面方式重叠构成 δ 分子轨道。δ 分子轨道的

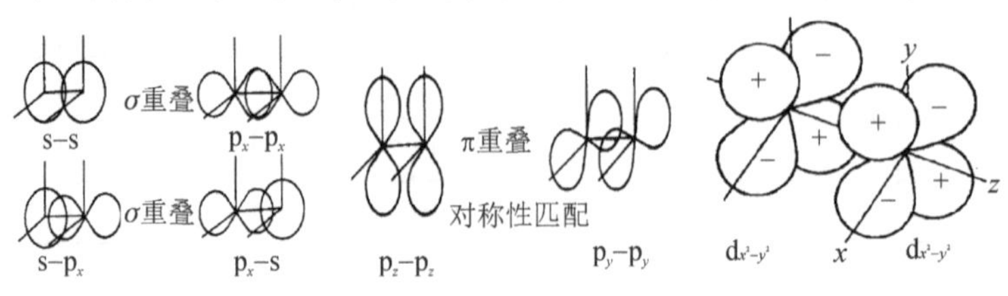

图 3-15 σ 分子轨道、π 分子轨道和 δ 分子轨道

电子云分布于与键轴垂直的两个平面，$d_{x^2-y^2}$ 与 $d_{x^2-y^2}$ 构成 δ 重叠。

一、配合物分子轨道的形成

在讨论含有d轨道的过渡金属离子配合物的分子轨道之前，我们先来讨论简单分子 BeH_2 的分子轨道的形成。

$$Be^{2+} + 2H^- \longrightarrow BeH_2$$

Be^{2+} 用2s和 $2p_z$ 轨道与两个 H^- 的1s轨道成键，2s轨道属对称类别 A_{1g}，$2p_z$ 轨道属对称类别 A_{2u}，分子轨道的组成是将金属离子的轨道与相同对称类别的配体轨道线性组合起来。不止一个配体时，将配体群轨道与金属离子对称性相同的轨道线性组合起来。如 H^- 的两个1s轨道，将它们组成两个配体群轨道后，其中一个为 a_{1g}，其波函数为 $\psi_{a_{1g}}$，$\psi_{a_{1g}}=\psi_H+\psi'_H$；另一个配体的群轨道为 a_{2u}，其波函数为 $\psi_{a_{2u}}$，$\psi_{a_{2u}}=\psi_H-\psi'_H$。配体的 $\psi_{a_{2u}}$ 与中心金属离子的 $2p_z$ 属同一对称类别，配体的 $\psi_{a_{1g}}$ 与中心金属离子的2s轨道对称性相同，对称性相同的金属轨道和配体群轨道组合成 BeH_2 的两个成键分子轨道：$\sigma_g=\psi_{2s}+\psi_{a_{1g}}$，$\sigma_u=\psi_{2p_z}+\psi_{a_{2u}}$。另外还组成两个反键轨道：$\sigma_g^*=\psi_{2s}-\psi_{a_{1g}}$，$\sigma_u^*=\psi_{2p_z}-\psi_{a_{2u}}$。此外，$Be^{2+}$ 的另外两个p轨道不参与成键，是非键轨道，因此 BeH_2 共六个分子轨道。

过渡金属离子的八面体配合物形成分子轨道时其步骤与 BeH_2 相同，只不过参加成键的轨道数目较多。在第一过渡系中，中心原子的价电子轨道是5条3d、1条4s和3条4p轨道，在八面体场中，这9条轨道中只有6条轨道（4s、$4p_x$、$4p_y$、$4p_z$、$3d_{z^2}$、$3d_{x^2-y^2}$）在 x、y、z 的轴上分布，指向配体，因而这6条轨道可以形成 σ 键。而另外3条轨道，即 $3d_{xy}$、$3d_{xz}$、$3d_{yz}$，因其位于 x、y、z 轴之间，在Oh场中对于形成 σ 键对称性不匹配，不适合于形成 σ 键，但可参与形成 π 键。

如以 $[Co(NH_3)_6]^{3+}$ 为例，由于中心原子的内层轨道不参加化学反应，在组成分子轨道时只考虑价层轨道，即3d、4s和4p。其中s、p_x、p_y、p_z、d_{z^2} 和 $d_{x^2-y^2}$ 轨道直接指向配体，能够与配体的轨道重叠，有可能与配体形成 σ 配键；d_{xy}、d_{xz}、d_{yz} 的轨道不直接指向配体，而是夹在3个坐标轴间，不能与配体形成 σ 配键，但有可能与配体形成 π 键。中心原子的轨道按照八面体的对称类别分类如下：

中心原子的s轨道属于对称类别 A_{1g}，或者说s轨道是 a_{1g} 轨道；d_{z^2} 和 $d_{x^2-y^2}$ 轨道属于对称类别 E_g，或者说 d_{z^2} 和 $d_{x^2-y^2}$ 轨道是 e_g 轨道；中心原子的p轨道属于对称类别 T_{1u}，或者称p轨道是 t_{1u} 轨道；d_{xy}、d_{xz}、d_{yz} 轨道属于对称类别 T_{1g}，称为 t_{2u} 轨道。

在确定了过渡金属中心原子能用于参与形成 σ 键的轨道之后，再来确定配位体的哪些轨道能用于形成 σ 键。可使用一种简单直观的方法，即根据金属离子价轨道的对称性（形状）来决定哪些配体轨道可以与金属轨道重叠。例如，具有与 $d_{x^2-y^2}$ 轨道相同对称性的配位体的轨道的线性组合（图3-16），在 $+x$ 和 $-x$ 方向为正号，在 $+y$ 和 $-y$ 方向上为负号，这种组合为：$\sigma_{+x}+\sigma_{-x}-\sigma_{+y}-\sigma_{-y}$；又如，$d_{z^2}$ 的 $\pm z$ 轴上都是正号且是大头，x、y 轴上为负号且为小头，因此与 d_{z^2} 有相同对称性的配位体 d_{z^2} 轨道的线性组合为：$2\sigma_{+z}+2\sigma_{-z}-\sigma_{+x}-\sigma_{-x}-\sigma_{+y}-\sigma_{-y}$。其他对称性匹配的配位体轨道的组合也可用相同方法找到。这些组合及其归一化常数列表3-9中。

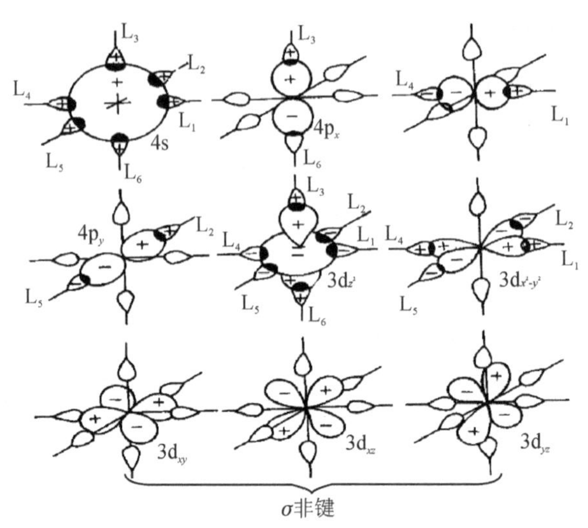

图 3-16 配体群轨道与中心原子轨道的组合

表 3-9 σ 键合的八面体配合物的金属原子轨道和配体群轨道组合

对称性	金属轨道	配体的群轨道
a_{1g}	s	$\frac{1}{\sqrt{6}}(\sigma_1+\sigma_2+\sigma_3+\sigma_4+\sigma_5+\sigma_6)$
e_g	$d_{x^2-y^2}$	$\frac{1}{2}(\sigma_1-\sigma_2+\sigma_3-\sigma_4)$
	d_{z^2}	$\frac{1}{2\sqrt{3}}(2\sigma_5+2\sigma_6-\sigma_1-\sigma_2-\sigma_3-\sigma_4)$
t_{1u}	p_x	$\frac{1}{\sqrt{2}}(\sigma_1-\sigma_3)$
	p_y	$\frac{1}{\sqrt{2}}(\sigma_2-\sigma_4)$
	p_z	$\frac{1}{\sqrt{2}}(\sigma_5-\sigma_6)$

下面将简单介绍常见八面体配合物中分子轨道形成的情况。

(一)中心金属与配体之间不存在 π 相互作用

图 3-17 是中心金属与配体之间不存在 π 相互作用中最简单的一种情况。在 ML_6 中只有 σ 成键作用。在第一过渡系八面体配合物中，金属离子具有 4s、$4p_x$、$4p_y$、$4p_z$、$3d_{xy}$、$3d_{yz}$、$3d_{xz}$、$d_{x^2-y^2}$、d_{z^2} 共 9 个价轨道。其中有 6 个轨道的角度分布的最大值处在 $\pm x$、$\pm y$ 和 $\pm z$ 这 6 个方向上，与 ML_6 型八面体配合物中 6 个配体所处方向一致，因此这 6 个轨道可以参与形成 σ 分子轨道，即具有 σ 对称性。当这些金属离子与仅有 σ 轨道参与配位键形成的配体作用形成 ML_6 型八面体配合物时，配合物分子轨道中只有 σ 键存在。在与金属离子轨道作用以前，来自配体的 6 个 σ 轨道必须首先进行线性组合形成配体群轨道。以配离子 $[Co(NH_3)_6]^{3+}$ 为例，由图可见，来自金属离子的 6 个 σ 轨道可以与配体的 6 个 σ 轨道组合成 1 个 a_{1g}、2 个 e_g 和 3 个 t_{1u} 对称轨道。根据对称性匹配原则可将金属离子和配体中具有相同对称性的轨道进行线性组合，得到配合物的分子轨道。配体 NH_3 提供不等性杂化的孤电子对轨道作为 σ 型轨道，配位原子 N 的 p_x 和 p_y 能级高，配体无能量匹配的 π 轨道参与形成分子轨道。金属离子的 a_{1g} 和配体的 a_{1g} 群轨道相互作用，得到 2 个分子轨道，一个为

成键分子轨道，另一个为反键分子轨道。

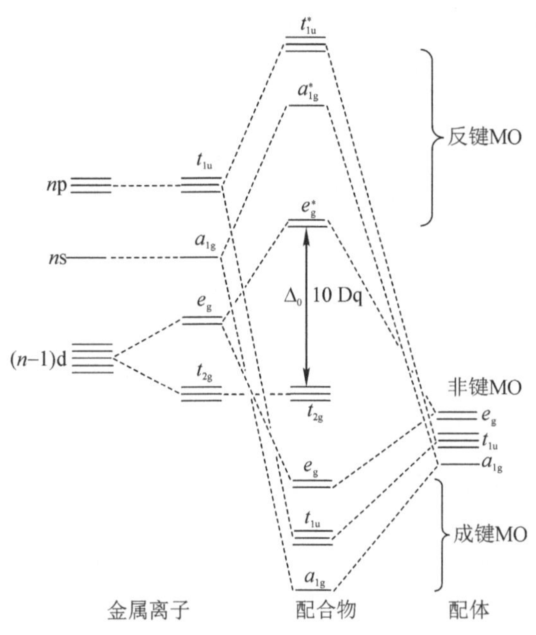

图 3-17　仅有 σ 相互作用的八面体配合物 ML_6 的定性分子轨道能级图

金属的 t_{1u} 轨道和配体的 t_{1u} 群轨道作用，产生 1 个成键分子轨道和 1 个反键分子轨道。同样，金属离子和配体的 e_g 相互作用产生成键的 e_g 和反键的 e_g^* 分子轨道。金属离子的 t_{2g} 轨道并不直接指向配体，不能与配体形成 σ 键，而且配体并没有相同对称性的 σ 型群轨道与之匹配，因此如果仅考虑 σ 的成键作用，中心原子的 t_{2g} 是非键轨道。在上面配离子中，Co^{3+} 的 6 个 d 电子可以填入非键的 t_{2g} 轨道和反键的 e_g^* 轨道，并有 2 种排列方式，即 $(t_{2g})^6(e_g^*)^0$ 和 $(t_{2g})^4(e_g^*)^2$。前者为低自旋，后者为高自旋。具体采用哪种填法，与其电子成对能 P 及 t_{2g}、e_g^* 轨道间的能级差（即晶体场理论中的分裂能 Δ_o）有关，当 $\Delta_o > P$ 时按低自旋 $(t_{2g})^6(e_g^*)^0$ 填充，而当 $\Delta_o < P$ 时按高自旋方式 $(t_{2g})^4(e_g^*)^2$ 填充。这一结论与晶体场理论是一致的。

（二）中心金属与配体之间存在 π 相互作用

中心金属与配体之间存在 π 相互作用时，要考虑配体 π 轨道与金属离子 π 轨道之间的作用。根据配体 π 轨道来源的不同，主要有图 3-18 所示的 3 种情况，即配体 L 分别提供垂直于 M—L 轴方向的 p 轨道、与金属 d 轨道处于同一平面的配体 d 轨道或者与金属 d 轨道处于同一平面的配体的 π^* 反键分子轨道。中心金属离子具有 π 对称性的价轨道有 t_{2g}：$3d_{xy}$、$3d_{xz}$、$3d_{yz}$，t_{1u}：$4p_x$、$4p_y$、$4p_z$。配体 π 轨道与金属的 t_{2g} 轨道组成的 π 分子轨道示于图 3-18。

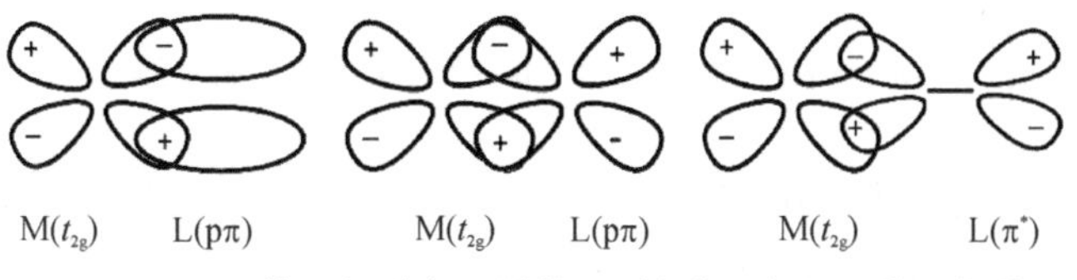

图 3-18　配体 π 轨道与金属的 t_{2g} 轨道组成的 π 分子轨道

同时，由于配体的 d 轨道和反键 π^* 轨道一般是空轨道，在形成配合物的分子轨道中，这些来自配体的 d 轨道或反键 π^* 轨道就作为电子接受体，即所谓 π 接受配体，而配体的 p 轨道往往是充满了电子的，因此在配合物分子轨道中充当电子给予体，这类配体被称为 π 给予体配体。随着电子接受体或电子给予体的不同，配体 π 轨道与金属离子 π 轨道作用形成配合物分子轨道时对分裂能 Δ_o 值的影响程度是不相同的。

对于含有卤素配体的配合物，如在配离子$[CoF_6]^{3-}$中，氟离子的 p 轨道可与钴离子的 t_{2g} 轨道作用形成 π 成键和 π^* 反键轨道。π 成键轨道主要来自能量较低的配体轨道，而 π^* 反键轨道则主要是能量较高的金属离子的 t_{2g} 轨道。$[CoF_6]^{3-}$ 可作为 $M(t_{2g})-L(p\pi)$成键的例子，由于 F^- 离子的已排满电子的 2p 轨道能量低，π 成键的结果使原来非键的 t_{2g} 分子轨道能量升高而成为 t_{2g}^* 反键分子轨道，导致分裂能变小(图 3－19)该类配合物为高自旋型，也说明卤素离子配体在光谱化学序中属于弱场配体。

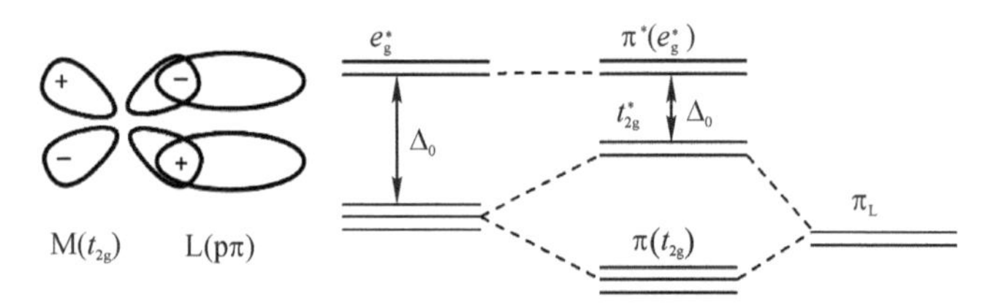

图 3－19　$M(t_{2g})-L(p\pi)$的成键情况及能级图

图 3－20 适用于含有如 CN^- 和 R_3P 等配体的配合物中 π 成键情况。P 原子除了利用 3s 及 3p 轨道与金属离子的 d 轨道作用形成 σ 分子轨道之外，其空的 3d 轨道还可以参与 π 分子轨道的形成。但是由于 P 原子 3d 轨道的能量比金属离子 3d 轨道的能量要高，在形成 π 成键和 π^* 反键分子轨道时，配体 3d 轨道的能量升高而成为 π^* 反键分子轨道，金属离子的 t_{2g} 轨道能量降低而成为 π 成键分子轨道，使其与 e_g 轨道间的能量差(即分裂能 Δ_o)增大。因此，这一类配体称为强场配体，所形成的配合物称为低自旋型。另外，由于金属离子 t_{2g} 轨道上的电子进入 π 成键分子轨道，使金属离子中的 d 电子通过 π 成键轨道移向配体，这样金属离子成为 π 电子给予体，配体成为 π 电子接受体，人们将这种金属离子和配体间 π 电子的相互作用称为 π 电子的反馈作用，形成的键称为反馈 π 键。这种同时含有 σ 配键和反馈 π 键的键合类型也被称为 $\sigma-\pi$ 配键。这种键合方式在羰基化合物中尤为显著。

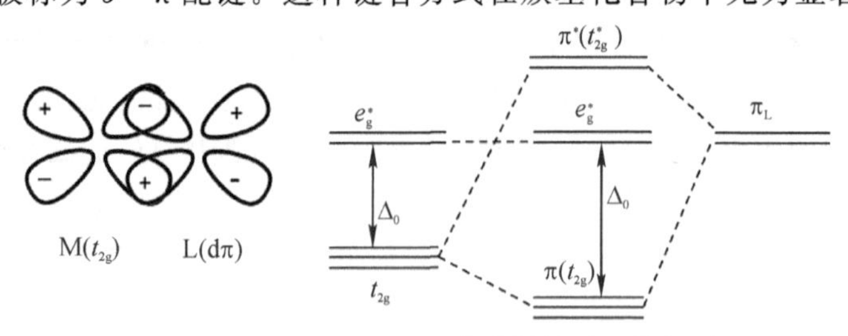

图 3－20　$M(t_{2g})-L(d\pi)$的成键情况及能级图

NO_2^-、CN^-、CO 也可同金属形成反馈 π 键(图 3－21)。只是接受 π 电子的是配体的 π^* 反键分子轨道，因而属于 $M(t_{2g})-L(\pi^*)$的情形。因为配体反键分子轨道的能量较高，所以能级图与 $M(t_{2g})-L(d\pi)$相似。例如，分子轨道能级分布情况相似，均导致分裂能 Δ_o 增大。

但是，两者之间有显著不同。首先，CO采用的不是简单的空的3d轨道，而是CO分子的π^*反键轨道与金属离子的d轨道作用形成π分子轨道。另外，由于羰基化合物的中心原子为金属原子（零价）或金属负离子，因此相对于金属正离子而言，羰基化合物的金属原子或金属负离子中电子特别"富余"，而这些"富余"的电子通过π分子轨道进入配体CO分子的π^*反键轨道，形成相当强的反馈π键。这也就解释了羰基化合物的稳定性的问题。

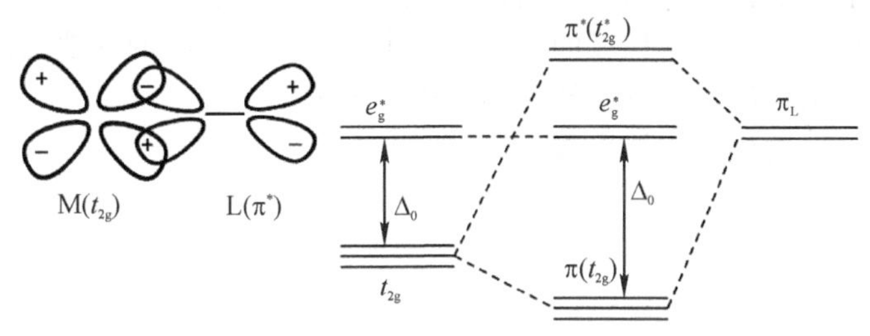

图3-21 M(t_{2g})－L(π^*)的成键情况及能级图

二、分子轨道理论解释光谱化学序列

根据以上对形成八面体配合物分子轨道三种情况的讨论及其对Δ_o的影响，可将光谱化学序列的大致趋势（该趋势也适用于其他构型配合物）归结如下：

(I^-、Br^-、Cl^-、SCN^-)＜F^-、OH^-＜H_2O、NH_3＜phen＜NO_2^-、CN^-、CO；

成键作用对光谱化学序（即配位场强度）的影响是，强的π电子给予体（I^-、Br^-、Cl^-、SCN^-）＜弱的π电子给予体（F^-、OH^-）＜很小或无π相互作用（H_2O、NH_3）＜弱的π接受体（phen）＜强的π接受体（NO_2^-、CN^-、CO）。

爱国奉献的社会主义核心价值观

陈荣悌是我国配位化学学科的先驱者和推进者之一。1954年，在祖国的召唤下，陈荣悌义无反顾地回国发展，并任南开大学教授。在南开大学，陈荣悌主要从事热力学、动力学、配位化学及络合催化方面的教学和研究工作。

陈荣悌在配位化学领域的开拓性成果在国际上产生了巨大影响。20世纪50年代末，他正式提出了配位化学中的直线自由能和直线焓关系的定量关系式，引起了国际配位化学界的高度重视。这项成果发表于1962年德国《物理化学杂志》后，受到国内外同行的广泛重视。年轻的化学家陈荣悌的名字和杰出贡献被载入了国际配位化学史册，赢得了荣誉。

20世纪80年代，陈荣悌又用大量实验结果证明了配位化学中的线性热力化学函数关系，并将这些线性关系和所有能量之间的线性关系归纳为配位化学中的相关分析。不仅如此，陈荣悌的研究方向还包括了热力学和热化学、动力学及反应机制、结构和配位理论、络合催化理论和应用等方面。

陈荣悌是当之无愧的爱国科学家。为了祖国配位化学领域的发展，为了培育我国化学界科技人才，解决化学领域的实际问题，陈荣悌献出了毕生的心血，做出了卓越的贡献。从他身上，我们看到了科学家的风骨和脊梁，这也将影响一代代优秀的年轻人以他为榜样，奋发向上。

习 题

一、是非题

1. 价键理论能够解释配合物的空间构型，也能解释其磁性。 ( )
2. 晶体场理论利用共价键构成的空间结构来影响中心离子的 d 轨道使其分裂。( )
3. 分子轨道理论本质上是价键理论和晶体场理论的结合。 ( )
4. 高低自旋可以利用分子轨道理论来判断。 ( )
5. 一般情况下，同一中心离子的内轨型配合物比外轨型配合物稳定。 ( )

二、选择题

1. 根据晶体场理论，高自旋配合物的理论判据是 ( )

A. 电离能大于成对能　　B. 分裂能小于成对能
C. 分裂能大于成对能　　D. 成键能大于分裂能

2. $[Fe(H_2O)_6]^{2+}$ 的配位体，填入了 Fe^{2+} 的什么杂化轨道？ ( )

A. sp^3d^2　　B. d^2sp^3　　C. ds^2p^3　　D. sp^2d^3

3. 在八面体场中，中心离子 d 轨道在配位体场的作用下分裂成 ( )

A. 能量不等的五组轨道
B. 能量较高的 $d_{x^2-y^2}$、d_{z^2} 和能量较低的 d_{xy}、d_{yz}、d_{xz}
C. 能量较高的 d_{xy}、d_{yz}、d_{xz} 和能量较低的 $d_{x^2-y^2}$、d_{z^2}
D. 能量不等的四组轨道

4. 下列配离子中，中心离子采用 dsp^2 杂化轨道形成键是 ( )

A. $Fe(CO)_5$　　B. $[Fe(CN)_6]^{3-}$
C. $[Ni(CN)_4]^{2-}$　　D. $[Ag(CN)_2]^-$

5. $[Fe(H_2O)_6]^{2+}$ 的晶体场稳定化能(CFSE)是 ( )

A. −4 Dq　　B. −12 Dq　　C. −6 Dq　　D. −8 Dq

三、问答题

1. 一些具有抗癌活性的铂金属配合物，如 *cis* - $PtCl_4(NH_3)_2$、*cis* - $PtCl_2(NH_3)_2$ 和 *cis* - $PtCl_2(en)$，都是反磁性物质。请根据价键理论指出这些配合物的杂化轨道类型，并说明它们是内轨型还是外轨型配合物。

2. 指出下列配离子哪些是高自旋的，哪些是低自旋的？并说明理由。

FeF_6^{3-}　CoF_6^{3-}　$Co(H_2O)_6^{3+}$　$Fe(CN)_6^{3-}$　$Mn(CN)_6^{3-}$　$Cr(CN)_6^{3-}$　$Co(NO_2)_6^{2-}$　$Co(NH_3)_6^{3+}$

3. 运用价键理论画出配离子$[Co(H_2O)_6]^{2+}$的中心原子的杂化轨道图，指出杂化类型和配离子的空间构型(磁矩为 4.3 B. M.)。

4. 对于配离子$[Cr(H_2O)_6]^{2+}$其平均配对能 P 为 23500 cm^{-1}，Δ_o 的值为 13900 cm^{-1}。求此配离子在处于高自旋和低自旋时的晶体场稳定化能，并指出哪个更稳定？

5. 下面哪个 Co^{2+} 的配合物的晶体场分裂能最弱？

$[CoCl_6]^{4-}$　$[Co(CN)_6]^{4-}$　$[Co(NH_3)_6]^{2+}$　$[Co(en)_3]^{2+}$　$[Co(H_2O)_6]^{2+}$

6. 通常 NO_2^- 被认为是强场配位体，F^- 被认为是弱场配位体。试利用分子轨道理论解释其原因。

第四章　金属有机配合物

学习目标：了解金属羰基化合物及类羰基化合物，金属茂配合物、金属原子簇合物的结构和性质；理解有效原子序数（EAN）规则；掌握金属羰基化合物中的结构和化学键；顺-反异构体的合成并应用于旋光化合物的制备、金属羰基化合物和金属有机化合物的制备。

培养目标：学生能够掌握典型金属有机化合物的结构、化学键及性质和制备等专业知识；能够进行顺-反异构体的合成，旋光化合物的制备、金属羰基化合物和金属有机化合物的制备。

第一节　引　言

金属有机配合物是金属与有机配体结合形成的配位化合物。已经在化学合成、配位催化及制药工业等许多领域得到了广泛应用。金属有机配合物的研究目前已成为化学中极其活跃的领域之一。本章主要介绍金属有机配合物的制备、性质、组成、结构、化学变化规律及其应用。

一、金属有机配合物的发展史

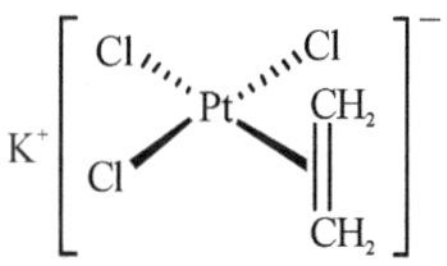

1827 年，丹麦化学家 W. C. Zeise 在加热 $PtCl_2/KCl$ 的乙醇溶液时得到了过渡金属烯烃配合物 $K[PtCl_3(C_2H_4)]\cdot H_2O$（Zeise 盐，图 4－1），这是人们最早合成的金属有机配合物。1900 年，V. Grignard 合成了 CH_3MgBr（Grignard 试剂），为金属有机合成开创了新局面，因此而获得了 1912 年诺贝尔化学奖。1922 年，美国的 T. Midgeley 和 T. A. Boyd 发现四乙基铅 $[Pb(C_2H_5)_4]$ 具有优良的汽油抗震性。1923 年，四乙基铅在工业上大规模生产用作汽油抗震剂，这是第一个工业化生产的金属有机配合物。但四乙基铅有毒，大量使用含铅汽油造成了严重环境污染，现在已基本上被淘汰。工业上第一次用金属有机配合物作为催化剂的配位催化过程是 1938 年德国 Ruhr 公司的 O. Rolen 发现的烯烃氢甲酰化反应，从此开创出金属有机配合物研究中的著名羰基合成及配位催化学科。

图 4－1　Zeise 盐的结构

金属有机配合物研究飞速发展得益于二茂铁的合成及 Ziegler 催化剂的发现。1951 年 P. L. Pauson 和 S. A. Miller 等合成了二茂铁，1952 年 E. O. Fischer 和 G. Wilkinson 确认了二茂铁的夹心结构。二茂铁的发现，使金属有机配合物研究进入了一个新时代，大大促进了金属有机配合物的发展。随后，K. Ziegler 和 G. Natta 合成了 $Et_3Al-TiCl_4$，即 Ziegler 催化剂，使烯烃聚合实现了工业化。二茂铁及 Ziegler 催化剂的发现，成为当今蓬勃发展的金属有机配合物研究的新起点，E. O. Fischer、G. Wilkinson、K. Ziegler、G. Natta 等科学家也由于这些研究获得了诺贝尔奖。金属有机化学的发展进程见表 4－1。

表 4-1 金属有机化学的发展进程

年代/年	重要历史事件
1827	W. C. Zeise 发现第一个金属有机配合物 $K[PtCl_3(C_2H_4)]\cdot H_2O$(即 Zeise 盐)
1849	E. Frankland 发现第一个含金属-碳 σ 键的金属有机配合物二甲基锌
1852	C. J. Löwig 合成了 $Pb(C_2H_5)_4$、$Sb(C_2H_5)_4$、$Bi(C_2H_5)_4$
1863	C. Friedel 与 J. M. Crsfts 合成有机氯硅烷化合物
1890	L. Mond 合成第一个羰基化合物 $Ni(CO)_4$
1891	L. Mond 合成 $Fe(CO)_5$
1900	V. Grignard 合成 CH_3MgBr(Grignard 试剂),开创金属有机化学新局面,因此获得 1912 年诺贝尔化学奖
1909	W. J. Pope 合成第一个烷基铂配合物 $(CH_3)_3PtI$
1917	W. Schlenk 用金属锂与烷基汞反应合成烷基锂化合物
1921	T. Midgeley 和 T. A. Boyd 发现四乙基铅具有优良的汽油抗震性,1923 年开始大规模生产
1925	F. Fischer 和 H. Tropsch 创立 Fischer-Tropsch 法
1930	K. Ziegler 改进烷基锂的制法并应用于有机合成上
1931	W. Hieber 首次合成出过渡金属羰基氢化物 $H_2Fe(CO)_4$
1938	O. Rolen 发现烯烃氢甲酰化反应;W. Reppe 开发炔烃羰基化反应并实现工业化
1944	R. G. Rochow 发现有机硅的直接合成法
1951	T. J. Kealy 和 P. L. Panson 合成二茂铁;次年,G. Wilkinson 和 E. O. Fisher 确认二茂铁的结构,二人分享了 1973 年的诺贝尔奖;提出烯烃-金属 π 键理论
1953	K. Ziegler 和 G. Natta 合成 $Et_3Al-TiCl_4$,即 Ziegler 催化剂,使烯烃聚合实现工业化,二人共同获得 1963 年诺贝尔化学奖;提出缺电子键理论
1954	G. Wittig 合成磷叶立德 $Ph_3P^+-CH_2^-$(Wittig 反应),1979 年获得诺贝尔化学奖
1956	H. C. Brown 发现烯烃的硼氢化反应,并应用于工业上,1979 年他与 Wittig 分享诺贝尔化学奖
1957	J. J. Speier 等发现硅氢化反应;J. Smidt 发现 Wacker 法
1958	G. Wilke 发现镍配合物催化丁二烯的环齐聚反应,并发现$[CpMo(CO)_3]_2$分子中存在 Mo-Mo 共价键
1961	D. C. Hodgkins 确定辅酶维生素 B_{12} 的分子结构是钴卟啉,这是自然界中存在的为数不多的金属有机配合物,因此获得 1964 年的诺贝尔化学奖
1963	在美国辛辛那提召开第一届金属有机化学国际会议;J. Organomet. Chem 杂志创刊
1964	E. O. Fischer 发现过渡金属卡宾配合物$(CO)_5W=C(OCH_3)CH_3$,获得 1973 年诺贝尔化学奖
1965	G. Wilkinson 发现 $RhCl(PPh_3)_3$ 均相催化剂
1971	R. F. Heck 发现卤代芳烃与烯烃的耦联,即 Heck 反应
1976	W. N. Lipscomb 提出二电子三中心键理论而获诺贝尔化学奖
1983	H. Taube 因研究配位催化甲烷 C—H 键活化获得诺贝尔化学奖
1982—1985	W. Kaminsky 发现 Cp_2ZrCl_2/MAO 乙烯聚合催化剂(茂金属催化剂)
1986	Royori 发现有机锌化合物与羰基配合物的不对称催化加成
2001	W. S. Knowles、K. B. Sharpless 和日本的 R. Noyori 因在不对称催化加氢和氧化反应研究领域所做出的贡献而同获诺贝尔化学奖

续表

年代/年	重要历史事件
2005	Y. Chauvin、R. H. Grubbs 和 R. R. Schrock 同获诺贝尔化学奖，以表彰他们在用交互置换反应进行有机合成，开辟合成药物、高聚物等新工业路线方面做出的卓越贡献
2010	Richard F. Heck、Ei - ichi Negishi 和 Akira Suzuki 因在有机合成领域中钯催化交叉耦联反应方面的卓越研究获奖
2021	Benjamin List 和 David MacMillan 在不对称有机催化方面做出卓越贡献

从 20 世纪 50 年代至今，无论在理论还是实践应用方面，金属有机配合物研究均日益显示出其重要性，成为目前化学研究中非常活跃的领域之一。现已发现，周期表中几乎所有金属元素及一些准金属元素都能与碳结合，形成不同形式的金属有机配合物。迄今已先后有十几位科学家因在金属有机配合物研究领域做出的巨大贡献而荣获诺贝尔化学奖。在新的世纪，金属有机配合物研究与新的具有活力的学科再次交叉，必将在环境、材料、能源和人类健康等方面做出新的贡献。

二、金属有机配合物的定义与分类

（一）金属有机配合物的定义

金属有机配合物又称有机金属化合物（organometallic compound），是指金属原子与有机基团中的碳原子直接键合而成的化合物。若金属与碳之间含有氧、硫、氮原子相隔时，该化合物则不属于金属有机配合物。例如下式中的 2 为金属有机配合物，而 1 不是。

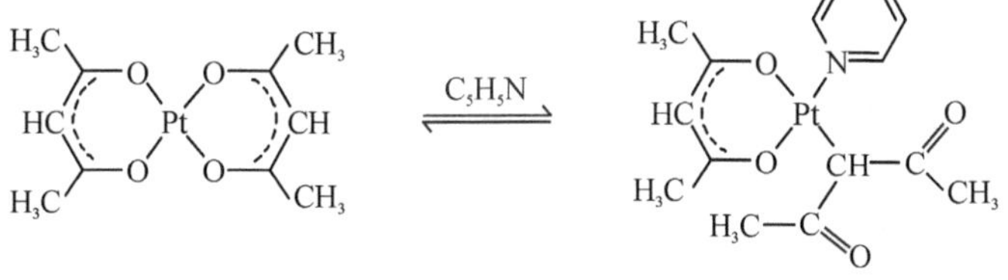

C_5H_5N

1　　　　2

金属有机配合物是介于无机化合物与有机化合物之间的一类化合物。目前，金属有机配合物的定义已大大扩展，除了含金属-碳键（M—C）的化合物，周期表中ⅤA 族的 P、As、Sb、Bi，以及 B、Si、Se 等准金属与碳直接键合的化合物，通常也按金属有机配合物处理。值得注意的是，有些化合物虽然也含有金属-碳键，但属于无机化合物范畴，如金属的碳化物、氰化物等。但金属氢化物，尤其是过渡金属氢化物包括在金属有机配合物中。

（二）金属有机配合物的分类

根据不同的原则，金属有机配合物有多种分类方法。

按照金属的类型可将金属有机配合物分为主族金属有机配合物、过渡金属有机配合物和稀土金属有机配合物。

按照化合物中金属-碳键的性质可将金属有机配合物分两大类。

1. 离子型金属有机配合物

这类化合物主要由电负性小、化学性质活泼的ⅠA、ⅡA 族金属与烃基键合形成的化合物组成，其通式可写为 RM 或 R_2M(R 为烃基)。这类化合物具有离子化合物的典型特征，可以将它们看作烃(R—H)的盐类。

2. 共价型金属有机配合物

这类化合物可以进一步分为含 σ 共价键的金属有机配合物。这类化合物中金属的电负性一般较大，与碳原子直接形成 σ 键，如 $Cd(CH_3)_2$、$Hg(CH_3)_2$ 和 $Sn(CH_3)_4$ 等；含 π 共价键的金属有机配合物，这类化合物主要由过渡金属与含有碳-碳多重键的配体(烯烃、炔烃、二烯、二烯基及芳烃等)形成，如 Zeise 盐 $K[PtCl_3(C_2H_4)]\cdot H_2O$、二茂铁 $Fe(C_5H_5)_2$ 等。在含 π 共价键的金属有机配合物中，金属与配体之间除了有 π 键之外，也常含有 σ 键。如下式四茂钛 3 中有两个茂基是以 π 键与钛原子键合，另两个茂基则以 σ 键与钛原子键合；含缺电子键的金属有机配合物，这类化合物中价电子少于按电子配对法成键所需的价电子数，如 $Al_2(CH_3)_6$ 等。

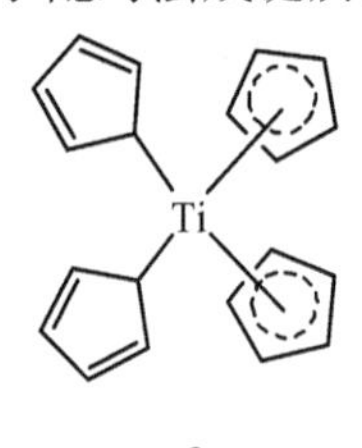

3

第二节 金属羰基配合物

CO(称为羰基)作为配体与金属键合形成的配合物称为金属羰基配合物。1890 年，L. Mond 首次合成金属羰基配合物 $Ni(CO)_4$，这也是人们第一次获得金属中心为零价的金属有机配合物。1891 年，L. Mond 合成另一个金属羰基配合物 $Fe(CO)_5$。此后，人们进一步研究发现含有负价态，以及含正一价、二价、三价、四价过渡金属的金属羰基阴离子。随着研究的深入，各种结构的新型金属羰基配合物不断涌现，并在金属有机配合物合成、精细有机合成及配位催化等方面得到了广泛的应用，使金属羰基配合物成为当前金属有机化学领域中的研究热点之一。金属羰基配合物按照金属原子的个数可以分为简单金属羰基配合物和多核金属羰基配合物。多核金属羰基配合物目前一般归为原子簇合物，将在第四节中另行介绍。本节只对简单金属羰基配合物的结构与成键、性质、制备及应用等方面进行概述。

一、金属羰基配合物的结构与化学键

(一)金属羰基配合物的结构

对简单金属羰基配合物来说，因羰基数目的不同，配合物的空间结构也不同，主要有四面体、三角双锥及八面体三种方式(图 4-2)。

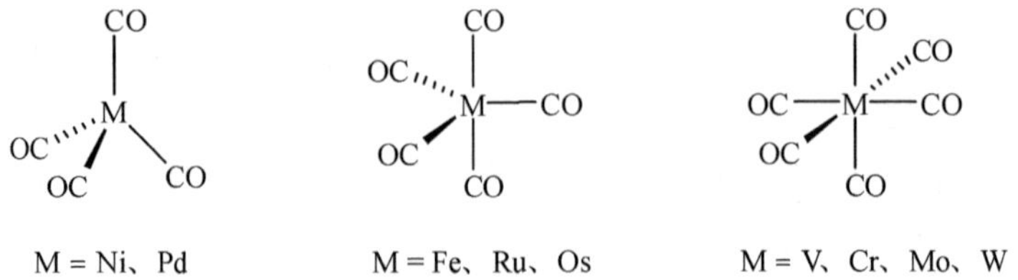

M = Ni、Pd　　M = Fe、Ru、Os　　M = V、Cr、Mo、W

图 4-2 简单金属羰基配合物的空间结构

（二）金属羰基配合物的化学键

CO是金属有机化学中最常见的σ电子给予体和π电子接受体，它通过C原子与金属原子成键。CO的分子轨道见图4-3。CO的最高占有轨道σ_{2p}与金属原子M能够形成σ配位键，电子由碳流向金属（M←CO）。同时，CO的最低空轨道π_{2p}^*与金属原子具有π对称性的d轨道重叠，接受金属原子提供的电子（M→CO），这种由金属原子单方面提供电子到配体的空轨道上形成的π键称为反馈π键（图4-4）。形成反馈键时，金属将电子对给予配体，只有当金属又有足够的负电荷时，它才能起电子对给予体的作用。低氧化态的金属具有较多价电子，有利于形成反馈键。在羰基化合物中由于σ配位键和反馈π键的同时作用，使得金属与CO形成的羰基化合物具有很高的稳定性。

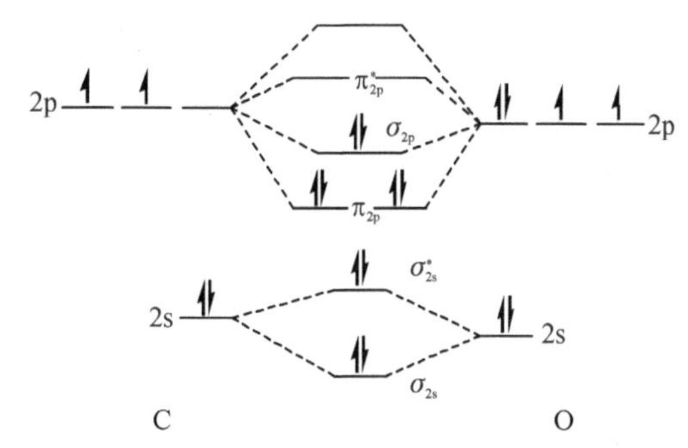

图4-3　CO分子轨道的能级示意图

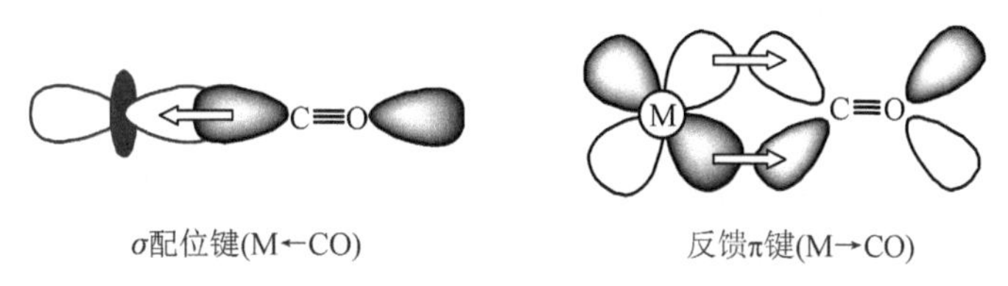

σ配位键(M←CO)　　反馈π键(M→CO)

图4-4　金属羰基配合物的反馈键形成示意图

金属羰基配合物的成键特点也可以从IR光谱及原子间的键长得到验证。通常一个化学键的IR吸收频率较高说明该键较强；反之，IR吸收频率向低频移动，则说明该键被削弱了。未配位的CO伸缩振动频率在2143 cm^{-1}，形成金属羰基配合物以后，CO伸缩振动频率降至2000 cm^{-1}左右，因此CO配位以后C—O键被削弱。配位前CO的C—O键长为112.8 pm，形成金属羰基配合物后，C—O键长为114～116 pm，较配位前稍有增长。而羰基配合物中的M—C键长在181～206 pm，比正常的M—C键长218 pm明显缩短。比如，在羰基配合物$CH_3Mn(CO)_5$中，CO配体的C—O键长为115 pm，比配位前长了2.2 pm。与锰配位羰基的Mn—C键长为186 pm，而该分子中Mn—CH_3键长为218.5 pm，前者比后者缩短了32.5 pm。综上所述，CO配位到过渡金属上后，C—O键被削弱，CO被活化，而M—C键则增强。

二、金属羰基配合物的性质和反应

（一）金属羰基配合物的性质

金属羰基配合物的熔点、沸点一般都比常见的相应金属化合物低，容易挥发，大多数金属羰基配合物不溶于水，可溶于有机溶剂，受热易分解为金属和一氧化碳。表 4－2 列出一些简单金属羰基配合物的性质。

表 4－2　几种简单金属羰基配合物的性质

配合物	颜色	状态	熔点/℃	其他性质
$Ni(CO)_4$	无色	液体	−25	剧毒，易分解
$Fe(CO)_5$	浅黄	液体	−20	剧毒，热稳定较大
$Cr(CO)_6$	白色	晶体	130	易升华，在空气中稳定
$Mo(CO)_6$	白色	晶体	150（分解）	易升华，在空气中稳定
$W(CO)_6$	白色	晶体	150	易升华，在空气中稳定
$V(CO)_6$	墨绿色	固体	70（分解）	真空中升华，易还原，溶液为橙黄色
$Ru(CO)_5$	无色	液体	−22	易挥发，光催化下转化为 $Ru_3(CO)_{12}$
$Os(CO)_5$	无色	液体	−15	易挥发，易转化为 $Os_3(CO)_{12}$

(二)金属羰基配合物的反应

1．热分解反应

将金属羰基配合物加热至较高温度时，它们会发生分解反应，生成金属与 CO。利用这一反应特性可以用来分离或提纯金属。首先将金属制成羰基配合物，然后使之挥发与金属中的杂质分离，得到纯的金属羰基配合物。再将该羰基配合物加热分解，既可制得很纯的金属。例如，可以利用 $Fe(CO)_5$ 在 200～250 ℃时分解，制备磁芯所使用的高纯铁粉。

$$Fe(CO)_5 \longrightarrow Fe + 5CO$$

2．取代反应

金属羰基配合物中的 CO 可以被一些配位能力更强的其他配体取代，产物一般为混合配体的金属羰基配合物，这也是制备混合配体金属羰基配合物的方法。在适当反应条件下，可以取代任意数目的 CO，但很少能被完全取代。

$$Ni(CO_4)_4 + PCl_3 \longrightarrow (CO)_3Ni(PCl_3) + CO$$

$$M(CO)_6 + py \longrightarrow (CO)_3M(py) + 3CO (M = Cr、Mo、W)$$

$$M(CO)_6 + CH_2 = CH_2 \xrightarrow{hv} (CO)_5M(CH_2 = CH_2)\ (M = Cr、Mo、W)$$

3．加成反应

金属羰基配合物可以在适当条件下，直接与卤素进行加成反应，生成高配位的衍生物。例如：

$$Fe(CO)_5 + X_2 \longrightarrow Fe(CO)_5X_2$$

金属羰基配合物还可以与含烯基的分子进行加成反应，如与含乙烯基的高分子反应。

$$+ [Mn(CO)_n] \longrightarrow [Mn(CO)_n]$$

4．过渡金属羰基阴离子的反应

过渡金属羰基阴离子是一个很有用的有机合成试剂，作为亲核试剂，它能与卤代烷、酰氯等反应生成烷烃、醛、酮及羧酸衍生物等。例如：

$$Na_2[Fe(CO)_4] \xrightarrow{RX} RFe(CO)_4 \xrightarrow{H^+} RH$$

$$Na_2[Fe(CO)_4] \xrightarrow{R\overset{O}{\overset{\|}{C}}X} F\overset{O}{\overset{\|}{C}}Fe(CO)_3L \xrightarrow{H^+} RCHO$$

三、金属羰基配合物的制备

1. 金属与 CO 直接反应

该法要求金属必须是新还原得到的具有活性的粉状物。例如，常温常压下，活性 Ni 粉和 CO 作用可得到 $Ni(CO)_4$；在 200 ℃，约 10 MPa 下，活性 Fe 粉与 CO 作用可得到 $Fe(CO)_5$。

$$Ni + 4CO \longrightarrow Ni(CO)_4$$

$$Fe + 5CO \longrightarrow Fe(CO)_5$$

2. 还原-羰基化作用

大多数不能用直接法制备的金属羰基配合物，可在高温、高压下，用还原剂将金属卤化物或氧化物等还原成活泼的原子态金属，再与 CO 反应制得。例如：

$$CrCl_3 + Al + 6CO \longrightarrow Cr(CO)_6 + AlCl_3$$

$$MoCl_3 + 3Na + 6CO \longrightarrow Mo(CO)_6 + 3NaCl$$

这类反应的还原剂一般是 Na、Mg、Al、Zn 等活泼金属或烷基铝等，反应压力一般为 20～30 MPa。有时也可用 CO 直接还原过渡金属氧化物或卤化物制得相应金属羰基配合物。例如：

$$OsO_4 + 4CO \longrightarrow Os(CO)_5 + 4CO_2$$

3. 过渡金属羰基阴离子的合成

过渡金属羰基阴离子可利用中性的过渡金属羰基配合物与碱反应，或多核羰基配合物与碱金属反应来制备。例如：

$$Fe(CO)_5 + 4OH^- \longrightarrow Fe(CO)_4^{2-} + CO_3^{2-} + 2H_2O$$

$$Mn_2(CO)_{10} + 2Na \longrightarrow 2Na[Mn(CO)_5]$$

$$Co_2(CO)_8 + 2Na(\text{汞齐}) \longrightarrow 2Na[Co(CO)_4]$$

此外，过渡金属羰基阴离子还可以通过在 CO 的气氛下还原相应的金属卤化物或氧化物，以及其他前躯体来制备。例如：

$$2CoCl_2 + 12KOH + 11CO \longrightarrow 3K[Co(CO)_4] + 3K_2CO_3 + 4KCl + 6H_2O$$

4. 其他过渡金属羰基配合物的合成

用一种配位能力更强的配体置换金属羰基配合物中的羰基，或者多核羰基配合物被一些小分子裂解，可以制得单核混合配位的金属羰基配合物。例如：

$$Ni(CO)_4 + R_3P \longrightarrow (CO)_3Ni(R_3P) + CO$$

$$Cr(CO)_6 + C_6H_6 \longrightarrow (CO)_3Cr(C_6H_6) + 3CO$$

$$Mn_2(CO)_{10} + Br_2 \longrightarrow 2BrMn(CO)_5$$

中性金属羰基配合物与 H_2 反应，或者过渡金属羰基阴离子以酸处理，可以得到过渡金属羰基氢化物。例如：

$$Mn_2(CO)_{10} + H_2 \longrightarrow 2HMn(CO)_5$$

$$Na[Co(CO)_4]+H^+(aq.)\longrightarrow CoH(CO)_4+Na^+$$

$$Na_2[Fe(CO)_4]+2H^+(aq.)\longrightarrow FeH_2(CO)_4+2Na^+$$

四、有效原子序数(EAN)规则

20 世纪 30 年代，英国化学家 N. V. Sidgwick 等在研究过渡金属羰基配合物的形成规律时，发现了一条可用于预测金属羰基配合物稳定性的经验规则，称为有效原子序数(effective atomic number, EAN)规则。该规则可表述为：在过渡金属有机配合物中，当过渡金属原子(离子)的价电子数与配体提供的价电子数之和等于 18 时，实际上是金属原子与配体成键时倾向于尽可能完全使用它的 9 条价轨道(5 条 d 轨道、1 条 s、3 条 p 轨道)。该化合物通常能够稳定存在，因此，EAN 规则又称为 18 电子规则。比如，以下 3 种羰基化合物均满足 EAN 规则，所以都能稳定存在。

	$Ni(CO)_4$	$Fe(CO)_5$	$Cr(CO)_6$
EAN：	$10+2\times4=18$	$8+2\times5=18$	$6+2\times6=18$

但是，有些过渡金属有机配合物的金属原子(离子)的价电子数与配体提供的价电子数之和为 16 时，也表现出相当的稳定性。这是因为 18 电子意味着全部 s、p、d 价轨道都被利用，当金属外面电子过多，意味着负电荷累积，此时假定能以反馈键 M→L 形式将负电荷转移至配体，则 18 电子结构配合物稳定性较强；若配体生成反馈键的能力较弱，不能从金属原子上移去很多的电子云密度时，则形成 16 电子结构配合物。具有 d^8 组态的 Rh^+、Ir^+、Pd^{2+}、Pt^{2+} 所形成的平面正方形化合物，如 $Ir(PPh_3)_2(CO)Cl$、$[Pt(C_2H_4)Cl_3]^-$ 等都很稳定。因此，EAN 规则又称为 18 电子规则或 16 电子规则。(注意：这个规则仅是一个经验规则，不是化学键的理论。)

1. *举例说明 18 电子规则和如何确定电子的方法*

(1)把配合物看成是给体—受体的加合物，配体给予电子，金属接受电子。

(2)对于经典单齿配体，如胺、膦、卤离子、CO、H^-、烷基 R^- 和芳基 Ar^-，都看作二电子给予体。例如：

$Fe(CO)_4H_2$	
Fe^{2+}	6
4CO	$4\times2=8$
+ $2H^-$	$2\times2=4$
$6+8+4=18$	

$Ni(CO)_4$	
Ni	10
+ 4CO	$4\times2=8$
$10+8=18$	

(3)在配合阴离子或配合阳离子的情况下，规定把离子的电荷算在金属上。例如：

$Mn(CO)_6^+$：Mn^+ $7-1=6$，6CO　$6\times2=12$，$6+12=18$

$Co(CO)_4^-$：Co^-　$9+1=10$，4CO　$4\times2=8$，$10+8=18$

(4)对 NO 等三电子配体：按二电子配位 NO^+ 对待，多余的电子算到金属之上；亦可从金属取来 1 个电子，而金属的电子相应减少。例如：

$Mn(CO)_4(NO)$	
NO^+	2
4CO	8
+ Mn^-	7 + 1 = 8
2+8+8=18	

$Mn(CO)_4(NO)$	
NO^-	3+1=4
4CO	8
+ Mn^+	7−1=6
4+8+6=18	

(5)含 M—M 和桥联基团 M—CO—M。其中的化学键表示共用电子对，规定 1 条化学键为 1 个金属贡献 1 个电子。

例如：$Fe_2(CO)_9$ 其中有 1 条 Fe—Fe 金属键和 3 条 M—CO—M 桥键，对每个 Fe：Fe=8，(9−3)/2 CO=6，3M—CO=3，1Fe−Fe=1，8+6+3+1=18

(6)对于 η^n 型给予体，如 $\eta^1-C_5H_5$(σ 给予体)、$\eta^5-C_5H_5$、$\eta^3-CH_2=CH_2-CH_3$、$\eta^6-C_6H_6$(π 给予体)等。

η^n 是键合到金属上的一个配体上的配位原子数 n 的速记符号。η 表示 hapto，源于希腊字 haptein，是固定的意思。其中的 n 也代表给予的电子数。例如：

$Fe(CO)_2(\eta^5-C_5H_5)(\eta^1-C_5H_5)$，2CO=4，$\eta^5-C_5H_5=5$，$\eta^1-C_5H_5=1$，Fe=8，4CO=8，电子总数=4+5+1+8=18

$Mn(CO)_4(\eta^3-CH_2=CH_2-CH_3)$，$(\eta^3-CH_2=CH_2-CH_3)=3$，Mn=7，电子总数=8+3+7=18

$Cr(\eta^6-C_6H_6)_2$ $2(\eta^6-C_6H_6)_2=12$，Cr=6，电子总数=12+6=18

2. EAN 规则的应用

(1)估计羰基化合物的稳定性。稳定的结构是 18 电子结构或 16 电子结构，奇数电子的羰基化合物可通过下列 3 种方式而得到稳定：①从还原剂夺得 1 个电子成为阴离子 $[M(CO)_n]^-$；②与其他含有 1 个未成对电子的原子或基团以共价键结合成 $HM(CO)_n$ 或 $M(CO)_nX$；③彼此结合生成为二聚体。

利用 EAN 规则判断化合物稳定性时，必须知道配体所提供的价电子数目。现将一些典型的配体提供的价电子数列于表 4-3 中。

表 4-3　常见配体提供的价电子数

配体类型	价电子数	配体
缺电子配体	−2	BH_3、BF_3
单电子配体	1	X、R、R_3Sn、H、CN、SCN、NO_2、COR
双电子配体	2	R_2O、R_2S、R_3N、R_3P、R_3As、$RCH=CH_2$、$RC\equiv CH$、CO
多电子配体	3	C_3H_5、NO
	4	C_4H_4、C_4H_6、$NH_2CH_2CH_2NH_2$、C_8H_{10}(COD)、$Ph_2PCH_2CH_2PPh_2$
	5	C_5H_5(环戊二烯基)、C_9H_7(茚基)
	6	C_6H_6、C_7H_8(环庚三烯)、$C_{10}H_{14}$(甲基异丙基苯)
	7	C_7H_7(环庚三烯基)
	8	C_8H_8(环辛四烯)

(2)估计反应的方向或产物。例如:$Cr(CO)_6+C_6H_6 \rightarrow ?$,由于1个苯分子是1个六电子给予体,可取代出3个CO分子,因此预期其产物为$[Cr(C_6H_6)(CO)_3]+3CO$。又如:$Mn_2(CO)_{10}+Na \rightarrow ?$,由于$Mn_2(CO)_{10}$ $7\times2+10\times2=34$,平均为17,为奇电子体系,可从Na夺得1个电子成为负离子,即产物为$[Mn(CO)_5]^-+Na^+$。

(3)估算多原子分子中存在的M—M键数并推测其结构。例如:$Ir_4(CO)_{12}$ $4Ir=4\times9=36$,$12CO=12\times2=24$,电子总数=60,平均每个Ir周围有15个电子。按EAN规则,每个Ir还缺3个电子,因而每个Ir必须同另3个金属形成3条M—M键方能达到18电子规则的要求,通过形成四面体原子簇的结构,就可达到此目的。其结构见图4-5。

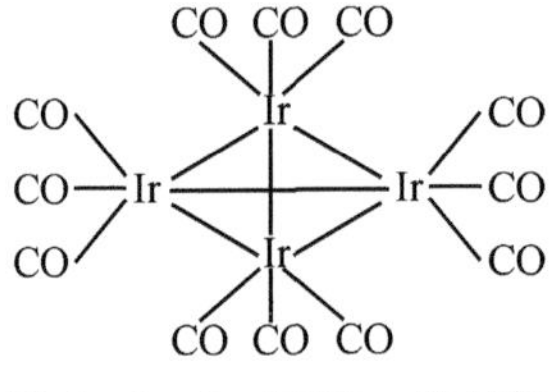

图4-5 $Ir_4(CO)_{12}$的结构

需要指出的是,有些配合物并不符合EAN规则。以$V(CO)_6$为例,它周围只有17个价电子,预料它必须形成二聚体才能变得稳定,但实际上$V_2(CO)_{12}$还不如$V(CO)_6$稳定。其原因是空间位阻妨碍着二聚体的形成,因为当形成$V_6(CO)_{12}$时,V的配位数变为7,配位体过于拥挤,配位体之间的排斥作用超过二聚体中V-V的成键作用。因此最终稳定的是$V(CO)_6$而不是二聚体。也有极少数价电子数超过18的物质,如二茂钴$Co(C_5H_5)_2$(EAN=19)、二茂镍$Ni(C_5H_5)_2$(EAN=20)。一般认为,在茂金属配合物中,螯合效应增大了配合物的稳定性。

五、金属羰基配合物在催化合成中的应用

金属羰基配合物在有机催化领域中占有重要的地位,许多金属羰基配合物及其衍生物都具有优良的催化性能。在烯烃的氢甲酰化反应中,所有能形成羰基配合物的金属都是潜在的催化剂,其中羰基钴配合物$Co_2(CO)_8$曾经是该反应最重要的催化剂,目前$Co_2(CO)_8$在氢甲酰化反应生产醛工业上仍占有很大比重。

$$RCH{=}CH_2+CO+H_2 \xrightarrow{CO_2(CO)_8} \underset{\text{正构醇}}{RCH_3CH_2CHO} + \underset{\text{异构醇}}{R\overset{\overset{\displaystyle CHO}{|}}{C}HCH_3}$$

$Co_2(CO)_8$在烯烃氢甲酰化反应(图4-6)中作为催化剂前体,首先转化为$HCo(CO)_4$,$HCo(CO)_4$失去1个CO后得到催化活性物种$HCo(CO)_3$进入催化循环中。但$HCo(CO)_3$不稳定,极易分解成Co和CO。为保证催化活性物种$HCo(CO)_3$的稳定性,需要将原料合成气压力维持在高压状态(20~30 MPa),因此以$Co_2(CO)_8$催化烯烃氢甲酰化反应又称为“高压钴法”。“高压钴法”还必须在较高的反应温度下才能获得适当的反应速度,因此造成了工业生产条件非常苛刻,同时生产的产物中用途更大的正构醛(*n*-aldehyde)的比例较低。

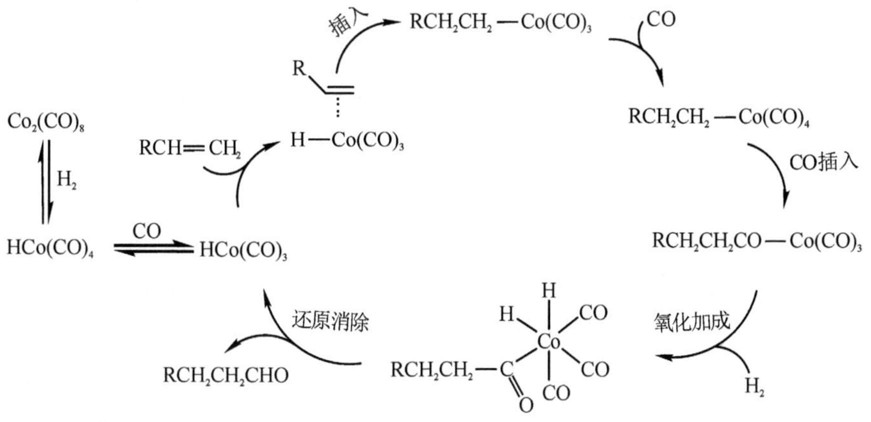

插入 $RCH_2CH_2-Co(CO)_3$ CO
R
$Co_2(CO)_8$
H_2
$RCH{=}CH_2$ $H-Co(CO)_3$
$RCH_2CH_2-Co(CO)_4$
CO插入
$HCo(CO)_4$ CO $HCo(CO)_3$
$RCH_2CH_2CO-Co(CO)_3$
H
H CO
还原消除 Co 氧化加成
RCH_2CH_2CHO RCH_2CH_2-C CO
O CO H_2

图 4-6 羰基钴催化烯烃氢甲酰化反应

1965 年，英国壳牌(Shell)石油公司用叔膦置换了 2 个 CO，得到 $Co_2(CO)_6(R_3P)_2$，并证明催化活性物种是 $HCo(CO)_3R_3P$。使用该催化剂可使氢甲酰化反应能在 0.8～1 MPa 下即可进行，并且产物中正构醛的比例大大提高。1975 年，联碳 (Union Carbide)公司等使用 Wilkinson 配合物 $Rh(Ph_3P)_3Cl$ 为催化剂，催化活性物种为 $HRh(CO)(Ph_3P)_3$(图 4-7)。这一铑膦催化剂的活性比钴膦催化剂高 $10^{2\sim3}$ 倍，而且反应压力也较低，成为性能优良的氢甲酰化反应催化剂。

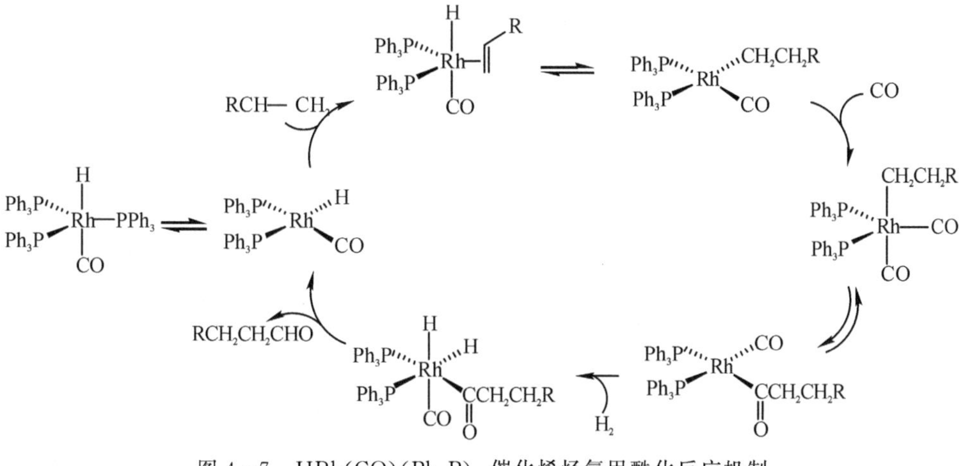

H R
Ph_3P Rh
Ph_3P CO
Ph_3P Rh CH_2CH_2R
Ph_3P CO
$RCH-CH_2$
CO
H
Ph_3P Rh PPh_3
Ph_3P CO
Ph_3P Rh H
Ph_3P CO
CH_2CH_2R
Ph_3P Rh CO
Ph_3P CO
RCH_2CH_2CHO
H
Ph_3P Rh H
Ph_3P CCH_2CH_2R
CO O
H_2
Ph_3P Rh CO
Ph_3P CCH_2CH_2R
O

图 4-7 $HRh(CO)(Ph_3P)_3$ 催化烯烃氢甲酰化反应机制

羰基钼 $Mo(CO)_6$ 可作为烯烃环氧化反应的催化剂。如 T. Iwahama 等先用 N-羟基-邻苯二甲酰亚胺 (NHPI) 和 $Co(OAc)_2$ 催化分子氧氧化乙苯，生成过氧化乙苯，然后在 $Mo(CO)_6$ 的催化下再对烯烃进行环氧化，反应的转化率和选择性都较高。

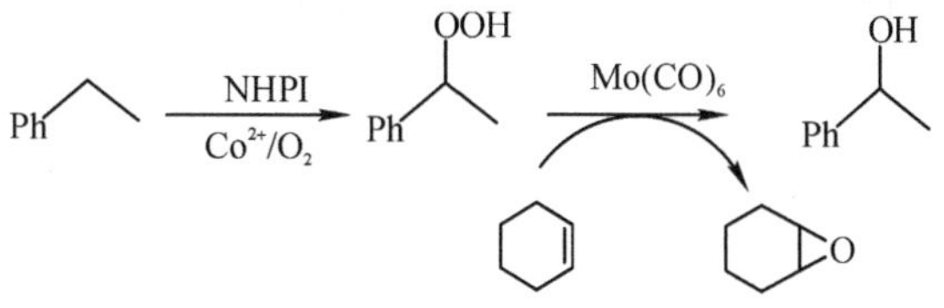

Ph NHPI Co^{2+}/O_2 Ph OOH $Mo(CO)_6$ Ph OH
O

羰基镍 $Ni(CO)_4$ 能催化炔烃羰基化反应生成羧酸(Reppe 反应)。比如，催化乙炔生成丙烯酸的反应条件为 180～205 ℃、1～5.5 MPa，产率可达 95%。$Ni(CO)_4$ 催化羰基化反应的活性很高，但其缺点是毒性太大，因此工业上常用 $NiCl_2/CuI$ 体系，在反应过程中原位生成 $Ni(CO)_4$。除了 $Ni(CO)_4$，Reppe 反应的催化剂还可以是 Fe、Co、Rh、Pt、Pd 的羰基配合物，其他过渡金属 Cu、Ru、Os、Mn 的羰基配合物也有活性。

$$HC\equiv CH + CO + H_2O \xrightarrow{Ni(CO)_4} CH_2=CHCOOH$$

在醇的羰基化反应中也有使用金属羰基配合物作催化剂。比如，在 250 ℃、20 MPa 条件下，以 $Ni(CO)_4/I_2$ 催化 1,2-戊二醇生成庚二酸的产率达 94%，催化 1,2-已二醇生成辛二酸的产率为 90%。若以 $Rh(CO)(PPh_3)_2Cl$ 或 $Rh(CO)_2Cl/CH_3I$ 体系为催化剂，可在接近常压下进行甲醇的羰基化反应，选择性很好。

第三节　类羰基配体的有机过渡金属化合物

N_2、NO^+、CN^- 等双原分子或基团是 CO 分子的等电子体。因此他们与过渡金属配位时与 CO 的情形十分相似，同样是既可作为 σ 给予体，又可作为 π 接受体。

一、分子 N_2 配合物

下图为 N_2 分子的分子轨道能级图（图 4-8）。最高占据轨道相当于 N 上的孤对电子，然后是 π 轨道，最低未占据为 1π。已经知道它与 CO 十分相似，因而可用:N≡N:（与:C≡O:比较）表示。

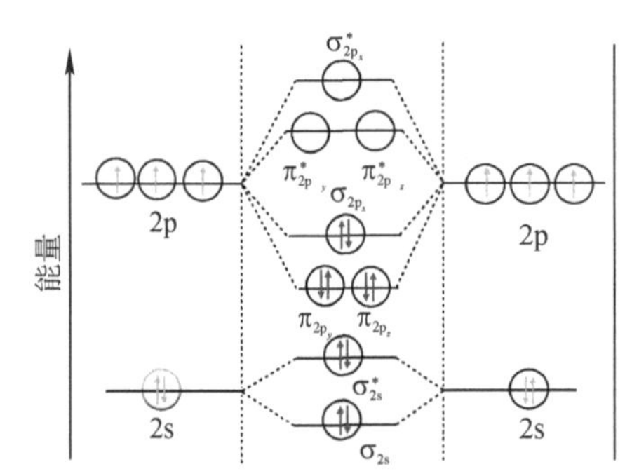

图 4-8　N_2 的分子轨道能级图和电子排布情况

因此，N_2 分子与过渡金属生成配合物时的成键情况也与 CO 相似，氮原子上的孤对电子进入过渡金属的空轨道形成 σ 配键；同时过渡金属的非键 d 电子进入 N_2 分子的反键空轨道，形成反馈键，从而构成 σ—π 协同配位的结构。

然而与 CO 相比，N_2 最高占有轨道的能量比 CO 低，所以 N_2 是一个较差的 σ 电子给予体，它给出电子形成 σ 配键的能力远比 CO 弱；另一方面，N_2 分子的最低未占据空轨道的能量又比 CO 的高，所以 N_2 接受金属 d 电子形成反馈 π 键的能力也不如 CO 强。因此，N_2 分子配合物的稳定性比金属羰基化合物差，生成的 N_2 分子配合物的数量也远比羰基化合物少。

二、亚硝酰基配合物

NO比CO多1个电子，且这个电子处在反键π^*轨道上(参考CO能级图)，键级为$2+1/2=2.5$。它容易失去1个电子形成亚硝酰阳离子NO^+，$NO \rightarrow NO^+ + e$，电离能为$9.5eV=916.6\ kJ/mol$。NO^+与CO是等电子体，键级为3(NO的键级为2.5)。NO的键长为115.1 pm，NO^+的键长为106.2 pm(正常N—O单键键长为140 pm，N=O键键长为121 pm，N≡O键键长为106 pm)。一般认为，NO作配体时是1个三电子给予体。

可以这样来理解它的配位情况：当它跟金属配位时，处于反键π^*轨道上的那个电子首先转移到金属原子上，即$M+NO^- \rightarrow NO^+ + M^-$。

NO^+与金属M^-的配位方式同CO一样，即NO^+(亚硝酰阳离子)向金属M^-提供1对电子形成σ配键，而M^-提供d电子、NO^+的反键π^*轨道接受M^-的d电子形成反馈π配键，亦即形成σ—π键体系。

当亚硝酰基同其他配体一起与金属形成混配型的配合物时，从计量关系看，2个NO可替代3个双电子配体(因为NO是1个三电子配体)。在大多数情况下，NO是以端基进行配位的，端基配位有2种情况。

一种是M—N≡O呈直线形(图4-9a，b)，一般出现在缺电子体系中，NO作为三电子给予体以NO^+—M^-方式成键。

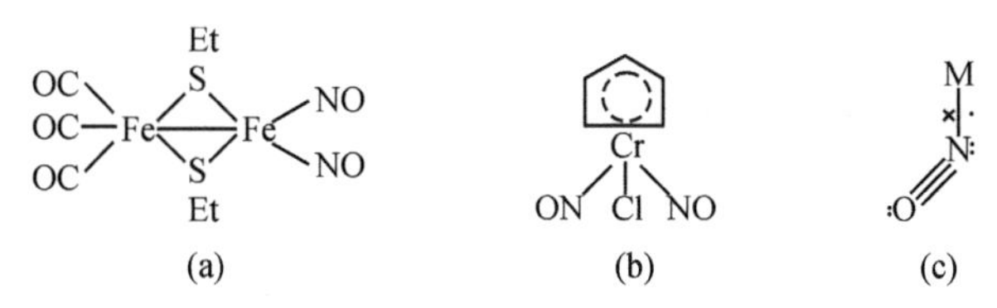

图4-9　NO以端基配位的几种情况

另一种情况为弯曲形，见图4-9c，一般出现在富电子体系中。此时NO给出1个电子，为一电子给予体，金属给出1个电子，形成σ单键，而N上还余一孤电子对，正因为这1对孤电子才导致M—N≡O呈弯曲。

除端基配位外，NO还可以以桥基方式配位，有连二桥式和连三桥式之分(图4-10a，b)。其中与金属所生成的σ单键所需的电子由NO和金属原子共同供给，但这些情况比较少见。

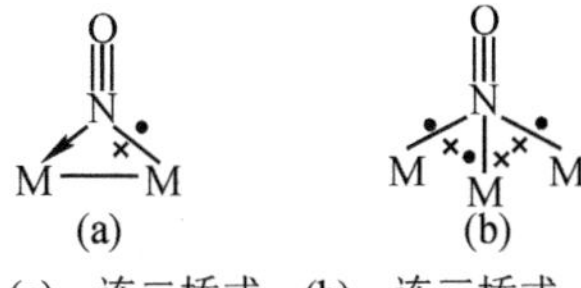

(a)—连二桥式；(b)—连三桥式。

图4-10　NO以桥基配位的两种情况

下面列出NO配位后N—O间的伸缩振动频率的变化：ν(NO，自由)$=1840\ cm^{-1}$；ν(NO^+，自由)$=2200\ cm^{-1}$；ν(R－N－O)$=1550\ cm^{-1}$；NO配合物ν(NO)在$1550\sim1939\ cm^{-1}$变化。

上述CO、N_2、NO等配体均为σ电子对给予体，所以是Lewis碱。但同时都有不同程度

的接受反馈 π 电子的能力，因而又都是 Lewis 酸。类似的配体还有很多，如 CN^-、AR_3^-、醇、酰胺等。它们中有许多是以接受 π 电子、形成反馈 π 键为主。据此，人们将这类配位体称为 π 酸配体。由这类配体形成的配合物称为 π 酸配合物。

第四节　过渡金属环多烯化合物

环多烯配合物是不饱和烃中一类非常重要的过渡金属配合物，这类配合物大多有夹心型结构，即过渡金属原子夹在两个环烯配体之间，因而被戏称为 Sandwichcompound（三明治化合物-夹心面包）。1951 年，P. L. Pauson 和 T. J. Kealy 在 *Nature* 上发表一篇具有划时代意义的文章，报道一种被称之为二茂铁（Ferrocene）的新型有机铁化合物的合成方法。次年，G. Wilkinson 和 E. O. Fischer 等确认二茂铁具有夹心结构并呈现芳香性。二茂铁特殊的夹心结构引起了科学家们的强烈兴趣。自此以后，大量新型结构的茂金属配合物不断涌现出来，且对其性质及应用的研究也愈来愈广泛和深入，现在已成为无机化学与金属有机化学的重要研究领域。而且，已经发现，几乎所有的 d 区过渡金属都可以生成类似于二茂铁的配合物。

求真务实、积极探索的科学精神

Peter L. Pauson 和 Thomas J. Kealy 在制备富瓦烯的过程中，没有如愿得到预期产物。他们没有因为未得到需要的产物而沮丧，也没有因为这是一种未知物质而置之不理。科学家特有的执着精神和善于观察分析的能力使他们抓住了二茂铁这个在化学中占有举足轻重地位的物质，而没有与其失之交臂。正是由于他们对科学一丝不苟的实事求是态度，1951 年 12 月 15 日，*Nature* 上发表了一篇具有划时代意义的文章，二茂铁这一类新型的物质才得以呈现于人类眼前。

茂金属配合物是指金属被对称的夹在两个平行的环戊二烯阴离子配体（简称茂基或 Cp）之间的化合物。广义的茂金属配合物还包括茂环之间有一定夹角的不对称夹心型化合物，单个茂环的“半夹心”化合物及多层夹心型化合物。这些茂环上的 π 电子数符合 Hüchel 规则，为六电子 π 给体，因此具有一定的芳香性。茂金属配合物种类繁多，本节仅就其典型结构、性质及应用等方面做简要介绍。

一、茂金属配合物的结构

茂金属配合物的性质与其电子结构和化学成键密切相关。根据结构的不同，茂金属配合物可以分为对称夹心型、不对称夹心型、多层夹心型等多种类型。

最典型的对称夹心型茂金属配合物是二茂铁（Cp_2Fe）。在二茂铁中，两个平行的茂环相互交错，间距为 3.32×10^{-12} m，Fe 原子被夹在两个茂环之间（图 4-11）。茂环中的 C—C 键长都是 138.9 pm，很接近未配位苯的 C—C 键长 139.5 pm，Fe—C 距离完全相等，为 206.4 pm。研究表明，在固相时二茂铁中的两个茂环为交错型，在气相时为重叠型，但气相中仍有相当部分分子是接近交错型的结构，而在溶液中时茂环可以自由旋转。

对于 Cp_2V、Cp_2Mo 等一些价电子数少于 18 的茂金属配合物，其分子表现出一定的缺电子性，为了尽可能满足 18 电子构型，它们还能与其他配体配位形成不对称夹心配合物。在这些配合物中，两个茂环不再相互平行，而是具有一定的夹角，其结构见图 4-12。

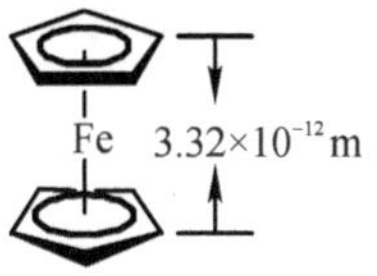

图 4－11　二茂铁的结构

图 4－12　两种不对称夹心型茂金属配合物的结构

在有些茂金属配合物中，两个茂环（或茂环衍生物）可以将多个金属原子夹在中间形成多核夹心配合物。金属原子之间可以通过其他基团桥联，也可以不通过桥联而直接形成金属-金属键（图 4－13）。

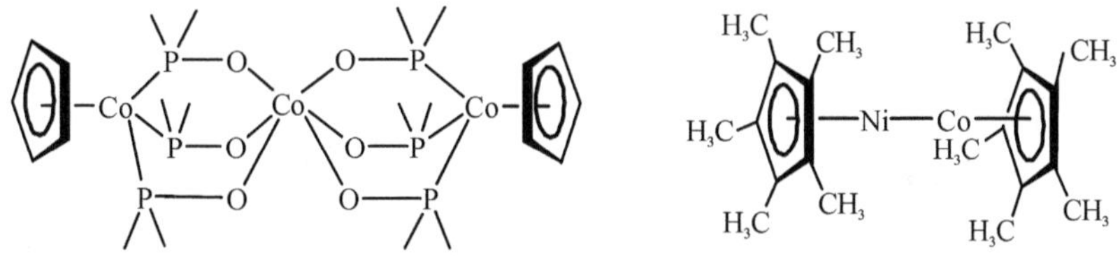

图 4－13　通过桥键或金属-金属键形成的多核夹心型配合物

除了以上结构外，茂金属配合物还包括一些多层夹心型配合物（图 4－14）以及只含有 1 个茂环的单茂环型配合物（图 4－15）。

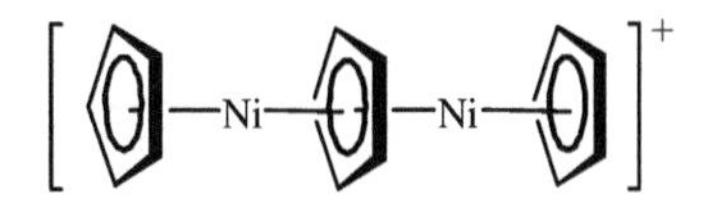

图 4－14　[CpNiCpNiCp]$^{+}$ 的结构

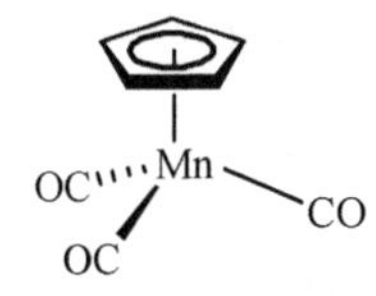

图 4－15　单茂环型配合物的结构

二、茂金属配合物的性质与反应

(一)茂金属配合物的性质

第一过渡系金属茂配合物的一些性质列于表 4－4 中。

表 4-4 第一过渡系金属茂配合物的性质

配合物	颜色	熔点/℃	未成对电子数	磁性	溶解性	稳定性
Cp_2V	暗绿	167	3	顺磁	溶于苯、四氢呋喃	对空气很敏感
Cp_2Cr	紫	172	2	顺磁	溶于液氨、四氢呋喃等	对空气很敏感
Cp_2Mn	暗棕	172	1	顺磁	溶于吡啶、四氢呋喃	对空气敏感
Cp_2Fe	橙黄	173	0	反磁	不溶于水,可溶于大多数有机溶剂	在空气中稳定
Cp_2Co	紫黑	173	1	顺磁	不溶于水,能溶于有机溶剂	对空气敏感
Cp_2Ni	暗绿	173	2	顺磁	不溶于水,能溶于有机溶剂	在空气中缓慢氧化

(二)茂金属配合物的反应

茂金属配合物具有丰富的化学反应性能。由于茂环及其衍生物具有一定的芳香性,因此在茂环上可以发生一些类似于苯的反应,而有些茂金属配合物还可以在金属原子上发生反应。下面列举茂金属配合物几个典型的化学反应。

1. 酰化反应

与苯类似,在 Lewis 酸(如 $AlCl_3$)的作用下,茂环上氢可以被酰基取代。

$$Cp_2Fe + CH_3COCl \xrightarrow{AlCl_3} (C_5H_4COCH_3)Fe(C_5H_5) + HCl$$

酰化后的产物还可以继续与酰基进行反应,生成二酰代产物。比如,乙酰二茂进一步酰化后生成二乙酰二茂铁,但生成乙酰二茂铁要比二乙酰二茂铁要容易得多,即二茂铁酰化作用后活动性降低了。

2. 缩合反应

在酸(如醋酸、亚磷酸)存在下,二茂铁可以和甲醛、胺发生缩合反应。

$$Cp_2Fe + HCHO + HN(CH_3)_2 \longrightarrow (C_5H_4CH_2N(CH_3)_2)Fe(C_5H_5) + H_2O$$

3. 金属化反应

茂金属配合物可以与烷基锂反应,生成相应锂代衍生物。

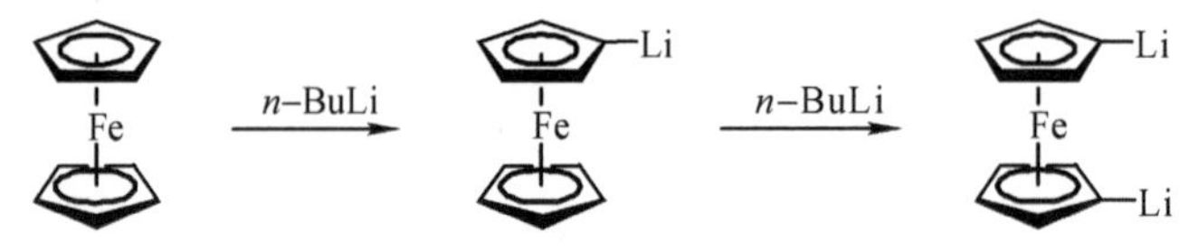

二茂铁的一锂代和二锂代衍生物是很有用的中间体,可以进一步反应而生成许多二茂铁直接反应时不易得到的产物。例如:

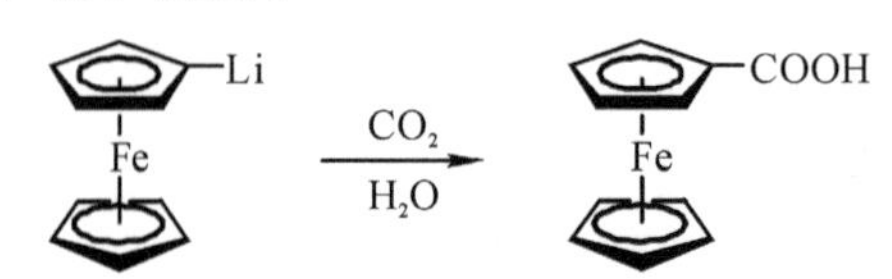

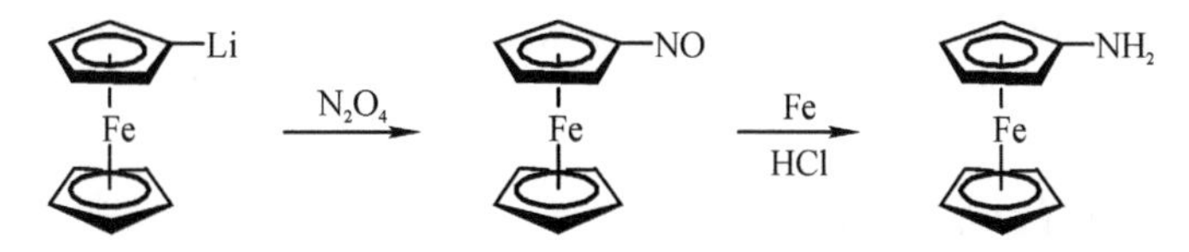

4. 茂环上的 C—H 键插入反应

单茂环型锇配合物中的茂环还可以与烷基锂等试剂发生 C—H 键插入反应。

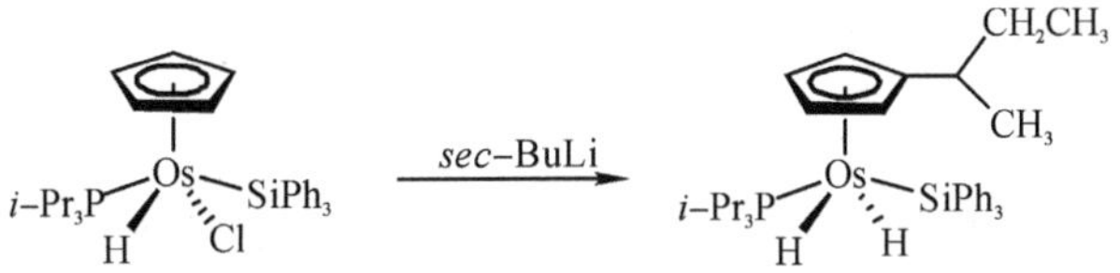

5. 茂环上的聚合反应

如果二茂铁茂环上的取代基含不饱和键，在自由基引发剂的作用下，可以发生自由基聚合、齐聚等反应。

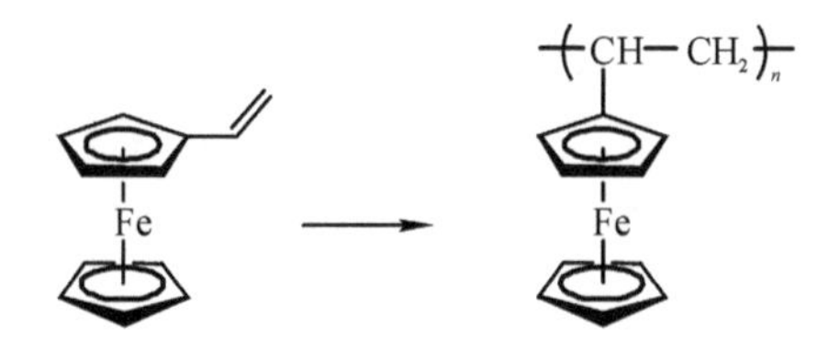

6. 水解反应

Cp_2MX_2 型卤化物可以水解或部分水解为氧卤化物，但水解速率比简单金属卤化物要慢。

$$Cp_2TiCl_2 + H_2O \longrightarrow [Cp_2TiOH]^+$$

$$2Cp_2ZrCl_2 + 2OH^- \longrightarrow [Cp_2ZrCl]_2O + H_2O + 2Cl^-$$

7. 烯烃的插入反应

Cp'_2LnR 型镧系金属的不对称茂金属配合物[$Cp' = \eta^5 - C_5Me_5$，R＝H，$CH(SiMe_3)_2$，Ln＝La、Nd、Sm、Y、Lu]可以与烯烃发生插入反应。

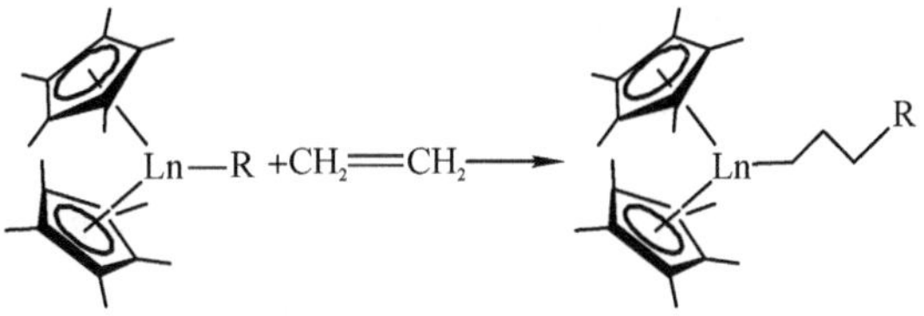

8. 置换反应

镧系金属的不对称茂金属配合物还可以与具有一定“酸性”的碳氢化合物发生配体的置换反应，生成新的不对称茂金属配合物。

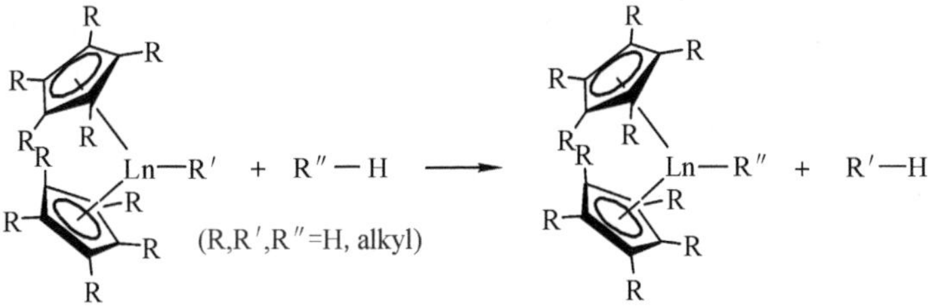

以上几个反应中，反应1～5是发生在茂金属配合物的茂环上，反应6～8发生在茂金属配合物的金属原子上。

三、茂金属配合物的合成

茂金属配合物种类繁多，其合成方法也多种多样。特别是随着茂金属配合物在催化、电化学、医药等领域的应用研究日益深入，越来越多新型结构的茂金属配合物被不断合成出来。下面介绍几种比较常见的茂金属配合物合成方法。

(一)直接配合法

环戊二烯具有一定的酸性（α-氢原子的 pKa=15），能与活泼金属或强碱发生脱质子化反应，生成稳定的环戊二烯负离子。比如，环戊二烯与 Na 或 NaOH 在四氢呋喃中反应生成环戊二烯基钠（NaCp）。利用 NaCp 与过渡金属盐反应是合成茂金属配合物最常用的一种方法，许多二茂金属配合物均可以此法制得。

$$2NaCp + FeCl_2 \longrightarrow Cp_2Fe + 2NaCl$$

$$2NaCp + CrCl_2 \longrightarrow Cp_2Cr + 2NaCl$$

以 NaCp 作为中间体合成茂金属配合物时，反应需在无水无氧、惰性溶剂中进行，条件苛刻而难以控制。当加入胺作为缚酸剂时，也可以直接用环戊二烯与金属氯化物反应，合成二茂金属配合物。

$$2C_5H_6 + 2Et_2NH + FeCl_2 \xrightarrow{THF} Cp_2Fe + 2Et_2NH_2Cl$$

一些茂环上有其他取代基团的茂金属配合物也可以用金属钠及相应的卤化物来制备。

$$2\,C_5H_5CH_2CH_2OCH_3 \xrightarrow{Na} \xrightarrow{TiCl_4} (CH_3OCH_2CH_2C_5H_4)_2TiCl_2$$

除单环配体——茂环外，含2个环的取代环戊二烯基（茚及衍生物）也可以利用上述类似的方法得到其相应的茂金属配合物。

$$\text{2-}NR_2\text{-indene} \xrightarrow[ZrCl_4]{n\text{-}BuLi} (R_2N\text{-}C_9H_5)_2ZrCl_2$$

(二)二茂金属衍生物的合成

茂环具有一定的芳香性，因此在茂环上可以发生一些类似于苯的反应，如亲电取代反应等。利用这一性质可以合成许多茂金属配合物衍生物。例如，二茂铁在 Lewis 酸（如 $AlCl_3$）的催化作用下，可以与乙酰氯反应生成一酰基衍生物，还可以进一步酰化得到二酰基衍生物。若是烷基化，则是在同一个茂环上进行多烷基化。

Fe　+　CH_3COCl $\xrightarrow{AlCl_3}$ $COCH_3$ Fe $\xrightarrow[AlCl_3]{CH_3COCl}$ $COCH_3$ Fe $COCH_3$

Fe　+　RX $\xrightarrow{AlX_3}$ R R Fe

在三氯氧磷催化下，甲酰胺可以对二茂铁进行甲酰基化反应得到醛。

Fe　+　$HCONH_2$ $\xrightarrow{POCl_3}$ CHO Fe

由于氧化性酸会导致二茂铁分解，因此不能直接用硫酸或硝酸与二茂铁反应使其磺化或硝化，但可以在乙酐中用氯磺酸对二茂铁进行磺化，用 $RONO_2$ 或 N_2O_4 为硝化剂对二茂铁进行硝化。

Fe　+　$ClSO_3H$ $\xrightarrow{Ac_2O}$ SO_3H Fe

Fe　+　$RONO_2$ $\longrightarrow$ NO_2 Fe

二茂铁衍生物还有一个很重要的合成方法就是先用正丁基锂对茂环进行锂化，再按有机锂化合物的化学性质合成。利用该法可以合成如羧基、羟基、氨基及卤素取代的二茂铁衍生物。

（三）一些特殊结构茂金属配合物的合成

由于平面手性二茂铁有望在不对称合成领域中得到广泛应用，其合成受到了人们的广泛重视。平面手性二茂铁的合成一般是利用二茂铁为原料，然后进行茂环修饰以获得目标化合物。其中最常用、最重要的方法是通过易得的手性池（chiral pool）作为手性助剂，合成平面手性二茂铁。其基本思路是：在茂环上引入手性基团，利用手性基团的邻位导向作用，使烷基锂试剂高选择性地、立体专一的进行锂化反应，生成平面手性二茂铁目标产物。Ugi等利用该法获得了光学纯度很高的（R，S_p）－BPPFA（ee. 值为 96%）。

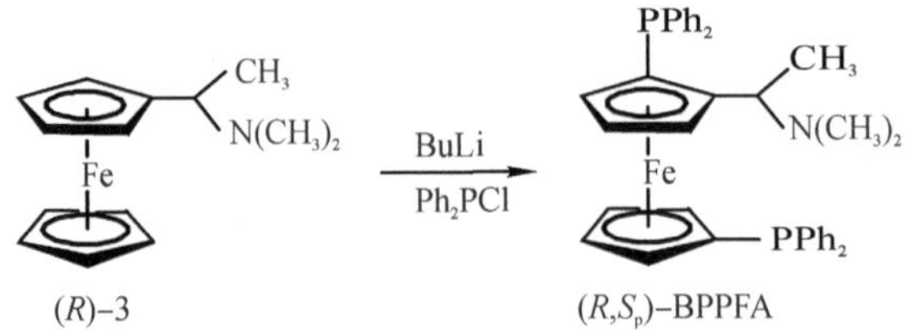

茂及衍生物可以取代其他金属有机配合物中的配体生成金属茂配合物，如$(C_5Me_5)ZrCl_3$可以与苯并茚衍生物反应生成相应的锆茂。

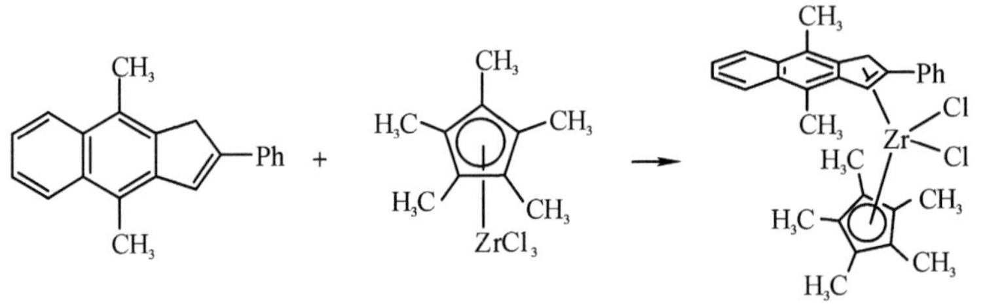

一些具有桥联结构的茂金属配合物也可以利用丁基锂试剂及卤化物来合成。

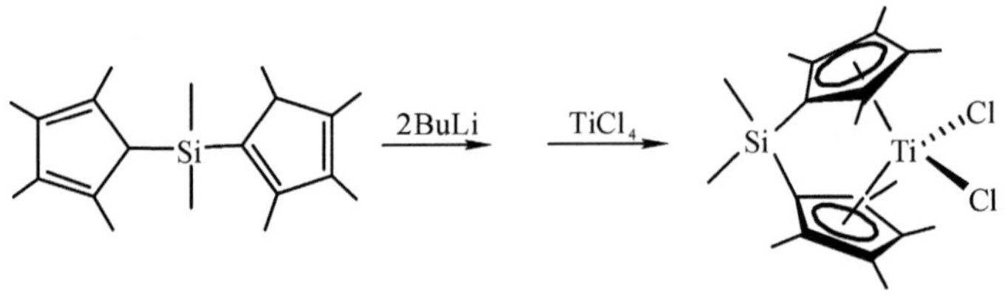

四、茂金属配合物的应用

茂金属配合物因特殊的化学结构与独特的理化性质而受到了人们的高度重视，对茂金属配合物的应用研究也越来越深入。目前，茂金属配合物已在催化、生物医药、电化学及光电功能材料等领域得到了广泛应用。

1. 在催化中的应用

在催化方面，茂金属配合物在催化烯烃聚合、羰基还原、烯烃环氧化及脱氧等许多反应中得到了广泛的应用。

茂金属催化剂从20世纪50年代开始试用于烯烃聚合，但采用的助催化剂是烷基铝，催化效率低，一直没有引起重视。1980年，W. Kaminsky等发现由二氯二茂锆(Cp_2ZrCl_2)和甲基铝氧烷(MAO)组成的均相催化剂体系用于乙烯聚合时，显示出极高活性，并观察到采用非均相固体催化剂未曾获得的许多聚合特性，从而引起了世界范围的极大关注。20世纪80年代中期茂金属催化剂的开发和应用取得了突破性进展。1991年，Exxon公司首次采用茂金属催化剂在万吨/年高压装置上生产线形低密度聚乙烯(LLDPE)，标志着茂金属催化剂正式进入工业化阶段。茂金属催化剂的开发和应用是聚烯烃生产中一次重大的革新，它使聚烯烃分子结构、性能、品质均发生了显著的变化。现在已工业化的茂金属聚合物主要有茂金属聚乙烯(mPE)、茂金属聚丙烯(mPP)和茂金属聚苯乙烯(mPS)，应用前景良好。

$$n\mathrm{CH_2{=}CH_2} \xrightarrow{\mathrm{Cp_2ZrCl_2/MAO}} \mathrm{[\!-CH_2{-}CH_2-\!]_n}$$

虽然茂金属催化剂活性高,但助催化剂 MAO 很昂贵,且用量大,使得聚合物生产成本较高,因此应大力开展寻找 MAO 替代物的研究,以降低生产成本。目前,人们已开发出了一些新的非 MAO 助催化剂,如以 $AlMe_3/(MeSn)_2O$ 与 $CpZrCl_2$、$Et(Ind)_2ZrCl_2$ 或 i-Pr(Cp)$(Flu)_2ZrCl_2$ 等组成的催化剂用于乙烯、丙烯或其他 α-烯烃聚合时,显示出很高的催化活性,而且使用方便。

茂金属配合物还可以催化羰基还原反应,比如使用[Diph-BCOCp]$_2TiCl_2$ 可催化 n-BuLi 对酮类的还原,产物为外消旋醇。

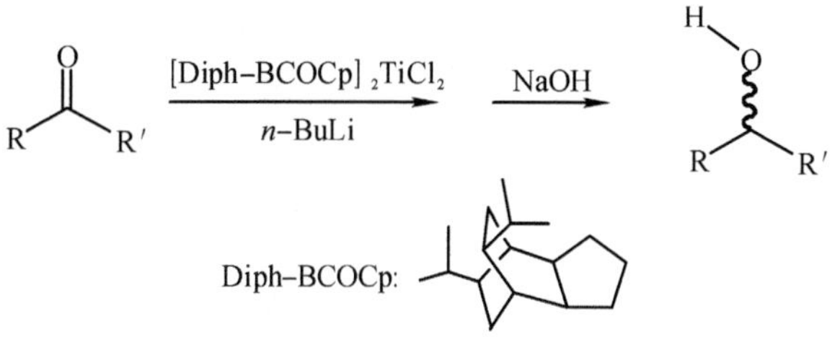

[Diph-BCOCp]$_2TiCl_2$, n-BuLi; NaOH

Diph-BCOCp:

二茂二氯钛衍生物可催化过氧化物对烯烃环氧化,但转化率并不高。

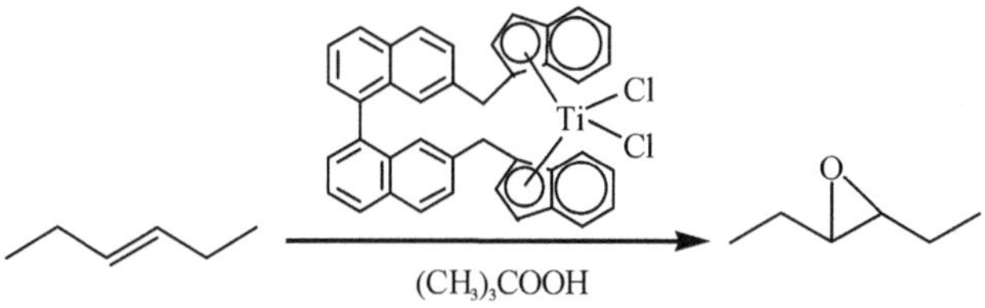

Ti, Cl, Cl; $(CH_3)_3COOH$

三价茂钛是很好的环氧化合物的脱氧剂,使环氧化合物变成烯烃,这在糖化学研究中很有用。

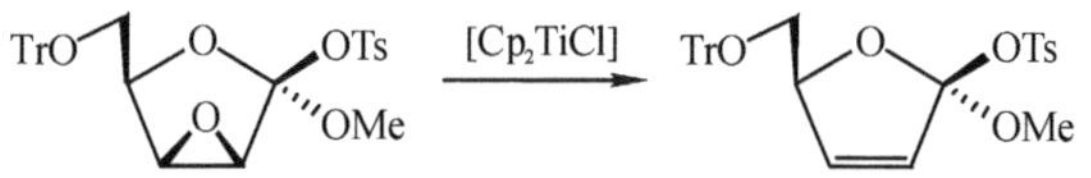

TrO, OTs, OMe; [Cp_2TiCl]

此外,在甲苯氯化反应中,用二茂铁作催化剂,可以增加对氯甲苯的产率。在气相制备碳纤维的过程中,以二茂铁作催化剂,可以获得高质量的碳纤维产品。将二茂铁和钾吸附在活性炭上作为合成氨催化剂,可使合成氨反应在缓和的条件下进行,随着二茂铁的含量增加,催化的活性也随之增加。

2. 在生物医药方面的应用

二茂铁衍生物具有疏水性(或亲油性)和低毒性,能顺利透过细胞膜,与细胞内各种酶、DNA、RNA 等物质作用,表现出很强的生物活性,因而有可能作为治疗某些疾病的药物。例如,将在青霉素和头孢霉素上引入二茂铁酰基后,其杀菌活性大大提高。苯甲酰基二茂铁是有效的杀微生物剂,如(3,4-二甲基)苯甲酰基二茂铁可用于杀灭黄瓜霉菌。此外,卤化酰基二茂铁也具有很强的杀菌活性,含二茂铁甲酰基的硫脲衍生物也具有一定的杀菌活性和植物生长调节活性。

过去采用无机铁制剂治疗机体中缺铁的患者,效果不大,并引出一系列副作用,而二茂铁通过亚甲基同叔烷基、仲烷基和己基相连的同系物具有抗贫血性,是一种疗效高且毒性较小的药物。二茂铁醇化合物同硫化氢相互作用,生成环硫醚二茂铁,也可用于治疗贫血。

青蒿素类药物作为一种新药已在一些国家应用于临床治疗疟疾。S. Paitayatat 等对青蒿素的C-16位置进行了修饰，合成了两个含二茂铁取代基的青蒿素衍生物(图4-16b,c)，这两个化合物均显示了优于青蒿素的抗疟活性。

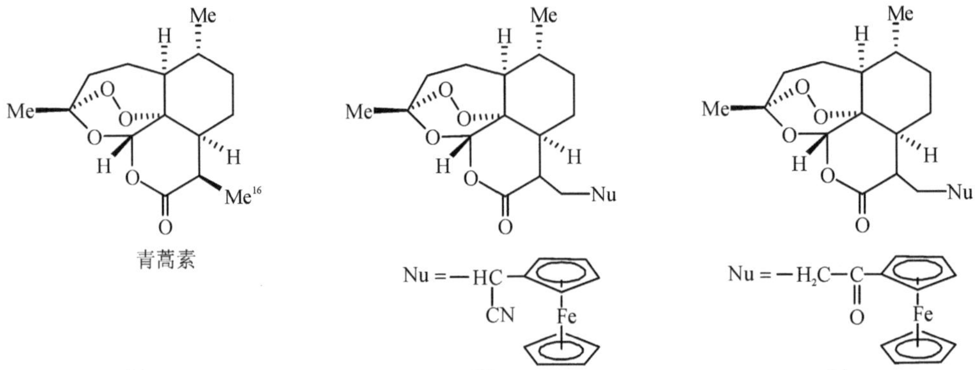

图4-16 青蒿素及衍生物结构

许多茂金属配合物还具有优良的抗癌活性。1979年，Koepf等首次发现了二氯二茂钛(图4-12)的抗肿瘤活性，由于钛类的毒性远比铂类低，很快就受到人们的重视，开创了金属茂类抗癌剂研究的新领域。1984年，Kopf-Maier等报道了二茂铁鎓离子$[Cp_2Fe]^+X^-$的抗癌活性，X^-包括$[FeCl_4]^-$、$[FeBr_4]^-$、$[SbCl_6]^-$、$[CCl_3COO]^-$等，这是第一类被发现具有抗癌活性的二茂铁类衍生物。在抗乳腺癌药物三苯氧胺(Tamoxifen)上引入二茂铁基团，可以提高药物的抗雌性激素能力及对MCF-7乳癌细胞的生长抑制作用。

3. *在其他方面的应用*

在电化学及光电功能材料方面，极化的二茂铁衍生物具有独特的电化学及光学性质，连接吸电子基共轭体系的二茂铁衍生物表现出很大的二阶非线性光学响应。利用二茂铁基团的可逆氧化还原特性，有可能通过可逆的电化学反应来控制其衍生物的光化学特性，实现氧化还原开关效应。这类氧化还原开关材料在电致变色、光电记忆和光通信领域具有较大的应用价值。二茂铁酰基衍生物可制成聚合物膜修饰电极，对H^+浓度有很快的电位响应，而且呈直线关系，可作为电位传感器。近年来，二茂铁甲酸被广泛用于修饰多种氧化还原酶，特别是葡萄糖氧化酶(GOD)，二茂铁甲酸与GOD生成Fc-GOD(Fc为二茂铁)，已用于制作安培葡萄糖生物传感器。

1976年，Malthe等合成了第一个过渡金属有机液晶，即含二茂铁基的席夫碱类金属有机配合物，从而极大地推动了过渡金属有机液晶的发展。Galyametdinov等用含二茂铁基的席夫碱作配体与铜(Ⅱ)离子形成一种金属有机配合物，得到一种杂核金属有机液晶。二茂铁的热稳定性、氧化还原性和结构可变性，使其可接入液晶材料。已有学者用羟硅烷化制备了聚二茂铁的液晶材料，这种二茂铁硅烷衍生物为向列型液晶材料，显示出其良好性能。

由于二茂铁可被氧化为二茂铁正离子，而且它们的颜色不同(二茂铁是橙黄色，而其正离子为蓝绿色)，因此可用于比色分析法测定Fe^{3+}、Mo^{3+}、Re^{7+}等离子，其灵敏度高于通常方法。二茂铁还可用于Ag、V、Hg、Pb、Au等元素的安培法滴定分析，如用二茂铁作为Pd^{4+}安培法滴定时，可排除碱金属和碱土金属的干扰。二茂铁酰基冠醚类化合物对某些金属阳离子，如碱金属阳离子有很高的亲合性，能有效分析检测这些离子。

在添加剂、敏化剂方面，二茂铁具有两个环戊二烯 π 键结合的层状结构，π 键结合对称分子所具有的芳环性质，使其具有很高的辛烷值及抗爆性，在节油、消烟、结炭、抗爆、提高辛烷值等方面有着重要的作用。

第五节　金属原子簇合物

原子簇化学是20世纪60年代迅速发展起来的一个十分活跃的新兴化学研究领域。原子簇(clusters)的概念最初是1966年由F. A. Cotton提出来的，他定义原子簇为“含有直接而明显键合的两个或两个以上的金属原子的化合物”。1982年，我国徐光宪先生提出“原子簇为三个或三个以上的有限原子直接键合组成多面体或缺顶多面体骨架为特征的分子或原子”。原子簇合物由于在性质、结构与成键方式等方面的特殊性，引起了合成化学、理论化学和材料化学的极大兴趣。现已发现，某些原子簇合物具有特殊的电学性质、磁学性质、催化性能及生物活性。随着研究的深入，人们不断开发出原子簇合物的新用途，原子簇化学必将展现出更加蓬勃的生机。

虽然一些金属原子簇合物分子中不含金属-碳键，但金属原子簇合物中最重要、数量最大的一类化合物，即金属-羰基原子簇合物是典型的金属有机配合物，因此，我们将金属原子簇合物这类特殊结构的配合物放在金属有机化学这一章里进行介绍。

爱国，奋勇争先

1945年，年方30岁的卢嘉锡满怀“科学救国”的热忱婉拒了美国政府的挽留，回到中国，受聘到母校厦门大学化学系任教授兼系主任。在他的努力下，厦门大学不再仅因经济系(王亚南校长创办)而闻名，同时因化学系的崛起而跻身全国重点大学之列。他创建了福建物质结构所，带出了一大批优秀的科研人才，开拓了中国原子簇化学研究领域，使其在国际上都占有一席之地。

一、原子簇合物的分类

原子簇合物可以分为非金属原子簇合物和金属原子簇合物两大类。

1. 非金属原子簇合物

对原子簇合物的研究始于硼氢化合物，可上溯至1910—1930年。硼烷类化合物是典型的非金属簇合物。20世纪50年代W. N. Lipscomb等采用分子轨道理论提出了硼氢化合物中的三中心二电子键结构，并提出了拓扑法处理硼氢化合物，圆满地解决了硼烷和碳硼烷类化合物的分子结构，由此而获得1976年诺贝尔化学奖。1985年首次报道的C_{60}及后来研究的许多具有笼状结构的富勒烯化合物属于另一类重要的非金属原子簇合物——碳原子簇合物。目前研究表明，除硼、碳外，磷、硫、硒、碲等非金属元素也可形成原子簇合物，但这些非金属原子簇合物研究较少。

2. 金属原子簇合物

金属原子簇化学的研究始于1960年前后，虽然至今只有六七十年的历史，但是它以惊人的速度发展，目前已成为无机化学研究的前沿领域之一。金属原子簇合物的种类很多，按金属原子数分类，有二核簇合物、三核簇合物、四核簇合物等；按配体类型分类，则有羰基簇合物、含卤素簇合物、含硫族簇合物等；按成簇原子类型可分为同核簇合物与异核簇合物；按结构类型可分为开式结构多核簇合物与闭式结构多核簇合物。

二、金属原子簇合物的成键与结构

(一)金属原子簇合物的成键

金属原子簇合物最根本的结构特征就是含有金属-金属键，以 M—M 表示。因此通常将分子中含有 M—M 键的化合物均可看作金属原子簇合物，如 $Co_2(CO)_8$、$[Re_2Cl_8]^{2-}$ 等也属于金属原子簇合物。金属原子簇合物中的金属原子氧化数通常较低，低氧化数使得金属-金属容易成键。例如，在羰基金属原子簇合物中，金属原子氧化数一般为零或负值；在低价过渡金属卤化物的簇状化合物中，金属原子氧化数通常为+2 或+3。

过渡金属原子簇合物中 M—M 键的存在与否可以通过以下三个方面来进行判断。

1. 键能

通常认为，M—M 键能在 80 kJ/mol 以上的化合物才是簇合物。例如，$Mn_2(CO)_{10}$ 中 Mn—Mn 键能为 104 kJ/mol，$Ru_3(CO)_{12}$ 中 Ru—Ru 键能为 117 kJ/mol。但是，簇合物键能数据很不完善，尤其是高核簇合物中键能测定更加困难，同时由于采用不同的方法测得的键能数据差别较大，因此通常要根据化合物的结构特征来判断 M—M 键的存在并粗略估计其强度。

2. 键长

键长是判断化合物中 M—M 键是否存在的重要标准。如果化合物中的金属原子间的距离比在纯的金属晶体中要小很多，且无桥基存在，说明有 M—M 键生成。例如，$Re_2Cl_8{}^{2-}$ 中 Re—Re 键长为 224 pm，远小于纯金属铼中两原子间的距离(274 pm)。但是，采用这种方法判断时需要注意金属氧化态和桥基配体对金属键长的影响。

3. 磁矩

在 M—M 键生成后，电子自旋成对，导致化合物磁矩减小，甚至变为零，磁化率数值此时发生变化。例如，$Co(CO)_4$ 未成对电子数 1，而 $Co_2(CO)_8$ 未成对电子数 0，说明后者分子中可能存在 Co—Co 键。因为磁化率比较容易测定，所以磁化率可以作为 M—M 键是否存在的重要判据之一。需要注意的是，在较重的过渡金属元素中，由于存在自旋-轨道耦合，也会导致磁化率降低。

总之，判断是否存在 M—M 键需要结合几种结构参数来考虑，有时还需要化合物的光谱数据来进行综合分析，才能得出正确的结论。

目前有些文献将金属中心原子间以配体桥联但没有 M—M 键的配合物也归为金属原子簇合物，但这些化合物属一般的多核配合物，其结构与性质用一般的配位理论即可说明，故本节不予以讨论。

在金属原子簇合物中，金属与配体之间存在三种常见的键合方式：一为端式，即配体通过一条直线或近似直线的 M—A—B(A、B 为配体)单元端式连接于一个金属原子(图 4-17a)；二为桥式，即配体双重桥联于两个金属原子之间，配位分子轴和 M—M 轴相互垂直或基本垂直图(4-17b)；三为帽式，即配体多重桥联与几个金属原子之间，配位分子轴垂直于或接近垂直于金属原子所在的平面(图 4-17c)。

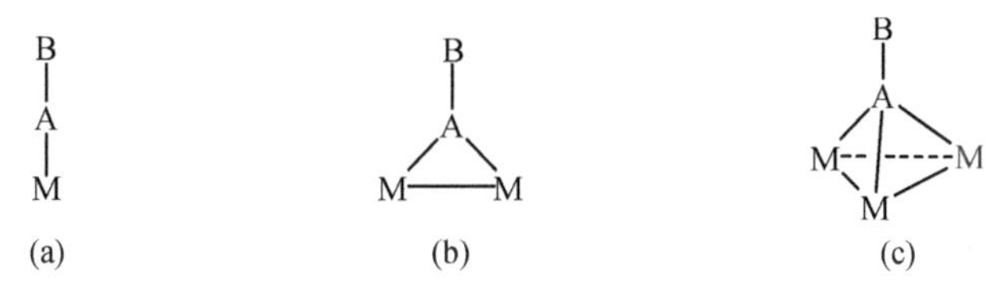

图 4-17　金属与配体的三种键合方式

(二)金属原子簇合物的结构

根据所含金属及金属键数目的多少，金属原子簇合物可以分为双核、三核、四核、五核、六核以及更多核的结构类型。表 4-5 列出了金属原子簇合物的一些比较常见的空间结构及簇合物实例。

表 4-5　金属原子簇合物的主要结构类型

簇合物类型	空间结构	空间结构图示	举例
双核	直线形(1 个 M—M 键)		$Co_2(CO)_8$，$Re_2Cl_8^{2-}$
三核	直线形(2 个 M—M 键)		$Mn_2Fe(CO)_{14}$，$[Mn_3(CO)_{14}]^{3-}$
	V 形(2 个 M—M 键)		$(CH_3N_2)[Mn(CO)_4]_3$
	三角形(3 个 M—M 键)		$Fe_3(CO)_{12}$，Re_3Cl_9
四核	四面体(6 个 M—M 键)		$Co_4(CO)_{12}$， $FeRuOs_2(\mu_2-CO)_2(\mu_2-H)_2(CO)_{11}$
	四边形(4 个 M—M 键)		$Co_4(CO)_{10}(\mu_4-S)_2$，$[Re_4(CO)_{16}]^{2-}$
	蝶形(5 个 M—M 键)		$Fe_4(CO)_{13}C$，$[HFe_4(CO)_{13}]^-$
五核	三角双锥(9 个 M—M 键)		$Os_5(CO)_{16}$，$[Ni_5(CO)_{12}]^{2-}$
	四方锥(8 个 M—M 键)		$Fe_5(CO)_{15}C$，$[Ru_5N(CO)_{14}]^-$
六核	八面体(12 个 M—M 键)		$Rh_6(CO)_{16}$，$[Ru_6(CO)_{18}]^{2-}$， $Zr_6(\mu-Cl)_{12}Cl_{12}(PR_3)_4$
	三棱柱(9 个 M—M 键)		$[Pt_6(CO)_6(\mu_2-CO)_6]^{2-}$， $[Co_6C(CO)_{15}]^{2-}$
	反三角棱柱(12 个 M—M 键)		$[Ni_6(CO)_6(\mu_2-CO)_6]^{2-}$
	加冠四方椎(11 个 M—M 键)		$H_2Os_6(CO)_{18}$，$Os_6(CO)_{17}S$
	加冠三角双锥(12 个 M—M 键)		$Os_6(CO)_{17}(Ph_3P)$， $Os_6(CO)_{16}(MeCCEt)$

三、金属-羰基原子簇合物

金属-羰基原子簇合物是指配体为 CO 的金属原子、特别是过渡金属原子簇合物，这是目前数量最多、发展最快，也是最重要的一类金属原子簇合物。

(一)金属-羰基原子簇合物的性质

金属-羰基原子簇合物在常温下一般为固体，不溶于水，可溶于一些有机溶剂。与单核羰基金属配合物相比，相应的多核金属-羰基原子簇合物的颜色通常较深，熔点也较高，并且金属原子数目越多，颜色越深。例如：$Fe(CO)_5$ 为淡黄色液体，$Fe_2(CO)_9$ 为金黄色固体，$Fe_3(CO)_{12}$ 为墨绿色固体；$Ru(CO)_5$ 为无色液体，$Ru_3(CO)_{12}$ 为橙色晶体。而对于同族金属元素的簇合物，其颜色则是由上至下逐渐变浅。例如：$Rh_4(CO)_{12}$ 为红色固体；$Ir_4(CO)_{12}$ 为黄色固体。

在金属-羰基原子簇合物中，由于 CO 是一个较强的 σ 电子给予体和 π 电子接受体，分子中存在 σ—π 配键的协同效应，使得这类簇合物都比较稳定。

(二)金属-羰基原子簇合物的结构

金属-羰基原子簇合物根据其所含金属原子数目也可以分为双核、三核、四核、五核、六核，甚至更多核等许多种结构类型(表 4－5)。既可以是含相同金属中心的同核羰基金属簇合物，如 $Fe_2(CO)_9$，也可以是含不同金属中心的异核羰基金属簇合物，如 $H_2FeRu_3(CO)_{13}$。

1. 双核金属-羰基原子簇合物

双核金属-羰基原子簇合物中含有 1 个 M—M 键，2 个金属原子之间既可以通过 CO 配体桥联，如 $Fe_2(CO)_9$，也可以不含桥联配体，如 $Mn_2(CO)_{10}$。

$Co_2(CO)_8$ 在固态时采取的是桥式结构(图 4－18a)，分子中有 6 个 CO 配体为端式键合，每个 Co 原子上分别连接 3 个 CO，还有 2 个 CO 在两个 Co 原子间作为桥联基团。当 $Co_2(CO)_8$ 溶解在烃类溶剂中时则以非桥式结构存在(图 4－18b)。这两种构型的相对稳定性可能受晶格能和溶剂化能的影响。由于桥式和非桥式结构的能量相差很小，因此在环境的微小变化中，容易相互转化，即所谓立体化学上的非刚性。

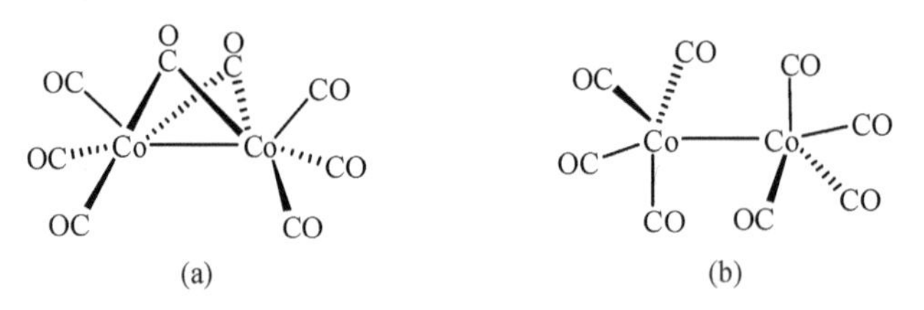

图 4－18 $Co_2(CO)_8$ 的结构

2. 多核金属-羰基原子簇合物

多核金属-羰基原子簇合物结构的基本骨架一般是由金属原子构成的几何形状，如图 4－19 所示，有三角形、四面体等。由于存在金属-金属键及 CO 可以按端式、桥式或帽式与金属原子配位，使得多核金属-羰基原子簇合物的空间结构变得非常复杂。

三核金属-羰基原子簇合物中含有 3 个金属-金属键，可以形成直线链状、"V"形或三角形结构，但一般以三角形为主。例如，在 $Fe_3(CO)_{12}$ 结构中，有 2 个 CO 配体通过桥联方式

与 Fe_3 三角形一条边上的 2 个 Fe 原子键合，其余 CO 则以端式与 Fe 原子键合(图 4－19a)。$Ru_3(CO)_{12}$、$Os_3(CO)_{12}$ 的结构与在 $Fe_3(CO)_{12}$ 类似，但在 M—M 上无羰基桥联(图 4－19b)。

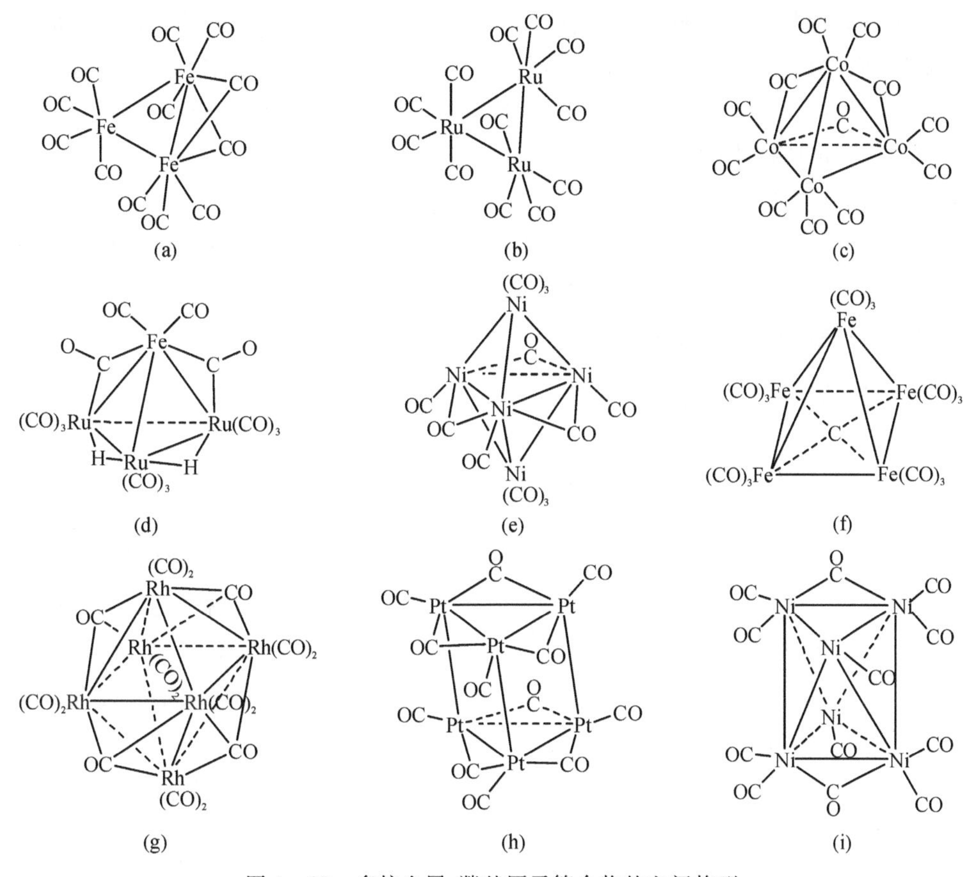

图 4－19　多核金属-羰基原子簇合物的空间构型

四核羰基金属簇合物大多为四面体构型，如 $Ir_4(CO)_{12}$、$Co_4(CO)_{12}$、$[Fe_4(CO)_{13}]^{2-}$、$H_2FeRu_3(CO)_{13}$ 等。在 $Co_4(CO)_{12}$ 的分子结构中，含有 6 个 Co—Co 键，3 个 CO 配体以桥联方式与 Co 配位，其余 9 个 CO 则以端式与 Co 原子键合(图 4－19c)。异核羰基金属簇合物 $H_2FeRu_3(CO)_{13}$ 中，Fe 原子与 3 个 Ru 原子共同组成 1 个畸变四面体骨架。2 个 CO 以端式与 Fe 键合，还有 2 个 CO 以桥式分别与 Fe、Ru 原子键合，每个 Ru 原子上还均有 3 个 CO 作为端基。此外，该簇合物分子中还有 2 个 H 原子作为桥基分别与 2 个 Ru 原子相连(图 4－19d)。

五核羰基金属簇合物的骨架结构主要有三角双锥和四方锥两种。$[Ni_5(CO)_{12}]^{2-}$ 中 5 个 Ni 原子组成三角双锥，轴向 2 个顶点上每个 Ni 原子有 3 个端式键合的 CO，三角形平面上的每个 Ni 原子各有 1 个端式键合的 CO，还与另外 1 个 Ni 原子共享 1 个桥式 CO 配体(图 4－19e)。在 $Fe_5(CO)_{15}C$ 中，5 个 Fe 原子构成 1 个正方锥，每个 Fe 原子均与 3 个 CO 端式键合，没有桥联配体。在底面的中心配位着 1 个碳原子(图 4－19f)。这是第 1 个多原子簇碳化物，此后迅速发展成为一大类的簇状配合物。

六核羰基金属簇合物的骨架结构以八面体为主。八面体也是多核簇合物最为普遍的结构形式，如 $Rh_6(CO)_{16}$、$Co_6(CO)_{16}$、$Os_6(CO)_{18}{}^{2-}$、$Fe_6C(CO)_{16}{}^{2-}$、$Os_6H(CO)_{18}{}^{-}$ 等。例如，$Rh_6(CO)_{16}$ 中的 6 个 Rh 原子形成 1 个典型的高对称八面体，每个 Rh 原子上各有 2 个端式键合的 CO，在八面体的三角形面上对称地连接有 4 个 CO 配体，每个 CO 均与三角形面上的 Rh 原子桥联(图 4-19g)。理想的正八面体构型并不多见，通常八面体骨架上有不同程度的变形。例如，$[Pt_6(CO)_6(\mu_2-CO)_6]^{2-}$ 的骨架构型为三棱柱体(图 4-19h)，$[Ni_6(CO)_{12}]^{2-}$ 的骨架构型为反三角棱柱体(图 4-19i)。

除了以上多核金属-羰基原子簇合物之外，还有七核、八核、九核、十核，甚至十三核等高核结构，这些多核簇合物的骨架结构有加冠八面体、双加冠八面体、三加冠共面二八面体、带心反立方八面体等多种复杂的空间构型，这里不一一赘述。

(三)金属-羰基原子簇合物的反应

1. 热解反应

$$2Co_2(CO)_8 \xrightarrow{60\ ℃} Co_4(CO)_{12} + 4CO$$

$$3Rh_4(CO)_{12} \xrightarrow{60\sim80\ ℃} 2Rh_6(CO)_{16} + 4CO$$

这类反应是由含核较少羰基簇合物转化为含核较多的羰基簇合物，它们均为吸热反应，这是由于部分较强的 M—CO 键转变为较弱的 M—M 键的缘故。热解法是合成配位不饱和羰基簇合物的主要方法，应用此法已制得了很多羰基簇合物，如 $Ru_3(CO)_{12}$、$Os_5(CO)_{16}$、$Fe_4(CO)_4(\eta^5-C_5H_5)_4$、和 $Ni_2(CO)_2(\eta^5-C_5H_5)_2$ 等。此法也能合成羰基混合金属簇合物及羰基金属簇碳化物和氢化物。例如：

$$Ru_3(CO)_{12} + Os_3(CO)_{12} \xrightarrow[\text{二甲苯}]{175\ ℃} Ru_2Os(CO)_{12} + RuOs_2(CO)_{12}$$

2. 加成反应

配位不饱和的金属-羰基原子簇合物可以与 H_2、卤素发生加成反应，在这类反应过程中伴随着金属形式氧化态的增加。例如：

$$[Rh_{12}(CO)_{30}]^{2-} + H_2 \longrightarrow 2[Rh_6(CO)_{15}H]^{-}$$

$$[Rh_{12}(CO)_{30}]^{2-} + I_2 \longrightarrow 2[Rh_6(CO)_{15}I]^{-}$$

3. 取代反应

在金属-羰基原子簇合物中，CO 也容易被一些配位能力更强的配体所取代，如 PX_3、PPh_3、RCN、NO、$CH_2{=}CH_2$、C_6H_6 等。例如：

$$Os_3(CO)_{12} + 2CH_3CN \longrightarrow Os_3(CO)_{10}(CH_3CN)_2 + 2CO$$

$$Os_3(CO)_{12} + 2NO \longrightarrow Os_3(CO)_9(NO)_2 + 3CO$$

$$Ru_6(CO)_{17}C + PPh_3 \longrightarrow Ru_6(CO)_{16}(PPh_3)C + CO$$

有些取代反应发生的同时还伴随着降解作用。例如：

$$Rh_6(CO)_{16} + 12PPh_3 \longrightarrow 3[Rh(CO)_2(PPh_3)_2]_2 + 4CO$$

4. 氧化还原反应

金属-羰基原子簇合物的氧化还原反应有两种情况：一是反应过程中不发生 M—M 键的变化，即簇合物的骨架没有改变；一是发生了 M—M 键的变化。例如：

$$Rh_6(CO)_{16}+8KOH \xrightarrow[KOH]{H_2O} K_4[Rh_6(CO)_{14}]+2K_2CO_3+4H_2O$$

有些氧化还原反应过程中也同时还伴随着降解作用。例如：

$$10[Co_6(CO)_{15}]^{2-}+22Na \longrightarrow 9[Co_6(CO)_{14}]^{4-}+6[Co(CO)_4]^{-}+22Na^{+}$$

配位不饱和金属-羰基原子簇合物还可以发生氧化还原缩合反应。例如：

$$[Rh_6(CO)_{15}]^{2-}+Rh_6(CO)_{16} \xrightarrow{THF} [Rh_{12}(CO)_{30}]^{2-}+CO$$

$$2[Rh_6(CO)_{15}]^{2-}+Rh_2(CO)_4I_2 \xrightarrow{THF} 2[Rh_7(CO)_{16}I]^{2-}+CO$$

四、其他重要的金属原子簇合物

(一)金属-卤素原子簇合物

金属-卤素原子簇合物是较早发现的一类金属原子簇合物。早在1907年已报道合成了“$TaCl_2 \cdot 2H_2O$”，但到1913年了解到该化合物的组成实际上是$Ta_6Cl_{14} \cdot 7H_2O$，以后到20世纪20年代又发现了许多钼的多核卤化物，并且认识到他们的化学性质与单核的“Werner配位化合物”不同。金属-卤素原子簇合物大多是二元簇合物。

金属-卤素原子簇合物在数量上远不如金属-羰基原子簇合物多，这可以从卤素及其金属原子簇合物的特点进行理解：首先，卤素的电负性较大，不是一个好的σ电子给予体，且配体相互间排斥力大，导致骨架不稳定；其次，卤素的反键π^*轨道能级太高，不易接受金属d轨道上的电子形成反馈π键，即分散中心金属离子的负电荷累积能力不强；再次，中心金属原子的氧化态一般比羰基簇合物高，d轨道紧缩(如果氧化数低，卤素负离子的σ配位将使负电荷累积。相反，若氧化数高，则可中和这些负电荷)，不易参与生成反馈π键。

1. 双核金属-卤素原子簇合物

双核金属-卤素原子簇合物比较常见的有$[Re_2Cl_8]^{2-}$、$[Mo_2Cl_8]^{4-}$、$Re_2(RCO_2)_4X_2$等。$[Re_2Cl_8]^{2-}$是目前发现的最简单的双核金属原子簇合物，其中的Re—Re键长为224 pm，比金属铼中两原子间距离小很多，Cl原子在空间排列为重叠型结构而非交错型排列。为解释这种现象，于1964年提出了“四重键理论”，即铼原子的键轴为z轴，两个铼原子除形成σ键之外，还有其d_{xz}和d_{yz}轨道形成的2个π键，以及d_{xy}轨道重叠形成的δ键，2个铼原子之间沿z轴形成1个四重键(图4-20)。正是由于四重键的存在，使得$[Re_2Cl_8]^{2-}$能够稳定存在。同样，在$[Mo_2Cl_8]^{4-}$中也存在类似的四重键。$Mo_2Cl_8{}^{4-}$中Mo—Mo键长为214 pm，而相应纯金属钼中两原子间的距离为276 pm。

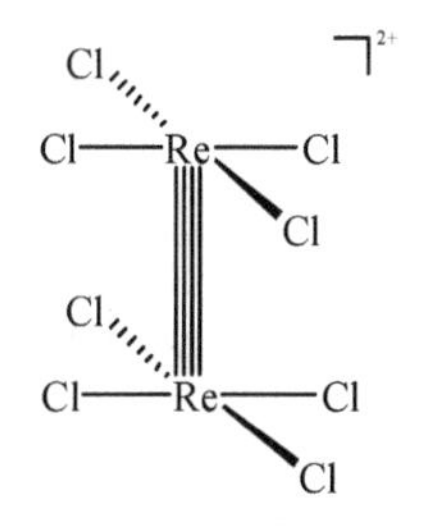

图4-20　$[Re_2Cl_8]^{2-}$的结构

2. 三核金属-卤素原子簇合物

在三核金属-卤素原子簇合物中，3个金属原子可以形成链状或三角形的排列，但对于过渡金属，主要为三角形排列方式。例如，Re_3Cl_9中的3个Re原子形成1个三角形骨架，每2个Re原子共享1个Cl原子桥基，此外，每个Re原子在三角形顶角的上方和下方键合1个Cl原子(图4-21a)。Re_3Cl_9中的Re—Re键长为248 pm，比$[Re_2Cl_8]^{2-}$中的Re—Re键长要长。在$[Re_3Cl_{12}]^{3-}$的结构中，3个Re原子也形成三角形排列，Re—Re键长为247 pm，比

Re—Re四重键键长(224 pm)长,但比$(CO)_5Re—Re(CO)_5$中的Re—Re单键键长(275 pm)要短得多,因此在$[Re_3Cl_{12}]^{3-}$的Re—Re键可以看作双键,是很强的键。与Re_3Cl_9的结构相似,$[Re_3Cl_{12}]^{3-}$只是在每个Re原子上多键合了1个Cl原子端基(图4-21b)。

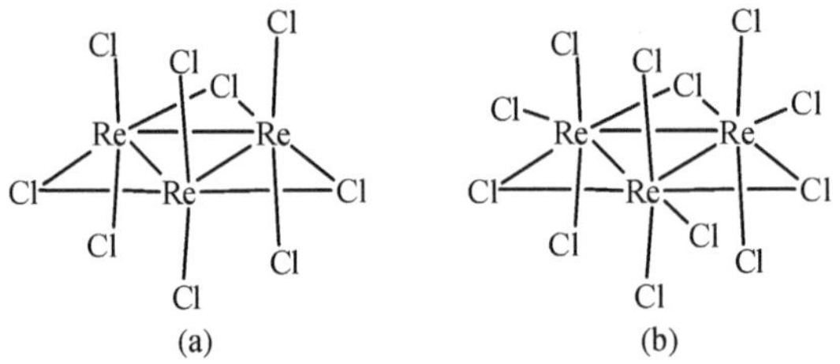

(a) (b)

图4-21 Re_3Cl_9和$[Re_3Cl_{12}]^{3-}$的结构

3. 六核金属-卤素原子簇合物

六核金属-卤素原子簇合物通常为八面体结构。例如,$[Mo_6Cl_8]^{4+}$的结构中,6个Mo原子组成1个正八面体,分子中含有12个Mo—Mo键,Mo—Mo距离为261 pm。在八面体的各面上有1个Cl原子以μ_3帽式键合方式分别于3个Mo原子配位(图4-22a)。另外1个六核金属-卤素原子簇合物$[Nb_6Cl_{12}]^{2+}$也为八面体结构,12个Cl原子在八面体的12条棱的外侧分别于2个Nb原子形成氯桥键(图4-22b)。

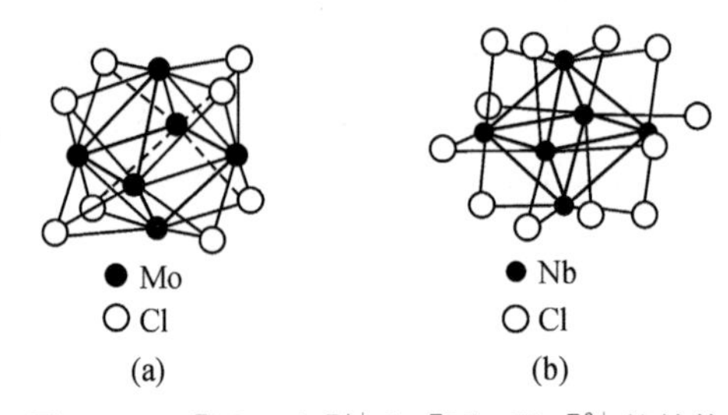

图4-22 $[Mo_6Cl_8]^{4+}$和$[Nb_6Cl_{12}]^{2+}$的结构

(二)金属-硫原子簇合物

在金属-硫原子簇合物中,存在着一类硫代金属原子簇,其中硫原子代替了部分金属原子的位置,并与金属原子共同组成原子簇合物的多面体骨架。

在硫代金属原子簇中,核心部分具有M_4S_4形式的原子簇受到了特殊的重视,尤以Fe_4S_4原子簇合物为最。众所周知,固氮酶是生物固氮的核心,而在研究固氮酶的成分和结构的过程中,发现固氮酶含有两种非血红素的铁硫蛋白,它们是钼铁蛋白和铁蛋白。在钼铁蛋白里,除含钼铁硫原子簇外,还含Fe_4S_4原子簇等。此外,在其他许多铁硫蛋白中,铁硫原子簇也是活性中心,它们的主要生理功能是传递电子。因此,铁硫原子簇合物,尤其是Fe_4S_4原子簇引起了人们的极大关注。人们把铁硫原子簇作为非血红素铁蛋白活性中心的模型化合物来进行研究。

在M_4S_4原子簇中,4个金属原子形成四面体骨架,此外,在四面体的每个面上各连接1个硫原子。也可以认为,4个金属原子和4个硫原子相间的占据立方体的8个顶点,构成畸变的立方体的原子簇骨架。比较常见的M_4S_4原子簇合物有$Fe_4S_4(NO)_4$,它是一黑色晶体,在空气中相当稳定。其中Fe—Fe键长为265.1 pm,12个Fe—S键长的变化范围很小,仅 220.8～222.4 pm，平均 221.7 pm。$Fe_4S_4(NO)_4$ 的结构见图 4-23。另一含 Fe_4S_4 簇结构单元的铁硫簇合物$[Fe_4S_4(CN)_4]^{4-}$也具有相似的结构。

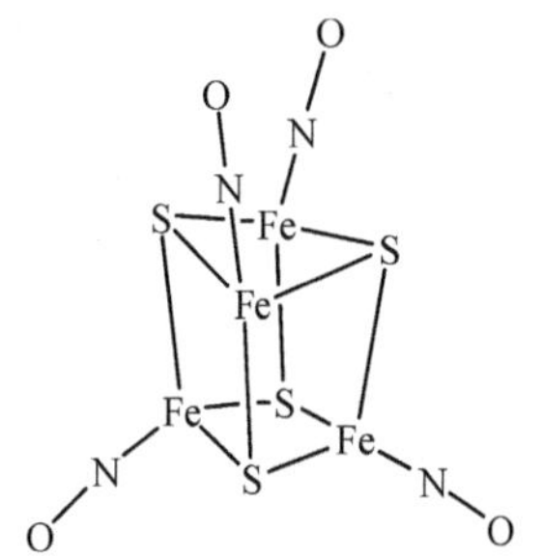

另一类重要的金属-硫原子簇合物就是 Mo(W)/Cu(Ag,Au)/S 原子簇化合物。这类簇合物由于其多变的结构和优良的光学性质及催化性能而得到了迅猛发展。目前，人们已合成出了几百个含有$[MXS_3]^{2-}$（M＝Mo、W；X＝O、S）单元的原子簇合物。合成方法一般是用含硫金属盐单元$[MXS_3]^{2-}$与无机盐 M′X′（$M'=Cu^+$、Ag^+、Au^+；$X'=Cl^-$、Br^-、I^-、CN^-、NCS^-）通过配体的配位作用而得到。由于 X′的桥联效应，1 个$[MXS_3]^{2-}$四面体单元通过直接与 M′或 M′X′结合最终可以形成从二核到十核的原子簇合物骨架结构。这些骨架结构可以进一步聚合成为原子簇聚合物。一般来说，Mo(W)/Cu(Ag, Au)/S 原子簇聚合物可以分为簇合物单体、一维长链、二维层状及三维网状四大类。图 4-24 列举了几种 Mo(W)/Cu(Ag, Au)/S 原子簇合物单体及原子簇聚合物的结构。

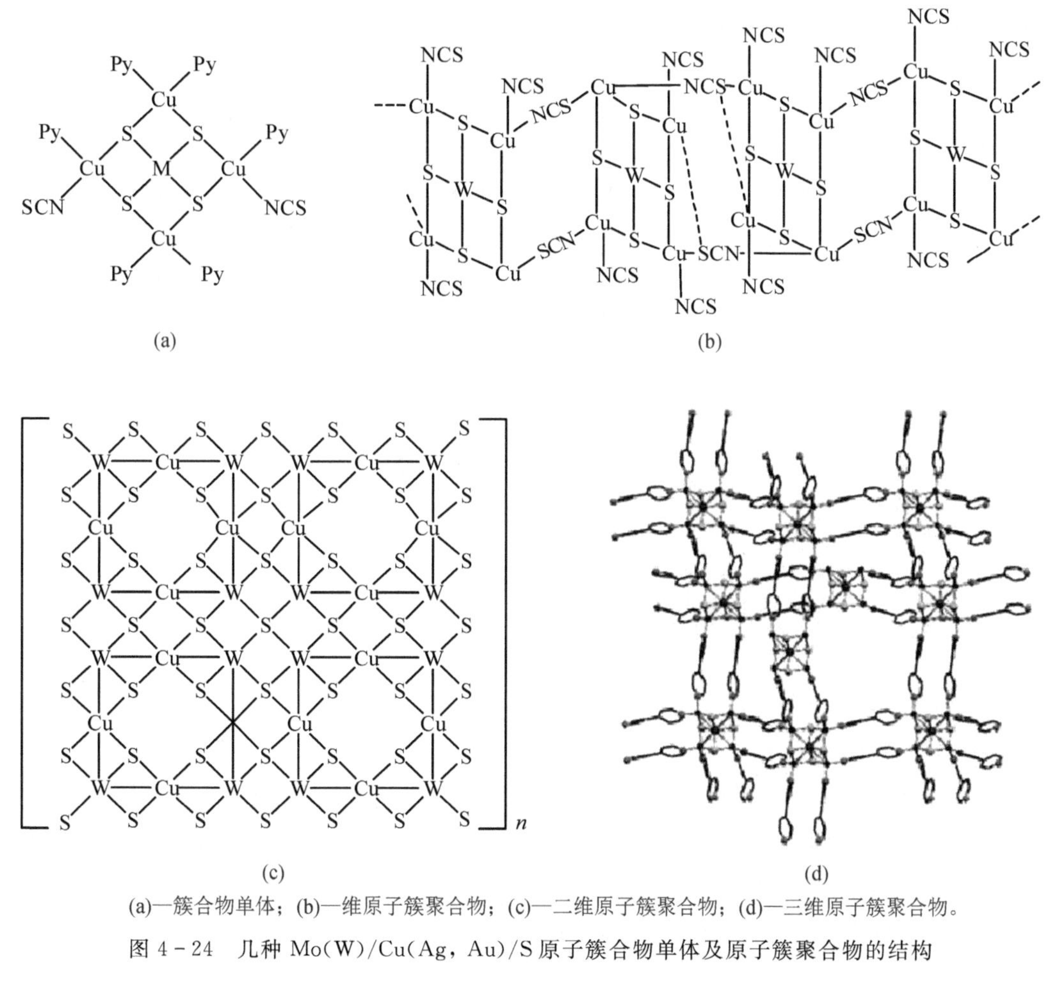

图 4-23　$Fe_4S_4(NO)_4$的结构

(a)　(b)　(c)　(d)

(a)—簇合物单体；(b)—一维原子簇聚合物；(c)—二维原子簇聚合物；(d)—三维原子簇聚合物。

图 4-24　几种 Mo(W)/Cu(Ag, Au)/S 原子簇合物单体及原子簇聚合物的结构

五、金属原子簇合物的应用

金属原子簇合物在催化化学、材料科学及生物医药等领域均有广泛的应用。

1. 催化化学

许多金属原子簇合物可以作活性高、选择性好的新型催化剂。使用金属原子簇合物制备催化剂与常规方法相比，具有很多优点：第一，由于原子簇合物可以溶于有机溶剂，因此可以在催化剂的无水合成方面得到应用；第二，可以很容易合成无卤素的催化剂；第三，原子簇合物中的金属原子的价态一般比较低，因此可以在比较温和的条件下活化催化剂；第四，催化剂的组成一定并且容易控制。此外，使用金属原子簇合物为前驱体制得的金属颗粒大小、尺寸分布及催化活性都优于使用常规方法制备的催化剂。例如，使用 $Ru_6(CO)_{17}$ 制备的 Ru 颗粒大小在 1.2～2.0 nm，并且其催化活性是用 $RuCl_3$ 制备的颗粒的 22 倍。

W. Reppe 采用单核镍配合物 $Ni[CNC(CH_3)_3]_4$ 为催化剂，自乙炔环化聚合生成环辛四烯。但是，当用金属原子簇合物 $Ni_4[CNC(CH_3)_3]_7$ 为催化剂时，乙炔能选择性地生成苯。$Ni_4[CNC(CH_3)_3]_7$ 的结构见图 4-25，4 个 Ni 原子呈四面体构型，每个 Ni 原子端式键合 1 个 $CNC(CH_3)_3$ 基团，另外 3 个 $CNC(CH_3)_3$ 基团按 μ_2 形式以 C 和 N 原子分别与 Ni 原子配位，形成大三角形。$Ni_4[CNC(CH_3)_3]_7$ 催化乙炔环聚成苯的机制为：$Ni_4[CNC(CH_3)_3]_7$ 的大三角形面上的 Ni 原子能吸附 C_2H_2 分子。当 3 个 C_2H_2 分子以 π 配键与 Ni 原子结合，每个 C_2H_2 提供 2 个电子给 Ni 原子。为保持 Ni_4 簇的价电子数与结合 C_2H_2 之前不发生变化（Ni_4 的四面体构型不变），μ_2—$CNC(CH_3)_3$ 中的 N 脱离 Ni 原子。在大三角形面上的 3 个 C_2H_2 分子，由于空间几何条件及成键的电子条件合适，环化成苯分子。当 $[CNC(CH_3)_3]$ 基团因热运动使 N 原子重新靠拢并和 Ni 原子结合，为了保持 Ni_4 簇的价电子数不变，促使苯环离开催化剂分子成为产品放出，$[CNC(CH_3)_3]$ 恢复原样。

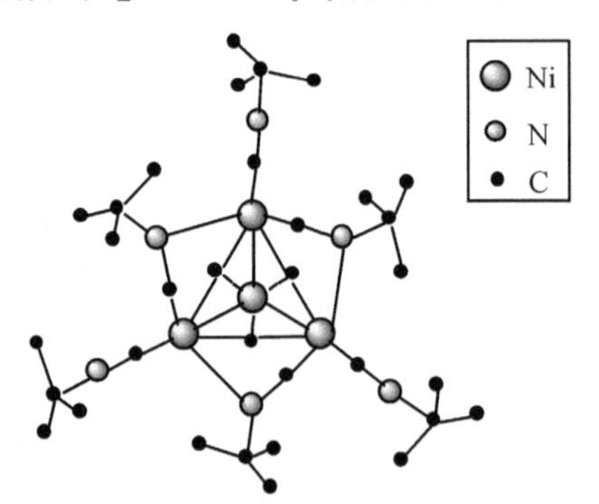

图 4-25 $Ni_4[CNC(CH_3)_3]_7$ 分子的结构

金属原子簇合物还可以作为其他许多化学反应的催化剂。比如，$Co_2(CO)_8$ 是一种重要的烯烃氢甲酰化反应催化剂；羰基钌簇合物 $Ru_3(CO)_{12}$ 和 $H_4Ru_4(CO)_{12}$ 可用于催化烯烃氢化、氢甲酰化及水煤气变换等反应；双金属硫簇合物 $Cp'_2Mo_2Co_2(CO)_4S_3$（$Cp'=CH_3C_5H_4$）已被用作氢化脱硫催化剂；一些以沸石为载体的 Co—Mo—S 催化剂的活性成分被认为是沸石内部的 Co_2MoS_6 簇合物；巨核钯簇合物 $Pd_{561}L_{60}(OAc)_{180}$[L＝1,10-菲啰啉(phen)或 2,2′-联吡啶]和 $Pd_{561}(Phen)_{60}O_{60}V_{60}$（X＝$PF_6$、$ClO_4$、$BF_4$ 或 CF_3CO_2）可将脂肪醇催化氧化为酯，或催化乙烯的乙酰氧基化反应将其转变为酸。

2. 材料科学

过渡金属原子簇合物作为前驱体可用于材料科学领域。例如，利用 $HFe_3(CO)_9BH_4$ 作为制备金属玻璃 $Fe_{75}B_{25}$ 的前驱体，构筑了 Fe_3B 的多孔薄膜材料。这种方法具有毒性低、沉淀温度低以及膜化学计量易于控制等优点。此外，人们利用 Mössbauer 谱对上述 Fe_3B 薄膜进行分析时，发现该薄膜的磁性质与用其他方法制备的薄膜不同，其磁矩取向垂直于而不是平行于膜平面。这表明，利用原子簇化合物作为前驱体，可以在低温条件下构筑含有亚稳相的、化学计量一定、性能优良的金属薄膜。

原子簇化合物还可用作无机固体新材料。例如，Mo(W)/S/Cu(Ag) 原子簇合物因具有优良的三阶非线性光学性质而可能发展成为新型的光学材料，近年来引起了人们的广泛关注。这类簇合物比传统的三阶非线性光学材料如无机半导体和有机分子具有更优异的性能，同时兼备无机半导体和有机分子二者的优点。比如，Mo(W)/S/Cu(Ag)原子簇化合物的骨架结构和外围配体的多样性和可修饰性，为获得不同性能的三阶非线性光学材料提供了有利条件；另外，这类簇合物的骨架结构中包含了很多重金属原子，使得更多电子跃迁的发生成为可能，从而导致更强的三阶非线性光学性能。

此外，MMo_6S_8(M＝Pb、Cu) 原子簇合物是强磁场中的良好超导体，对磁场的衰减电流作用具有很强的抵抗力，可用于制作超导线圈。$[Re_2Cl_8]^{2-}$ 因其具有光敏性(在可见光区有 $\delta\rightarrow\delta^*$ 跃迁)，用于制造太阳能电池。

3. 生物医药

研究表明，自然界中一些酶的活性中心为一些金属原子簇合物。如前所说，固氮酶的活化中心就是一个 Mo—Fe—S 原子簇合物。因此，以化学合成的 Mo—Fe—S 原子簇合物作为固氮酶模拟物的研究现在已相当活跃。从 1978 年报道的作为固氮酶活性中心结构模型的第一个 Mo—Fe—S 簇合物开始，现在已合成出了多种不同类型的簇合物。图 4-26 为两种线型的 Mo—Fe—S 原子簇合物的结构示意图。我国科学家在这方面也开展了大量有意义的工作，合成了一系列的 Mo—S、Mo—Fe—S 及 Fe_4S_4 簇合物。将这些簇合物与 UW45 无细胞抽提液组合或与 UW45 无活性钼铁蛋白组合，在准生理反应条件下，均显示了相当高的催化乙炔还原为乙烯的活性，并显示了一定的固氮酶活性(把 N_2 还原成 NH_3)。

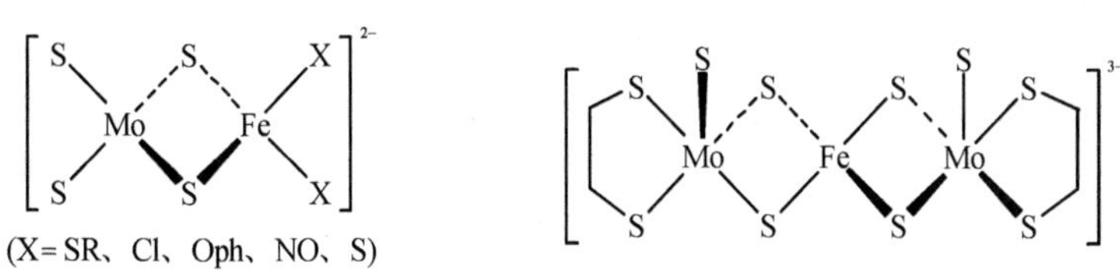

图 4-26　两种线型 Mo—Fe—S 原子簇合物的结构示意图

金属原子簇合物还可能发展成为新型的抗肿瘤药物。例如，双核 Rh 原子簇合物 $[Rh_2(RCOO)_4L_2]$(R＝—CH_3、—CH_2CH_3、—C_6H_5、—CF_3；L＝H_2O 或其他溶剂分子) 对口腔癌、艾氏腹水瘤、L1210 白血病和 P388 白血病等显示出良好的抗肿瘤活性，但因毒性强阻碍了它们的应用。$[Rh_2(CH_3COO)_4(H_2O)_2]$(图 4-27)簇合物对大肠杆菌 DNA 多聚酶Ⅰ的抑制作用比对 RNA 多聚酶的抑制作用强，并且对艾氏腹水瘤、肉瘤 180 和 P388 淋巴细胞性白血病显示良好的抗肿瘤活性。

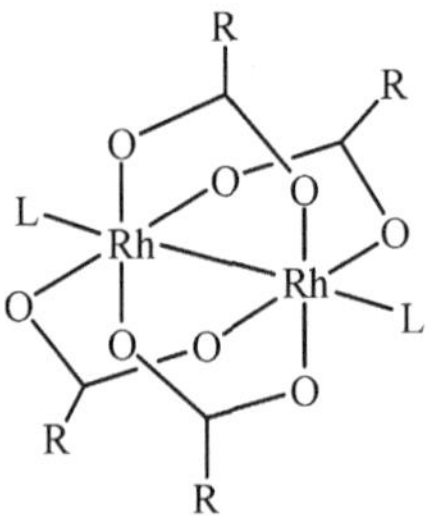

图 4－27 [$Rh_2(RCOO)_4L_2$]的结构

第六节　金属烷基化合物

以 σ 键键合金属的烷基是最常见的单电子配体，其形成的金属烷基化合物（M—R）结构简单，化学性质活泼，因此，在工业生产过程中被大规模地使用。目前，进一步的研究表明，带有较大体积烷基的烷基化合物还可以作为立体选择性反应的试剂。因此，金属烷基化合物是与实际应用最为密切的金属有机配合物之一。

一、金属烷基化合物的分类

金属烷基化合物可以分为两大类，即离子型金属烷基化合物和共价型金属烷基化合物。电负性小的ⅠA 和ⅡA 组金属能和烷基形成离子型化合物，而大多数金属烷基化合物则以共价型为主，形成 M—C σ 键。

1．离子型金属烷基化合物

离子型金属烷基化合物可以看作烃 R－H 的盐，这类化合物的稳定性取决于碳负离子 R^- 的相对稳定性。从物质化学结构的角度分析，R^- 离子的相对稳定性和 $M^{\delta+}-R^{\delta-}$ 键的极性有关，键的极性越强，R^- 离子越稳定。$M^{\delta+}-R^{\delta-}$ 键的极性又取决于 M 和 R 的电负性之差，M 越活泼，电负性越小，R 基团中 α 碳原子的电负性越大，键的离子型分数也就越大。

2．共价型金属烷基化合物

在共价型金属烷基化合物中，M—R 键多为正常的二中心二电子 σ 键。如具有线型分子结构的 Zn、Cd、Hg 的甲基化合物，这些化合物在固态、液态、气态均不聚合。在某些缺电子体系中，如 Li、Be、Mg、Al 的甲基化合物，则与硼烷类似，形成烷基桥的多中心键，这些化合物会发生不同程度的聚合。例如，在乙醚或胺中，烷基锂以四聚体形式存在，4 个锂组成 1 个正四面体骨架，四面体每个面上各有 1 个面桥甲基，形成多中心键。甲基铝为二聚体，甲基铍或甲基镁则为多聚体。在甲基铍、镁、铝中，均存在着三中心二电子的甲基桥键。

二、金属烷基化合物的合成

金属烷基化合物比较常见的合成方法有以下几种。

1．金属与卤代烃直接反应

金属与卤代烃可以直接反应生成相应的金属烷基化合物。

$$n\text{-}C_4H_9Cl + 2Li \longrightarrow n\text{-}C_4H_9Li + LiCl$$

$$C_6H_5\text{—}Br + 2Li \longrightarrow C_6H_5\text{—}Li + LiBr$$

通常，卤代物一般用氯化物或者溴化物而不用碘化物，这是因为碘代烷能进一步与烷基锂反应，发生如下 Wurtz 型偶联反应的缘故。

$$RLi + RI \longrightarrow R\text{—}R + LiI$$

2. 金属置换反应

较活泼的金属与另一活泼性较差的金属烷基化合物可以发生金属-金属之间的取代反应。利用该反应可以制备碱金属等活泼金属的烷基化合物。

$$Mg(\text{过量}) + HgR_2 \longrightarrow MgR_2 + Hg$$

$$2Al + 3Hg(CH_3)_2 \longrightarrow Al_2(CH_3)_6 + 3Hg$$

此外，活泼的碱金属还可以直接与带有活泼氢的烃类发生金属-氢取代反应，生成相应的金属烷基化合物。

$$2Ph_3CH + 2K \longrightarrow 2Ph_3CK + H_2$$

3. 与亚铜盐反应

用过量的烷基锂试剂与卤化亚铜在乙醚中进行烃基化反应，可以生成二烃基铜锂，这是一种重要的有机合成试剂。

$$2CH_3Li + CuI \xrightarrow[0\,^{\circ}C]{Et_2O} (CH_3)_2CuLi + LiI$$

4. 与格氏试剂反应

金属卤化物与格氏试剂反应可以合成相应的金属烷基化合物。

$$CrCl_3 + 3C_6H_5MgX + 3THF \longrightarrow Cr(C_6H_5)_3 \cdot 3THF + 3MgXCl$$

格氏试剂还可以于其他卤代金属烷基化合物反应，生成相应的金属烷基化合物。

5. 复分解反应

以金属烷基化合物作为烷基化试剂，与金属卤化物反应制备相应的金属烷基化合物。这种方法比较简单，并且产物易于分离，是目前最常用的方法之一。

$$3Li_4(C_2H_5)_4 + 4GaCl_3 \longrightarrow 4Ga(C_2H_5)_3 + 12LiCl$$

$$4AlR_3 + 3SnCl_4 + 4NaCl \longrightarrow 3SnR_4 + 4NaAlCl_4$$

卤代烃中的卤素可以与烷基锂试剂中的锂发生交换反应，生成相应的有机锂化合物。

$$H_3C\text{—}C_6H_4\text{—}Br + n\text{-}C_4H_9Li \longrightarrow H_3C\text{—}C_6H_4\text{—}Li + n\text{-}C_4H_9Br$$

$$C_{10}H_7\text{—}Br + n\text{-}C_4H_9Li \longrightarrow C_{10}H_7\text{—}Li + n\text{-}C_4H_9Br$$

6. 加成反应

含有氢-过渡金属键的有机金属配合物可以与烯烃、炔烃等不饱和分子进行加成反应，生成相应的金属烷基化合物。

$$Co(CO)_4H + C_2F_4 \longrightarrow Co(CO)_4CF_2CF_2H$$

$$(CO)_5MnH + CF_3C\equiv CCF_3 \longrightarrow (CO)_5Mn(CF_3)C{=}CHCF_3$$

$$R_3SnH + R'CH{=}CH_2 \longrightarrow R'CH_2CH_2SnR_3$$

7. 电化学反应

这类方法主要是牺牲阳极法，如以 Ga 为电极，在 CH_3MgCl 的 THF 溶液中进行电化学反应，制备了 $Ga(CH_3)_2$。

$$2CH_3MgCl \longrightarrow Mg(CH_3)_2 + MgCl_2$$
$$Mg(CH_3)_2 + Ga + THF \longrightarrow Ga(CH_3)_2 \cdot THF + Mg$$

三、金属烷基化合物的反应

金属烷基化合物比较活泼，可以发生许多化学反应。

1. M—C 键的裂解反应

金属烷基化合物中的 M—C 键可以被氢、氯化氢和卤素所裂解，其反应一般为氧化加成、还原消除。例如，氯化氢可以与$[(PEt_3)_2Pt(C_6H_5)_2]$进行氧化加成反应，得到$[(PEt_3)_2Pt(C_6H_5)_2HCl]$。所得到的$[(PEt_3)_2Pt(C_6H_5)_2HCl]$随后还可以还原消除一个苯，生成$[(PEt_3)_2Pt(C_6H_5)Cl]$。

$$(C_2H_5)_3P{-}Pt(C_6H_5)_2{-}P(C_2H_5)_3 \xrightarrow{+HCl} (C_2H_5)_3P{-}Pt(H)(Cl)(C_6H_5)_2{-}P(C_2H_5)_3 \xrightarrow{-C_6H_5} (C_2H_5)_3P{-}Pt(Cl)(C_6H_5){-}P(C_2H_5)_3$$

金属烷基化合物在受热时也可以发生 M—C 键的裂解反应。对于甲基、芳香基金属化合物会生成非常活泼的自由基，这些自由基相互反应生成烷烃或烯烃。对含有较长烷基链的金属烷基化合物，则可以发生 β-氢消除反应而生成烯烃。

2. 加成反应

金属烷基化合物可以与烯烃发生加成反应。例如：

$$Ti{-}R + CH_2{=}CH_2 \longrightarrow Ti{-}CH_2CH_2R$$

3. 取代反应

活泼的烷基可以取代金属烷基化合物中另一个键合相对较弱的烷基，生成新的金属烷基化合物。

$$NaC_2H_5 + C_6H_6 \longrightarrow NaC_6H_6 + C_2H_5$$

这类反应与酸和弱酸盐的取代反应类似，利用这类反应，还可以比较烃类的酸性。正如强酸与弱酸盐反应生成弱酸，我们据此可以认为苯的酸性要比直链烷烃强。

除了烷烃可以发生取代反应外，两个金属烷基化合物中的金属也可以发生互换取代反应。

$$2C_2H_5Li + (CH_3)_2Hg \rightleftharpoons 2CH_3Li + (C_2H_5)_2Hg$$
$$4C_6H_5Li + (CH_2{=}CH)_4Sn \longrightarrow 4CH_2{=}CHLi + (C_6H_5)_4Sn$$

4. 插入反应

含不饱和键的 CO、SO_2 及异腈化合物等可以与金属烷基化合物进行反应，反应过程与烯烃类似，产物可以看作这些分子插入到 M—C 键中。这类反应是许多工业合成及理论研究的基础，被广泛应用。其中，CO 的插入反应生成酰基衍生物，这是烯烃氢甲酰化反应的一个重要中间过程。

5. 烯烃的消除反应

在金属烷基化合物中，烷基 β-碳原子上的氢可与金属形成金属氢化物，同时烷基以烯烃的方式“脱出”，这个反应一般是可逆的。发生这种反应的关键是金属具有一个空的配位点，并夺取烷基 β-碳原子上的氢。因此，烷基没有 β-氢的金属烷基化合物比较稳定，不会发生消除反应。另外，有一些配体如叔膦(PR_3)、叔胂(AsR_3)与金属结合比较强，不易从金属上“脱去”，因而金属没有空的配位点用来夺取 β-氢，这些金属烷基化合物也比较稳定。

四、金属烷基化合物的应用

金属烷基化合物是有机合成的重要试剂，应用非常广泛。这里主要介绍烷基锂这一类重要的金属烷基化合物在有机合成中的应用。

烷基锂试剂因其在一些有机合成中具有独特的性能，使得其在有机合成中具有广泛的应用价值和重要的意义。烷基锂试剂可与含活泼氢的化合物，如水、醇、羧酸、胺及含活泼氢的烃等反应。例如：

$$RLi + H_2O \longrightarrow RH + LiOH$$

$$RLi + R'OH \longrightarrow RH + R'OLi$$

这类反应可以用来合成相应的烃类化合物，同时这一反应可以应用于其他化合物或试剂的合成。例如，在有机合成中极为有用的 Wittig 试剂，就是通过烷基锂试剂的这一性质来制取的，即用过量的卤代物处理三苯基膦得到季鏻盐，再用烷基锂试剂(如苯基锂)处理，从 α-碳原子上夺取一个质子生成 Wittig 试剂。

$$Ph_3P + RCH_2X \longrightarrow Ph_3P^{\oplus}—CH_2RX^{\ominus} \xrightarrow{PhLi} Ph_3P{=}CHR$$

烷基锂试剂与醛、酮的羰基发生亲核加成反应，经水解可合成各种醇类化合物。它可以代替 Grignard 试剂与醛酮反应合成醇，特别是与位阻较大的酮加成更显示了它的优越性，并且它的还原倾向更小。例如，乙基锂和乙基溴化镁分别与金刚烷酮作用，前者主要得到 2-乙基-2-金刚烷醇，即加成产物为叔醇；而后者主要得到 2-金刚烷醇，即还原产物为仲醇。

$$\text{(2-金刚烷酮)} \xrightarrow{C_2H_5Li} \xrightarrow{H_2O} \text{(2-乙基-2-金刚烷醇: } C_2H_5,\ OH)$$

$$\text{(2-金刚烷酮)} \xrightarrow{C_2H_5MgBr} \xrightarrow{H_2O} \text{(2-金刚烷醇: } H,\ OH)$$

烷基锂试剂还能与 CO_2 反应生成羧酸盐，该反应可以用于制备羧酸。此外，烷基锂试剂可以与有机卤化物发生 Wurtz 反应，该反应对于合成新的 C—C 键非常重要。

$$o\text{-}Li\text{-}C_6H_4\text{-}OCH_3 + CH_3Br \longrightarrow o\text{-}CH_3\text{-}C_6H_4\text{-}OCH_3 + LiBr$$

烷基锂试剂在有机合成上的一些重要用途可以归纳为图 4-28 所示。

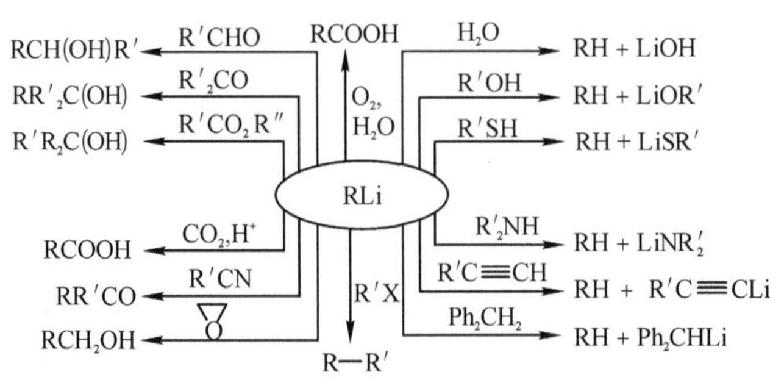

图 4-28 烷基锂试剂在有机合成上的应用

除烷基锂之外，烷基铝、格氏试剂等金属烷基化合物在有机合成中也有很重要的用途。例如，三乙基铝与乙烯之间可通过链增长反应得到长链烷基铝，然后再氧化、水解制备 C_6～C_{30} 的直链偶碳伯醇。

$$Al—C_2H_5 + nC_2H_4 \longrightarrow Al—(CH_2CH_2)_nC_2H_5$$

$$Al—(CH_2CH_2)_nC_2H_5 \xrightarrow{[O]} Al—O—(C_2H_4)_nC_2H_5 \xrightarrow{H_2O} CH_3CH_2(CH_2CH_2)_nOH$$

K. Ziegler 研究了各种过渡金属化合物对三乙基铝与烯烃的作用，发现 $TiCl_4$ 能催化这种链增长反应，达到很高的聚合度。G. Natta 研究了这一复合催化剂在高聚物制备上的应用。最后将其投入工业生产中，这就是著名的 Ziegler-Natta 催化剂体系。

格氏试剂也是一类在有机合成上占有重要地位的金属有机配合物。与烷基锂试剂一样，格氏试剂也能与许多含有活泼氢的化合物（如酸、水、醇、氨等）作用而被分解生成烷烃。此外，格氏试剂还能与二氧化碳、醛、酮、酯等多种化合物反应生成很多重要的有机化合物，因此，在有机合成上具有广泛的用途。格氏试剂在有机合成上的应用在《有机化学》教科书中有详细的叙述，因此在这里不再重复。

除了在有机合成和催化领域有重要的应用价值之外，金属烷基化合物在实际中还有许多方面的应用。如四乙基铅可作汽油抗震剂，烷基锡是聚乙烯和橡胶的稳定剂，利用金属烷基化合物或芳基化合物的热解，通过气相沉积可得到高附着性的金属膜等。

第七节 金属卡宾和卡拜配合物

卡宾（carbene），又称碳烯、碳宾，是含二价碳的电中性化合物，由一个碳和其他两个基团以共价键结合形成的，碳上还有两个自由电子。最简单的卡宾是亚甲基卡宾，是比碳正离子、自由基更不稳定的活性中间体。其他卡宾可以看作取代亚甲基卡宾，取代基可以是烷基、芳基、酰基、卤素等。卡宾以双键与过渡金属键合而形成的配合物即称金属卡宾配合物，可用通式 $L_nM=CR_2$ 来表示。卡宾以三键与过渡金属键合而形成的配合物则称为金属卡拜配合物，可用通式 $L_nM\equiv CR$ 来表示。

自从 E. O. Fischer 于 1964 年开创过渡金属卡宾配合物化学以来，卡宾配合物因其新奇、独特的反应性能，以及在有机合成与催化化学中的应用而受到人们的极大关注。在此基础上，科学家进一步合成了金属卡拜配合物。今天，金属卡宾配合物和卡拜配合物在有机化学中已得到了广泛应用，是金属有机化学的前沿领域之一。

一、金属卡宾配合物

（一）金属卡宾配合物的分类

根据中心金属的氧化态和卡宾配体的性质不同，金属卡宾配合物一般可以分为 Fischer 型金属卡宾配合物和 Schrock 型金属卡宾配合物两大类。Fischer 型金属卡宾配合物中的中心金属一般为低氧化态ⅥB—Ⅷ族金属，如 Fe、Mn、Cr 及 W 等。这类卡宾配合物中的卡宾配体为单线态，其碳原子上连有含 O、N、S 等杂原子的取代基或卤素等吸电子基团，如 CO、$N(CH_3)_2$ 及 OCH_3 等（图 4-29a）。因此，Fischer 型金属卡宾配合物中的卡宾碳原子具有较强的亲电性，易受到亲核试剂的进攻。在 Schrock 型金属卡宾配合物中，中心金属通常为高氧化态的前过渡金属，如 Ti、Ta、Nb 等，近年来 Ru 中心的 Schrock 型金属卡宾配合物也发展很快。这类卡宾配合物中的卡宾配体为三线态，其碳原子上只有氢或烷基等送电子性质的配体（图 4-29b）。Schrock 型金属卡宾配合物中的卡宾碳原子为电负性，是一个亲核中心。

$$(CO)_5Cr{=}C(Ph)(OMe) \qquad (Me_3CCH_2)_3Ta{=}C(H)(CMe_3)$$

(a)　　　　(a)

图 4-29　Fischer 型金属卡宾配合物(a)和 Schrock 型金属卡宾配合物(b)

（二）金属卡宾配合物的性质

金属卡宾配合物中卡宾配体上的反应，是这类配合物的主要化学性质。由于 Fischer 型金属卡宾配合物和 Schrock 型金属卡宾配合物的结构不同，因此它们的化学性质也有很大差别。Fischer 型卡宾碳具有亲电性，易受亲核进攻；相反，Schrock 型卡宾碳具有亲核性，易受亲电进攻。

1. 卡宾碳上的亲核取代反应

Fischer 型金属卡宾配合物的卡宾碳原子具有亲电性，在质子的催化下，一些含 O、N、S 等杂原子的亲核试剂可以对卡宾碳进行亲核进攻，取代该原子上的烷氧基，得到含这些杂原子取代的新型金属卡宾配合物。

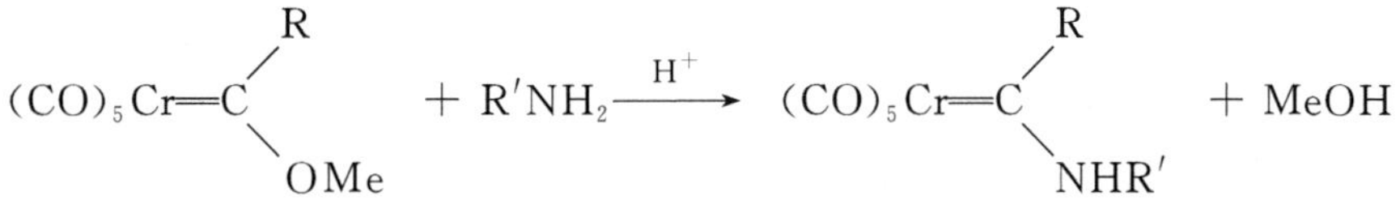

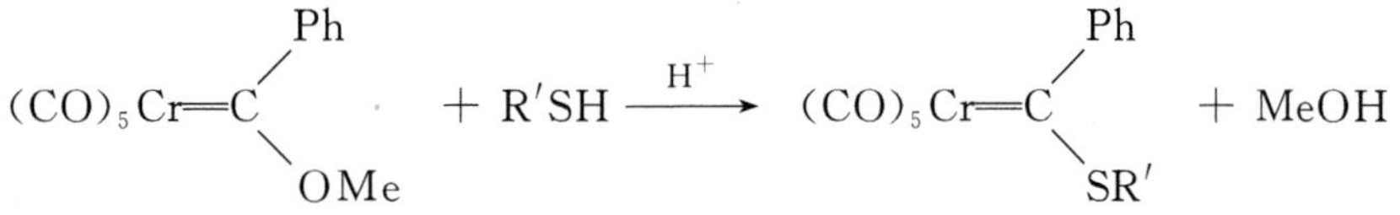

$$(CO)_5Cr{=}C(R)(OMe) + R'NH_2 \xrightarrow{H^+} (CO)_5Cr{=}C(R)(NHR') + MeOH$$

$$(CO)_5Cr{=}C(Ph)(OMe) + R'SH \xrightarrow{H^+} (CO)_5Cr{=}C(Ph)(SR') + MeOH$$

烷基阴离子也可以进攻 Fischer 型金属卡宾配合物上的卡宾碳，产物与烷基阴离子的结构有关。如用苯基锂与钨卡宾配合物反应，可以生成 Schrock 型金属卡宾配合物。

$$(CO)_5W{=}C(Ph)(OMe) + PhLi \xrightarrow{-78\,℃} (CO)_5W{-}C(Ph)_2(OMe) \xrightarrow[-78\,℃]{HCl} (CO)_5W{=}C(Ph)_2$$

用甲基锂反应时，生成的卡宾配合物很不稳定，容易重排得到过渡金属烯烃配合物。

$$(CO)_5W{=}C(Ph)(OMe) + MeLi \xrightarrow{-78\,℃} (CO)_5W{=}C(Ph)CH_2{-}H \xrightarrow{25\,℃} (CO)_5W\cdots(CH_2{=}CHPh)$$

2. 卡宾碳与亲电试剂的反应

Schrock 型金属卡宾配合物中的卡宾碳与亲电试剂 $AlMe_3$ 反应，生成双金属配合物。

$$Cp_2(CH_3)Ta{=}CH_2 + AlMe_3 \longrightarrow Cp_2(CH_3)\overset{+}{Ta}{-}CH_2{-}\overset{-}{Al}Me_3$$

与卤代烃反应生成的中间体不稳定，分解出的烯烃与钽配合物配位，形成含烯烃配体的钽配合物。

$$Cp_2(CH_3)Ta{=}CH_2 + CD_3I \longrightarrow [I(CH_3)Cp_2Ta{-}CH_2{-}CD_3] \longrightarrow ICp_2Ta\cdots(CD_2{=}CH_2) + CH_3D$$

3. 卡宾碳上 α-氢的反应

Fischer 型金属卡宾配合物中，卡宾 α-碳上的氢原子具有较强的酸性，易接受亲电试剂的进攻而生成 β-取代的卡宾配合物。当与醛或酮发生亲核加成时，首先生成 β-羟基卡宾配合物，再脱水得到 α,β-不饱和卡宾配合物。

$$(CO)_5W{=}C(CH_3)(OMe) \xrightarrow[2)\,BrCH_2CO_2Me]{1)\,BuLi} (CO)_5W{=}C(CH_2{-}CH_2CO_2Me)(OMe)$$

$$(CO)_5Cr{=}C(CH_2R)(OMe) \xrightarrow[2)\,R'R''C{=}O]{1)\,BuLi} (CO)_5Cr{=}C(OMe){-}CH(R){-}C(OH)R'R'' \longrightarrow (CO)_5Cr{=}C(OMe){-}C(R){=}CR'R''$$

4. 卡宾碳上杂原子的反应

Fischer 型金属卡宾配合物中的杂原子有一对孤对电子，它易受亲电试剂进攻，生成物在发生消除反应，得到过渡金属卡拜配合物。

$$(CO)_5M{=}C(R)(OR') + BX_3 \xrightarrow{-30\,℃} (CO)_5M{=}C(R)(R'O{-}BC_3) \xrightarrow[-X^-]{-X_2BOR'}$$

$$(CO)_5M{=}\overset{+}{C}{-}R \xrightarrow[-CO]{X^-} trans\text{-}X(CO)_4M{\equiv}C{-}R$$

$(M{=}Cr、Mo、W；X{=}Cl、Br；R{=}Me、Et、Ph；R'{=}Me、Et)$

5. 卡宾配体的迁移反应

一个金属卡宾配合物中的卡宾配体可以迁移至另一个配合物的中心金属上，形成新的卡宾配合物。

$$(CO)_5W{=}C(Ph)_2 + Mn(Cp)(CO)_2(THF) \longrightarrow (CO)_2(Cp)Mn{=}C(Ph)_2 + W(CO)_5(THF)$$

6. 烯基化反应

金属卡宾配合物与不饱和有机化合物(烯基醚、烯基胺、重氮烷和膦叶立德等)反应，生成烯烃衍生物的反应称为烯基化反应，这是有机合成中制备烯烃衍生物的重要方法。

$$(CO)_5Cr{=}C(OMe)R + H_2C{=}C(H)OR' \longrightarrow (CO)_5Cr{=}C(H)OR' + H_2C{=}C(OMe)R$$

Fischer 型金属卡宾配合物与膦叶立德在室温下进行烯基化反应，可得到高产率的烯烃。

$$(CO)_5W{=}C(OMe)Ph + CH_2{=}PPh_3 \longrightarrow CH_2{=}C(H)OR' + (CO)_5W{=}PPh_3$$

(三)金属卡宾配合物的合成

金属卡宾配合物的合成方法非常多，这里主要介绍一些比较常用的合成金属卡宾配合物的方法。

1. 由金属羰基配合物制备

金属羰基配合物与亲核试剂作用生成金属酰基阴离子，产物阴离子再进一步与亲电试剂作用，加成转化为中性烷氧基或芳氧基卡宾配合物。这是制备 Fischer 型金属卡宾配合物常用的方法，E. O. Fischer 及其合作者就是利用此路线制备了第一个金属卡宾配合物。

$$L_mM(CO)_n \xrightarrow{Nu^{\ominus}} L_m(CO)_{n-1}M{=}C(O^-)Nu \xrightarrow{E^{\oplus}} L_m(CO)_{n-1}M{=}C(OE)Nu$$

常用的亲核试剂是有机锂化合物，它的碳阴离子亲核性很强且容易得到。常用的亲电试剂是 $R_3O^+BF_4^-$ (R＝Me、Et)，$ROSO_3F$(R＝Me、Et)及质子等。

$$W(CO)_6 + RLi \longrightarrow (CO)_5W{=}C(OLi)R \xrightarrow[\text{或}MeSO_3F]{Me_3O^+BF_4^-} (CO)_5W{=}C(OMe)R$$

$$(CO)_5W{=}C(OLi)R \xrightarrow{H^+} (CO)_5W{=}C(OH)R \xrightarrow{CH_2N_2} (CO)_5W{=}C(OMe)R$$

由 $Mo(CO)_6$、$Cr(CO)_6$、$Mn_2(CO)_{10}$、$Re_2(CO)_{10}$、$Fe(CO)_5$、$Ni(CO)_4$ 等金属羰基配合物为原料，用上述方法均可以制得相应的金属卡宾配合物。

使用含杂原子的有机锂化合物作亲核试剂，可以得到含有两个杂原子的 Fischer 型金属卡宾配合物。

$$Ni(CO)_4 + LiNR_2 \longrightarrow (CO_3)Ni{=}C(OLi)(NR_2) \xrightarrow{Me_3O^+BF_4^-} (CO)_3Ni{=}C(OMe)(NR_2)$$

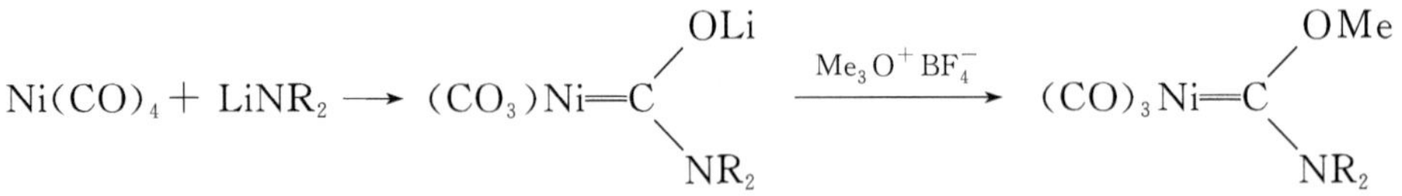

金属羰基配合物与端基炔烃、醇反应，也可以制备金属卡宾配合物。该法的优点是无须使用有机锂等强亲电试剂。

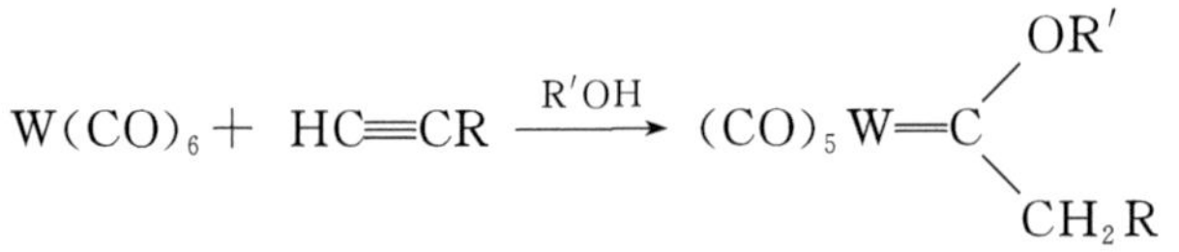

$$W(CO)_6 + HC{\equiv}CR \xrightarrow{R'OH} (CO)_5W{=}C(OR')(CH_2R)$$

金属羰基阴离子在三甲基氯硅烷(TMSCl)存在下与酰氯或酰胺直接反应，也可制得 Fischer 型金属卡宾配合物。第ⅥB 族金属的五羰基二价阴离子与酰胺或酰氯反应而得到 Fischer 型金属卡宾配合物。

$$Na_2^+[Cr(CO)_5]^{2-} + O{=}C(R)(NR'_2) \xrightarrow{TMSCl} (CO)_5Cr{=}C(R)(NR'_2)$$

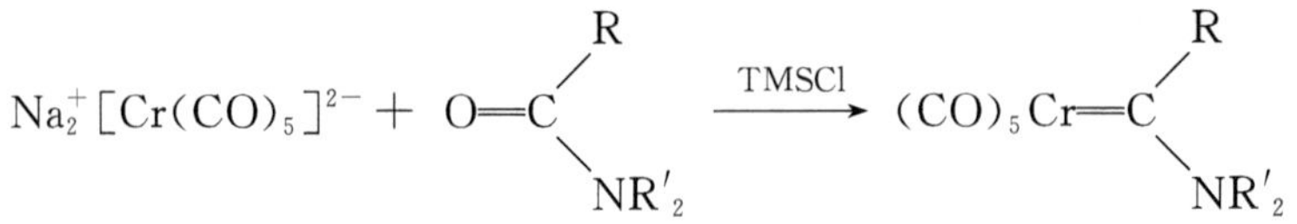

2. 由金属异腈化合物制备

异腈在结构上与羰基类似，乙腈碳原子也易受到亲核试剂进攻，得到含有两个杂原子的 Fischer 型金属卡宾配合物。

$$Ph{-}N{\equiv}C{-}Pt(PEt_3)Cl_2 + EtOH \longrightarrow (EtO)(PhNH)C{=}Pt(PEt_3)Cl_2$$

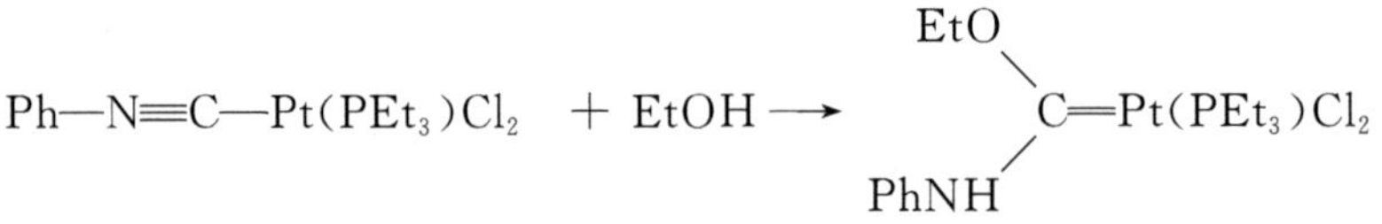

3. 由金属酰基配合物制备

配位在过渡金属上的酰基的氧原子易受亲电试剂进攻，结果使酰基转变成卡宾配合物体，从而得到金属卡宾配合物。

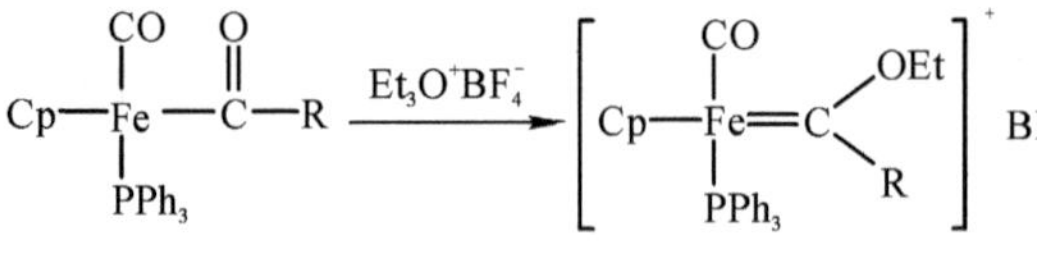

$$Cp{-}Fe(CO)(PPh_3){-}C(=O){-}R \xrightarrow{Et_3O^+BF_4^-} [Cp{-}Fe(CO)(PPh_3){=}C(OEt)(R)]^+ BF_4^-$$

4. α-氢消除反应

第一个 Schrock 型金属卡宾配合物就是因为五新戊基合钽分子中，配体太拥挤而发生了 α-氢消除反应得到的。

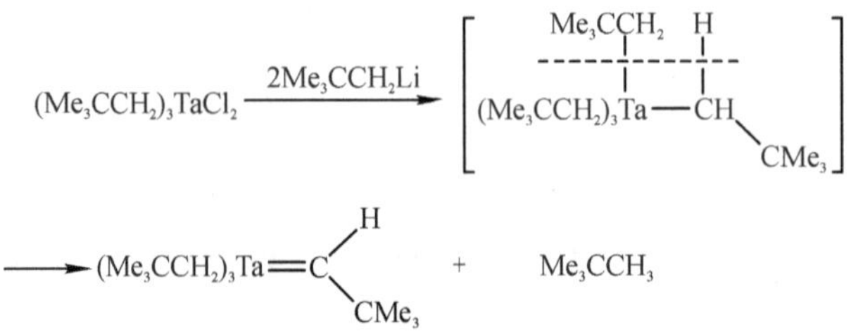

$$(Me_3CCH_2)_3TaCl_2 \xrightarrow{2Me_3CCH_2Li} [(Me_3CCH_2)_3Ta(CH_2CMe_3){-}CH(H)CMe_3]$$

$$\longrightarrow (Me_3CCH_2)_3Ta{=}C(H)(CMe_3) + Me_3CCH_3$$

与过渡金属直接相连碳上的氢在适当的试剂作用下可发生消除，如羰基铁配合物中的 α-氢被三苯甲基阳离子夺去生成 Fischer 型卡宾阳离子。

$$Cp(CO)_2Fe-C(R)(OMe)-H \xrightarrow{Ph_3C^+BF_4^-} [Cp(CO)_2Fe{=}C(R)(OMe)]^+ BF_4^- + Ph_3CH$$

若该化合物中的 α-碳上的甲氧基被三甲基硅阳离子夺去，则生成 Schrock 型卡宾阳离子。

$$Cp(CO)_2Fe-C(R)(OMe)-H \xrightarrow{Me_3SiSO_3CF_3} [Cp(CO)_2Fe{=}C(R)(H)]^+ SO_3CF_3^- + Me_3SiOMe$$

5. 卡宾前体法

含有卡宾结构单元的化合物，如重氮化合物、咪唑盐、氮杂环烯烃、二氯甲烷衍生物等与过渡金属有机配合物反应，也可以生成金属卡宾配合物。

配位不饱和的金属有机配合物与重氮化合物反应放出氮气，生成金属卡宾配合物，这是合成 Schrock 型金属卡宾配合物常用的方法。

$$Cp(CO)_2Mn(THF) + N_2C-Ph_2 \longrightarrow Cp(CO)_2Mn{=}CPh_2 + N_2 + THF$$

在上述反应中，如果把溶剂 THF 也看作成一个配体，就是配体置换反应。咪唑盐在碱性条件下原位生成的氮杂环卡宾立即与羰基铁反应，置换掉一分子 CO 配体，生成铁卡宾配合物。

$$\text{咪唑盐}^{+}Cl^{\ominus} \xrightarrow{base} \text{氮杂环卡宾} \xrightarrow{Fe(CO)_5} (CO)_4Fe{=}\text{(咪唑-2-亚基)}$$

富电子的四氨基乙烯与过渡金属羰基配合物反应，双键断裂生成过渡金属卡宾配合物。

$$Cr(CO)_6 + \text{四氨基乙烯} \longrightarrow (CO)_5Cr{=}\text{(咪唑烷-2-亚基)}$$

双取代二氯化合物能与金属羰基配合物反应，脱掉二个氯原子而生成金属卡宾配合物。

$$Na_2Cr(CO)_5 + \text{3,3-二氯-1,2-二苯基环丙烯} \longrightarrow (CO)_5Cr{=}\text{(2,3-二苯基环丙烯亚基)}$$

二、金属卡拜配合物

卡拜是有三个自由电子的电中性单价碳活性中间体及其衍生物，卡拜碳以三键的形式与金属离子键合形成金属卡拜配合物。与金属卡宾配合物相比，金属卡拜配合物稳定性较差，现在仅合成了 Cr、Mo、W、Ta、Os 等少数几类金属卡拜配合物。

1. 金属卡拜配合物的性质

金属卡拜配合物中的卡拜可发生亲电加成反应，得到过渡金属卡宾配合物。例如：

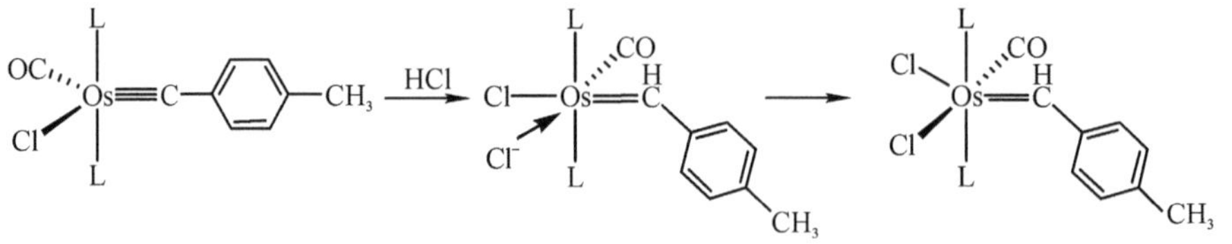

$$trans\text{-}(L)_2(OC)ClOs\equiv C\text{-}C_6H_4\text{-}CH_3 \xrightarrow{HCl} Cl\text{-}Os(L)_2(CO)(Cl^-)=CH\text{-}C_6H_4\text{-}CH_3 \longrightarrow Cl_2(L)_2(CO)Os=CH\text{-}C_6H_4\text{-}CH_3$$

在金属卡拜配合物中，卡拜反位的卤素可被更活泼的卤素取代；羰基配体可被亲核性更强的叔膦配体取代。

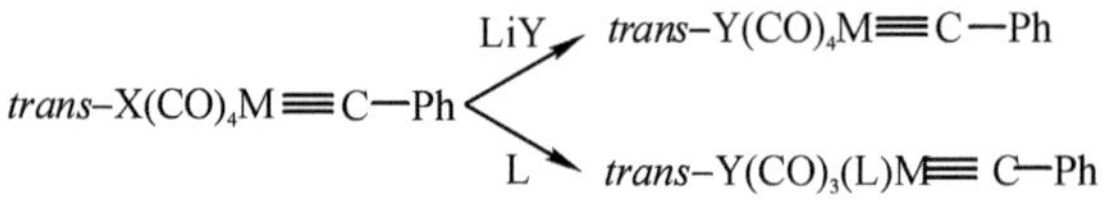

$$trans\text{-}X(CO)_4M\equiv C-Ph \xrightarrow{LiY} trans\text{-}Y(CO)_4M\equiv C-Ph$$

$$trans\text{-}X(CO)_4M\equiv C-Ph \xrightarrow{L} trans\text{-}Y(CO)_3(L)M\equiv C-Ph$$

2. 金属卡拜配合物的合成

Fischer 型金属卡宾配合物与卡宾碳相连的杂原子上有一孤对电子，它易受亲电试剂进攻而消除，生成过渡金属卡拜配合物。当过渡金属为低价态并带有 CO 配体时，被称为 Fischer 型金属卡拜配合物。例如：

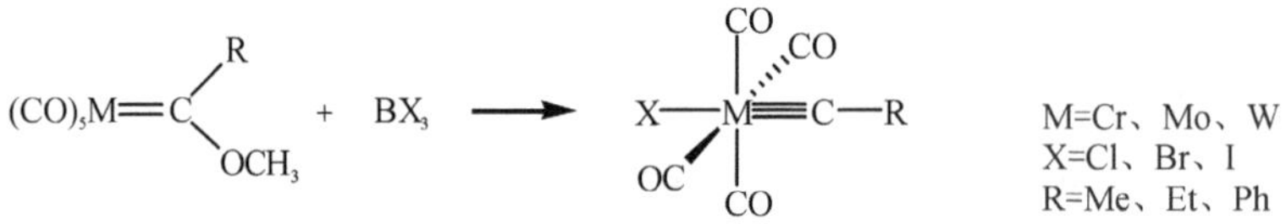

$$(CO)_5M=C(R)(OCH_3) + BX_3 \longrightarrow X-M(CO)_4\equiv C-R$$

M=Cr、Mo、W
X=Cl、Br、I
R=Me、Et、Ph

Schrock 型金属卡宾配合物脱去卡宾碳上的质子也可以得到金属卡拜配合物，这类高氧化态的金属配合物被称为 Schrock 型金属卡拜配合物。例如：

$$CpCl_2Ta=CH(R) \xrightarrow{PMe_3} \xrightarrow{Ph_3P=CH_2} CpCl_2Ta\equiv C-R$$

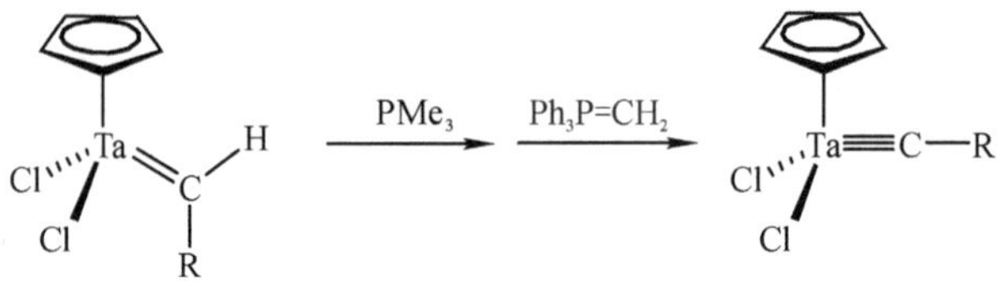

习 题

一、是非题

1. 根据 EAN 规则可预言 $Fe_3(\mu_2-CO)_2(CO)_{10}$ 的结构是三角形原子簇结构。（　）

2. 配合物$[M(CO)_3(PPh_3)]^-1$ 中，M＝Mn、V、Co 的时都不能够满足 18 电子规则。（　）

3. C_6H_6 可以取代 $Cr(CO)_6$ 中的 2 个 CO，生成稳定化合物。（　）

4. $V_2(CO)_{12}$ 该分子在 V 的周围有 7 个邻居，空间阻碍使其不稳定。（　）

5. 金属原子簇合物最根本的结构特征就是含有金属-金属。（　）

二、选择题

1. 推测下列各羰基化合物的 x 值：(a)$Co_2(CO)_x$、(b)$H_xCr(CO)_5$、(c)$H_xCo(CO)_4$（　）

A. 8、2、1　　B. 4、2、1　　C. 8、2、2　　D. 4、2、2

2. 根据 18 电子规则，下列化合物哪一个是稳定配合物　（　）

A. $Fe(\eta^5-C_5H_5)_2$　　B. $Ti(\eta^5-C_5H_5)_2$

C. $Co(\eta^5-C_5H_5)_2$　　D. $CH_3Mn(CO)_4$

3. 以下钴羰基化合物中，不能够稳定存在的是　（　）

A. $[Co(CO)_5]^+$　　B. $[Co_2(CO)_8]$

C. $[(CO)_4Co-CO-CO(CO)_3]$　　D. $Na[Co(CO)_4]$

4. 下列配合物中，哪一个不满足 18 电子规则？　（　）

A. $[(\eta^5-C_5H_5)_2Mn]$　　B. $[(\eta^5-C_5H_5)Mn(CO)_3]$

C. $[Fe(CO)_5]$　　D. $[Co(NH_3)_5Cl]^{2+}$

三、问答题

1. 推测以下物质中金属原子的有效原子序数分别为多少？

$Fe(CO)_5$　$Co_2(CO)_8$　$Fe(NO)_2(CO)_2$　$K[PtCl_3(C_2H_4)]\cdot H_2O$

$Mn_2(CO)_8(CH_2=CH-CH=CH_2)$　$(\eta^1-C_5H_5)_2(\eta^5-C_5H_5)_2Hf$

$(\eta^3-C_3H_5)(\eta^5-C_5H_5)Mo(CO)_2$

2. 利用 EAN 规则推测 $Mn_2(CO)_{10}$ 和 $Co_2(CO)_6(\mu_2-CO)_2$ 中的金属键的个数及两个配合物可能的结构。

3. 说明 π 酸配位体与 π 配位体的成键特征和 π 酸配合物和 π 配合物的异同。下列配位体，哪些是 π 酸配位体？哪些是 π 配位体？

CO　$C_5H_5^-$　N_2　CN^-　PR_3　AsR_3　C_6H_6　C_2H_4　C_4H_6　bipy　phen

4. 请解释 $Mn(CO)_5$ 以二聚体的形式存在，$Mn(CO)_5H$ 却以非聚体（单体）的形式存在。

5. 已知 $Mn_2(CO)_{10}$ 只观测到 2044～1980 cm^{-1} 范围内的伸缩振动带，而 $Co_2(CO)_8$ 观察到 2071～2022 cm^{-1} 的振动带，以及另外两个 1860 cm^{-1} 和 1858 cm^{-1} 的振动带。试画出 $Mn_2(CO)_{10}$ 和 $Co_2(CO)_8$ 的合理的结构式？

第五章　配离子稳定性

学习目标：了解配离子稳定常数测定；理解影响配离子稳定性的因素；掌握配合物软硬酸碱规则。

培养目标：通过本章学习，学生应能掌握影响配合物稳定性的因素这一专业知识；能用本章所学知识分析判断配合物的稳定性。

配合物的稳定性在化学上有其重要意义。当我们研究或应用某种配合物时，首先要考虑它在给定的条件下是否稳定。但是，“稳定性”一词的含义相当笼统、广泛。为了避免产生概念上的模糊和误解，在涉及化合物的稳定性时，必须同时明确指出该化合物所处的具体环境或具体作用对象。例如，对热、对光、在空气中或在水溶液中的稳定性等。

本章主要讨论配合物在溶液中的热力学稳定性及影响稳定性的因素。稳定性大小的定量尺度是以稳定常数或不稳定常数描述的。稳定常数越大，此配合物越稳定。稳定常数有不同的表示方法和不同的测量方法，下面将分别叙述。

第一节　稳定常数的表示方法

一、化学计量稳定常数的表示方法

当金属离子 M^{m+} 和配体 L^{n-} 形成配合物 $ML^{(m-n)+}$ 时，其稳定常数以 K 表示。

$$M^{m+} + L^{n-} \rightleftharpoons ML^{(m-n)+}$$

$$K = \frac{[ML^{(m-n)+}]}{[M^{m+}][L^{n-}]} \tag{5-1}$$

式(5－1)中方括号表示各物种的平衡浓度(mol/L)，用物种的平衡浓度表示的稳定常数称为化学计量稳定常数或称浓度稳定常数。化学计量稳定常数随溶液中离子强度改变发生改变，为了得到更为精确的值，以活度 α 代替稳定常数表示式中的平衡浓度，则平衡常数称为热力学稳定常数，以 ^{T}K 表示。

$$^{T}K = \frac{\alpha_{ML}}{\alpha_{M} \cdot \alpha_{L}} = \frac{[ML]}{[M][L]} \times \frac{\gamma_{ML}}{\gamma_{M} \cdot \gamma_{L}} \tag{5-2}$$

为简明起见，式中物种的电荷予以略去，带下标的 γ 表示相应物种的活度系数。近似认为活度系数与离子强度有关，在恒定离子强度下式(5－2)右端第一项即为化学计量稳定常数。由于热力学稳定常数难以直接测定，因此通常以浓度作为衡量配合物稳定性的尺度。

二、逐级稳定常数(或连续稳定常数)

由于配合物在溶液中形成一般是分步逐级进行的，对上述铜氨配离子来说，溶液中存在着一系列的平衡，各个平衡有着各自的平衡常数。

在水溶液中金属离子都进行水合，配合物的生成反应实际上是水合金属离子的配位水分子被配体取代的反应，那么 Cu^{2+} 的水溶液中加入氨水，生成的$[Cu(NH_3)_4]^{2+}$按四个反应分布形成。

$$[Cu(H_2O)_4]^{2+}+NH_3 \rightleftharpoons [Cu(H_2O)_3(NH_3)]^{2+}+H_2O$$

$$K_1=\frac{[Cu(H_2O)_3(NH_3)]}{[Cu(H_2O)_4][NH_3]}=1.66\times10^4$$

$$[Cu(H_2O)_3(NH_3)]^{2+}+NH_3 \rightleftharpoons [Cu(H_2O)_2(NH_3)_2]^{2+}+H_2O$$

$$K_2=\frac{[Cu(H_2O)_2(NH_3)_2]}{[Cu(H_2O)_3(NH_3)][NH_3]}=3.16\times10^3$$

$$[Cu(H_2O)_2(NH_3)_2]^{2+}+NH_3 \rightleftharpoons [Cu(H_2O)(NH_3)_3]^{2+}+H_2O$$

$$K_3=\frac{[Cu(H_2O)(NH_3)_3]}{[Cu(H_2O)_2(NH_3)_2][NH_3]}=8.31\times10^2$$

$$[Cu(H_2O)(NH_3)_3]^{2+}+NH_3 \rightleftharpoons [Cu(NH_3)_4]^{2+}+H_2O$$

$$K_4=\frac{[Cu(NH_3)_4]}{[Cu(H_2O)(NH_3)_3][NH_3]}=1.51\times10^2$$

K_1、K_2、K_3 和 K_4 为铜氨配离子的逐级或连续稳定常数。

此外，在有的情况下，配位反应不是逐级形成的，而是直接形成的，因此还可以用总的稳定常数来表示配合物的平衡。即：

$$M+nL \rightleftharpoons ML_n$$

$$\beta_n=\frac{[ML_n]}{[M][L]^n}$$

显然配离子的各连续稳定常数的乘积，就是该配离子的总稳定常数，即：

$$K_1K_2K_3\cdots K_n=\prod_{j=l}^{n}K_j=\beta$$

在一般情况下，各级连续稳定常数的大小是依次递减的，且多数例子中差别不大，比较均匀地改变着，但也有些配离子的逐级稳定常数有突变现象或反常现象，详见表 5-1 的数据。

表 5-1　配离子连续稳定常数举例

配离子	$\lg K_1$	$\lg K_2$	$\lg K_3$	$\lg K_4$	$\lg K_5$	$\lg K_6$
$Ag(NH_3)^{2+}$	3.27	3.90	—	—	—	—
AlF_6^{3-}	6.13	5.02	3.85	2.74	1.63	0.47
$Cd(NH_3)_4^{2+}$	2.55	2.10	1.11	0.93	—	—
$Cd(CN)_4^{2-}$	3.54	5.05	4.65	3.59	—	—
$Cu(en)_2^{2+}$	10.72	9.31	—	—	—	—
$CuBr_6^{3-}$	5.68	1.57	0.68	0.38	—	—
$Cu(NH_3)_4^{2+}$	4.15	3.50	2.89	2.13	—	—
$Hg(NH_3)_4^{2+}$	8.80	8.70	1.00	0.78	—	—
$HgCl_4^{2-}$	6.74	6.48	0.95	1.05	—	—
$HgBr_4^{2-}$	8.94	7.94	2.27	1.00	—	—
HgI_4^{2-}	12.87	10.95	3.67	1.92	—	—
$Fe(bipy)_3^{2+}$	4.40	3.60	9.60	—	—	—
$Ni(NH_3)_6^{2+}$	2.20	2.10	1.70	1.20	0.70	0.03

要探讨配离子在溶液中稳定性的一些规律及原因，必须从中心离子和配体的本性及它们之间的相互作用着手，了解影响配离子稳定性的因素。

第二节 配合物稳定性的影响因素

一、中心离子性质的影响

一般地说，作为中心离子，过渡金属离子形成配合物的能力比主族离子强，而在主族金属离子中，又以电荷小、半径大的第一主族金属离子 K^+、Rb^+、Cs^+ 等为最弱，详见图 5-1。

量变到质变

改变配合物的组成，如改变中心离子、配体的种类和数目，改变中心离子和配体的配位方式，这属于量变，结果会导致配合物不稳定到稳定，稳定到不稳定的过程，这是质变，因此这个过程就体现了量变到质变的科学规律。

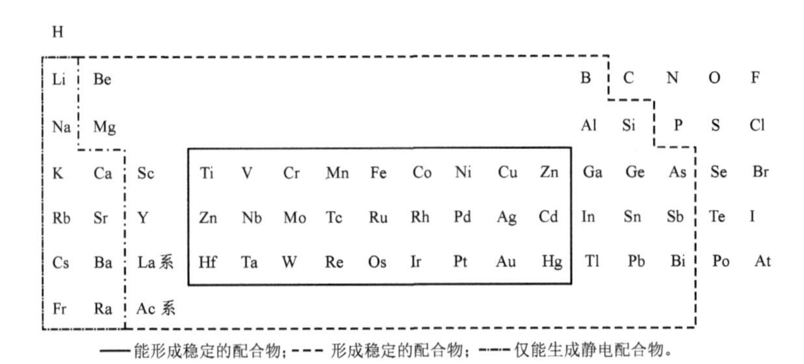

图 5-1 中心原子在周期表中的位置

1. 惰性气体型金属离子

电子层分布情况与惰性元素原子的电子层分布情况相同的一些金属离子，称为惰性气体型金属离子。属于这一类的有 Li、Na、K、Rb、Cs、Be、Mg、Ca、Sr、Ba、Al、Sc、Y、La 等金属的离子及 Ti(Ⅳ)、Zn(Ⅳ)、Hf(Ⅳ)等离子。在水溶液中，电荷大于+4 的金属离子为 V^{5+} 和 U^{6+} 等存在的可能性极小，它们以 VO_2^+ 和 UO_2^{2+} 等形式出现。

一般认为，惰性气体性金属离子以库仑引力与配体形成配离子。当配体一定时，这些配离子的稳定性一般取决于中心离子的电荷和半径。中心离子的电荷愈大，半径愈小，形成的配离子愈稳定，例如，在 75%的二氧六环(质量分数，25%为水)中，碱金属和碱土金属离子与二苯酰甲烷$(C_6H_5CO)_2CH_2$ 形成的配合物的 $\lg K_1$ 值见表 5-2。

表 5-2 二苯甲烷配合物 $\lg K$ 值(30℃，75%二氧六环 $C_4H_8O_2$ 中)

金属离子	Li^+	Na^+	K^+	Rb^+	Cs^+
$\lg K_1$	5.95	4.18	3.67	3.52	3.42
金属离子	Be^{2+}	Mg^{2+}	Ca^{2+}	Sr^{2+}	Ba^{2+}
$\lg K_1$	13.62	8.54	7.17	6.40	6.10

从表 5-2 来看，稳定性顺序为：

$$Li > Na > K > Rb > Cs$$

$$Be > Mg > Ca > Sr > Ba$$

稳定性顺序反映了在电荷相同的情况下随惰性气体型中心离子的半径增大而降低的规律。又如在水溶液中，酒石酸根离子（简写为 L）与金属离子形成的配合物稳定性也符合这个顺序，相应的与碱土金属离子形成的配合物中 Ca、Sr、Ba 的稳定性顺序也符合上面的规律，只有 Mg 例外，详见表 5-3。

表 5-3　酒石酸根(L^{2-})配合物的 $\lg K$ 值(25 ℃，I=0.2)

配离子	LiL^-	NaL^-	KL^-	RbL^-	CsL^-
$\lg K_1$	0.76	0.56	0.40	0.36	0.30
配离子	—	MgL	CaL	SrL	BaL
$\lg K_1$	—	1.49	2.00	1.96	1.85

Mg(Ⅱ)的配合物稳定性比 Ca(Ⅱ)小，这一反常现象一般出现于多齿配体形成的配合物中，而且配体越多齿这种不正常的情况愈明显，这可能是因为 Mg(Ⅱ)离子半径较小，在它周围不能正规地结合多齿配体中所有的配位原子，所以反映为配离子稳定性不正常的小。

从表 5-2 和表 5-3 还可看出，惰性气体型金属离子的电荷与配合物稳定性关系：高价金属离子的配合物，稳定性比低价金属离子的相应配合物稳定性要高，这当然也符合库仑吸引的原则，并且电荷的影响比离子半径的影响更明显。这是因为离子的电荷总是成倍地增加，而离子半径只在小的范围内变动。

2. d^{10} 型金属离子

属于这一类型的有 Cu(Ⅰ)、Ag(Ⅰ)、Au(Ⅰ)、Zn(Ⅱ)、Cd(Ⅱ)、Hg(Ⅱ)、Ga(Ⅲ)、In(Ⅲ)、Tl(Ⅲ)、Ge(Ⅳ)、Sn(Ⅳ)、Pb(Ⅳ)等金属离子。

对于非惰性气体型金属离子，探讨它们配合物稳定性的规律比较困难，因为这些离子与配体之间的结合，往往在不同程度上带有共价键的特性，并且共价型所占的比重，可以随配体的不同而不同。大体上说，非惰性气体型金属离子的配合物中一般比电荷相同体积相近的惰性气体型(及 f 组元素)金属离子的相应配合物要稳定些。

在 d^{10} 型金属离子中，第二副族 Zn(Ⅱ)、Cd(Ⅱ)、Hg(Ⅱ)配合物的稳定常数数据较多，详见表 5-4。

表 5-4　Zn(Ⅱ)、Cd(Ⅱ)、Hg(Ⅱ)的某些配合物的 $\lg K_1$ 值

M	L									
	F^-	Cl^-	Br^-	I^-	CN^-	NH_3	en	dicn**	trien***	tren****
Zn^{2+}	0.75 25,0.5	−0.19 25,3	−0.60 25,3	<−0.13 25,3	—	2.37 30,2	5.7 25,0.1	8.9 20,0.1	12.14 20,0.1	14.65 20,0.1
Cd^{2-}	0.46 25,1	1.59 25,3	1.76 25,3	2.08 25,3	5.5 25,3	2.73 30,2.2	5.45 25,0.1	8.4 20,0.1	10.75 20,0.1	12.3 20,0.1
Hg^{2+}	1.03 25,0.5	6.74 25,0.5	9.05 25,0.5	12.87 25,0.5	18.00 20,0.1	8.8 −22,2	14.3 25,0.1	21.8 20,0.1	25.3 20,0.5	25.8 20,0.1

注：每一种配离子上面的一个数字是 $\lg K_1$ 数值，下面的左边是指温度（℃），右边是离子强度。

**：dien，二乙烯三胺 $NH_2CH_2CH_2NHCH_2CH_2CH_2NH_2$；

***：trien，三乙烯四胺

$$\begin{array}{l} NHCH_2CH_2NH_2 \\ | \\ CH_2 \\ | \\ CH_2 \\ | \\ NHCH_2CH_2NH_2 \end{array}$$；

****：tren，β，β′，β″-三氨三乙胺 $N(CH_2CH_2NH_2)_3$ 。

从表 5-4 可见这三种离子的配合物的稳定性似乎总是 Hg(Ⅱ)的为最高，而 Zn(Ⅱ)和 Cd(Ⅱ)的顺序不一致，有时 Zn(Ⅱ)配合物的稳定性较 Cd(Ⅱ)高，但与另一些配体反应则出现相反现象，即 Zn(Ⅱ)配合物较 Cd(Ⅱ)低。看来，在前一种情况中，Zn(Ⅱ)和 Cd(Ⅱ)的配离子中库仑吸引的作用是主要的。由于 Zn(Ⅱ)离子半径(0.74 Å)比 Cd(Ⅱ)离子半径(0.97 Å)小，所以 Zn(Ⅱ)配离子中的库仑引力较强。而在后一种情况下，看来是配离子中共价结合起了主要作用，因此稳定性的顺序相反，这可从离子极化的观点来理解其共价结合的程度，金属离子的特点是变形性和极化能力两方面都较显著，而它们的变形性和极化能力又随着离子的大小和电荷及配体的不同而有显差别。将 Zn^{+} 与 Cd^{2+} 比较，二者电荷及外电子层构型相同，但 Zn 的半径比 Cd^{2+} 小，Zn^{2+} 变形性就比 Cd^{2+} 的要小些，因此与某些变形性较显著的配体之间的总极化 Zn^{2+} 要显著，也就是 Cd^{2+} 与这些配体之间的结合中共价性要强些。而 Hg^{2+} 的离子半径为 1.1 Å，它的变形性比 Cd^{2+} 更强，因此 Hg^{2+} 的相应配合物中共价结合更为明显，所以稳定性总是最高。

再从表 5-4 可见，Zn^{2+}、Cd^{2+}、Hg^{2+} 离子与卤素离子形成的配离子，在 Cl^-、Br^-、I^- 作配体时，稳定性顺序都是 Zn<Cd<Hg，反映了由于这些阴离子有比较明显的变形性，离子中共价结合的成分随着 Zn、Cd、Hg 的顺序而增长，但是当 F 作配体时，稳定性顺序却是 Cd<Zn<Hg 可能的解释是：因为 F 半径小，没有显著的变形性，所以在与 Zn^{2+} 络合时，静电作用是主要的，但在与 Hg^{2+} 络合时，由于 Hg^{2+} 的变形显著，体积小的 F^- 使 Hg^{2+} 发生一定程度的变形，从而使相互间的结合仍带有较大程度的共价性，因而相应的配合物稍稳定些。

其他 d^{10} 型金属离子配合物的稳定常数的数据还比较少，无法比较。

3. d^{1-9} 型金属离子

此构型金属配离子主要是第Ⅳ周期的 $Mn^{2+}(d^5)$、$Fe^{2+}(d^6)$、$Co^{2+}(d^7)$、$Ni^{2+}(d^8)$和 $Cu^{2+}(d^9)$等的配离子。这些离子(以及 Zn^{2+}/d^{10})与几十种配体形成配离子(表 5-5 列出了与配体乙二胺的稳定常数)。这些离子的稳定性顺序都是：

$$Mn^{2+} < Fe^{2+} < Co^{2+} < Ni^{2+} < Cu^{2+} > Zn^{2+}$$

表 5-5 乙二胺配合物的稳定常数(1.0 mol/L KCl，30 ℃)

稳定常数	Mn^{2+}	Fe^{2+}	Co^{2+}	Ni^{2+}	Cu^{2+}	Zn^{2+}
$\lg K_1$	2.73	4.08	5.89	7.52	10.55	5.71
$\lg K_2$	2.06	3.25	4.83	6.28	9.05	4.60
$\lg K_3$	0.88	1.99	3.10	4.26	−1.00	1.72
$\lg K_4$	5.67	9.52	13.82	18.06	18.6	12.09

这个顺序叫做 Irving - Williams 顺序。这个稳定性顺序我们在第三章配合物的化学键理论中晶体场理论和扬-特勒效应中已经予以详细讲解，在此不再赘述。

二、配体性质的影响

1. 配体的碱性

配体的碱性表示结合质子的能力，即配体的亲核能力。配体的碱性愈强，表示它亲核能力也愈强。配体结合质子的方程式为：

$$L + H^{+} \rightleftharpoons HL \qquad K^{H} = \frac{[HL]}{[H^{+}][L]}$$

K^{H} 即为 L 的加质子常数，K 愈大，表示 L 愈容易与质子结合，当然也可能愈易结合金属离子。

实验证明，当金属离子一定时，配位原子相同的一系列结构上密切相关的配体的加质子常数的大小顺序，往往与相应配合物的稳定常数的大小顺序相一致，并且在不少例子中，还能得到线性关系，见表 5 - 6。

表 5 - 6　两组配离子的 $\lg K_1$（25 ℃）

编号	配体对应的酸	中心离子	$\lg K^{H}$	$\lg K_1$
1	$BrCH_2COOH$	Cu^{2+}	2.86	1.59
2	ICH_2COOH		4.05	1.91
3	$C_6H_5CH_2COOH$		4.31	1.98
4	$n-C_4H_9COOH$		4.86	2.13
5	$(CH_3)_3CCOOH$		5.05	2.18
6	$ClCH_2COOH$	Th^{4+}	2.85	2.98
7	$Cl_2CHCOOH$		1.30	2.01
8	Cl_3CCOOH		0.70	1.62

如配体 NH_3、py、C_9H_7N（喹啉）等，它们的 $\lg K^{H}$ 和 $\lg K^{Ag}$ 具有一个近似常数的比值，见表 5 - 7。

表 5 - 7　K^{H} 和 K^{Ag} 比较

配体	$\lg K^{H}$	$\lg K^{Ag^+}$	$\lg K^{Ag^+}/\lg K^{H}$	测 K^{Ag^+} 时的介质
NH_3	9.28	3.60	0.39	0.5 mol/L KNO_3
py	5.45	2.11	0.39	0.5 mol/L py，HNO_3
C_9H_7N	4.98	1.84	0.37	50％乙醇
$C_6H_5CH_2NH_2$	9.62	3.57	0.37	0.5 mol/L KNO_3
NH_2CH_2COO	9.76	3.50	0.36	0.5 mol/L KNO_3
β-萘胺	4.28	1.62	0.38	50％乙醇
en	10.18	3.70	0.36	1 mol/L KNO_3

注意，配位原子不同时，往往得不到“配位体碱性愈强配合物稳定性愈高”的结论。例如：

		$\lg K^H$	$\lg\beta_1^{Zn^{2+}}$	$\lg\beta_1^{Pb^{2+}}$
邻氨基苯酚根	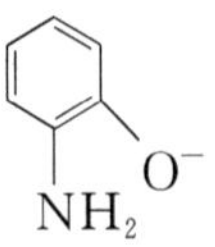 NH_2, O^-	11.57	5.99	6.29
邻氨基苯硫酚根	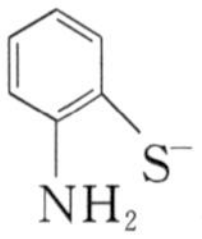 NH_2, S^-	7.9	7.33	8.41

另外，配体 $\lg K^H$ 与配合物 $\lg\beta$ 之间的线型关系，往往还由于各配体在结构上并非密切接近，或形成键性质不同，或螯环大小和数目的不同，或有空间位阻影响等而造成偏离较大或完全相反的情况。

2. 螯环的大小

成环的作用增加了配合物的稳定性，但环的大小对螯合物稳定性也有一定的影响，一般三原子、四原子螯环张力相当大而非常不稳定。例如，联胺 NH_2NH_2 虽然其中两个 N 原子都可作配位原子，却不能与 M 形成三原子环，它只能同时与两个金属离子络合形成多核配合物。又如，醋酸根离子、碳酸根离子、硫酸根离子等虽可能与某些金属离子螯合成四原子环，但稳定性都较低。从张力学说的观点看，饱和五原子环中，由于 C 原子是 sp^3 杂化的，其键角为 109°28′，与五原子环(看成是正五边形)的键角 108°很接近，张力最小，所以饱和的五原子环最稳定。例如，多种金属离子与乙二胺(n)形成的螯合物比相应的 1,3 -二氨基丙烷(Pn)形成的螯合物更为稳定。以 Cu^{2+} 为例，$Cu(en)^{2+}$ 的 $\lg\beta_1=10.62$，而 $Cu(Pn)^{2+}$ 的 $\lg\beta_1=9.82$。又如，a -氨基丙酸根与 M^+ 成的螯合物比氨基丙酸根形成的螯合物稳定，而草酸根的螯合物又比相应的丙二酸根的螯合物稳定。这些例子说明以饱和五原子环形成的配合物普遍地比饱和六元环的配合物更稳定。

若螯环中存在着共轭体系，则不饱和的六原子环也相当稳定。如水杨醛及 2,4 -戊二酮提供配位原子，形成的螯合物相当稳定。

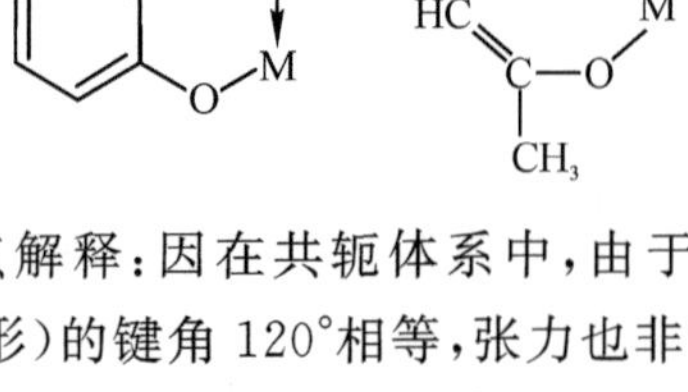

H, C, O, M, O; CH_3, C=O, HC, M, C—O, CH_3

此现象也可用张力学观点解释：因在共轭体系中，由于碳原子是 sp^2 杂化，其键角为 120°，与六原子环(看作正大边形)的键角 120°相等，张力也非常小，因此形成的螯合物稳定。

以上讲的是普遍规律，也有特殊的例子，如 Ag^+ 与 $H_2N(CH_2)_nNH_2$ 形成的配合物中，五原子环最不稳定。它随着 n 增大，稳定性增强。这是因为 Ag^+ 形成的配合物是直线型的，螯环增大张力就减小了。Hg^{2+} 与 $edta^{4-}$ 类型的配合物稳定性也有类似的反常现象。

更多数目的原子环难以形成，因两个配位原子相隔愈远，欲与同一金属离子结合就愈困难，即使形成了螯环稳定性也较小。以 Ca^{2+} 和 $edta^{4-}$ 型配位体形成的螯合物为例，当配位体$(^-OOCCH_2)_2N(CH_2)N(CH_2COO^-)_2$ 中 n 从 2 递增，螯合物的稳定常数逐渐减小

（20 ℃，I＝0.1 时的数据）：

$n=2$（五个五原子环）　　　　　　$\lg K_1=10.5$

$n=3$（四个五原子环，一个六原子环）　$\lg K_1=7.1$

$n=4$（四个五原子环，一个七原子环）　$\lg K_1=5.0$

$n=5$（四个五原子环，一个八原子环）　$\lg K_1=4.6$

当然，配体与金离子形成大环也是可能的。如对 $NH_2(CH_2)_nNH_2$ 型配体，已合成了与 Cu^{2+} 含有九原子环的螯合物。

$$\left[Cu\left(\begin{array}{l}NH_2CH_2CH_2CH_2\\ \quad\quad\quad\quad\quad\ |\\ NH_2CH_2CH_2CH_2\end{array}\right)_2\right]^{2+}$$

具有大环的铂的配合物也已合成出来了。在这个配合物中，由于丁基的位阻效应，因而得到的是反式结构。其中 $n=12\sim45$。

$$\begin{array}{c}Cl\\ |\\ (t\text{-}Bu)_2P—Pt—P(t\text{-}Bu)_2\\ |\\ Cl\\ \lfloor\ (CH_2)_n\ \rfloor\end{array}$$

3. 螯环的数目

实验证明，对结构上相似的一些多齿配体而言，形成的螯环愈多，则螯合物愈稳定，详见表 5－8。

表 5－8　几种 M^{2+} 与某些多胺形成螯合物的 $\lg K_1$（20 ℃，$I=0.1$）

项目	Co	Ni	Cu	Zn	Cd	螯环数目
en	6.0	7.9	10.8	6.0	5.7	1
Dien	8.1	10.7	16.0	8.9	8.4	2
Trien	10.8	14.0	20.4	12.1	10.8	3
Penten	15.8	19.3	22.4	16.2	16.8	5

* Penten，五乙烯六胺 $\begin{array}{l}NH_2CH_2CH_2\diagdown\quad\quad\quad\quad\diagup CH_2CH_2NH_2\\ \quad\quad\quad\quad NCH_2CH_2N\\ NH_2CH_2CH_2\diagup\quad\quad\quad\quad\diagdown CH_2CH_2NH_2\end{array}$。

从表 5－8 可见，如果多齿配体的配位原子充分得到利用的话，能形成多个螯环，螯环数目愈多，形成的螯合物愈稳定。

4. 空间位阻和强制构型

在多齿配体的配位原子附近若结合着体积较大的基团，则有可能妨碍配合物的顺利形成，从而降低配合物的稳定性这种影响叫做空间位阻。例如：

8－羟基喹啉 N OH （以 L^- 表示）

2－甲基－8－羟基喹啉 N CH_3 OH （以 2－Me－L^- 表示）

它们与某些金属离子形成配合物的 $\lg\beta_1$ 数值见表 5－9。

表 5－9 某些金属离子与 L^- 或 2－Me－L^- 形成配离子的 $\lg\beta_1$ 数值

（25℃，50％二氧六环中，I＝0.1）

配体	$\lg K_1^H$	Co^{2+}	Ni^{2+}	Cu^{2+}	Mn^{2+}
		$\lg\beta_1$	$\lg\beta_1$	$\lg\beta_1$	$\lg\beta_1$
L^-	11.20	9.65	10.50	13.29	7.30
2－Me－L^-	11.30	8.59	8.96	11.92	6.81

另外，8－羟基喹啉与 Al^{3+} 能形成难溶于水的螯合物[AlL_3]，而 2－甲基－8－基喹啉却与 Al^{3+} 不能形成配合物。这是因为 Al^{3+} 离子半径较小，2－甲基发生了严重的位阻效应而对离子半径稍大的 Fe^{3+}、Cr^{3+}、Ga^{3+}，2－甲基的位阻效应不明显，这些三价金属离子同样可以与 2－甲基－8－羟基喹啉配合，形成难溶于水的沉淀。

有时中心离子形成配合物时要求一定的空间构型。例如，Cu^{2+} 配合时，要求形成平面正方形配合物最稳定，当三乙烯四胺（trien）和 β,β',β''－三氨三乙胺（tren）分别与 Cu^{2+} 配合时，前者形成的配合物稳定性比后者高。

$$[Cu-trien]^{2+} \qquad \lg\beta=20.5$$
$$[Cu-tren]^{2+} \qquad \lg\beta=18.8$$

这可能是因为 tren 结构的特殊性，不可能与 Cu^{2+} 形成平面正方形配合物，而迫使 Cu^{2+} 形成四面体配合物，即形成的是强制构型的配合物，其中存在可观的张力，因而使配合物稳定性降低。另外，Zn^{2+} 配合时要求形成四面体配合物最稳定，所以当 Zn^{2+} 分 trien 别与 tren 配合时其稳定常数数值如下：

$$[Zn-trien]^{2+} \qquad \lg\beta=12.1$$
$$[Zn-tren]^{2+} \qquad \lg\beta=14.6$$

因 tren 配体易形成四面体配合物，与 Zn^{2+} 要求是吻合的，所以形成的配合物要比和易形成平面正方形的 trien 配体形成的配合物更稳定。由此可见，当中心离子配合时，只有要求的空间构型与配体的构型相吻合时形成的配合物才稳定，否则，形成了强制构型的配合物就会使其稳定性降低。

三、配离子稳定性的其他影响因素

1. 温度的影响

对于放热的配位反应，T 上升，K 减小；而对于吸热的配位反应，T 上升，K 增大。

2. 压力的影响

压力变化很大时，不可忽略。

例如：$Fe^{3+} + Cl^- = [FeCl]^{2+}$

压力由 10.31 kPa 增至 2.206×10^5 kPa 时，K 减小约 20 倍。

注意：研究海洋中配合物的平衡时要考虑压力的影响。

四、软硬酸碱理论

20 世纪 60 年代，化学家 R. G. Pearson 在 Ahland 等工作的基础上，选取了有关的大量实验资料，根据配合物的稳定性把形成体和配体进行分类。以 $CH_3Hg(H_2O)^+$ 为标准酸测定各种碱 B 和 H^+ 的相对亲和力：

$$BH^+ + CH_3Hg[H_2(O)]^+ \rightleftharpoons BCH_3Hg^+ + H_3O^+$$

一些软硬酸碱见表 5-10。

表 5-10　一些软硬酸碱

分类	硬	交界	软
酸	H^+、Li^+、Na^+、K^+、Be^{2+}、Mg^{2+}、Ca^{2+}、Sr^{2+}、Mn^{2+}、Al^{3+}、Sc^{3+}、Ga^{3+}、In^{3+}、La^{3+}、Co^{3+}、Fe^{3+}、As^{3+}、Si^{4+}、Ti^{4+}、Zr^{4+}、Sn^{4+}、BF_3、$Al(CH_3)_3$	Fe^{2+}、Co^{2+}、Ni^{2+}、Cu^{2+}、Zn^{2+}、Pb^{2+}、Sn^{2+}、Sb^{3+}、Bi^{3+}、$B(CH_3)_3$、SO_2、NO^+、$C_6H_5^+$、GaH_3……	Cu^+、Ag^+、Au^+、Tl^+、Hg^+、Cd^{2+}、Pd^{2+}、Pt^{2+}、Hg^{2+}、CH_3Hg^+、I_2、Br_2、金属原子……
碱	H_2O、OH^-、F^-、Cl^-、CH_3COO^-、PO_4^{3-}、SO_4^{2-}、ClO_4^-、NO_3^-、ROH、R_2O、NH_3、RNH_2、N_2H_4	$PhNH_2$、N_3^-、Br^-、NO_2^-、SO_3^{2-}、N_2	S^{2-}、R_2S、I^-、SCN^-、$S_2O_3^{2-}$、CN^-、R^-、H^-、CO、C_2H_4、C_6H_6

当碱中配位原子为 N、O、F 时，碱首先与 H^+ 配位，上述反应的平衡常数较小。当配位原子为 P、S、I 等时，优先与 $CH_3Hg(H_2O)^+$ 中的 Hg 结合，平衡常数相对较大。N、O、F 都是电负性大（吸引电子能力强）、半径小、难被氧化（不易失去电子）、不易变形（难被极化）的原子，以这类原子为配位原子的碱，被 R. G. Pearson 称为硬碱，如 F^-、OH^- 和 H_2O 等。P、S、I 这些配位原子则是一些电负性小（吸引电子能力弱）、半径较大、易被氧化（易失去电子）容易变形（易被极化）的原子，以这类原子为配位原子的碱，称为软碱，如 I^-、SCN^-、S^{2-} 等。介于硬碱和软碱之间的碱叫做交界碱，如 NO_2^-、Br^- 等。同时把酸分为硬酸、软酸和交界酸。硬酸是电荷数较多、半径较小、外层电子被原子核束缚得较紧因而不易变形（即极化率小）的阳离子，如 Al^{3+}、Fe^{3+}、H^+ 等。软酸则是电荷数较少半径较大、外层电子被原子核束缚得比较松因而容易变形（即极化率较大）的阳离子，如 Cu^+、Ag^+、Cd^{2+}、Hg^{2+} 等，$CH_3Hg(H_2O)^+$ 也是软酸。介于硬酸和软酸之间的酸称为交界酸，如 Fe^{2+}、Cu^{2+} 等。硬、软酸、碱的分类见表 5-10。对同一元素来说，氧化值高的离子是比氧化值低的离子更硬的酸。例如，Fe^{3+} 是硬酸，Fe^{2+} 是交界酸，Fe 则为软酸。其他 d 区元素也大致如此。

总结归纳、改革创新

R. G. Pearson 总结了大量实验结果，得到了软硬酸碱规则，这是总结归纳的科学思想。之后的科学家又在使用这一规则的过程中，发现与之相矛盾的实验事实，从而推动着理论不断完善、发展。这体现了积极探索、勇于创新的时代精神。

R. G. Pearson 把 G. N. Lewis 酸碱分类以后，根据实验事实总结出一条规律："硬酸与硬碱相结合，软酸与软碱结合，常常形成稳定的配合物"，或简称为"硬亲硬，软亲软"。这一规律叫做硬软酸碱原则（hard and soft acids and bases, HSAB）。

NCS^- 中 S 和 N 都有可能作为配位原子。按照 R. G. Pearson 的分类，S 原子体积大，易失去电子，容易变形，并且它吸引电子的能力比 N 弱（S 的电负性小），S 为软碱，N 的电负性较大，半径小，难失去电子，不易变形，则为硬碱。NCS^- 作为硬碱还是作为软碱参与配位反应，要看它与硬酸结合还是与软酸结合。当 NCS^- 与 Fe^{3+}（硬酸）结合时，NCS^- 中 N 是配位原子（硬亲硬），这种结合按 $Fe^{3+} \leftarrow NCS^-$ 方式成键，化学式为 $[Fe(NCS)_6]^{3-}$，命名为六异硫氰酸根合铁(Ⅲ)配离子。当 NCS^- 与软酸 Hg^{2+} 结合时，NCS^- 中的 S 作为配位原子（软亲软），即按 $Hg^{2+} \leftarrow SCN^-$ 方式成键，故写作 $[Hg(SCN)_4]^{2-}$，命名为四硫氰酸根合汞(Ⅱ)配离子。

通过对配位反应热力学函数(表 5－11)的分析，可以确立硬软酸碱性质与热力学函数的关系。表 5－11 的上部是硬酸和硬碱之间的反应，下部分是软酸和软碱反应，所有的 $\Delta_r G_m^\theta$ 均为负值，但其 $\Delta_r H_m^\theta$ 与 $T\Delta_r S_m^\theta$ 有明显不同。硬酸与硬碱反应，其 $\Delta_r H_m^\theta$ 绝对值皆小，不少为正值（吸热反应），熵变均为正值，而且 $T\Delta_r S_m^\theta$ 值较大。可见，推动硬酸、硬碱反应向生成配合物方向进行的主导热力学函数是熵变。而对软酸、软碱反应的热力学函数变化情况来说，熵变($\Delta_r S_m^\theta$)很小，$\Delta_r H_m^\theta$ 却为大的负值，主要是焓变推动着配合物的生成反应。

表 5－11　某些配位反应的热力学函数(298 K)

反应	$\Delta_r G_m^\theta$/(kJ/mol)	$\Delta_r H_m^\theta$/(kJ/mol)	$T\Delta_r S_m^\theta$/(kJ/mol)
$Fe^{3+} + F^- \longrightarrow FeF^{2+}$	−29.7	9.6	9.3
$Al^{3+} + F^- \longrightarrow AlF^{2+}$	−35.1	4.6	39.7
$Be^{2+} + F^- \longrightarrow BeF^+$	−28.0	−1.7	26.4
$Fe^{3+} + OH^- \longrightarrow FeOH^{2+}$	−67.4	−12.6	54.8
$Cr^{3+} + OH^- \longrightarrow CrOH^{2+}$	−44.4	−12.6	31.8
$Th^{4+} + SO_4^{2-} \longrightarrow ThSO_4^{2+}$	−18.8	−20.9	39.7
$Ce^{3+} + SO_4^{2-} \longrightarrow CeSO_4^+$	−7.1	15.1	22.2
$UO_2^{2+} + SO_4^{2-} \longrightarrow UO_2SO_4$	−10.0	18.0	28.0
$Hg^{2+} + Cl^- \longrightarrow HgCl^+$	−38.5	−20.3	15.5
$Hg^{2+} + Br^- \longrightarrow HgBr^+$	−51.5	−42.7	8.8
$Hg^{2+} + I^- \longrightarrow HgI^+$	−73.2	−75.3	−2.1
$CH_3Hg^+ + SR^- \longrightarrow CH_3HgSR$	−90.4	−82.8	7.5

从键型上来看，硬酸与硬碱，主要是以离子键结合形成配合物；软酸与软碱是以共价键结合。这就是“硬亲硬，软亲软”的成键本质。

关于硬软酸碱的硬度和软度的定量标度，曾有人做了研究，这里不做具体介绍。

硬软酸碱原则基本上是经验性的，比较粗糙，并不能符合所有实际情况，有不少例外，如 CN^- 为软碱，它既能与软酸 Ag^+ 和 Hg^{2+} 等形成稳定的配合物 $[Ag(CN)_2]^-$、$[Hg(CN)_4]^{2-}$，也能与硬酸 Fe^{3+} 和 Co^{3+} 等形成稳定的配合物 $[Fe(CN)_6]^{3-}$、$[Co(CN)_6]^{3-}$。由于配合物的成键情况比较复杂，人们对硬软酸碱的研究尚不够深入，目前还不能简单地用“硬亲硬，软亲软”来全面阐述配合物的稳定性。

第三节　配合物稳定常数测定

一、pH 法测定配合物的稳定常数

应用 pH 法测定配合物的稳定常数，需要测求配位体系的生成函数 n 和各阶段中配体的平衡浓度[L]。现以 Cu(Ⅱ)-磺基水杨酸配合物的逐级稳定常数为例，具体说明测定过程。

(1)配制待测溶液两份，一份中含有 $Cu(NO_3)_2$ 和磺基水杨酸，二者的摩尔比为 1∶4，这样可保持配体足够过量，一方面是为形成高配位数配合物提供必要的条件；另一方面可在酸性介质中抑制配合物的水解。另一份待测溶液中仅含等量的配体而无铜盐。两份溶液的离子强度均以 KNO_3 调节到确定的数值，然后分别以标准 KOH 碱液进行滴定。有关的滴定曲线见图 5-2。

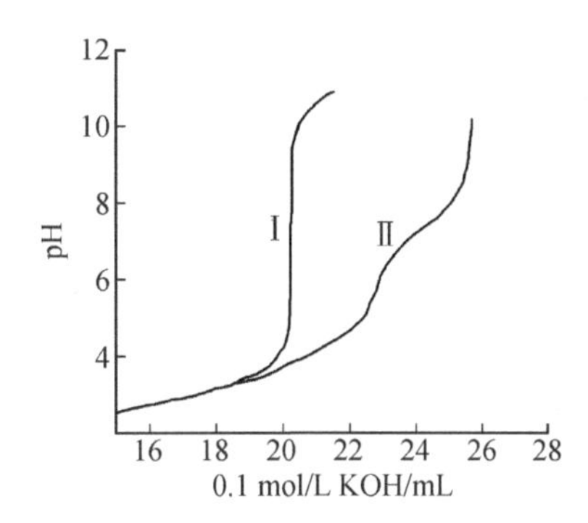

Ⅰ—磺基水杨酸滴定曲线；Ⅱ—Cu(Ⅱ)-磺基水杨酸配合物

图 5-2　pH 滴定曲线

(2)配体 5-磺基水杨酸的分子中含有 3 个可以电离的质子。在溶液中磺酸基的质子是完全电离的，羧基和酚基的电离常数分别为 $Ka_2=3.2\times10^{-3}$，$Ka_3=1.8\times10^{-12}$，两者相差达 9 个数量级。由图 5-2 可见，与磺基水杨酸的配合反应主要在溶液的 pH 值为 4～10 内进行。在这种情况下，介质的 pH 值已超过 pKa_2 1.5 个单位，羧基的质子已趋于全部电离，而酚基的质子则还未电离，只有在配合过程中才能释出。因此，磺基水杨酸在此条件下存在的主要形式为 HL^{2-} 和 L^{3-} 两种(H_3L 根本不存在，H_2L 在低 pH 值中可能存在，但当 pH≥4 时，数量急剧减少，运算时可略去不计)。在上述特定条件下，$[L^{3-}]$与 n 的数值可用下面的简易方法求得。

磺基水杨酸与铜发生的配合反应可以用下式表示：

$$Cu^{2+}+HL^{2-}\rightleftharpoons CuL^{-}+H^{+}$$

$$CuL^{-}+HL^{2-}\rightleftharpoons CuL_2^{4-}+H^{-}$$

在配合过程中有 H^+ 生成，所以可用标准碱来滴定。曲线Ⅱ在曲线Ⅰ的下面，表示 Cu^{2+} 与磺基水杨酸配合反应确实是进行的，因配合中放出 H^+，使溶液的 pH 值降低，所以要达到相同的 pH 值则耗去的标准碱必然多，滴定与配合的联合反应式为：

$$Cu^{2+}+HL^{2-}+OH^{-}\rightleftharpoons CuL^{-}+H_2O$$

$$CuL^{-} + HL^{2-} + OH^{-} \rightleftharpoons CuL_2^{4-} + H_2O$$

反应中每多消耗一个 OH^-，就有一个 L^{3-} 配体被 Cu^{2+} 配合，即多消耗的 OH^- 摩尔数可用来表示已配合的配体浓度，这数值可以方便地由图 5-2 的滴定曲线上读出，从图 5-2 中任何 pH 值下的横距就可以得出该 pH 值下已与 Cu^{2+} 配合的 L^{3-} 的浓度。

已知与 Cu^{2+} 配合的 L^{3-} 的浓度后，就可求得生成函数 n：

$$\bar{n} = \frac{\text{已配合的 } L^{3-} \text{ 浓度}}{C_M}$$

$[L^{3-}]$值可由下列物料平衡求得：

$$C_L = [L^{3-}] + [H_2L^-] + [CuL^-] + 2[CuL_2^{4-}]$$

$$= [L^{3-}] + \frac{[H^+][L^{3-}]}{Ka_3} + \text{已配合的配体浓度}$$

$$[L^{3-}] = \frac{C_L - \text{已配合的配体浓度}}{\left(1 + \frac{[H^+]}{Ka_3}\right)}$$

求得不同 pH 值时的各组 n 和$[L^{3-}]$后，即可绘制 Cu(Ⅱ)-磺基水杨酸配合体系的生成曲线，见图 5-3。从图 5-3 生成曲线上即可求得当 $n/2=1/2$ 时，对应的 $p[L^{3-}]$即为 $\lg K_1$；而当 $n/2=3/2$ 时，对应的 $p[L^{3-}]$即为 $\lg K_2$。

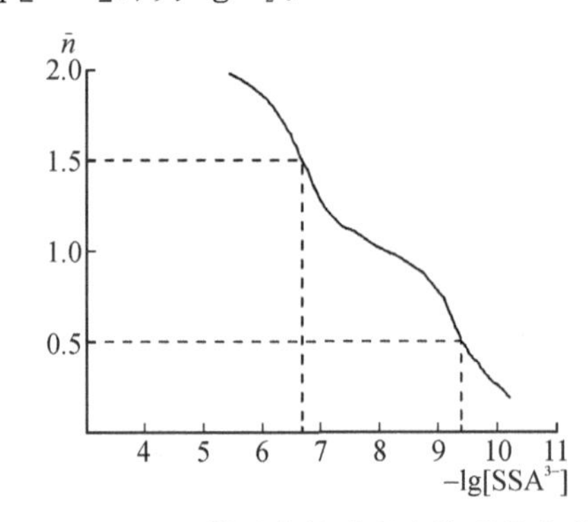

图 5-3 Cu(Ⅱ)-横基水杨酸配合体系的生成曲线

注意：由于滴定过程中，碱液的不断加入，溶液的体积逐渐增大，因此，当计算 C_L、C_M 及已经配合的配体浓度时，都应做具体的校正。

若 $\lg K_1 - \lg K_2 < 3$，则得到的是近似值，应进一步用循环计算法求得精确值。

用 pH 电位法测定稳定常数时，若在所研究的 pH 范围内，配体 L 实际上不加合质子，或者配体加合质子的程度太大以至实际上无 M—L 配合物生成，则 pH 电位法不能用。

二、等摩尔连续变化法

$$M + nL \rightleftharpoons ML_n$$

设 C_M 与 C_L 分别为溶液中 M 与 L 物质的量浓度(原始浓度)，配置一系列溶液保持 $C_M + C_L = C$(C 值恒定)。改变 C_M/C_L 相对比值，在 ML_n 的吸收波长下，测定各溶液的吸光度 A。当 A 值达到最大(A_N)的时，即 ML_n 浓度最大，该溶液中 C_M/C_L 比值即为配合物的组成比。如以吸光度 A 为纵坐标，C_M/C_L 比值为横坐标作图，即绘出连续变化法曲线

(图 5－4)，由两个曲线外推的交点(M)所对应的 C_M/C_L 的比值，即可计算配合物的组成 M 与 L 之比(n 值)。

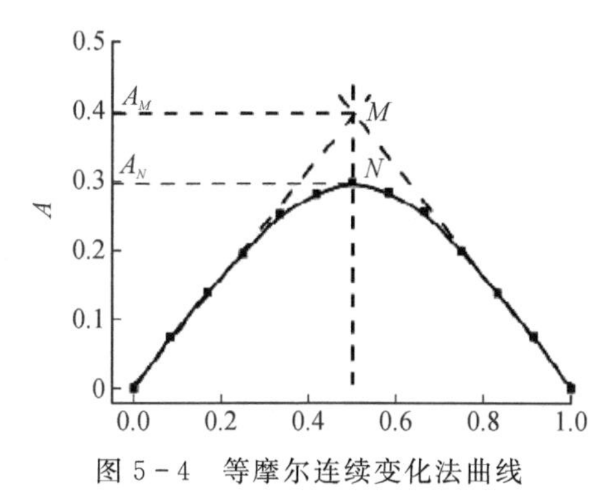

图 5－4　等摩尔连续变化法曲线

该法适用于溶液中只形成一种离解度小、配合比低的配合物组成的测定。若以[M]、[L]和[ML_n]分别表示金属离子、配位体和配合物平衡时的浓度，f 为金属离子在总浓度中所占的分数，$f=C_M/C$，则具备下面的这样一个计算公式：

$$[M]=C_M-[ML_n]=fC-[ML_n]$$

$$[L]=C_L-n[ML_n]=(1-f)C-n[ML_n]$$

$$K_{稳}=\frac{[ML_n]}{[M][L]^n}=\frac{[ML_n]}{(fC-[ML_n])\{(1-f)C-n[ML_n]\}^n}$$

三、稳定常数的其他测定方法

测定配合物稳定常数的方法还有很多，如吸光光度法、相平衡法等，这里不再一一介绍，可参考有关著作。

热力学稳定常数的测定，一般可用以下四种方法：

(1)在接近无限稀释的溶液中(电解质的总浓度$<10^{-3}$ mol/L)进行直接测定。当浓度很小趋于 0 时，有关的活度系数 f 皆趋近于 1，故 $\lim\beta_c=\beta_T$。但是，采用此法时，要求所研究的配合物必须相当稳定。

(2)在较稀的溶液(浓度$\leqslant0.1$ mol/L)中从理论上或用半经验的方法求算活度系数。在电解质溶液中，正、负两种离子总是同时存在的，因此单独离子的活度系数(f_+ 或 f_-)是无法从实验测得的，由实验测得的只是电解平均活度系数($f_\pm$)。

(3)用图解外推法计算 β_T。分别测定各种不同离子强度时的配合物浓度稳定常数，然后作 $\log\beta_T-I$ 图，将所得曲线外推至 $I=0$ 时的 $\log\beta_C$，即为 $\log\beta_T$。应用此法求热力学稳定常数时选择以何种函数形式(如 I 等)进行作图是十分重要的。选择原则是使所得图形尽量呈直线，借以减少图解外推时可能引入的误差。

(4)恒定离子强度法。当电解质的浓度改变时，离子的活度系数随之发生变化，但是对稀溶液($C<0.1$ mol/L)来说，活度系数主要与介质的总离子强度有关，可以调节溶液离子强度为恒值来控制。

用于调节溶液离子强度的电解质(称为本底电解质)一般应具有如下的基本条件：①本底电解质必须是“惰性”的，即与体系中的金属离子和配体无作用，或反应很弱，可忽略不计。

②在水中有足够大的溶解度。③易于提纯。

常用的本底电解质有 $NaClO_4$、KNO_3、KCl、NaCl 等。

当体系中的作用物(M、L 和 ML_n)浓度若小于本底电解质时,则 f_M、f_L 和 f_ML_n 只受溶液的总离子强度所制约,如果维持溶液中本底电解质 I 为恒值,那么上述各有关活度系数也将保持不变,因此这种由本底电解质维持恒定离子强度的溶液中测得的值也具有的热力学意义,即其数值不随体系中 M、L 及 ML_n 的浓度变化而改变。但是必须指出:在离子强度为 I 时测得的 β_c 值,虽可看作在此条件下的"β_T",但是它在数值上与 $I=0$ 时的 β_T 是不同的。为此,有时称恒定离子强度法测得的稳定常数为化学计量稳定常数。

习 题

一、是非题

1. 环己二胺四乙酸(CYDTA)与 Ca^{2+} 和 Mg^{2+} 形成 ML 配合物的配位数都是 6,形成此种配合物后,稳定性顺序为 1,2-CYDTA>1,3-CYDTA>1,4-CYDTA。 ( )

2. SCN^- 有两个配位原子 S、N,SCN^- 遇到 Fe^{3+} 时,S 为配位原子;遇到 Hg^{2+},则以 N 为配位原子。 ( )

3. Ag^+ 和 Mg^{2+} 在氨水中都能生成氢氧化物沉淀。 ( )

4. LiF、LiCl、LiBr、LiI 在水中溶解度依次降低。 ( )

5. 配体场越强,高氧化态配离子越稳定,如$[Co(en)_3]^{3+}/[Co(en)_3]^{2+}$中,前者更稳定。 ( )

二、选择题

1. 下列配离子在水溶液中稳定性大小关系中正确的是 ( )

A. $[Zn(OH)_4]^{2-}$ (lg$K$=17.66)>$[Al(OH)_4]^-$ (lg$K$=33.03)

B. $[HgI_4]^{2-}$ (lg$K$=29.83)>$[PbI_4]^{2-}$ (lg$K$=4.47)

C. $[Cu(en)_2]^+$ (lg$K$=10.8)>$[Cu(en)_2]^{2+}$ (lg$K$=20.0)

D. $[Co(NH_3)_6]^{2+}$ (lg$K$=5.14)>$[CoY]^{2-}$ (lg$K$=16.31)

2. 下列配体的配位能力的强弱次序为 ( )

A. $CN^->NH_3>CNS^->H_2O>X^-$　　B. $CN^->CNS^->NH_3>H_2O>X^-$

C. $X^->H_2O>CN^->NH_3>CNS^-$　　D. $X^->CN>H_2O^->NH_3>CNS^-$

3. 配离子$[Co(CN)_5X]^{3-}$稳定性顺序正确的是 ( )

A. $F^->Cl^->Br^->I^-$　　B. $F^-<Cl^-<Br^-<I^-$

C. $F^-=Cl^-=Br^-=I^-$　　D. 无法确定

4. 下列各组中,哪种配体与同一中心离子形成的配合物稳定性较高 ( )

Cl^-、F^- 和 Al^{3+};Br^-、I^- 和 Hg^{2+};$2CH_3NH_2$、en 和 Cu^{2+}

A. F^-;I^-;en　　B. F^-;Br^-;en

C. Cl^-;I^-;en　　D. F^-;I^-;$2CH_3NH_2$

5. 下列配离子浓度相同时,解离产生 Cu^{2+} 浓度最小的是 ( )

A. $[Cu(NH_3)_4]^{2+}$　　B. $[Cu(NH_3)_2(H_2O)_2]^{2+}$

C. $[Cu(en)_2]^{2+}$　　　　D. $[Cu(CN)_4]^{2-}$

三、问答题

1. 个大环配体的 K^+ 配合物的 $\lg K_1$ 如下，试解释为何有此顺序。

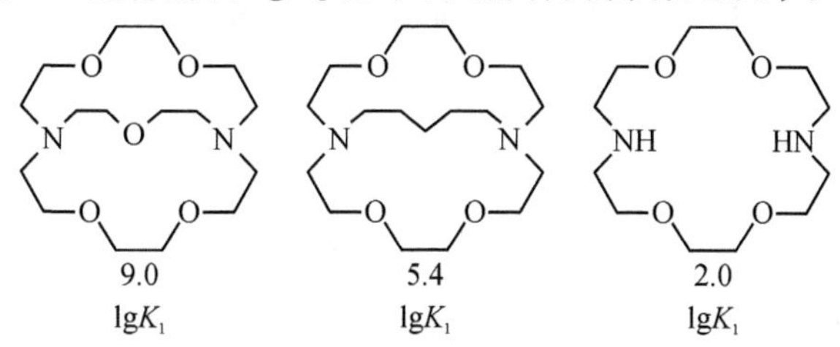

2. 解释下列各胺与Cu(Ⅱ)形成配离子稳定性的差别

配体	$\lg K_1$(25 ℃为0.1)
乙二胺	10.55
1,2-二氨基丙烷	10.65
1,3-二氨基丙烷	9.98
1,2,3-三氨基丙烷	11.1

3. 为什么在水溶液中 Co^{3+}(aq)离子是不稳定的，会被水还原放出氧气，而3+氧化态的钴的化合物，如 $Co(NH_3)_6^{3+}$ 却能在水中稳定存在，不发生与水的氧化还原反应？通过标准电极电势做出解释。

$K_{稳}\ Co(NH_3)_6^{2+}=1.38\times10^{5}$　　$K_{稳}\ Co(NH_3)_6^{3+}=1.58\times10^{35}$

已知：$E^\circ Co^{3+}/Co^{2+}=1.808\ V$　　$E^\circ O_2/H_2O=1.229\ V$

$E^\circ O_2/OH^-=0.401\ V$　　$K_b(NH_3)=1.8\times10^{-5}$

4. 从常数手册上查出$[Cu(gly)_2]$的 $\lg K_1=9.76$，$\lg K_2=2.47$。测定条件是：$T=25$ ℃，$[NaClO_4]=1.0$ mol/L，此常数代表什么意义？具有什么性质？如测定的方法是pH法，叙述此方法的原理及测定过程。(gly：甘氨酸)

5. 表5-12中列出两组配合物的稳定常数。每组中的稳定常数是在基本上相同的实验条件下测出的。说明每组中稳定常数差别的可能原因(不考虑配体碱性的影响)。

表5-12　两组配合物的稳定常数

序号	中心离子	配体	$\lg\beta_1$
1	Zn^{2+}	乙二胺四乙酸根离子	16.1
	Zn^{2+}	乙二胺四丙酸根离子	7.3
2	Cu^{2+}	$CH_3-CH(NH_2)-COO^-$	8.51
	Cu^{2+}	$CH_2(NH_2)-CH_2-COO^-$	7.15
	Cu^{2+}	$CH_2(NH_2)-COO^-$	8.62

第六章　配合物的反应动力学

学习目标：了解氧化-还原反应机制；理解反应速率、速率定律定义、原理；掌握取代反应机制。

培养目标：通过本章学习，学生应能掌握配位化学中的反应动力学的专业知识；能用配位化学相关理论推导出取代反应速率方程，判断配合物的活性、惰性。

第一节　引　言

配合物的反应动力学是研究配位实体的反应速率及其影响因素，如温度、浓度、压力等，并用机制来解释。反应速率通常用反应物或生成物浓度随时间变化来表示。研究反应速率和机制的目的是希望了解配合物的电子结构在反应过程中相互作用的情况，从而控制反应，设计反应步骤，并用于指导合成。配合物的反应种类很多，概括起来大约分为以下五类。

一、取代反应

取代反应是迄今在配合物反应机制中研究得最为广泛的一类反应。配合物的取代反应包括两类：一类是配合物内界的中心原子被另一中心原子所取代，称为亲电取代反应；一类是配合物内界的配体被另一种配体取代，称为亲核取代反应。由于亲电取代反应较少，不大普遍，且对其机制研究还不太成熟，本章仅讨论亲核取代反应。例如，在硫酸铜溶液中加入过量的氨水，瞬间溶液呈深蓝色；或将紫色的 Cr^{3+} 水溶液放置数日，溶液渐渐从紫色变为绿色。这两个反应都是配位内界的水分子为外界配体所取代。由于取代反应前后配位内界的配体场强度（d－d 跃迁）或其他电子跃迁（包括荷移跃迁）特征一般会发生变化。因此，产物的颜色不同于反应物，通常是可能发生取代反应的重要特征之一。

$$[Cu(H_2O)_4(H_2O)_2]^{2+} + 4NH_3 \longrightarrow [Cu(NH_3)_4(H_2O)_2]^{2+} + 4H_2O$$

浅蓝　　　　　　　　深蓝

$$[Cr(H_2O)_6]^{3+} \xrightarrow[-H_2O]{+Cl^-} [CrCl(H_2O)_5]^{2+} \xrightarrow[-H_2O]{+Cl^-} [CrCl_2(H_2O)_4]^{+}$$

紫色　　　　　　浅绿　　　　　　深绿

在反应过程中，中心原子的氧化态及配位数一般都不发生改变。

二、异构化反应

如在第二章中已经遇到过的：

顺反异构化：*cis* -$[CoCl_2(en)_2] \rightleftharpoons$ *trans* -$[CoCl_2(en)_2]$

键合异构化：$[Co(ONO)(NH_3)_5]_2 \rightleftharpoons [Co(NO_2)(NH_3)_5]_2$

消旋异构化：(＋)-$[Cr(C_2O_4)_3]_3 \rightleftharpoons$ 消旋-$[Cr(C_2O_4)_3]_3$

三、氧化还原反应(电子转移反应)

在有机化学中，氧化还原反应是两类最基本的、应用极其广泛的重要反应。在无机化学和配位化学，甚至在生物学等领域中，氧化还原(电子转移)反应也有同等重要的地位，因此对配合物氧化还原(电子转移)反应的机制的研究同样受到极大关注。反应中，中心原子的氧化数发生了变化。例如：

$$[Cr(H_2O)_6]^{2+} + [Co(NH_3)_6]^{3+} \rightleftharpoons [Cr(H_2O)_6]^{3+} + [Co(NH_3)_6]^{2+}$$

$$[Os(bpy)_3]^{2+} + [Mo(CN)_8]^{3-} \rightleftharpoons [Os(bpy)_3]^{3+} + [Mo(CN)_8]^{4-}$$

四、加成反应和离解反应

反应过程中，中心原子的配位数发生变化。例如：

$$[IrCl(CO)(Pph_3)_2] + H_2 \rightleftharpoons [IrClH_2(CO)(Pph_3)_2]$$

$$[Ag(CNR)_4]^+ \rightleftharpoons [Ag(CNR)_2]^+ + 2RCN$$

五、配体的反应

在反应过程中，配位原子和金属的键合情况不发生改变。

Fe $\xrightarrow[(CH_3CO)_2O]{HPO_3}$ Fe—$COCH_3$ $\xrightarrow[(CH_3CO)_2O]{AlCl_3}$ Fe—($COCH_3$)$_2$ + Fe—($COCH_3$)$_2$

本章以配合物的取代反应和氧化还原反应为例，研究配位实体的反应速率及其影响因素。

第二节　配合物取代反应的基本概念

取代反应是配合物中金属-配体键的断裂和代之以新的金属-配体键的生成的一种反应。这种反应在配位化学中是极为普遍和重要的，是制备许多配合物的一个重要方法。对于不同配位数的配合物发生取代反应的情况也不完全相同。配位数为 4 和 6 的配合物取代反应研究得比较充分，在讨论具体取代反应前，先介绍几个有关的名词。

一、活化配合物和中间化合物

过渡态理论认为，反应物与一个设想的所谓活化配合物之间达到平衡，而这一活化配合物在整个反应中以同样的反应速率常数分解成产品。形成活化配合物所需的总能量是活化能。从反应物到产物所经过的能量最高点称过渡态。而活化配合物和过渡态是有区别的，过渡态是一个能态，活化配合物是设想在这一能态下存在的一个化合物，见图 6-1。过渡态和反应物之间的能量差即为活化能，见图 6-1(左)。另外，有一些反应，从反应物到产物之间会生成一种中间化合物，如图 6-1(右)所示，这是客观存在的一个化合物，在许多反应体系中能把它分离出来，或采用间接方法推断出来。

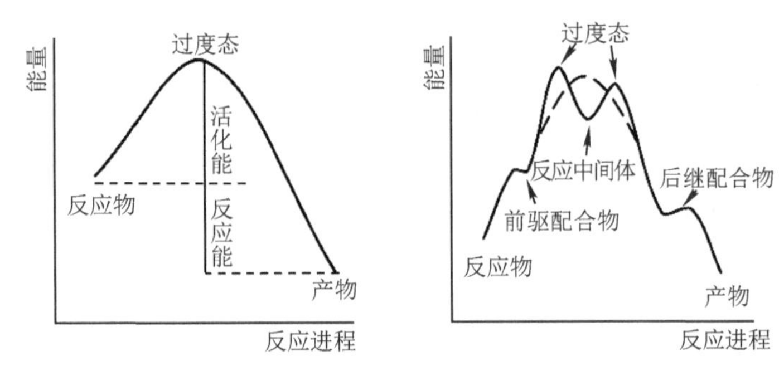

图 6-1 反应能量变化曲线图:理想状态下配合物反应的能量变化图(左);实际反应能量变化曲线图(右)

二、活性配合物和惰性配合物

配合物的取代反应速率差别很大,快的反应瞬间完成,慢的反应要几天,甚至几个月。因此,在动力学上,将一个配离子中的某一配体能迅速被另一配体所取代的配合物称为活性配合物,而若配体发生取代反应的速率很慢,则称为惰性配合物。但是,活性配合物和惰性配合物之间也没有明显的分界线,需要用一个标准来衡量。目前,国际上采用 H. Taube 所建议的标准,即在反应温度为 25 ℃,各反应物浓度均为 0.1 mol/L 的条件下,配合物中配体取代反应在 1 分钟之内完成的称之为活性配合物,而那些大于 1 分钟的称之为惰性配合物。

在动力学上对活性、惰性的强弱也有用反应速率常数 k 或半衰期 $t_{1/2}$ 的数值来表示。k 越大,$t_{1/2}$ 越小,反应速率越快;k 越小,$t_{1/2}$ 越大,反应进行得越慢。

应该指出:动力学上的活性与惰性配合物和热力学上的稳定性不能混为一谈,这是两个不同的概念。例如,CN^- 与 Ni^{2+} 能形成稳定的配合物,反应式为:

$$[Ni(H_2O)_6]^{2+} + 4\ CN^- \rightleftharpoons [Ni(CN)_4]^{2-} + 6H_2O$$

其稳定常数 β 约为 10^{22},平衡大大偏向右方,说明$[Ni(CN)_4]^{2-}$ 在热力学上是稳定的配合物。但是,如果在此溶液中加入 $^*CN^-$(用 ^{14}C 作标记原子),$^*CN^-$ 差不多立即就结合于配合物中,即下列反应也大大偏于右方:

$$[Ni(CN)_4]^{2-} + 4\,^*CN^- \rightleftharpoons [Ni(^*CN)_4]^{2-} + 4CN^-$$

由此说明:$[Ni(CN)_4]^{2-}$ 是一个稳定的化合物,但从动力学角度考虑它是一个活性配合物。相反地,$[Co(H_2O)_6]^{3+}$ 配离子在酸性溶液中很不稳定,容易发生下列反应:

$$[Co(NH_3)_6]^{3+} + 6H_3O^+ \rightleftharpoons [Co(H_2O)_6]^{3+} + 6NH_4^+$$

此反应的平衡常数约为 10^{25},即热力学上有很大的推动力,但是,在室温下,$[Co(NH_3)_6]^{3+}$ 的酸性溶液可以保持几天而无显著的分解,这说明分解的速率是非常慢的。因此,$[Co(NH_3)_6]^{3+}$ 是动力学上的惰性配合物,而在热力学上是不稳定配合物的典型例子。

从能量角度分析:反应物与活化配合物能量之差即活化能,决定配合物的稳定性,是属于动力学范畴,而反应物和产物之间的能量差,决定配合物的稳定常数,属于热力学范畴。由于活化能与反应能之间没有必然的联系,所以稳定性和惰性之间也没有必然的规律。

三、亲核取代反应的离解机制、缔合机制和交换机制

亲核取代反应又可以根据其机制的不同，分为离解机制和缔合机制及交换机制。

1. 离解机制

离解(disociation)机制又称为 S_N1 反应机制，目前应用较多的是以符号 D 表示，又称为 D 机制，包括两个步骤：

$$[ML_nX] \xrightarrow[k]{\text{慢}} [ML_n] + X$$

$$[ML_n] + Y \xrightarrow{\text{快}} [ML_nY]$$

在离解机制中，M—X 键首先打开，得到低配位数的配合物，然后加入 Y 得到最后的产物，决定速率的是第一步慢反应。若中心原子的配位数为 6，X 离解后形成配位数为 5 的中间配合物，具有三角双锥或四方锥的结构，过程见图 6-2。

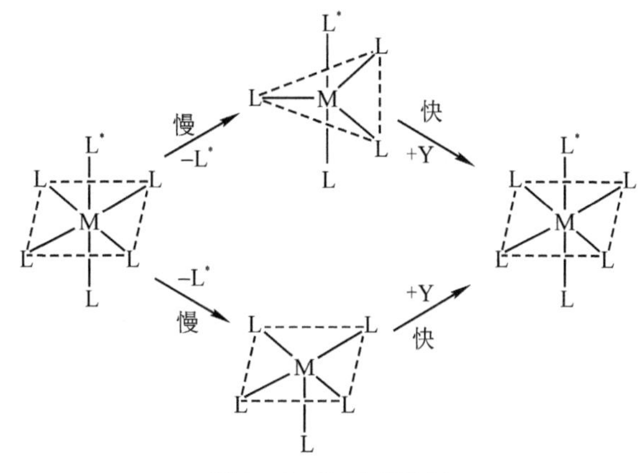

图 6-2　D 反应机制

离解机制的速率方程为：$v=k[ML_nX]$

反应速率仅与配合物$[ML_nX]$的浓度成正比，与 Y 的浓度无关，所以是一个单分子的一级反应，也称为 S_N1 反应机制，这就是亲核取代反应的单分子离解机制。水溶液中的水合金属离子的配位水被 $S_2O_3^{2-}$、SO_4^{2-}、$EDTA^{4-}$ 等配体取代的反应，均属于这一类反应。

2. 缔合机制

缔合(association)机制又称为 S_N2 反应机制或 A 机制。在 A 机制中，反应物先与取代基团 Y 缔合，形成配位数增加的活化配合物，然后 X 基团迅速离去，形成产物。反应分两个步骤进行。

$$[ML_nX] + Y \xrightarrow[k]{\text{慢}} \left[L_nM \begin{matrix} X \\ Y \end{matrix} \right]$$

$$\left[L_nM \begin{matrix} X \\ Y \end{matrix} \right] \xrightarrow{\text{快}} [ML_nY] + X$$

此时缔合作用是速率决定步骤，如八面体配合物 A 机制的过程见图 6－3。

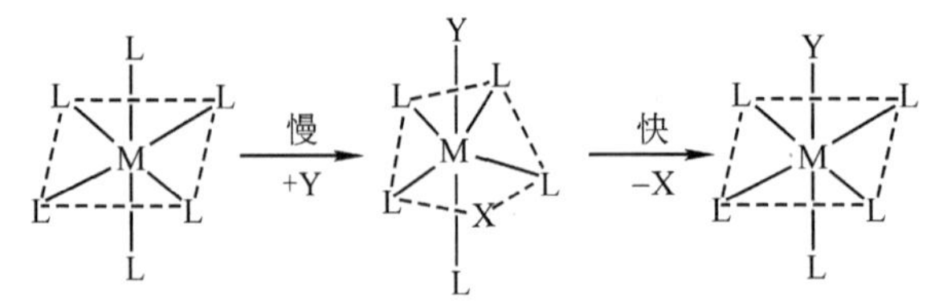

图 6－3 A 反应机制

其速率方程为：$v=k[ML_nX][Y]$

反应速率取决于$[ML_nX]$和$[Y]$二者的浓度，在动力学上属于二级反应，故亦称为 S_N2 反应机制，即亲核取代反应的双分子缔合机制。某些二价铂配合物在有机溶剂中的取代反应可作为缔合机制的典型例子。例如：

$$[PtCl(NH_3)_3]^+ + Br^- \xrightarrow[k]{} [PtBr(NH_3)_3]^+ + Cl^-$$

$$v=k[PtCl(NH_3)_3]+[Br^-]$$

3. 交换机制

前面讨论的是典型的离解机制和缔合机制的动力学特性，事实上配合物取代反应的过程是复杂的，但共同点是发生了一个旧键的断裂和一个新键的形成，不同的只是这两类过程发生的时间上的差异，实际上很难设想 Y 取代 X 的反应中先彻底断裂 X 键，再配位 Y 键，反应过程中最可能的是 Y 接近的同时 X 逐渐离去，因此大部分的取代反应可归之为交换(interchange)机制，又称为 I 机制，即配合物发生取代反应时配位数没有变化，新键的生成和旧键的断裂几乎同时进行，彼此相互影响，I 机制又进一步分为 I_A 机制和 I_D 机制。若取代反应中离去基团 X 的影响大于进入基团 Y，反应机制倾向于离解，这种反应机制称为 I_D 机制。若取代反应中进入基团 Y 的影响大于离去基团 X，反应机制倾向于缔合，则这种反应机制称为 I_A 机制。

事实上，真正的 A 机制和 D 机制是反应的极限情况，一般很少发生，大部分的取代反应是属于 I_A 机制或 I_D 机制。

四、过渡态理论

过渡态理论又称为活化配合物理论。该理论认为由反应物到产物的反应过程，必须经过一种过渡状态，即反应物活化形成中间状态的活化配合物。反应物和活化配合物之间很快达到平衡，化学反应的速度由活化配合物的分解速度决定。如配合物的取代反应：

$$[ML_nX] + Y \rightleftharpoons \left[L_nM \begin{matrix} X \\ \\ Y \end{matrix} \right]^* \longrightarrow [ML_nY] + X$$

当 Y 接近配合物 L_nMX 时，L_nMX 中的 M—X 化学键逐渐松弛和削弱，Y 和 M 之间形成了一种新键，因反应物的电子云和原子核之间都有电性斥力，故配合物和进入基团 Y 接近时，体系的位能增加，当活化配合物 $\left[L_nM \begin{matrix} X \\ \\ Y \end{matrix} \right]^*$ 形成时，体系的位能最高。因此活化配合物很不稳定，它可能分解变为产物，也可能重新变回反应物，活化配合物的分解速度就等于反应速度。

根据过渡态理论，A、I、D 三种机制可用图 6－4 来表示。

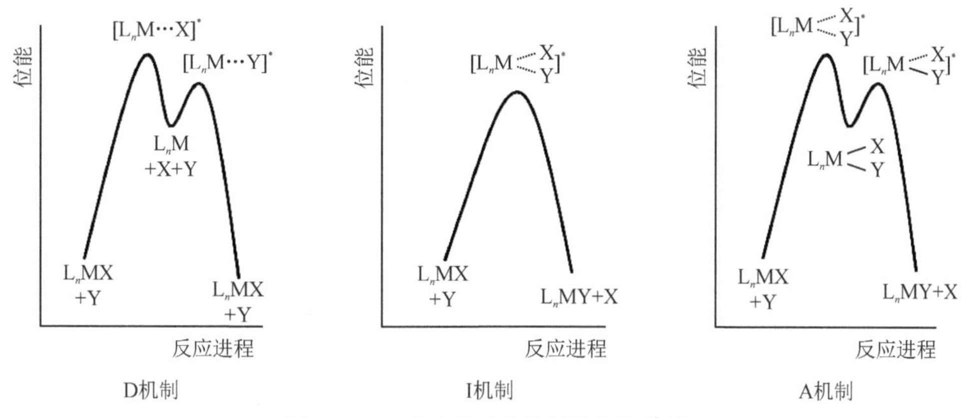

图 6－4　三种取代反应机制的位能曲线

由图 6－4 可见，在 I 机制中，只有一个过渡态，相应于一种活化配合物，而在 D 机制和 A 机制中，分别存在两个过渡态，两位垒中的最低点代表中间化合物的能态。

五、配合物稳定性的经验理论

迄今为止，对于配合物动力学稳定性的差异还没有完全定量的理论，但有一些经验理论：

1. 简单静电理论

该理论认为，取代反应的主要的影响因素是中心离子和进入配体及离去配体的电荷和半径的大小。

对于离解机制(D)反应：中心离子或离去配体的半径越小，电荷越高，则金属-配体键越牢固，金属-配体键越不容易断裂，越不利于离解机制反应，意味着配合物的惰性越大。

对于缔合机制(A)反应：若进入配体的半径越小，负电荷越大，越有利于缔合机制反应，意味着配合物的活性越大。但是，中心离子的电荷的增加有着相反的影响：一方面使 M—L 键不容易断裂，另一方面又使 M—Y 键更易形成。考虑到缔合机制 M—Y 键的形成是速决步骤，故一般来说，中心离子半径和电荷的增加使得缔合机制反应易于进行。进入配体半径很大时，由于空间位阻，缔合机制反应不易进行。

2. 价键理论(内外轨理论)

进行 A 机制反应时的反应速率与中心原子的电子结构有关。对于八面体的内轨型配合物，中心原子(离子)的 d 电子在三个以下时，$(n-1)$d 轨道中有空轨道，则是活性的，否则是惰性的。这是因为，在八面体配合物中，如果配合物中含有一个空的$(n-1)$d 轨道，那么一个进来的配体(即取代配体)就可以从空轨道的四个叶瓣所对应的方向以较小的静电排斥去接近配合物，并进而发生取代反应，这样的配合物显然是活性的，如$[Ti(H_2O)_6]^{3+}$、$[V(NH_3)_6]^{3+}$。

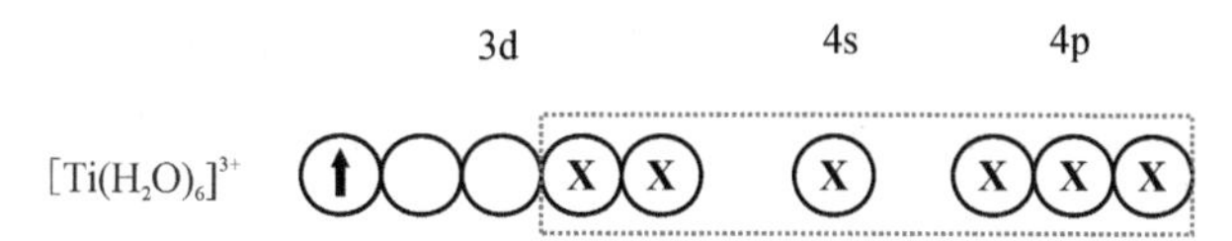

中心原子(离子)的 d 电子是 3～6 时，没有空的($n-1$)d 轨道(每条轨道中至少有一个电子)，如$[Cr(edta)]^-$有三个 3d 电子，形成 d^2sp^3 构型的配合物，它要空出 d 轨道容纳进入的配体的电子对，就必须使它原有的电子成对，或是一个电子被激发到 4d 或 5s 轨道，而这两种情况都需要较高的活化能，因此配合物是惰性的。

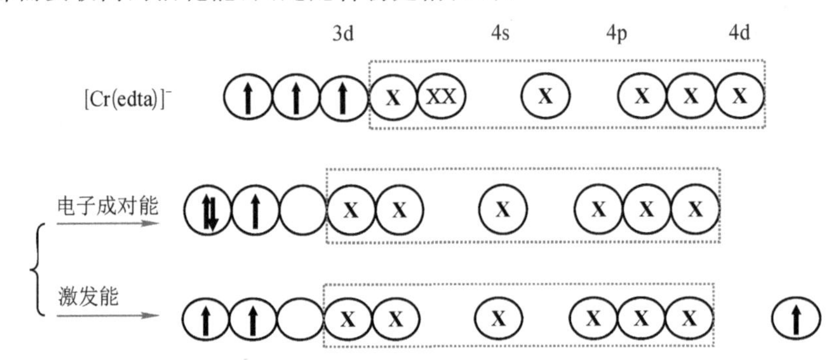

d^6～d^{10} 构型的中心原子(离子)在形成八面体配合物的时候，当以 sp^3d^2 杂化轨道形成外轨型配合物时，因为空 nd 轨道与 sp^3d^2 轨道能量接近，插入配体的一对电子，不需很大的活化能，因而均是活性的。

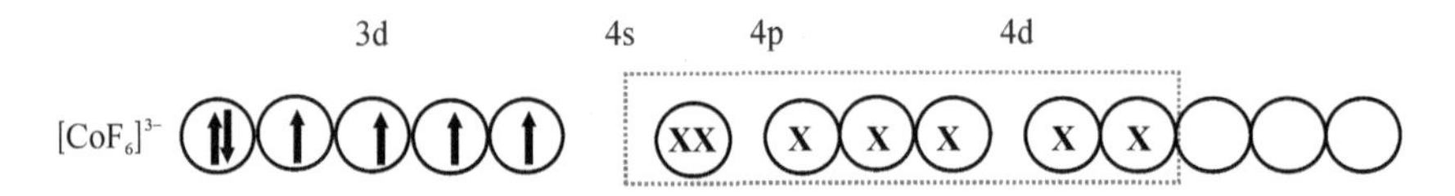

价键理论在解释内、外轨八面体配合物的活性惰性时，简单方便，且对大多数八面体配合物符合较好，但也有不足，如只能做定性划分，而无法解释 Cr^{3+}(d^3)和 Co^{3+}(d^6)八面体配合物比 Mn^{3+}(d^4)和 Fe^{3+}(d^5)更为惰性的实验事实；认为 d^8 组态 Ni^{2+} 八面体配合物(外轨型)为活性，但实验表明为惰性，而这些可以用晶体场理论解释。

3. 晶体场理论

由价键理论可以推断，八面体配合物的取代反应速率与中心原子的电子结构有关。中心原子电子结构为 d^0、d^1、d^2 的配合物是活性的，中心原子具有 d^3 电子的配合物是惰性的。可以想象，如果中心原子有低能的空轨道，进入配体将占据它，从晶体场效应来看，就会获得稳定化能，这能量可提供为分子活化的能量，使得分子活化所需的总能量减小。若中心原子结构为 d^3，其低能量 d 轨道已被占据，配体进入高能轨道，反应所需的活化能较大，因而中心原子为 d^3 的八面体配合物是惰性的。对于其他 d 电子数的情况，从起始的反应配合物到活化配合物过程中，配位场稳定化能的变化可看作对反应活化能的贡献，将活化配合物与反应物的稳定化能之差称为晶体场活化能(crystal field activation energy，CFAE)。如果反应配合物的稳定化能小于活化配合物的稳定化能，CFAE 为正值，说明空间构型改变损失了晶体场能量，在反应过程中需要额外补充这部分能量，所以当晶体场活化能 CFAE 为正值时反应进行得很慢，反应配合物表现为惰性。如果反应物的稳定化能大于活化配合物或两者接近，即 CFAE 为负值或零，反应就容易进行。对不同的 d 电子数目计算出八面体离解为四方锥及八面体转化为五角双锥时，在弱场及强场下的 CFAE 值，用 Dq 为单位($10\ Dq=\Delta_0$)，列于表 6-1 及表 6-2。

表 6-1　离解机制的晶体场活化能八面体→四方锥　　单位:Dq

体系	强场			弱场		
	八面体	四方锥	CFAE	八面体	四方锥	CFAE
d^0	0	0	0	0	0	0
d^1	−4	−4.57	−0.57	−4	−4.57	−0.57
d^2	−8	−9.14	−1.14	−8	−9.14	−1.14
d^3	−12	−10.00	2.00	−12	−10.00	2.00
d^4	−16	−14.57	1.43	−6	−9.14	−3.14
d^5	−20	−19.14	0.86	0	0	0
d^6	−24	−20.00	4.00	−4	−4.57	−0.57
d^7	−18	−19.14	−1.14	−8	−9.14	−1.14
d^8	−12	−10.00	2.00	−12	−10.00	2.00
d^9	−6	−9.14	−3.14	−6	−9.14	−3.14
d^{10}	0	0	0	0	0	0

表 6-2　缔合机制的晶体场活化能八面体→五角双锥　　单位:Dq

体系	强场			弱场		
	八面体	五角双锥	CFAE	八面体	五角双锥	CFAE
d^0	0	0	0	0	0	0
d^1	−4	−5.28	−1.28	−4	−5.28	−1.28
d^2	−8	−10.56	−2.56	−8	−10.56	−2.56
d^3	−12	−7.74	4.26	−12	−7.74	4.26
d^4	−16	−13.02	2.98	−6	−4.93	1.07
d^5	−20	−18.30	1.70	0	0	0
d^6	−24	−15.48	8.52	−4	−5.28	−1.28
d^7	−18	−12.66	5.34	−8	−10.56	−2.56
d^8	−12	−7.74	4.26	−12	−7.74	4.26
d^9	−6	−4.93	1.07	−6	−4.93	1.07
d^{10}	0	0	0	0	0	0

CFAE为正值,说明由八面体配合物转化为活化配合物有晶体场能量损失,反应过程需要额外增加能量以弥补,故一般表现为惰性。如果CFAE为零或负值,说明由八面体配合物转变为活化配合物,不需要额外增加能量,故一般为活性。

由表6-1、表6-2可见:

(1)d^0、d^1、d^2、d^{10}型离子及高自旋d^5、d^6、d^7型离子的八面体配合物,不论取代反应按D机制或A机制进行,CFAE均为零或负值,这类配合物是活性的。

d^4(高自旋)、d^7(低自旋)、d^9型离子的八面体配合物,按D机制进行时,它们的CFAE也为零或负值,这类配合物同样是活性的。

(2)d^3 及低自旋的 d^4、d^5、d^6 型离子的八面体配合物，不论取代反应按 D 机制或 A 机制进行，CFAE 均为正值，这类配合物是惰性的，且取代速率按 $d^5>d^4>d^3>d^6$ 依次变慢。例如，$[Cr(NH_3)_6]^{3+}$ 和 $[Co(NH_3)_6]^{3+}$ 皆是惰性配合物。

d^8 型离子的八面体配合物，不论取代反应按 D 机制或 A 机制进行，CFAE 均为正值，是惰性配合物。

d^4(高自旋)、d^9 型离子的八面体配合物，取代反应按 A 机制进行，CFAE 为正值，是惰性配合物。

晶体场活化能 CFAE 的大小与八面体配合物动力学性质的分类，在很大程度上是一致的。例如，d^3 和低自旋的 d^6 型离子的八面体配合物是惰性的。矛盾之处表现在 d^8 型离子的八面体配合物上，按价键理论它是活性的，但按晶体场理论的观点则是惰性的。例如虽然 d^8 型 $[Ni(H_2O)_6]^{2+}$ 的取代反应速率常数比 d^3 型 $[V(H_2O)_6]^{2+}$ 要大，但它的取代反应速率常数仍比其他所有的二价离子要小，这正说明晶体场理论的正确性。

以上是由理论推出的结果。现将以 phen、bpy、terpy 作为配体的两价金属配离子离解反应，实测的动力学数据比较，列于表 6-3。

表 6-3 一些二价金属离子配合物离解反应的动力学数据

d^n	配合物	Ea/kJ	ΔS/(J/K)	CFAE/Dq
d^3	$[V(phen)_3]^{2+}$	89.1	−33.5	2
d^4	$[Cr(bpy)_3]^{2+}$	94.6	54.4	1.4
d^5	$[Mn(phen)_3]^{2+}$	快	—	0
d^8	$[Ni(terpy)_2]^{2+}$	87.0	−37.7	2
d^9	$[Cu(bpy)]^{2+}$	59.0	−66.9	0

表 6-3 数据指出，CFAE 为零的配合物都有很快的反应速率。d^3 的 $[V(phen)_3]^{2+}$、$[V(bpy)_3]^{2+}$ 与 d^8 的 Ni(Ⅱ)的配合物的离解进行得很慢，它们有较大的活化能，对照表中 CFAE 的数据也复合得很好。会在 $[M(terpy)_2]^{2+}$，[M=Co(Ⅱ)、Ni(Ⅱ)、Fe(Ⅱ)]的 CFAE 依次为 0 Dq、2 Dq、4 Dq，对照实验的活化能数据，依次为 61.9 kJ、87.0 kJ、120.1 kJ，两者的顺序很一致。将 E_a 和 CFAE 比较得到每个 Dq 相当于 13～17 kJ，从光谱数据得到这类配合物的每个 Dq 值为 17～21 kJ，两种结果也复合得很好。

第三节 八面体配合物的取代反应

过渡金属生成的配合物绝大多数是八面体构型，所以对它们的取代反应的探讨十分重要。在讨论之前首先应了解八面体取代反应的一般特点，以及它们与平面正方形配合物取代反应的异同点。

首先，平面正方形配合物取代反应速率和机制的研究是用 Pt(Ⅱ)配合物为对象，而八面体配合物是以 Co(Ⅲ)配合物为对象，一方面 Werner 早期就对 Co(Ⅲ)配合物做了许多工作，另一方面 Co(Ⅲ)配合物的反应速率适中，便于研究。

其次，平面正方形配合物取代反应大多数是通过缔合机制发生的，而八面体配合物取代反应可能有缔合机制，也有离解机制，更有交换机制，这与八面体配合物中心离子的性质有关。

另外，在八面体配合物取代反应研究中发现，没有包含两个阴离子的直接相互交换的反应。而这种类型的反应在四面体 Pt(Ⅱ)配合物中则是很普遍的，八面体配合物必须首先通过水解作用失去一个配位阴离子，然后用其他阴离子置换新配位的溶剂分子。所以，八面体配合物的取代反应大部分包括下面两种类型：

(1)配位水分子的取代，即用其他阴离子或中性配体去取代配合物中的水分子。

(2)水解反应，即用 H_2O 分子去取代配合物中的其他配体，这种水解反应可在酸性条件下或碱性条件下进行。

一、配位水分子的取代

1. 配位水分子的取代机制

配位水分子的取代机制是用一种配体 X 去取代配位的水分子，可分为以下几种机制。一种是 D 机制，开始的配合物在速率决定步骤中离解了一个水分子，产生一个五配位的由溶剂组成的笼形中间体。

$$M(H_2O)_6^{n+} \longrightarrow M(H_2O)_5^{n+}\text{(四方锥)} + H_2O\ \text{(慢)}$$

$$M(H_2O)_5^{n+} + H_2O^* \longrightarrow M(H_2O)_5(H_2O^*)^{n+}\text{(快)}$$

另外的机制则是第一步形成离子对，即外来基团 X 处在很接近金属离子周围的溶剂中，一般用外层配合物来表达这种状态。随后，在速率决定步骤中形成七配位的中间体，这种是 A 机制。

$$M(H_2O)_6^{n+} + H_2O^* \longrightarrow M(H_2O)_6(H_2O^*)^{n+}\text{(五角双锥)(慢)}$$

$$M(H_2O)_6(H_2O^*)^{n+} \longrightarrow M(H_2O)_5(H_2O^*)^{n+} + H_2O\ \text{(快)}$$

但若无明显中间体存在，反应只能以交换机制(I)表示。这种机制是进入基团和离去基团之间的平稳交换，可以是优先离解或优先缔合。若在过渡态中键的断裂更为重要，则此机制以 I_D 表示，相反则以 I_A 表示。对于二价过渡金属水合离子在大多数情况下取代一个水分子的机制，许多实验证明都倾向于 I_D 机制。水合配合物取代反应的速率公式对配合物和进入基团都是一级反应。

2. 取代水的速率

通过大量金属水合物的研究，得到了与 H_2O 分子交换反应的速率常数，可得两点结果：

(1)无论进入基团的性质如何，对指定的金属离子其取代反应速率常数差不多是相同的。

(2)根据取代水的速率，可将金属离子分为四种类型：①水的交换非常快($k \geqslant 10^8\ s^{-1}$)，包括周期系ⅠA、ⅡA(除 Be^{2+}、Mg^{2+} 外)、ⅡB(除 Zn^{2+} 外)，再加上 Cr^{2+}、Cu^{2+}。一般来说，在这些配合物中，中心离子与配体的结合是纯静电引力。②速率常数在 $10^4 \sim 10^8\ s^{-1}$ 的金属离子，包括大部分第一过渡系金属的二价离子(除 V^{2+}、Cr^{2+}、Cu^{2+} 外)和 Mg^{2+} 及三价稀土金属。③速率常数在 $1 \sim 10^4\ s^{-1}$ 的金属离子，包括 Be^{2+}、Al^{3+}、Ga^{3+}、V^{2+} 及一些第一过渡系列金属的三价离子(Ti^{3+}、Fe^{3+})。④水的交换很慢，速率常数在 $10^{-3} \sim 10^{-6}\ s^{-1}$ 的金属离子，它们是 Cr^{3+}、Co^{3+}、Rh^{3+}、Ir^{3+} 和 Pt^{2+} 等。

从上面的分类可以看出：在中心离子电荷相同的条件下，离子半径大的交换速率比离子半径小的快。例如：$Cs^+ > Rb^+ > K^+ > Na^+ > Li^+$，以及 $Ba^{2+} > Sr^{2+} > Ca^{2+} >> Mg^{2+} > Be^{2+}$ 等。而且当离子半径大小接近时，反应速率随着离子电荷的增加而减少。同时除离子半径、离子电荷影响外，离子的结构特点也对反应速率有明显的影响。如 Cr^{2+}、Ni^{2+}、Cu^{2+} 有几乎相同的离子半径、离子电荷，但实际上 Cr^{2+} 和 Cu^{2+} 属Ⅰ类，而 Ni^{2+} 属Ⅱ类。这是因为 Cu^{2+} 为 d^9 构型、Cr^{2+} 为 d^4 构型，它们配合物结构常由于发生 John - Taller 效应而畸变，即在一个键轴上配体的键与在其他键轴上不同，键长要长些，键强要弱些。所以该键轴上的水分子相对结合得较弱，可以更快地交换。

3. 配位水取代反应的速率方程

若配位水的取代反应 $ML_5(H_2O)+Y \longrightarrow ML_5Y+H_2O$ 按 D 机制进行：

配位水的取代反应通常包括以下两个过程：

$$[ML_5(H_2O)] \underset{k_{-1}}{\overset{k_1}{\rightleftharpoons}} [ML_5]+H_2O$$

$$[ML_5]+Y \xrightarrow{k_2} [ML_5Y]$$

则$[ML_5]$的生成速率是：

$$\frac{d[ML_5Y]}{dt}=\frac{k_1k_2[ML_5(H_2O)][Y]}{k_{-1}[H_2O]+k_2[Y]}=\frac{k_1k_2[ML_5(H_2O)][Y]}{k'_{-1}+k_2[Y]} \tag{6-1}$$

式中：$k'_{-1}=k_{-1}[H_2O]$

若 $k_2[Y] \gg k'_{-1}$，$\frac{d[ML_5Y]}{dt}=k_1[ML_5(H_2O)]$，则其速率方程为一级反应，反应速率与进入配体 Y 无关，受 $ML_5(H_2O)$的影响大，控制反应速率因素为配位水的离解。若 $k_2[Y] \ll k'_{-1}$，则式(6-1)转变成：

$$\frac{d[ML_5Y]}{dt}=\frac{k_1k_2}{k'_{-1}}[ML_5(H_2O)][Y]$$

其速率方程仍然是二级反应。例如，第一过渡系的金属二价离子$[M(H_2O)_6]^{2+}$与阴离子的交换反应通常是 $k_2 \gg k'_{-1}$。

当 $k_2 \approx k'_{-1}$时，其动力学性质是很复杂的，$[Co(CN)_5H_2O]^{2-}$ 同 N^{3-} 或 SCN^- 的取代反应就是 $k_2 \approx k'_{-1}$的情况。

二、溶剂的分解或水解

溶剂的分解主要指水解，因为绝大多数反应是在水溶液中进行的。在八面体配合物中，通常不发生两个阴离子的直接取代。一般都是先通过水解作用使配合物失去一个配位阴离子 X^-，随后再发生新的配体 Y^- 替换水的反应。这个过程可以表示如下：

$$[Co(NH_3)_5X]^{2+} + H_2O \xrightarrow{慢} [Co(NH_3)_5(H_2O)]^{3+} + X^-$$

$$[Co(NH_3)_5(H_2O)]^{3+} \xrightarrow[快]{+Y^-} [Co(NH_3)_5Y]^{2+} + H_2O$$

可见，决定反应速率的步骤是水解反应。许多 Co(Ⅲ)配合物取代反应的速率与水解反应的速率相一致。

1．酸性水解

具有代表性的离子是带酸根的五氨合钴的水解。

$$[Co(NH_3)_5X]^{2+} + H_2O \rightleftharpoons [Co(NH_3)_5(H_2O)]^{3+} + X^-$$

X 为 Cl^-、Br^-、I^- 等。其速率方程为：

$$\frac{d[Co(NH_3)_5(H_2O)]}{dt} = k[Co(NH_3)_5X]^{2+}$$

上式表明水解反应速率仅与配合物的浓度有关，是一级反应，而且与酸的浓度无关。但仅是这个速率方程不能说明水解的机制是 D 机制或是 A 机制。因为，反应过程中水的浓度基本上是一个常数，可以归并到速率常数中去。许多实验数据都说明大多数八面体配合物的酸性水解过程是按离解机制进行的。其论据如下：

$[Co(NH_3)_5X]^{2+}$ 的水解速率随着离去基团 X 的本性而改变，并且变化很大。表 6－4 列出 $[Co(NH_3)_5X]^{2+}$ 配合物的酸性水解速率常数。由此可见，水解速率顺序为 $HCO_3^- > NO_3^- > I^- > Br^- > Cl^- > H_2PO_4^- > F^- > NO_2^-$。即水解速率与 Co(Ⅲ)－X 键的强度成反比。Co(Ⅲ)－X 键的强度越大，水解速率常数 k 越小，说明水解过程 Co(Ⅲ)－X 键的断裂是主要的，即证实 $[Co(NH_3)_5X]^{2+}$ 配合物水解是按 D 机制进行的。

表 6－4　$[Co(NH_3)_5X]^{2+}$ 配合物酸性水解的速率常数(298 K)

配合物	离去基团	k/s^{-1}
$[Co(NH_3)_5HCO_3]^{2+}$	HCO_3^-	约 1.0×10^{-3}
$[Co(NH_3)_5NO_3]^{2+}$	NO_3^-	2.7×10^{-5}
$[Co(NH_3)_5I]^{2+}$	I^-	8.3×10^{-6}
$[Co(NH_3)_5Br]^{2+}$	Br^-	6.3×10^{-6}
$[Co(NH_3)_5Cl]^{2+}$	Cl^-	1.7×10^{-6}
$[Co(NH_3)_5H_2PO_4]^{2+}$	$H_2PO_4^-$	2.6×10^{-7}
$[Co(NH_3)_5F]^{2+}$	F^-	8.6×10^{-8}
$[Co(NH_3)_5NO_2]^{2+}$	NO_2^-	很慢

另外，双齿配体(AA)的结构对于 D 机制和 A 机制有不同的影响。如果 AA 的配位原子的附近有庞大的基团，将有助于离去基团 X 的离去，加速 D 机制的取代反应速率。相反，它将阻碍进入基团 Y 的进攻，减慢 A 机制的取代反应速率。例如：

$$trans\text{-}[Co(AA)_2Cl_2]^+ + H_2O \longrightarrow trans\text{-}[Co(AA)_2Cl(H_2O)]^{2+} + Cl^-$$

由于 AA 不同，酸性水解速率常数也不同，见表 6－5。

表 6－5　$trans$-$[Co(AA)_2Cl_2]^+$ 的酸性水解速率常数

N—N	k/s^{-1}
$H_2NCH_2CH_2NH_2$	3.2×10^{-5}
$H_2NCH_2CH(CH_3)NH_2$	6.2×10^{-5}
dl－$H_2NCH(CH_3)CH(CH_3)NH_2$	1.5×10^{-4}
内消旋-$H_2NCH(CH_3)CH(CH_3)NH_2$	4.2×10^{-4}
$H_2NCH(CH_3)CH(CH_3)NH_2$	3.3×10^{-3}

由表6－5可见，随着AA分子空间位阻的增大，对Cl^-的排斥作用加大，反应速度加快。它证实$[Co(AA)_2Cl_2]^+$八面体配合物取代反应按D机制进行。

2. 碱性水解——共轭碱单分子离解机制

八面体取代反应通常对进入基团的性质是不敏感的，但有一个例外。在碱性介质中，具有NH_3、RNH_2或R_2NH配位的Co(Ⅲ)配合物，与进入基团—OH有很大的关系，取代速率远比其他基团快(约快10^6倍)，如对下列反应：

$$[Co(NH_3)_5Cl]^{2+}+OH^- \longrightarrow [Co(NH_3)_5OH]^{2+}+Cl^-$$

取代反应速率方程为：

$$\frac{d[[Co(NH_3)_5OH]^{2+}]}{dt}=k_{OH}[Co(NH_3)_5Cl][OH^-] \qquad (6-2)$$

根据此速率公式，长期认为OH^-是强碱，亲核能力强，容易与中心原子反应，因此认为是A机制或I_A机制。

后来经过实验进一步证实为共轭碱离解机制，简称D－CB机制。反应通过如下步骤：配合物$[Co(NH_3)_5Cl]^{2+}$首先通过OH^-离子，夺取质子，生成中间产物，即原来配合物的共轭碱，接着是速决步骤Cl^-离子从氨配合物中离解，最后是迅速的水配位。

$$[Co(NH_3)_5Cl]^{2+}+OH^- \underset{k_{-1}}{\overset{k_1}{\rightleftharpoons}} [CoCl(NH_2)(NH_3)_4]^+ +H_2O \text{ 快}$$

$$[Co(NH_2)(NH_3)_4Cl]^+ \xrightarrow[\text{慢}]{k_2} [Co(NH_2)(NH_3)_4]^{2+}+Cl^-$$

$$[Co(NH_2)(NH_3)_4]^{2+}+H_2O \xrightarrow[\text{快}]{k_3} [Co(OH)(NH_3)_5]^{2+}$$

因为$[Co(NH_3)_5Cl]^{2+}$是一个很弱的酸，在水溶液中能解离出与OH^-结合的氢离子，生成共轭碱的中间体$[Co(NH_2)(NH_3)_4Cl]^+$和水，这是一个酸碱平衡的快速过程，中间体比反应物活泼，它离解为$[Co(NH_2)(NH_3)_4]^{2+}$和Cl^-，这是决定速率的过程，然后是$[Co(NH_2)(NH_3)_4]^{2+}$和水迅速的配位。按照以上机制，得下列速率方程。

$$\text{配合物}+OH^- \rightleftharpoons \text{共轭碱}+H_2O \qquad K_h=\frac{Ka}{K_w}=\frac{[\text{共轭碱}]}{[\text{配合物}][OH^-]}$$

Ka为配合物的酸式离解常数，$Ka=[\text{共轭碱}][H^+]/[\text{配合物}]$。

K_w为H_2O离子积，$K_w=[H^+][OH^-]$，则$[\text{共轭碱}]=Ka[\text{配合物}][OH^-]/K_w$

$$v=k[\text{共轭碱}]=\frac{kKa}{K_w}[\text{配合物}][OH^-] \qquad (6-3)$$

由式(6－2)和式(6－3)得：$k_{OH}=kKa/K_w$

从速率方程式(6－3)来看，D－CB机制能解释碱性水解反应，又能与式(6－2)的实验结果吻合，但对中间体还必须用实验确证。

(1)在D_2O中，用红外光谱和磁共振等方法，观察$[Co(NH_3)_5Cl]^{2+}$中的氢与D_2O中的氘交换，发现交换进行得很快，证明$[Co(NH_3)_5Cl]^{2+}$中存在着和OH^-结合的氢。又用吡啶、氰根代替$[Co(NH_3)_5Cl]^{2+}$中的氨，由于$[CoCl_2(py)_4]^+$及$[CoCl(CN)_5]^{3-}$没有N－H键存在，也就没有可离解的氢，反应速率也与OH^-浓度无关，因此证明反应的中间配合物为$[CoCl(NH_2)(NH_3)_4]^+$，它是由$[Co(NH_3)_5Cl]^{2+}$失去质子而得，是它的共轭碱，所以该反应为共轭碱机制。

(2)关于$[Co(OH)(NH_3)_5]^{2+}$中的OH^-是由水而来的证据是用同位素交换实验得到的。因在碱性溶液中的OH^-含^{18}O的丰度比溶剂中水分子中的^{18}O少，且在碱性溶液中有如下平衡：

$$H_2{}^{16}O + {}^{18}OH^- \rightleftharpoons H_2{}^{18}O + {}^{16}OH^-$$

$$K = [H_2{}^{18}O][{}^{16}OH^-]/[H_2{}^{16}O][{}^{18}OH^-]$$

$$= OH\text{ 的}({}^{16}O/{}^{18}O)/H_2O\text{ 的}({}^{16}O/{}^{18}O) = 1.040$$

将$[Co(NH_3)_5Cl]^{2+}$在碱液中水解，得到$[Co(NH_3)_5(OH)]^{2+}$进行同位素测定，测得产物和水的两种同位素之比的f值，f=产物中的$(^{16}O/^{18}O)$/水中的$(^{16}O/^{18}O)$。

现将$[Co(NH_3)_5Cl]^{2+}$等的f值列于表6-6。

表6-6　$[Co(NH_3)_5X]^{2+}$的碱水解反应的f值(25℃)

配体X	[OH]/(mol/L)		
	0.012	0.016	0.020
Cl^-	1.0056	1.0057	1.0057
Br^-	1.0056	1.0055	1.0056
NO_3^-	1.0056	1.0056	—
F^-	—	0.9975	0.9995
SO_4^{2-}	1.0033	1.0034	—

从表6-6可见，f值并不因$X(X=Cl^-、Br^-、NO_3^-)$而异，只是当$X=F^-、SO_4^{2-}$时稍有差别，但均接近1。当$X=Cl^-、Br^-、NO_3^-$时，$f=1.0056\pm0.0001$，若水解不是遵循D-CB机制，而是由碱液中OH^-直接配位，则f值应接近于1.040，只有循D-CB机制先生成五配位的中间体，再有溶液中的水分子配位，所得的f值才接近于1。由此可见，同位素实验有力地证实了$[Co(NH_3)_5(OH)]^{2+}$中的OH^-是由水分子而来。

(3)人们还用体积较大的RNH_2代替NH_3，在碱溶液中水解，发现当烷基R的体积增大时，速率常数k_{OH}也随之而增加(表6-7)。

表6-7　$[Co(R-NH_2)_5Cl]^{2+}$的碱水解速率

R	H	CH_3	$n-C_3H_7$	$i-C_4H_9$
$k_{OH}/[L/(mol\cdot s)]$	0.25	3400	1.1×10^4	1.5×10^5

这也只有用D机制才能得到说明。

综上所述，钴氨配合物的水解反应与溶液pH值有关，其速率方程为：

$$-d[Co(NH_3)_5X]/dt = k_A[Co(NH_3)_5X] + k_B[Co(NH_3)_5X][OH] \quad (6-4)$$

式中，k_A和k_B分别表示在酸性和碱性介质中的水解速率常数。若$k_A > k_B[OH]$，上式第一项占优势，钴氨配合物进行酸式水解。由于k_B约为k_A的10^6倍，当pH<8时，进行酸式水解，pH=8时，$[OH]=10^{-6}$，两种水解情况均可发生。

三、取代反应的立体化学

八面体配合物在取代反应中，配体排列有时会发生改变，如反式转变成顺式，这种现象可以从立体化学角度加以阐明。如图 6-5a 所示，在反式-[M(LL)$_2$BX](LL=双齿配体，如 en)中，用 Y 取代 X。若为离解机制，X 从反应配体中离去生成四方锥的中间体，则 Y 从位阻最小的平面上方进入，取代产物不发生转化，保持原有构型。如图 6-5b 所示，中间体为含有配体 B 的三角双锥，B 位于三角平面上，进入配体 Y 从三角形三边进入，则生成一个反式和两个顺式的混合物。图 6-5c 中，如果 X 离解形成 B 位于三角双锥轴向的中间体，由于三角形第三边被双齿配体屏蔽，Y 只能从其他两个位置上进入，形成两个顺式。但是，B 位于轴向的中间体比 B 位于赤道平面似乎更难生成，因为 B 位于轴向时形成中间体，配体需要更大的重排，其中一个氮需要改变 90°，而另外两个需改变 30°，且双齿配体还需做更大伸张。相反，B 位于赤道平面，其他两个氮只需改变 30°。因此从统计效应考虑，若反应物为反式，经过四方锥中间体，则产物全为反式。经过三角双锥中间体则产物为顺式和反式混合物，其中约 2/3 为顺式。

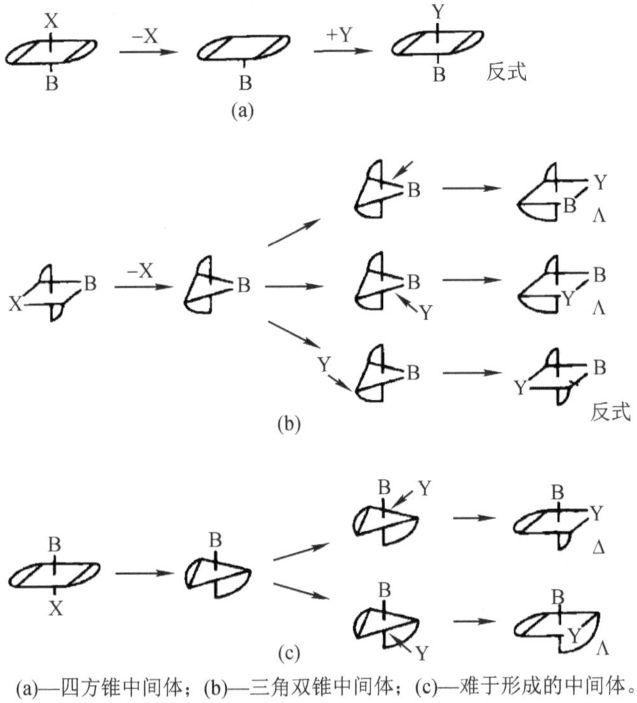

(a)—四方锥中间体；(b)—三角双锥中间体；(c)—难于形成的中间体。

图 6-5 *trans*-[M(LL)$_2$BX]取代 D 机制的立体化学

cis-[M(LL)$_2$BX]的取代离解反应的立体化学如同反式构型。如果中间体为四方锥，顺式构型在反应过程中保持不变，产物仍为顺式(图 6-6a)。若中间体为 B 位于三角双锥的三角平面，Y 有三种可能在同一平面上进入，则得到两个顺式和一个反式产物，顺式产物和反应物有相同的光学活性(图 6-6b)。如果中间体为 B 位于三角双锥的轴向，只能得到两个顺式，其中为 Δ 和 Λ 各占 1/2，所述各种可能性见图 6-6c。由此可见，具光学活性的顺式配合物经离解取代反应后产生三种情况，即构型不变；生成反式和顺式混合物；产生消旋的混合物。从统计效应出发，*cis*-[M(LL)$_2$BX]配合物，经 B 位于轴向和平面两种三角双锥中间体，若生成两种中间体的可能性相等，则将有 1/6 的反式产生。若对 B 位于轴向的中间体忽略不计，则有 1/3 反式产生。实际上，完全遵循分布的实验结果十分稀少。表 6-8 列出配

合物$[Co(en)_2LX]^{n+}$酸水解的结果。所有 *cis* -配合物经酸水解后都得到 100%的 *cis* -配合物，这指出离解反应经过四方锥的过渡态。但是，实验证实光学活性的 *cis* -$[Co(en)_2LX]^{n+}$经碱水解得到 30%～95%的 *cis* -消旋混合物或有约 2∶1 保留原有的手性构型，因为影响光学活性和几何构型的因素很多。例如，离去配体 X 的性质对机制的影响很大。又如，水的交换反应比除 OH^- 的其他配体的取代反应快，且无配体重排反应发生。

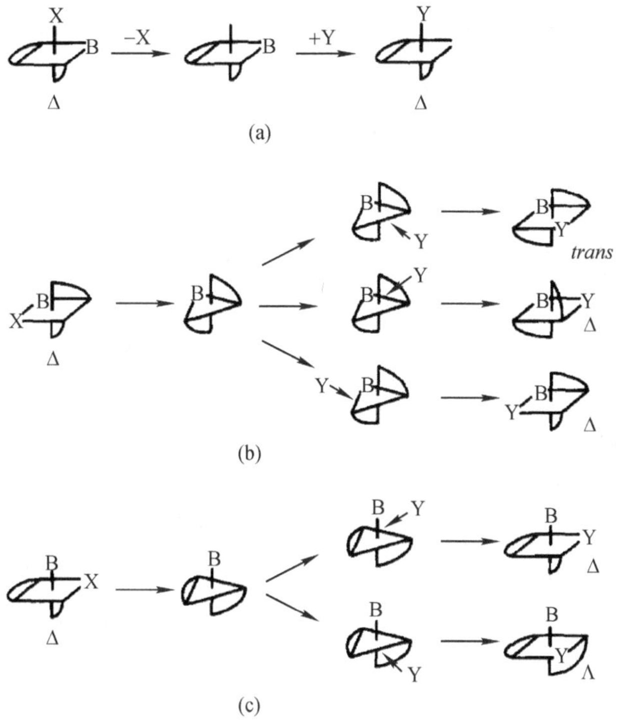

(a)

(b)

(c)

(a)—四方锥中间体；(b)—三角双锥中间体；(c)—难于形成的中间体。

图 6 - 6　*cis* -$[M(LL)_2BX]$取代 D 机制的立体化学

表 6 - 8　$[Co(en)_2LX]^{n+}$的水合反应

$[Co(en)_2LX]^{n+} + H_2O\ [Co(en)_2L(H_2O)]^{(1+n)+} + X^-$

cis - L	X	*cis* 产物百分比	*trans* - L	X	*cis* 产物百分比
OH^-	Cl^-	100	OH^-	Cl^-	75
OH^-	Br^-	100	OH^-	Br^-	73
Br^-	Cl^-	100	Br^-	Cl^-	50
Cl^-	Cl^-	100	Br^-	Br^-	30
Cl^-	Br^-	100	Cl^-	Cl^-	35
N_3^-	Cl^-	100	Cl^-	Br^-	20
NCS^-	Cl^-	100	NCS^-	Cl^-	50～70
NCS^-	Br^-	100	NH_3	Cl^-	0
NO_2^-	Cl^-	100	NO_2^-	Cl^-	0

第四节 平面正方形配合物的取代反应

平面正方形配合物，大多数是 d^8 构型的金属离子，如 Ni(Ⅱ)、Rh(Ⅰ)、Pd(Ⅱ)、Ir(Ⅰ)、Pt(Ⅱ)、Au(Ⅲ)等。其中，Pt(Ⅱ)比 Rh(Ⅰ)、Ir(Ⅰ)不易氧化，Pt(Ⅱ)的配合物容易制备且总是平面正方形构型，而 Ni(Ⅱ)配合物有时也有四面体构型，另外 Pt(Ⅱ)配合物的取代反应速率便于实验室研究，而 Ni(Ⅱ)配合物比 Pt(Ⅱ)配合物的取代反应速率差不多要快 10^6 倍，所以 Pt(Ⅱ)的取代反应研究得特别多。

一、平面正方形取代反应的一般机制

如 Pt(Ⅱ) 配合物的取代反应：

$$[PtCl(NH_3)_3]^+ + Br^- \longrightarrow [PtBr(NH_3)_3]^+ + Cl^-$$

反应速率方程为：

$$-\frac{d[PtL_3X]}{dt}=k_S[PtL_3X]+k_Y[PtL_3X][Y] \qquad (6-5)$$

式中，k_S 为溶剂参加下的速率常数；k_Y 为配体 Y 参加的速率常数，L 代表所有未被取代的配体。式中第一项表现为单分子反应，第二项包含了进入配体的浓度，如不考虑溶剂分子作用，反应速率仅为第二项。但实验证明，在以上过程中有水分子参加反应，生成配位数为 5 的中间体。水分子首先取代 Cl^-，然后再被 Br^- 取代，其反应机制如下：

$$[PtCl(NH_3)_3]^+ \xrightarrow[\text{慢 } k_Y]{+Br^-} [PtClBr(NH_3)_3] \xrightarrow[\text{快}]{-Cl^-} [PtBr(NH_3)_3]^+$$

$$[PtCl(NH_3)_3]^+ \xrightarrow[\text{slow } k_s]{+H_2O} [PtCl(OH_2)(NH_3)_3]^+ \xrightarrow[\text{快}]{-Cl^-} [Pt(NH_3)_3(OH_2)]^{2+} \xrightarrow[\text{快}]{+Br^-} [PtBr(OH_2)(NH_3)_3]^+ \xrightarrow[\text{fast}]{-H_2O} [PtBr(NH_3)_3]^+$$

在所示的反应中，取代反应沿哪一条路线进行取决于溶剂的性质和进入配体的亲核性。若溶剂(CCl_4、C_6H_6 等)配位能力较弱，配体的亲核性较强，则只有配体参加反应。若溶剂(H_2O、醇)配位能力较强时，则溶剂也参加取代过程。

> **理论联系实际、勇于探究**
>
> 正方形配合物反应机制的确定需要大量实验事实来验证。这种理论联系实际的科学方法和勇于探究的科学精神是激发学生学习兴趣和培养学生创新意识的有效方法和途径。

对几乎所有平面正方形的取代反应，如反应 $ML_3X+Y \longrightarrow ML_3Y+X$，其速率方程都表示为：

$$\frac{-d[ML_3X]}{dt}=(k_S+k_Y[Y])[ML_3X] \qquad (6-6)$$

溶液中进入配体大大过量时，引入拟一级表观速率常数 k_{obs}：

$$k_{obs}=k_S+k_Y[Y]$$

上式是否正确，必须通过实验证实。

(1)例如,[$PtCl_2$(bpy)]在甲醇溶液中被 py 取代,在拟一级条件下对产物跟踪,从实验可获得 k_{obs}。

$$[PtCl_2(bpy)] + py \xrightarrow{MeOH} [PtCl(bpy)(py)]$$

上式中若控制参加反应的配合物浓度在 10^{-5} mol/L 左右,吡啶的浓度在 0.122 mol/L 范围内变化,则 $k_{obs}=k_S+k_Y[py]$。

用实验求得的 k_{obs} 对[py]作图,得到一直线,其斜率 $k_Y=5.8\times10^{-3}$,截距 $k_S=0$,说明甲醇不参加配位。

(2)又如反应在己烷中进行(Et^* 表示含有 ^{14}C 的乙基,pr 为丙基):

$$trans\text{-}[PtCl_2(NHEt_2^*)(pr_3P)] + NHEt_2 \longrightarrow trans\text{-}[PtCl_2(NHEt_2)(pr_3P)] + NHEt_2^*$$

由于己烷配位能力很弱,不参加反应,所得 k_S 为零。如果反应在甲醇中进行,表观反应速率常数与配体浓度无关,得到平行于横轴的直线,反应按照溶剂参加的路径进行。下式中溶剂和配体两种因素都起作用,所以反应按两种路径进行,由此获得 k_Y 和 k_S。

$$[PtCl_2(pr_3P)_2] + py \xrightarrow[\substack{k_Y=1.6\ L/(mol\cdot s)\\ k_S=8.3\times10^{-3}\ L/(mol\cdot s)}]{\text{甲醇}} [PtCl(py)(pr_3P)_2]^+ + Cl^-$$

以上的实验证明假设机制的正确性。结合许多实验说明该机制是 d^8 金属离子的低自旋平面正方形配合物的正常反应模式。

二、反位效应和反位影响

反位效应(trans - effect)是平面正方形配合物进行取代反应的一个重要特征,它是由苏联化学家 Chernyaev 在研究 Pt(Ⅱ)配合物基础上提出来的。

(一)反位效应的事实依据

当研究 Pt(Ⅱ)配合物的取代反应时,发现一些令人深思的现象,如用氨和氨的衍生物取代四氯合铂(Ⅱ)酸钾中的氯得到 *cis* -二氯二氨合铂。它的反应机制是:

$$[PtCl_4]^{2-} \xrightarrow[-Cl^-]{+NH_3} [PtCl_3(NH_3)]^- \xrightarrow[-Cl^-]{+NH_3} cis\text{-}[PtCl_2(NH_3)_2]$$

如将 *cis* -[$Pt(NH_3)_2Cl_2$]溶于过量氨水,即生成二氯化四氨合铂(Ⅱ)[$Pt(NH_3)_4$]Cl_2,当用[$Pt(NH_3)_4$]Cl_2 与浓 HCl 共热除去氨,结果并不能恢复原来的顺式,而生成了 *trans* -[$Pt(NH_3)_2Cl_2$]。

$$cis\text{-}[PtCl_2(NH_3)_2] \xrightarrow[-2Cl^-]{NH_3(\text{过滤})} [Pt(NH_3)_4]^{2+} \xrightarrow{HCl} [PtCl(NH_3)_3]^+ \xrightarrow{HCl} trans\text{-}[PtCl_2(NH_3)_2]$$

上面两个反应中如用乙胺、吡啶、羟胺、苯胺等氨的衍生物来代替氨，也得到同样的结果。

前人在总结了许多实验事实之后，提出了反位效应的原理，即在配合物 *trans* -$[ML_2TX]$中配体 T 对其处于相反位置的配体 X 的取代速率发生影响，即对其反位配体 X 有活化作用，使 X 容易被取代，有较高的取代速率。在前面一个反应式中，从配合物转变的过程中，由于 Cl^- 的影响使位于其反位的 Cl^- 比位于 NH_3 反位的 Cl^- 有更高的速率，因此被 NH_3 取代时，位于 NH_3 邻位的 Cl^- 被取代。因此在后面一个反应式中，在转变的过程中，由于处于 Cl^- 反位的 NH_3 所受的影响比较大，因此反位的 NH_3 有更高的被取代速率，得到了 *trans* -$[Pt(NH_3)_2Cl_2]$。从以上事实可以得到 Cl^- 和 NH_3 的反位效应的大小，即 $Cl^- > NH_3$。定量地研究反位配体对取代反应速率影响的例子是$[PtT(NH_3)Cl_2]$中处于 T 的反位的 Cl^- 被 py 取代的反应。经测定反应的活化能和相对速率，与反位的配体 T 的性质有很大关系。

甘于奉献，勇于创新

A. Werner 在研究了佩罗内反应和耶尔根森反应以后，曾指出在二价铂配合物中，其反位配位体间存在着反位消除作用。1926 年，切尼亚耶夫总结了这类反位消除作用的大量事实，提出反位效应原理。

$$\begin{array}{c} NH_3 \\ | \\ T—M—Cl \\ | \\ X \end{array} + py \rightarrow \begin{array}{c} NH_3 \\ | \\ T—T—py \\ | \\ X \end{array} + Cl^-$$

T	C_2H_4	≫	NO_2^-	>	Br^-	>	Cl^-
相对速度	>100		9		3		1
E_a/kJ	—		46.0		71.1		79.5

当 $T = C_2H_4$ 时反应极快，以至活化能 Ea 不能测定。$T = Cl^-$ 时反应速率最慢，其 Ea 也最高，其他反位配体对某些 Pt(Ⅱ)配合物的反应速率的影响列于表 6-9。

表 6-9 配体 T 对 Pt(Ⅱ)配合物取代反应速率的影响(甲醇，25 ℃)

配体 T	k_S/s^{-1}	$k_Y/[L \cdot (mol \cdot s)]$
$P(C_2H_5)_3$	1.7×10^{-2}	3.8
H^-	1.8×10^{-2}	4.2
CH_3	1.7×10^{-4}	6.7×10^{-2}
Cl^-	1.0×10^{-6}	4.0×10^{-4}

表 6-9 中 H^- 和 $P(C_2H_5)_3$ 有较大反位效应，而 Cl^- 的反位效应最小。可见，反位效应是指配体对处于其反位基团的取代速率的影响。一个配体对处于其反位离去基团的反应速率的影响可高达 $10^5 \sim 10^6$ 数量级，这个现象用于指导合成。

根据大量实验事实，二价铂配合物中配体的反位效应的大小，大致有如下序列：

CO、NO $>$ CN^- $>$ 烯烃 $>$ H^- $>$ 膦 $\sim$ 胂 $>$ CH_3 $\sim$ $SC(NH_2)_2$ $>$ $C_6H_5^-$ $\gg\gg$ PR_3 $>$ $SC(NH_2)_2$ $\gg$ CH_3^- $>$ $C_6H_5^-$ $\sim$ NO_2^- $\sim$ I^- $>$ SCN^- $>$ Br^- $>$ Cl^- $>$ py $>$ 胺 $>$ NH_3 $>$ F^-、OH^-、H_2O

在这顺序中，首先是强的 π 受体（CN^-、CO、NO、C_2H_4 等），其次是强的 σ 给体（H^-、CH_3^-），最后是弱的 σ 给体（NH_3、OH、H_2O）。

（二）反位影响

在配体实体中，配体对于其反位配体的键的强度也会发生影响，对于反位配体键减弱的程度可用许多方法观察出来。例如，用 X 射线可观察到在基态配体和金属间的键长，因反位配体的作用而加长（表 6－10），说明键减弱了，这种对键减弱的效应，称为反位影响。配体对反位基团的影响还可以通过测量配合物的偶极矩、振动频率、磁共振耦合常数等观察出来。反位效应是动力学性质，而反位影响是配体对处于其反位配体的键强度的影响，是热力学性质。二者并不相同，但也有一定的关系，如在[T－Pt－X]中，反位配体 T 对 Pt－X 键的强度的减弱或增强也对取代反应的速率有影响，反位键强的减弱可能是反位配体取代速率增加的因素之一。表 6－10 列出了反位配体 T 对 Pt－X 键长的影响。

表 6－10　反位配体 T 对 Pt－X 键长的影响

配合物	T	Pt－X	键长/pm
$K[Pt(NH_3)Cl_3]$	Cl^- NH_3	Pt－Cl	235 232
$K[Pt(NH_3)Br_3]$	Br^- NH_3	Pt－Br	270 242
$K[Pt(C_2H_4)Cl_3]\cdot H_2O$	Cl^- C_2H_4	Pt－Cl	232 242
$K[Pt(C_2H_4)Br_3]\cdot H_2O$	Br^- C_2H_4	Pt－Br	242 250
trans－$[PtClH(Pph_2Et)_2]$	H^-	Pt－Cl	242

（三）两种效应产生的原因

关于反位效应解释的理论有多种，下面介绍最常用的两种理论，即极化理论和 π 键理论。

1. 极化理论

这是苏联化学家 A. A. ГрИНберг 提出的，认为反位效应主要是静电极化引起的，并通过 σ 配键传递其作用。其主要论点是，在四个等同配体的平面正方形配合物中，金属离子对每个配体的极化作用将是相同的，因而不产生偶极，见图 6－7a。但是，若一个配体 T 比其他三个配体具有更大的极化作用，则中心离子产生的诱导偶极的取向，正好减弱了反位的配体 X 和中心离子间的键合，因而使 X 变得活泼，易于被其他配体所取代，见图 6－7b。按照这个理论，容易被极化的分子或离子应具有较大的反位效应，如 $I^- > Br^- > Cl^-$，在 $[PtCl_3I]^{2-}$ 中，处于 I^- 反位的 Cl^- 易被取代，这是与实验事实相符的。而半径大、变形性大的中心离子形成的配合物，其反位效应比半径小、变形性小的中心离子形成的相应配合物的反位效应更显著。例如，因为离子半径 Pt(Ⅱ)＞Pd(Ⅱ)＞Ni(Ⅱ)，所以 Pt(Ⅱ)配合物的反位效应最显著，这也与实验相符。

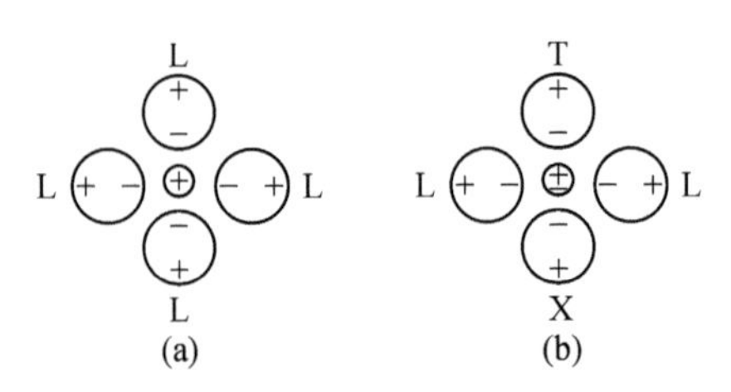

图 6-7 极化理论示意图

极化理论的优点是简单明了，但它对于 CO、C_2H_4 等中性分子具有强的反位效应不能解释。还有，它只考虑基态配合物中离去基团与中心离子间的键的削弱，难以联系平面正方形配合物的取代反应一般属于缔合机制的事实。

按分子轨道理论，基态 σ 键的减弱，是 T—M 间强 σ 键合的必然结果。因为在平面正方形配合物里用于 σ 键合的四个金属价轨道（$d_{x^2-y^2}$、s、p_x 和 p_y）中，只有 p_x 及 p_y 轨道具有反位方向性，因此在 *trans* -[PtL_2TX]中，T 与 X 必共享同一 σ_x（或 σ_y）轨道，其中 T 与其共享程度较大，形成强的 σ 配键，导致中心离子与 X 配体对 σ_x（或 σ_y）轨道有较小程度的共享，形成较弱的 σ 配键，故 X 易于被取代。常见的强的 σ 键合配体为 H^+、CH_3^- 等。上述现象称为 σ-反位效应。

2. π 键理论

极化理论在一定程度上能够解释一些配合物的反位效应规律，但是它不能说明为什么具有 CN^-、CO、NO_2^-、C_2H_4、PR_3 等基团的配合物都有很大反位活泼性的事实。Chatt 和 Orgel 提出，凡是配体具有空的 p 轨道或 d 轨道，中心离子具有 d 电子，中心离子就能够把 d 电子反馈到配体的空轨道上，与配体间形成反馈 π 键，使中心离子的电子云密度区域发生位移，从而减少反位位置的电子云密度，所以表现出反位键的松弛，有利于发生取代反应。

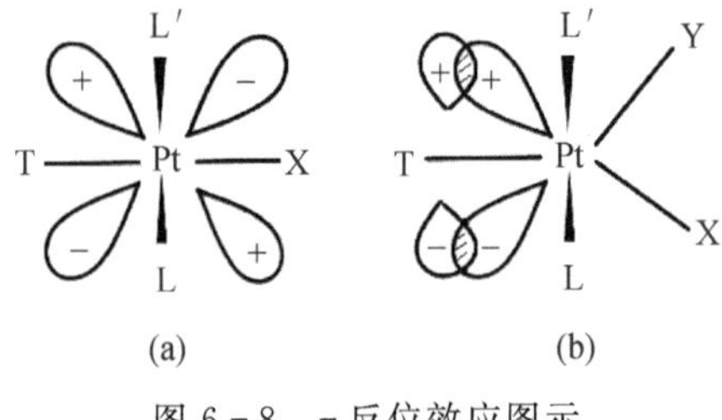

图 6-8 π 反位效应图示

图 6-8 表示配体 T 有空轨道，形成 d—dπ 反馈键，减少了 M 与 X 之间的电子云密度，有利于 Y 的进入。由于形成 M 与 T 之间的双键（σ 键和 π 键），增强了过渡态的稳定性。

π 键理论能够解释多数五配位配合物的反位效应，但不能解释 NH_3、H_2O 等无空轨道的配体具有反位效应的事实，尤其是对五配位 Pt(Ⅱ)配合物，晶体结构表明配合物采取三角双锥构型，π 键理论解释更趋向于四角锥构型。所以通常用反位效应的两种理论相互补充来解释一些实验结果。

三、影响平面正方形取代反应速率的因素

影响平面正方形取代反应速率的因素主要有进入基团性质、离去基团性质、中心离子的

性质、配合物中其他基团的性质，以及取代反应的空间位阻效应、溶剂的作用等。

1. 亲核试剂的影响

所谓亲核试剂就是外来进攻金属的配位体。按缔合机制进行反应的速率，在某种程度上与进入基团的性质有关，一般用亲核性表示试剂对这种取代反应的影响大小。一个化合物的亲核性与其碱性是两个不同的概念。碱性是热力学范畴内的概念，以 p*K*a 表示其强弱；亲核性是动力学方面对反应速率发生影响的名词，亲核性愈大，取代反应速率愈大。例如，甲醇溶液 *trans* -[$PtCl_2(py)_2$]的取代反应是缔合机制：

$$trans\text{-}[PtCl_2(py)_2]+Y^- \longrightarrow trans\text{-}[PtCl(py)_2Y]+Cl^-$$

配合物除受亲核试剂 Y^- 进攻外，还受到溶剂作用，它与溶剂的取代反应的速率常数为 k_S(拟一级速率常数，单位为 s^{-1})，有如下关系：

$$\lg(k_Y/k_S)=s\eta_{Pt} \tag{6-7}$$

式中，k_Y 为 *trans* -[$PtCl_2(py)_2$]与亲核试剂反应的速率常数；k_S 为 *trans* -[$PtCl_2(py)_2$]与溶剂甲醇反应的速率常数；η_{Pt} 为亲核试剂对 Pt(Ⅱ)的亲核常数，表示其亲核能力的大小；s 为分辨常数，表示 Pt(Ⅱ)配合物对各种亲核试剂的灵敏性。

规定 *trans* -[$PtCl_2(py)_2$]为标准亲电剂，其 $s=1$，还规定甲醇为标准亲核试剂，所以不同配体在甲醇中与 *trans* -[$PtCl_2(py)_2$]反应可得到不同的 η_{Pt} 值。不同 Pt(Ⅱ)配合物的 s 值在 0.3～1.4 间变化，所以对 Y 的亲核性相当敏感。表 6-11 列出了各种亲核试剂进攻 *trans* -[$PtCl_2(py)_2$]的亲核常数与 p*K*a。

表 6-11　亲核试剂进攻 *trans* -[$PtCl_2(py)_2$]的亲核常数与 p*K*a(303 K，溶剂为甲醇)

亲核试剂	η_{Pt}	p*K*a	亲核试剂	η_{Pt}	p*K*a
CH_3OH	0	−1.7	Br^-	4.18	−7.7
F^-	<2.2	3.45	$(CH_3)_4S$	5.14	−4.8
Cl^-	3.04	−5.7	I^-	5.46	−10.7
NH_3	3.07	9.25	Ph_3Sb	6.79	—
氮杂苯烷	3.13	11.21	Ph_3As	6.89	—
吡啶	3.19	5.23	CN^-	7.14	9.3
NO_2^-	3.22	3.37	Ph_3P	8.93	2.73
N_3^-	3.58	4.74			

由表 6-11 可见，亲核常数 η_{Pt}^0 有如下规律：

$$I^- > Br^- > Cl^- \gg F^-$$

腈＞砷＞锑≫胺

硫＞氧

也就是软碱比硬碱的取代反应迅速，但 η_{Pt} 与 p*K*a 无关。例如，CH_3O^- 虽然加质子倾向很大，但变形性小，为硬碱，所以对 Pt(Ⅱ)配合物的亲核性很差(η_{Pt} 被指定为 0)。

2. 离去基团的影响

离去基团的性质也对取代反应的速率有影响。若进入基团 Y 与 Pt(Ⅱ)形成的键比离去基团 X 与 Pt(Ⅱ)形成的键要强，则速率常数与离去基团 X 的本性无关。如果 X 与 Pt

(Ⅱ)形成的键比 Y 与 Pt(Ⅱ)形成的键要强，那么速率常数是离去基团 X 本性的灵敏函数。例如，配合物$[Pt(dien)X]^+$ (dien=$NH_2CH_2CH_2NHCH_2CH_2NH_2$)在水溶液中为硫脲(tu)取代时，改变离去基团 X，测定他们的速率常数，以上两种情况均出现。

$$[Pt(dien)X]^+ + tu \longrightarrow [Pt(dien)tu]^{2+} + X^-$$

由表 6-12 可见，与 Pt(Ⅱ)离子较弱键合的离去基团 Cl^-、Br^- 和 I^-，被取代的速率较快，并且近乎相等，说明反应速率常数与离去基团的本性无关。而与 Pt(Ⅱ)离子有较强键合的离去基团 NO_2^-、SCN^- 等离子，其被取代的速率常数随着离去基团的改变，有明显的降低，说明反应速率常数与离去基团的本性有关。

表 6-12 $[Pt(dien)X]^+ + tu \longrightarrow [Pt(dien)tu]^{2+} + X^-$ **反应的 k 值**

离去基团 X	进入基团 Y	$k\times10^2/s^{-1}$(303 K)
Cl^-	硫脲	580
Br^-	硫脲	1300
I^-	硫脲	1300
N_3^-	硫脲	15
SCN^-	硫脲	20
NO_2^-	硫脲	0.35

许多种胺类发现都是以 k_Y 和 k_S 两种历程同时进行的，并且速率常数 k_S 对离去的胺的碱性非常敏感，离去基团的 pKa 值与 $\log k_S$ 之间有极好的相关性，当胺的碱性增加时，它变得更难以离去了。这也反映了在速率决定步骤中，键的断裂是重要的。

3. 中心金属离子的影响

不同的金属离子对取代反应速率影响不同，在其他条件相同的情况下，对于 Ni(Ⅱ)、Pd(Ⅱ)和 Pt(Ⅱ)平面正方形配合物的取代反应进行研究，实验发现在下列反应：

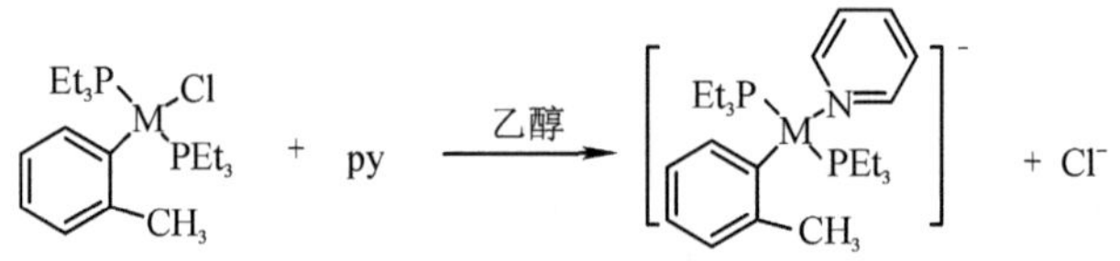

取代反应速率是 Ni(Ⅱ)>Pd(Ⅱ)>>Pt(Ⅱ)，见表 6-13，这个顺序恰好与形成 5 配位配合物越来越困难的顺序相一致。可见，越容易生成五配位的中间配合物，其反应速率就愈快。

表 6-13 $[MLCl] + py \longrightarrow [MLpy]^+ + Cl^-$ **反应的 k 值**

中心离子 M	k_y/[L/(mol·s)]
Ni(Ⅱ)	33
Pd(Ⅱ)	0.58
Pt(Ⅱ)	7.0×10^{-7}

4. 位阻效应

配合物中惰性配体的空间位阻对取代反应有明显的影响。如为缔合机制，由于惰性配体体积加大，位阻增加，反应速率会变小，见表 6-14。

表 6-14　Pt(Ⅱ)配合物中惰性配体的位阻比较

配合物	离去基团	进入基团	温度/K	k/s^{-1}
cis—⟨苯环⟩—$Pt(PEt_3)_2Cl$	Cl^-	py	272	8.0×10^{-2}
cis—⟨苯环(邻位 CH_3)⟩—$Pt(PEt_3)_2Cl$	Cl^-	py	273	2.0×10^{-4}
cis—⟨苯环(两邻位 CH_3)⟩—$Pt(PEt_3)_2Cl$	Cl^-	py	298	1.0×10^{-6}

进入基团 Y 的体积和空间构型也影响取代反应速率，Y 的体积越大，构型越复杂，位阻就越大，反应速率就越低。例如下列反应：

$$[Pt(bpy)Cl_2]+Y\xrightarrow{\text{甲醇}}[Pt(bpy)ClY]^{+}+Cl^{-}$$

当 Y 为 py、2-甲基吡啶和 2,6-二甲基吡啶时，其反应速率随着甲基的增多而降低。

5. 溶剂效应

若溶剂具有很好的配位能力，则溶剂效应会较为突出。这一点在平面正方形配合物的反应机制中已经有所介绍，这里不再赘述。

上述取代反应过程中没有考虑逆反应，但随着反应的进行，逆反应不可忽略，动力学过程将变得更加复杂。

第五节　配合物的氧化还原反应

氧化还原反应在化学中十分重要，过渡金属离子常作为金属酶和金属蛋白活性中心传递电子，或进行氧化还原反应，是生物能量的源泉。尤其是近年来分子器件(分子导线、开关、传感器等)的蓬勃发展，也刺激了电子转移反应和机制的研究。此外，经典分析化学、有机合成和催化化学也与配合物氧化还原反应息息相关。配合物之间发生的氧化还原反应是电子从一个金属离子转移到另一个金属离子上去，它的反应机制有外层机制和内层机制两种主要类型。诺贝尔奖获得者 R. A. Marcus 和 H. Taube 分别在这两种机制方面做了开拓性工作。现简要说明什么是外层机制和内层机制。

淡泊名利，潜心研究

R. A. Marcus 研究之一是化学体系中电子转移反应的 Marcus 理论，几乎涉及化学学科中与化学反应速率有关的各个分支领域，以及材料科学、分子器件及生命科学等领域，推动了这些学科的发展。在单分子反应研究中，将早期的 RRK 理论发展为 RRKM(Rice - Ramsperger - Kassel - Marcus)理论，是当前研究高能分子的一种重要理论工具。

2005 年，R. A. Marcus 任中国科学院化学研究所名誉教授；温州医学院名誉教授；2009 年，R. A. Marcus 任中国科学院爱因斯坦讲席教授。R. A. Marcus 在温州医学院进行学术交流期间，寄语现场学生：“作为学生，不要太关注现在在学术上的成就，而是要享受和关注现在所学的东西，不要忽略看似简单的生活现象。”

一、外层机制

外层(outer spheres, OS)机制是两个反应配合物在电子转移时，每个配合物的内层都保持不变，电子从还原剂转移到氧化剂。其特征是在活化配合物生成时，没有化学键的生成与破坏。两个配合物之间的电子转移的速率，比它们各自的配体取代反应速率更快。例如：

$$[Fe(CN)_6]^{4-}+[IrCl_6]^{2-}\longrightarrow[Fe(CN)_6]^{3-}+[IrCl_6]^{3-}$$

两个反应物都是惰性的，但是它们的电子转移速率较快，378 K 时，$k=4.1\times10^5$ L/(mol·s)。又如，在亚铁氰化钾溶液中加入标记同位素的铁氰化钾后，尽管溶液的组成没有改变，但发生了下面的氧化还原反应：

$$[Fe(CN)_6]^{4-}+[Fe^*(CN)_6]^{3-}\longrightarrow[Fe^*(CN)_6]^{4-}+[Fe(CN)_6]^{3-}$$

378 K 时，$k=7.4\times10^2$ L/(mol·s)。

(一)外层机制的历程

外层机制的历程包括下面三个基本步骤。

首先氧化剂 Ox 和还原剂 Red 形成前驱配合物，然后前驱配合物的化学活化，通过电子转移和键的松弛生成活化配合物，最后离解。

$$Ox+Red\rightleftharpoons Ox\parallel Red\rightleftharpoons[Ox^-\parallel Red^+]\rightleftharpoons Ox^-+Red^+$$

1. 前驱配合物的形成

在溶液中，参加电子转移的两个配离子通过扩散穿过溶剂分子而接近，二者处在溶剂分子的包围中，好像位于溶剂分子所组成的笼内，如图 6-9a 所示，位于笼中的配合物其行动受到限制，形成所谓的前驱配合物。前驱配合物在溶剂笼中两反应离子间的距离已足够近，可以进行电子传递，但反应离子间尚无一定取向，所以不能进行电子转移，必须进行化学活化。

2. 前驱配合物的活化和电子转移

在这一步中，前驱配合物和溶剂的笼子结构发生改变，以适合电子的迁移。因此，反应配离子必须重新取向，溶剂分子的排布也要做相应的调整，氧化剂和还原剂还必须有适当的电子构型，氧化剂接受电子的分子轨道和还原剂给出电子的分子轨道之间必须匹配，在活化过程中还原剂体积缩小、氧化剂体积增大，以适合电子的迁移。因为氧化剂为了从还原剂得到电子，它的金属和配体间的键必须伸长，反之，还原剂中金属和配体间的键必须缩短。以上过程见图 6-9b。此外，溶剂重排为前驱配合物的结构改变提供活化自由能。

3. 分解为产物

前驱配合物中的氧化剂和还原剂进行电子转移后，它们间联系松弛，距离增长，见图 6-9c。

以上三步中，第一步和第三步反应进行得非常快；第二步最慢，是决定速率的主要步骤。整个反应速率由化学活化决定，以下将集中讨论这关键一步。

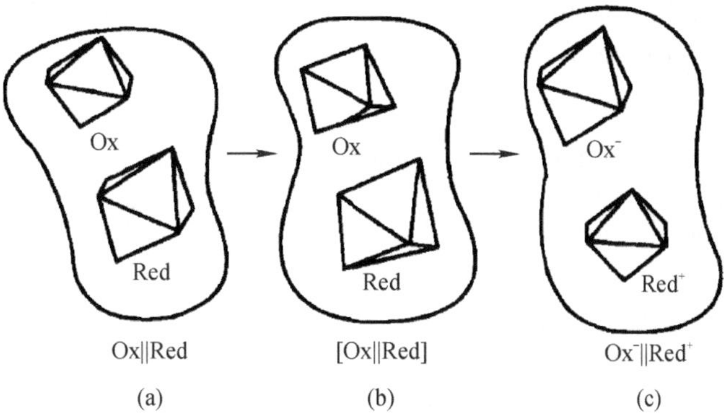

Ox||Red　　[Ox||Red]　　Ox^-||Red^+

(a)　　(b)　　(c)

(a)—前驱配合物Ox||Red；(b)—化学活化过程[Ox||Red]；(c)—产物Ox^-||Red^+。

图 6-9　电子迁移的外层机制示意图

(二)影响外层机制电子转移速率的因素

表 6-15 列出某些外层机制的反应速率常数。对照表中的实例，可以得出影响外层机制的一些因素。

表 6-15　某些外层反应的二级速率常数(298 K)

反应	速率常数 k/[L/(mol・s)]
1. $[Fe(CN)_6]^{3-}+[Fe(CN)_6]^{4-}$	7.4×10^2
2. $[Fe(phen)_3]^{2+}+[Fe(phen)_3]^{3+}$	$\geqslant3\times10^7$
3. $[Ru(NH_3)_6]^{2+}+[Ru(NH_3)_6]^{3+}$	8.2×10^2
4. $[Ru(phen)_3]^{2+}+[Ru(phen)_3]^{3+}$	$\geqslant10^7$
5. $[Co(H_2O)_6]^{2+}+[Co(H_2O)_6]^{3+}$	～5
6. $[Co(NH_3)_6]^{2+}+[Co(NH_3)_6]^{3+}$	$\leqslant10^{-9}$
7. $[Co(en)_3]^{2+}+[Co(en)_3]^{3+}$	1.4×10^{-4}
8. $[Co(phen)_3]^{2+}+[Co(phen)_3]^{3+}$	1.1

1. 分子轨道对称性的匹配

氧化剂和还原剂之间要进行电子转移，二者接受电子的分子轨道必须匹配，即属于相同的对称类别。对八面体来说，氧化剂和还原剂的金属离子的 t_{2g} 轨道延伸于八面体之外，见图 6-10，受到配体屏蔽作用较 e_g 轨道小，两个 t_{2g} 又属于 π 型轨道，有相同的对称性，容易重叠。显然，授受电子的轨道重叠越大，电子越易转移，所以 t_{2g} 轨道间的电子转移比同属于 σ 型的 e_g 轨道间的电子转移容易。

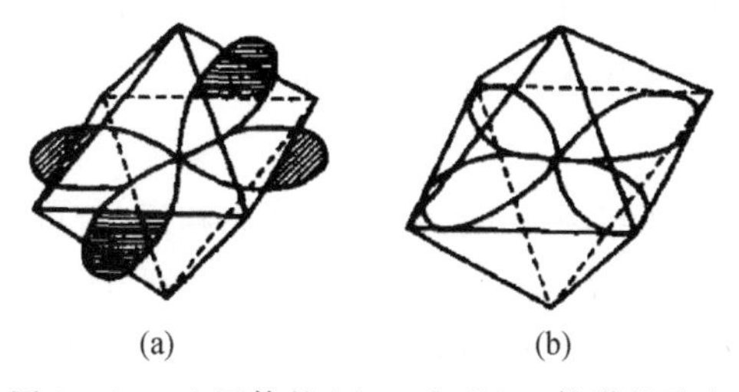

(a)　　(b)

图 6-10　八面体的(a)t_{2g} 和(b)e_g 轨道的取向

表 6－15 中前四个反应属相同类型轨道间的电子转移，所需活化能很小，反应速率较快，如反应 3 和 4 Ru(Ⅲ)－Ru(Ⅱ)的电子转移反应，反应前后金属-配体间的键长只改变 4 pm(图 6－11a)。

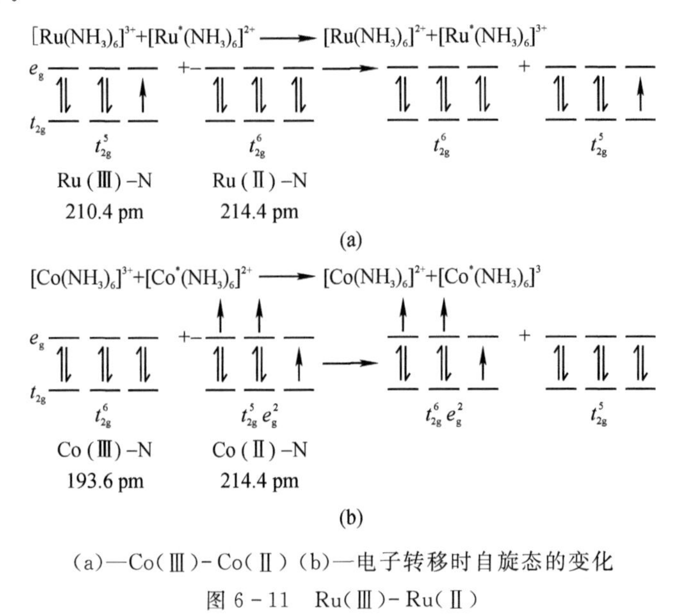

(a)—Co(Ⅲ)－Co(Ⅱ) (b)—电子转移时自旋态的变化

图 6－11 Ru(Ⅲ)－Ru(Ⅱ)

2. 电子构型和自旋性

在表 6－15 中的反应 5—8 的 Co(Ⅱ)－Co(Ⅲ)体系中，电子转移很慢，这是因为 Co(Ⅱ)是高自旋的($t_{2g}^5e_g^2$)，而 Co(Ⅲ)是低自旋的(t_{2g}^6)，两者电子构型不同，自旋态也不一样。由于只有当两个反应物具有几乎相同的电子构型和自旋态时，电子转移才易发生，因此进行氧化还原反应时其中心离子的 d 轨道必须重新排布，这需要一定的活化能，从而推迟了 Co(Ⅱ)－Co(Ⅲ)体系的电子交换，减慢了反应速率。此外 Co(Ⅱ)－Co(Ⅲ)体系的电子交换中，M—L 的距离也明显增大，反应时键长也需要重新调整，所以速率较慢(图 6－11b)。

在$[Ru(NH_3)_6]^{3+}$和$[Ru^*(NH_3)_6]^{2+}$间的电子转移时，中心原子的自旋态均为低自旋。$[Co(NH_3)_6]^{3+}$和$[Co^*(NH_3)_6]^{2+}$间的电子转移时，中心原子的自旋态分别为低自旋和高自旋。一般来说，在相同自旋态间进行的电子转移反应容易进行，所以电子转移速率因自旋态不同有以下顺序：高自旋-高自旋(或低自旋-低自旋)＞高自旋-低自旋(或低自旋-高自旋)。

例如，$[Fe^*(CN)_6]^{3-}$和$[Fe(CN)_6]^{4-}$间的电子转移是$(t_{2g})^6 \rightleftharpoons (t_{2g})^5$之间的电子转移，电子构型类似，自旋态相同，轨道匹配，Fe^*(Ⅲ)－C 与 Fe(Ⅱ)－C 间键长差别不大，反应物之间的电子转移需要活化能小，氧化还原反应速率快。

3. 配体场强弱的影响

为了使 Co(Ⅱ)－Co(Ⅲ)体系中心离子的自旋状态相同，可以采取两种不同的方式：或者是 Co(Ⅱ)由基态($t_{2g}^5e_g^2$)转变为激发态($t_{2g}^6e_g^1$)，这需要供给电子成对能；或者是 Co(Ⅲ)由基态(t_{2g}^6)转变为激发态($t_{2g}^5e_g^1$)，这需要克服轨道分裂能。显然在强场(如 phen 等)条件下较易实现前一种转变，而在弱场(如 H_2O 等)条件下较易实现后一种转变，但是在中等场强(如

NH_3、en、Ox^{2-}等)条件下两种转变方式都不易实现。这就是反应5—8虽同为Co(Ⅱ)-Co(Ⅲ)体系,速率常数却悬殊的原因。

4. 配体的π电子接受能力的影响

从表6-15中可以看到,phen作为配体时,速率常数总是较大(表中的反应2、4、8)。这是因为phen是强的π接受体,这意味着中心离子的dπ电子可以高度地向phen骨架方向离域化,形成共轭体系,从而减少电子转移时所需克服的能垒,加快反应速率。所以含有不饱和的配体(CN^-、py等)或极化作用较强的配体,它们的两种氧化态的配合物之间都有大的电子转移速度。例如:

$$[Os(bpy)_3]^{2+}+[Mo(CN)_8]^{3-}\rightleftharpoons[Os(bpy)_3]^{3+}+[Mo(CN)_8]^{4-}$$

$$[Ru(phen)_3]^{2+}+[RuCl_6]^{2-}\rightleftharpoons[Ru(phen)_3]^{3+}+[RuCl_6]^{3-}$$

5. 配体给电子能力的影响

当配合物中配体给电子的能力增加时,将导致还原剂的还原性增加,氧化剂的氧化性减弱。从表6-16可见,还原剂$[Cr(H_2O)_6]^{2+}$与Co(Ⅲ)、Ru(Ⅲ)配合物的氧化还原反应速率,因为吡啶给出电子的能力比氨弱,所以含有吡啶的配合物氧化性较强,反应速率常数略大了些。

表6-16　某些氧化还原的速率常数

氧化剂	还原剂	速率常数 k/[L/(mol·s)]
$[Co(NH_3)_6]^{3+}$	$[Cr(H_2O)_6]^{2+}$	1.0×10^{-3}
$[Co(NH_3)_5py]^{3+}$		4.3×10^{-3}
$[Ru(NH_3)_6]^{3+}$		2.0×10^{2}
$[Ru(NH_3)_5py]^{3+}$		3.4×10^{2}

二、内层机制

(一)内层机制的实验依据

内层机制(inner sphere mechanism, IS)是两个反应配合物在发生电子转移前,通过桥联配体(分子或离子)相连,形成一个双核活化配合物,电子通过桥联配体从还原剂转移到氧化剂。在最后一步活化配合物水解为产物时,往往发生桥联配体的转移,所以内层机制又称为原子转移机制。其特征是在双核活化配合物形成时,有键的断裂和形成,电子由还原剂转移到氧化剂,桥联配体由氧化剂转移到还原剂。例如:

$$[Co(NH_3)_5Cl]^{2+}+[Cr(H_2O)_6]^{2+}+H^+\xrightarrow{k=6\times10^5\ L/(mol\cdot s)}[Cr(H_2O)_5Cl]^{2+}+[Co(H_2O)_6]^{2+}+5NH_4^+$$

H. Taube等认为$[Co(NH_3)_5Cl]^{2+}$与$[Cr(H_2O)_6]^{2+}$反应时,是按内层机制进行的。其中,$[Co(NH_3)_5Cl]^{2+}$是惰性配合物,它的Cl^-取代活性配合物$[Cr(H_2O)_6]^{2+}$中的一分子水形成一个通过桥联氯原子相连的双核活化配合物$[(NH_3)_5Co^{Ⅲ}ClCr^{Ⅱ}(H_2O)_5]^{4+}$。在此配合物中Cr(Ⅱ)-Cl键比Co(Ⅲ)-Cl键弱。电子经桥联原子氯从Cr(Ⅱ)转移到Co(Ⅲ),原为惰性的Co(Ⅲ)变为活性的Co(Ⅱ),原为活性的Cr(Ⅱ)变为惰性的Cr(Ⅲ)。在$[(NH_3)_5Co^{Ⅱ}ClCr^{Ⅲ}(H_2O)_5]^{4+}$配合物中,桥键的强度发生了变化,Cr(Ⅲ)-Cl键比Co(Ⅱ)-

Cl 键强，最后离解为产物$[Cr(H_2O)_5Cl]^{2+}$和$[Co(NH_3)_5(H_2O)]^{2+}$。反应结果电子由还原剂$[Cr(H_2O)_6]^{2+}$转移到氧化剂$[Co(NH_3)_5Cl]^{2+}$，而桥联原子氯由氧化剂转移到还原剂。具体的反应机制如下：

$$[Co(NH_3)_5Cl]^{2+}+[Cr(H_2O)_6]^{2+} \underset{k_{-1}}{\overset{k_1}{\rightleftharpoons}} \left[(H_2O)_5Cr^{II}-Cl-Co^{III}(NH_3)_5\right]^{4+} + H_2O$$

$$[(H_2O)_5Cr^{II}-Cl-Co^{III}(NH_3)_5]^{4+} \xrightarrow[\text{电子转移}]{k_2} [(H_2O)_5Cr^{III}-Cl-Co^{II}(NH_3)_5]^{4+} \underset{k_{-3}}{\overset{k_3}{\rightleftharpoons}}$$

$$\underset{\text{惰性}}{[Cr(H_2O)_5Cl]^{2+}} + [Co(NH_3)_5(H_2O)]^{2+} \xrightarrow{5H_3O^+} \underset{\text{活性}}{[Co(H_2O)_6]^{2+}+5NH_4^+}$$

以上机制，简单表示如下：

$$\underset{+III}{Co-Cl} \quad \underset{+II}{H_2O-Cr} \longrightarrow \left[\underset{+III}{Co}\cdots Cl \cdots \underset{+II}{Cr}\right] \xrightarrow{e^-}$$

$$\left[\underset{+II}{Co}\cdots Cl \cdots \underset{+III}{Cr}\right] (H_2O) \longrightarrow \left[\underset{+II}{Co} + Cl-\underset{+III}{Cr}\right]$$

从上面的机制中可看到，实现电子转移的反应物必须具备三个条件：

(1)两种反应物之一必须带有桥联配体(如 X^-、O^{2-}、O_2^{2-}、SCN^-、CN^-、N_3^- 等)，此类配体中有一对以上的孤对电子；不具有桥联配体的$[Co(NH_3)_6]^{3+}$配合物，与$[Cr(H_2O)_6]^{2+}$发生氧化还原反应，反应速率较小。例如：

$$[Co(NH_3)_6]^{3+}+[Cr(H_2O)_6]^{2+}+H^+ \xrightarrow{k=10^{-3}\ L/(mol \cdot s)} [Co(H_2O)_6]^{2+}+[Cr(H_2O)_6]^{3+}+6NH_4^+$$

以上反应按外层机制进行。与前面$[Co(NH_3)_5Cl]^{2+}$和$[Cr(H_2O)_6]^{2+}$的反应相比较，速率常数相差 10^8。在 X 为 F^-、Cl^-、Br^-、I^-、SO_4^{2-}、NCS^-、N_3^-、PO_4^{3-}、$P_2O_7^{4-}$ 等的一系列$[Co(NH_3)_5X]^{2+}$的还原反应中，都有此类似的效应，即桥联原子起电子传递作用，反应速率便大大增加。

(2)不带桥联配体的反应物必须是活性配合物，其配体才能被桥基配离子取代，形成一个双核活化配合物，如$[Cr(H_2O)_6]^{2+}$是活性的。

(3)氧化剂如$[Co(NH_3)_5Cl]^{2+}$和氧化产物如$[Cr(H_2O)_6Cl]^{2+}$均为惰性配合物，反应才容易进行。只有氧化剂$[Co(NH_3)_5Cl]^{2+}$是惰性的，其中的 Cl^- 不可能被取代出来；氧化产物$[Cr(H_2O)_5Cl]^{2+}$是惰性配合物，其中的 H_2O 分子才不能被 Cl^- 取代。

关于内层机制已经为以下的实验事实所证实：①已从溶液中分离出固体的双核桥联配

合物。例如，$[Co(CN)_5]^{3-}$ 被 $[Fe(CN)_6]^{3-}$ 氧化时，用分步结晶方法可从溶液中分离出 $Ba_3[(CN)_5Fe^{II}-CN-Co^{III}(CN)_5]$ 固体。②在 $[Co(NH_3)_5Cl]^{2+}$、$[Cr(H_2O)_6]^{2+}$ 溶液中加入游离的放射性 $^*Cl^-$，产物 $[Cr(H_2O)_5Cl]^{2+}$ 中未发现有放射性的氯原子，证明产物 $[Cr(H_2O)_5Cl]^{2+}$ 中的氯是来自Co(Ⅲ)配合物，也证实了Co(Ⅲ)和Cr(Ⅱ)被桥联配体 Cl^- 联系在一起，形成双核活化配合物。

(二)内层机制的历程

在水溶液中，内层机制的基本步骤同外层机制相似，也分为如下三个步骤。

1. 形成前驱配合物

$$Ox-X+Red(H_2O) \rightleftharpoons Ox-X\cdots Red+H_2O$$

2. 前驱配合物的活化和电子转移

$$Ox-X\cdots Red \rightleftharpoons {}^-Ox\cdots X-Red^+$$

3. 后继配合物离解为产物

$${}^-Ox\cdots X-Red^+ + H_2O \rightleftharpoons Ox(H_2O)^- + Red-X^+$$

若将第二步和第三步的总速率常数记为 k_3，则根据净反应过程可建立速率方程。净反应过程：

$$Ox-X+Red(H_2O) \underset{k_2}{\overset{k_1}{\rightleftharpoons}} Ox-X\cdots Red+H_2O \xrightarrow{k_3} Ox(H_2O)^- + Red-X^+$$

生成最终产物的速率 $v=\{k_1k_3/(k_2+k_3)\}[Ox-X][Red(H_2O)]$

(1)若 $k_3 \gg k_2$，则 $v=k_1[Ox-X][Red(H_2O)]$，决定反应速率的是桥基X取代水分子生成前驱配合物。例如，$[V(H_2O)_6]^{2+}$ 被 $[Co(NH_3)_6L]^{2+}$ 氧化的速率与水的取代反应速率有大致相同的数量级，可以认为氧化速率受配位水离解所控制。表6-17列出具有不同成桥配体L的一组Co(Ⅲ)氧化剂氧化 $[V(H_2O)_6]^{2+}$ 显示出相近的反应速率和动力学参数。这是由于从 $[V(H_2O)_6]^{2+}$ 中取代一分子 H_2O 的步骤为控速步骤，对八面体配合物来说，即受 H_2O 的离解速率所控制。但是，用 $[Cr(H_2O)_6]^{2+}$ 和 $[Fe(H_2O)_6]^{2+}$ 作为还原剂时，其配位水的取代速率较大，而氧化速率却较小，说明这两个水合离子被Co(Ⅲ)配离子氧化时，其氧化还原速率受电子转移速率所控制。

表6-17　一些氧化剂被 V^{2+} 还原的速率参数(25℃)

氧化剂	k/[L/(mol·s)]	ΔH/(kJ/mol)	ΔS/[J/(mol·K)]
$[Co(NH_3)_5C_2O_4H]^{2+}$	12.5	50.1	−54
cis-$[Co(NH_3)(en)_2(N_3)]^{2+}$	10.3	52.7	−50
cis-$[Co(H_2O)(en)_2(N_3)]^{2+}$	16.6	50.6	−50
trans-$[Co(en)_2(N_3)_2]^{+}$	26.6	51.0	−46
trans-$[Co(H_2O)(en)_2(N_3)]^{2+}$	18.1	46.0	−67

(2)若 $k_2 \gg k_3$，则：

$$v=Kk_3[Ox-X][Red(H_2O)]$$

$K=k_1/k_2$ 为生成前驱配合物的平衡常数，取决于反应速率常数是前驱配合物的活化和电子转移或双核配合物的分解，也取决于前驱配合物的稳定性，因前驱配合物有适当的稳定性，才有利于电子的转移。

(三)影响电子转移的因素

1. 轨道对称性对电子转移的影响

氧化还原的电子转移速率与氧化还原剂参加反应所用轨道的类型和桥基对称性有关。内层机制与外层机制一样，要求还原剂的最高占有轨道(HOMO)和氧化剂的最低空轨道(LUMO)之间必须匹配，如果都是 σ 轨道，通过桥基连接时反应速率较大，见表 6－18。表中 Cr^{2+}/Co^{3+} 的离子参加反应的轨道均为 e_g 轨道，通过桥联后，他们的速度增加约 10^{10} 倍，而 Cr^{2+}/Ru^{3+} 的电子构型分别为($t_{2g}^3e_g^1$)和 t_{2g}^5，电子从 Cr(Ⅱ)的 e_g 轨道转移至 Ru(Ⅲ)的 t_{2g} 轨道，即在 $\sigma\rightarrow\pi$ 轨道间的跃迁，反应速率较小。如果氧化剂接受电子与还原剂授予电子的轨道均为 π 轨道，它们就可以通过外层机制直接接受电子，而不必通过桥联就得到大的反应速率。

表 6－18 同一反应按内层机制和外层机制进行的反应速率的近似值

HOMO	LUMO	体系	增加倍数
e_g	e_g	Cr^{2+}/Co^{3+}	10^{10}
e_g	t_{2g}	Cr^{2+}/Ru^{3+}	10^2
t_{2g}	e_g	V^{2+}/Co^{3+}	10^4
t_{2g}	t_{2g}	V^{2+}/Ru^{3+}	按 OS 机制进行

电子转移速度除与氧化剂接受电子的轨道的对称性有关外，还与桥基的轨道对称性有关，如果金属离子给电子的轨道和接受电子的轨道有相同的对称性，而桥基又具有能与之匹配的轨道，这样会对电子的转移提供一条低能的途径。如果还原剂给出 e_g 轨道上的电子，氧化剂也以低能的 e_g 轨道接受电子，它们之间又以氯为桥基，氯以 σ 轨道(e_g 轨道)重叠，就有较大的电子转移速度。对于在两个金属的 e_g 轨道间的电子迁移速度，桥基的顺序为 $Cl^- > N_3^- \gg CH^{3-} > CO^{2-}$。若在两个金属 t_{2g} 轨道间传递电子，则 N_3^- 和 $CH_3CO_2^-$ 的 π 轨道更有利于同 t_{2g} 重叠。例如，五氨·异烟碱酰胺合钌(Ⅲ)离子和 $[Cr(H_2O)_6]^{2+}$ 的氧化还原速度比相应的五氨·异烟碱酰胺合钴(Ⅲ)大，因为 Ru(Ⅲ)具有 $t_{2g}^3e_g^2$ 的电子构型，它以 π 型的 t_{2g} 轨道接受外来的电子。而桥基的轨道也具有 π 对称性，在电子从还原剂放出到桥基后立即顺利地传给 Ru(Ⅲ)。在相应的 Co(Ⅲ)－Cr(Ⅱ)体系中，氧化剂接受电子的轨道和还原剂给出电子的轨道，虽然都是 σ 对称性轨道，但桥基传递电子的轨道都是 π 型轨道，桥基不能顺利地传递电子，其还原速率比相应的 Ru(Ⅲ)配合物低 3 万倍。

$$\left[(H_3N)_5Ru^{III}\ N\ \ C(=O)NH_2\right]^{2+}$$

2. 桥基的结构和性质

桥基的作用从热力学上看来是将两个金属离子连接起来，并维持一定的牢固程度，从动力学上看是调整氧化剂和还原剂的结构，以利于电子的传递。显然随着桥基结构和性质的不同，反应速率也因之而异。例如，$[Cr(H_2O)_6]^{2+}$ 与五氨·羧酸根合钴(Ⅲ)离子 $[(NH_3)_5CoL]^{2+}$ 的还原速率随羧酸根 L 的空间位阻增大而减小。桥基中含有共轭双键，其

反应速率可大大加快，如

$$[(NH_3)_5Co—O—\overset{\overset{\displaystyle O}{\|}}{C}—CH═CH—\overset{\overset{\displaystyle O}{\|}}{C}—OH]^{2+}$$

$$[(NH_3)_5Co—O—\overset{\overset{\displaystyle O}{\|}}{C}—CH_2—CH_2—\overset{\overset{\displaystyle O}{\|}}{C}—OH]^{2+}$$

两者比较，前者在骨架上含有双键，它被$[Cr(H_2O)_6]^{2+}$还原的速率比后者要大很多。

N_3^- 是一个优秀的电子转移体，有很强的电子转移能力。相比之下，以氮端配位到氧化剂上的 NCS^-，如$[Co(NH_3)_5(NCS)]^{2+}$，在内层机制中作为桥基，其电子转移速率却比 N_3^- 作为桥基时的速率要小。人们建议用实测的两种反应的速率常数的比值 $k_{N_3^-}/k_{NCS^-}$ 来判断反应是否循 IS 机制进行，因为如果循 OS 机制进行，$k_{N_3^-}^{OS}/k_{NCS^-}^{OS}\approx 1$，即二者的速率常数与桥基无关。如为 IS 机制，$k_{N_3^-}^{IS}/k_{NCS^-}^{IS}\gg 1$。表 6－19 列出若干反应的比值，以此确定反应机制的类型。

表 6－19　含 N_3^- 和 NCS^- 的氧化剂在 25 ℃时的相对速率

氧化剂	还原剂	$k_{N_3^-}/k_{NCS^-}$	反应机制
$[Co(NH_3)_5X]^{2+}$	Cr^{2+}	10^4	内层
$[Co(NH_3)_5X]^{2+}$	V^{2+}	27	不能确定
$[Co(NH_3)_5X]^{2+}$	Fe^{2+}	$\geqslant 3\times 10^3$	内层
$[Co(NH_3)_5X]^{2+}$	$[Cr(bpy)_3]^{2+}$	4	外层
$[Co(H_2O)_5X]^{2+}$	Cr^{2+}	4×10^4	内层

同样地，在表 6－20 的氧化剂中，当 $X=H_2O$ 或 OH^- 时，其 k 值也有显著差别，因 H_2O 的 Lewis 碱性小于 OH^-，所以 H_2O 的成桥能力低于 OH^-。以 H_2O 为桥，k_{H_2O} 值低，而 OH^- 成桥时 k_{OH^-} 较大。

表 6－20　某氧化还原反应的速率常数(25 ℃)

氧化剂	还原剂	$k/[L\cdot(mol\cdot s)]$	反应机制
$[Co(NH_3)_5(H_2O)]^{3+}$	Cr^{2+}	$\leqslant 0.1$	可能是 OS
$[Co(NH_3)_5(OH)]^{2+}$	Cr^{2+}	1.5×10^6	IS
$[Co(NH_3)_5(H_2O)]^{3+}$	$[Ru(NH_3)_6]^{2+}$	3.0	OS
$[Co(NH_3)_5(OH)]^{2+}$	$[Ru(NH_3)_6]^{2+}$	0.04	OS

必须指出，桥联配体的转移，并不是内层机制的必要条件。例如，下面的反应是内层电子转移，但没有配体的转移。

$$[IrCl_6]^{2-}+[Cr(H_2O)_6]^{2+}\longrightarrow[IrCl_6]^{3-}+[Cr(H_2O)_6]^{3+}$$

在这个反应中，两种反应物之间虽然可以成桥，但是 Ir(Ⅲ)－Cl 键比 Cr(Ⅲ)－Cl 键强，所以当后继配合物离解为产物时，Cr(Ⅲ)－Cl 键断裂，并不发生原子转移。

配合物的氧化还原反应是以外层机制还是以内层机制进行，与配合物的结构有很大关系。对于那些取代反应为惰性的配合物，没有桥联配体的配合物及转移电子所需克服能垒很低的配合物，它们之间的氧化还原反应常以外层机制为主。若两个反应物之一带有桥联配体，而另一是取代活性的，则它们之间的氧化还原反应易按内层机制进行。因为内层机制通过桥联配体传递电子所需克服的能垒比按外层机制电子穿透配位层和水化层所需克服的能垒低得多。

以上讨论了两种配合物之间发生氧化还原反应的两种机制。应该指出，在有些情况下，外层机制和内层机制同时存在，并且有比较相近的速率。

习 题

一、是非题

1. $[Co(CN)_6]^{3-}$是惰性配合物。 （ ）

2. $Cr^{2+}+[Co(OH)(NH_3)_5]^{2+}$反应是内层机制。 （ ）

3. 外轨型配合物一定是活性配合物。 （ ）

4. 在平面正方形配合物的取代反应中，与M^{n+}形成反馈π键的配体具有低的反位效应。 （ ）

5. 配合物的氧化还原反应的内层机制要求两种反应物之一必须带有桥联配体。（ ）

二、选择题

1. 判断下列配合物的活性和惰性 （ ）

$[V(H_2O)_6]^{2+}$；$[V(H_2O)_6]^{3+}$；$[FeF_6]^{3-}$；$[CoF_6]^{3-}$；$[Ni(en)_2]^{2+}$

A. 活性；惰性；活性；惰性；活性　　B. 活性；惰性；惰性；活性；活性

C. 惰性；活性；惰性；活性；惰性　　D. 惰性；活性；活性；惰性；惰性

2. 预测下列反应的产物分别是 （ ）

$[Pt(CO)Cl_3]^-+NH_3$；$[PtBr_3(NH_3)]^-+NH_3$；$[PtCl_3(C_2H_4)]^-+NH_3$

A. OC—Cl / Pt / Cl—NH_3　　H_3N—Br / Pt / Br—NH_3　　C_2H_4—NH_3 / Pt / Cl—Cl

B. H_3N—Cl / Pt / Cl—Cl　　H_3N—NH_3 / Pt / Br—Br　　C_2H_4—Cl / Pt / Cl—NH_3

C. OC—NH_3 / Pt / Cl—Cl　　H_3N—Br / Pt / Br—NH_3　　C_2H_4—NH_3 / Pt / Cl—Cl

D. OC—Cl / Pt / Cl—NH_3　　H_3N—NH_3 / Pt / Br—Br　　C_2H_4—Cl / Pt / Cl—NH_3

3. 有关缔合机制和离解机制的说法，不正确的是 （ ）

A. 离解机制通常能检测到配位数减小的中间体

B. 缔合机制常常能检测到配位数增大的中间体

C. 进入基团通常对离解机制的反应速率影响很小，对缔合机制的反应速率影响很大

D. 离去基团通常对离解机制的反应速率影响很小，对缔合机制的反应速率影响很大

4. 当 Y 取代 *trans* -$[MA_4BX]$中的 X 时，若为离解机制，以三角双锥的过渡态来推算，顺式产物和反式产物比例为多少？ （ ）

A. 1∶2　　B. 2∶1　　C. 1∶1　　D. 无法确定

5. 以下关于活性和惰性配合物说法正确的是 （ ）

A. 活性配合物一定是热力学不稳定的，惰性配合物一定是热力学稳定的

B. 电子组态为 d^3 的配合物一定是活性配合物

C. 电子组态为 d^8 的配合物一定是惰性配合物

D. 晶体场活化能为正值时，配合物为活性

三、问答题

1. 试从晶体场理论分析 d^3 和 d^8 电子构型八面体配合物进行取代反应的动力学稳定性。

2. 用稳态近似法推导出 A 机制的速率表达式。

3. 从以下事实确定反应是内层机制还是外层机制？

(1) $[Cr(NCS)F]^+$ 和 Cr^{2+} 反应，主要产物是 $[CrF]^{2+}$。

(2) $[Vo(edta)]^{2-}$ 和 $[V(edta)]^{2-}$ 反应，可观察到瞬时红色。

(3) $[Co(NH_3)_5(py)]^{3+}$ 被 $[Fe(CN)_6]^{4-}$ 还原的速率与 py 被其他配体取代的种类无关。

(4) $[Co(NH_3)_5(NCS)]^{2+}$ 被 Ti^{3+} 还原的速率比对 $[Co(NH_3)_5(N_3)]^{2+}$ 还原的速率小 36000 倍。

4. $[Co(en)_2F_2]NO_3$ 的水解速率随溶液中酸碱度增加而增加，当 pH 值低于 2 或 pH 值高于 6 时均呈线性增加，请用速率方程对速率改变予以解说。

5. $[Co(edta)Cl]^{2-}$ 和 $[Co(edta)(H_2O)]^-$ 被各还原剂在 25 ℃时还原的速率常数之比见表 6-21，试说明各反应是外层机制或是内层机制？

表 6-21　$[Co(edta)Cl]^{2-}$ 和 $[Co(edta)(H_2O)]^-$ 被各还原剂在 25 ℃时还原的速率常数之比

还原剂	k_{Cl}/k_{aq}
$[Fe(CN)_6]^{4-}$	33
Ti^{3+}	31
Cr^{2+}	2.0×10^3
Fe^{3+}	7.3×10^3

6. 电子转移反应的活化能(kJ/mol)如下。为什么有此差别？

(1) $[Fe(CN)_6]^{4-} + [Fe(CN)_6]^{3-}$　19.58

(2) $[Fe(NH_3)_6]^{2+} + [Fe(NH_3)_6]^{3+}$　56.48

7. 由 $[PtCl_3(NO_2)]^{2-}$ 为原料合成 $[PtCl(NO_2)(NH_3)(CH_3NH_2)]$ 的各种几何异构体。试写出其合成步骤。

第七章　配位化学在环境方面的应用

学习目标：了解配位化学在环境检测方面、环境治理方面的应用现状和发展前景。

培养目标：通过本章的学习，学生应能了解配位化学在环境检测和治理方面的应用现状及发展前景；能用配位化学相关知识解决环境污染的检测和处理问题。培养具创新意识、科学精神和具有社会主义核心价值观的合格人才。

随着工业进步和社会发展，环境污染问题日益加剧，对人类的生存安全和生命健康构成重大威胁，成为人类经济和社会可持续发展的重大障碍。因此，环境修复已经成为当前经济社会可持续发展的前提。二十大报告将“生态环境保护发生历史性、转折性、全局性变化”作为新时代十年伟大变革之一，并指出“中国式现代化是人与自然和谐共生的现代化”，这是以习近平同志为核心的党中央站在中华民族永续发展的战略高度，对中国式现代化认识的新飞跃，为我国建设生态文明、努力促进人与自然和谐共生指明了方向，提供了遵循。

配合物（包含金属-有机骨架）及配合物相关材料已经被大量地应用于环境领域的各个方面，包括污染物的监测，污染物的去除（有机污染和无机污染物）。目前，国内外许多研究小组已经开展了配合物材料在环境领域的应用研究，如密歇根大学的 O. Yaghi、英国女王大学的 Stuart L. James、S. Kitagawa、中山大学的陈小明、中国科学院福建物质结构研究所的洪茂椿、吉林大学的裘式纶、复旦大学的赵东元、北京师范大学的金林培、南开大学的程鹏等。

融入社会主义核心价值观

党的十八大报告提出“倡导富强、民主、文明、和谐，倡导自由、平等、公正、法治，倡导爱国、敬业、诚信、友善，积极培育社会主义核心价值观”。在环境监测教学过程中要把这些价值观通过潜移默化的方式传达给学生。通过实地考察、图片视频展示等方式，让学生了解我国人均资源极度匮乏且污染严重的现状并指出存在的严峻挑战，以及当前我国水污染治理取得的显著效果的工程案例，激发学生环境保护治理的专业使命感和专业自豪感。通过理论教学和实践教学，学生养成尊重、宽容的意识和态度，秉承诚信、法制的理念，同时渗透实事求是、科学严谨的作风，确保监测数据的真实性和有效性，恪守职业道德。

第一节　配位化学在环境分析中的应用

一、荧光探针用于污染物的检测

近些年，荧光探针作为分析领域的一门新检测方法得到研究者的广泛关注，特别是对于有机污染物和无机污染物的高效检测，使其在众多分析检测方法中独树一帜。大量的荧光探针其核心是金属配合物或者是与金属配位相关的新材料。

(一)荧光探针识别机制

当具有荧光性质的分子受到某一特定波长的激发光激发时,这些激发光的能量就会被这种分子吸收,从而导致分子中的电子由基态到具有相同自旋多重度的激发态的跃迁。然后,处于激发态上不稳定的电子又会跃迁回第一电子激发单重态的最低振动能级,这一跃迁过程主要是通过振动弛豫及内转移等非辐射的方式产生的,而处于该能级上的电子通过跃迁回到基态的过程就会使荧光发射出来。

小分子荧光探针的识别机制主要分为以下几种:光诱导电子转移(photoinduced electron transfer,PET)、分子内电荷转移(intramolecular charge transfer,ICT)、荧光共振能量转移(fluorescent resonance energy transfer,FRET)、螯合荧光增强(chelation enhanced fluorescence,CHEF)、荧光基团开环、聚集诱导发光(aggregation induced emission,AIE)及化学反应型小分子荧光探针等。

1. 光诱导电子转移

基于光诱导电子转移机制的小分子荧光探针最常见,在各种阴阳离子和生物分子的检测方面获得了非常广泛的应用。对于这类小分子荧光探针,其中的荧光基团受到激发光的激发而吸收光能,使荧光基团上的电子由最高占有轨道(HOMO 轨道)跃迁到最低空轨道(LOMO 轨道)。然后,由于识别基团往往具有给电子的能力,因此其自身处于 HOMO 轨道上的电子就会进入已经空的激发态下荧光基团的 HOMO 轨道,这样就阻止了使之前处于荧光基团 LOMO 轨道上的电子通过非辐射跃迁回到第一电子激发单重态的最低振动能级,进而阻止再返回基态轨道这一能够发射出荧光的过程。因此,在识别基团没有结合客体的情况下,识别基团到荧光基团之间存在着光诱导电子转移现象,从而显著淬灭荧光的发射。而在识别基团结合客体之后,识别基团与客体之间的络合就会降低识别基团的给电子能力,从而使这种光诱导电子转移现象得到抑制,识别基团处于 HOMO 轨道上的电子就不能进入已经空的激发态下荧光基团的 HOMO 轨道。因此,之前处于荧光基团 LOMO 轨道上的电子就会通过非辐射跃迁的方式回到第一电子激发单重态的最低振动能级,然后再通过返回基态轨道的手段发射出强烈的荧光(图 7－1、图 7－2)。

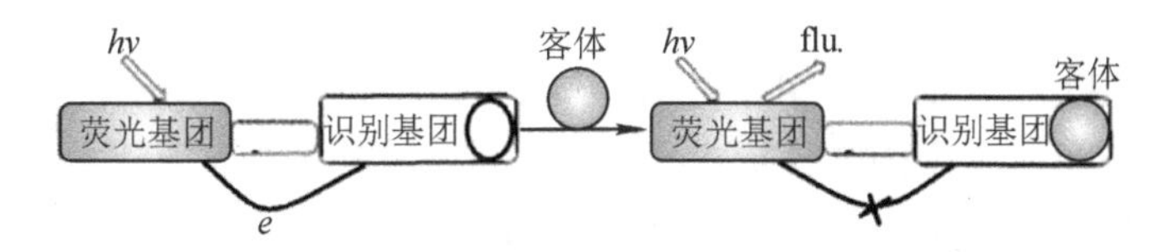

图 7－1　诱导电子转移小分子荧光探针的基本原理(参考文献[22])

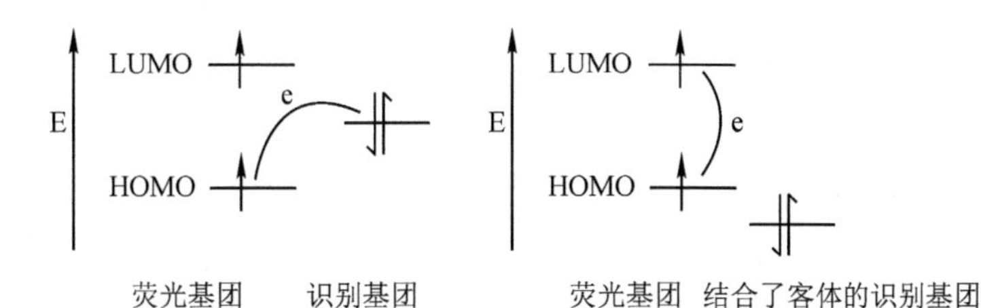

图 7－2　光诱导电子转移小分子荧光探针的前线轨道原理(参考文献[23])

一种基于苝二甲酰亚胺荧光基团和乙二胺识别基团的小分子荧光探针被 S. Malkondu 等合成出来。在该小分子荧光探针中，乙二胺这样一种电子给体存在着向苝二甲酰亚胺荧光基团的光诱导电子转移现象，从而显著淬灭了该探针中苝二甲酰亚胺荧光基团的荧光发射。而 Al^{3+} 的加入会使该探针分子与 Al^{3+} 之间发生配位反应，从而使乙二胺识别基团给电子的能力显著降低，进而使这种光诱导电子转移现象得到抑制，因此可以显著增大苝二甲酰亚胺荧光基团的荧光发射强度，其最大发射波长为 531 nm（图 7－3）。

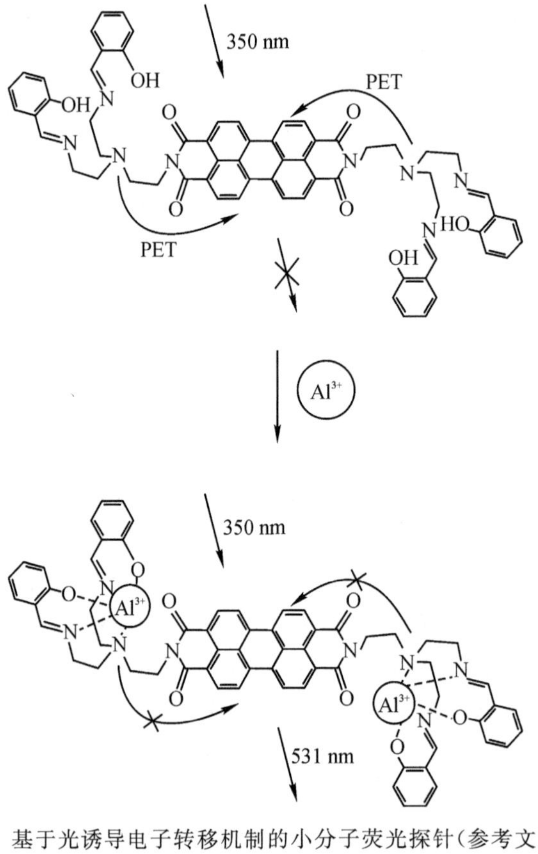

图 7－3　基于光诱导电子转移机制的小分子荧光探针（参考文献[24]）

兰州大学杨正银、汪宝堆课题组设计合成了配体 HCMP，其中的希夫碱氮原子上含有孤对电子，存在着向色酮基团的光诱导电子转移现象，同时在激发态下配体 HCMP 存在着 C=N 的异构化过程，从而使在 375 nm 激发光的激发下配体 HCMP 的荧光发射几乎完全淬灭。然而，当在配体 HCMP 中加入 Al^{3+} 之后，配体 HCMP 中两个色酮基团的羰基上的两个氧原子、两个希夫碱氮原子和溶液中的两个水分子同时参与 Al^{3+} 的配位，并且在两个羟基与这两个水分子之间形成两个分子间氢键，从而形成一个 1∶1 的稳定配合。因此，配体 HCMP 与 Al^{3+} 之间的配位过程通过同时抑制光诱导电子转移现和 C=N 的异构化过，两方面原因使配合物的荧光发射显著增强，最终使其在 459 nm 处产生一个显著的荧光发射峰（图 7－4），而且在其他大多数金属离子的存在下，配体 HCMP 对 Al^{3+} 仍然具有非常好的选择性和非常高的灵敏度。因此，该配体 HCMP 可以被用来检测、监控环境中和生物体系中 Al^{3+} 的含量。

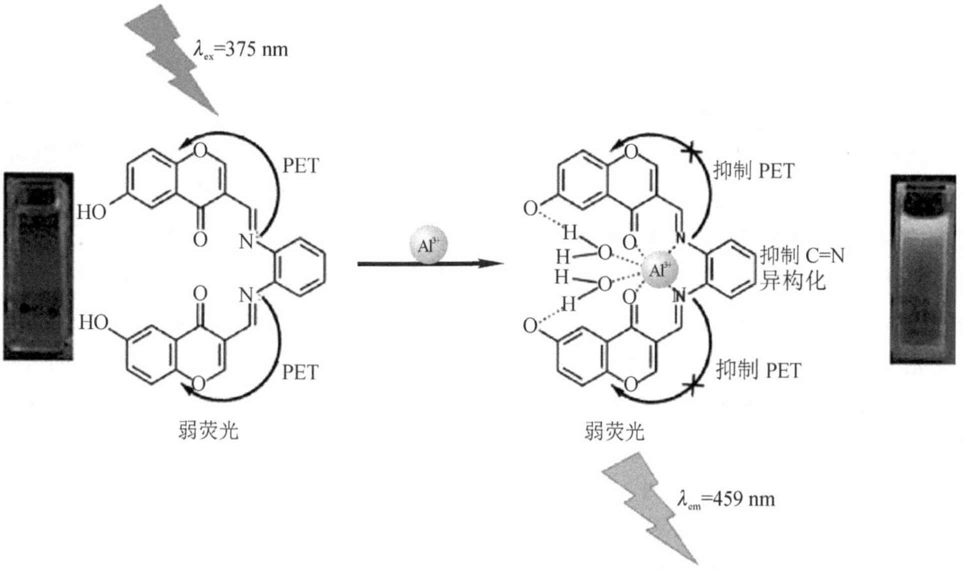

图 7-4　配体 HCMP 识别 Al^{3+} 的机制示意图(参考文献[25])

陈伟课题组报道了一种利用希夫碱反应合理设计高效简便的 D-L-A 型光诱导电子转移荧光探针的方法(图 7-5),并应用于酸性磷酸酶的测定。利用希夫碱作为连接单元,建立共价连接的 D-L-A 体系,设计光诱导电子转移机制的传感器。为临床诊断和药物筛选提供了一种简单、快速、方便的检测方法,极大地促进了设计和开发基于光诱导电子转移机制的荧光传感器的进程。

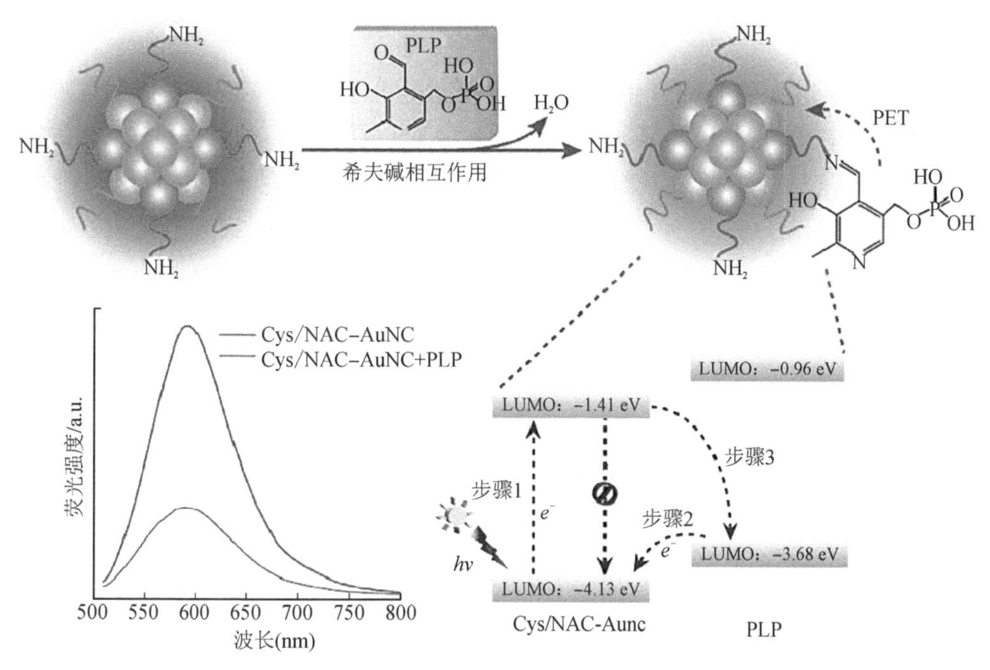

图 7-5　基于希夫碱反应的新型 D-L-A 型光诱导电子转移荧光探针的构建(参考文献[33])

2. 分子内电荷转移

基于分子内电荷转移机制的小分子荧光探针往往含有两个荧光基团，其中一个是强的给电子基团，而另一个是强的吸电子基团，这样就在探针分子中形成一个强的电子“推-拉”体系。这类探针分子中给电子的荧光基团在受到激发光的激发之后，其中的电荷就会转移到吸电子的荧光基团上。探针分子中的识别基团与客体的结合会使识别基团的结构发生变化，然后这种结构上的变化会通过链接基团传递给荧光基团，就会改变给(吸)电子荧光基团给(吸)电子的能力，从而减弱或者增强这种分子内电荷转移的过程，使探针分子的荧光发射光谱发生变化，而这种变化主要表现在最大发射波长方面。分子内电荷转移过程的减弱会导致荧光发射光谱的蓝移，而分子内电荷转移过程的增强则会导致荧光发射光谱的红移。

基于三苯基胺这种强的给电子基团和吲哚环这种强的吸电子基团的小分子荧光探针被 F. J. Huo 等合成出来。该探针分子中的三苯基胺上的电荷会向吲哚环发生转移，而 CN^- 的加入会导致亲电加成反应的发生，使吲哚环上连接 CN^-，从而降低吲哚环的吸电子能力，因此使三苯基胺向吲哚环发生的分子内电荷转移过程受到抑制，从而显著增强探针分子的荧光发射，并且其荧光发射光谱发生蓝移。因此，该探针可以检测和识别 CN^-(图 7-6)。

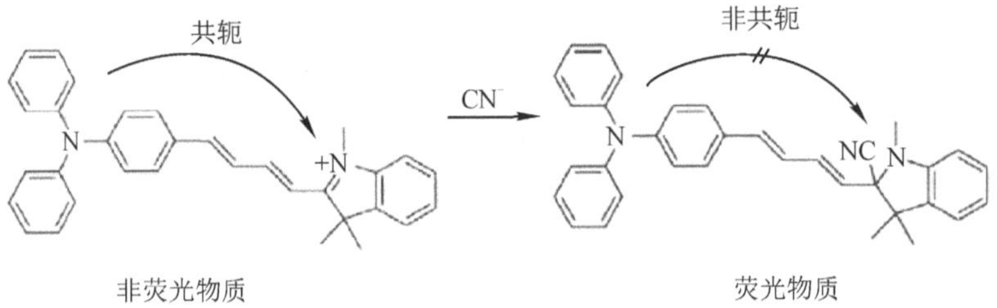

图 7-6 基于分子内电荷转移机制的小分子荧光探针(参考文献[36])

如图 7-7 所示，配体 DFFH 中的香豆素基团是给电子基团，而酰腙氮原子是吸电子基团，从而会产生由香豆素基团到酰腙氮原子的分子内电荷转移现，因此在 322 nm 激发光的激发下，配体 DFFH 会在 511 nm 处发射出香豆素基团特征的荧光发射峰。而在配体

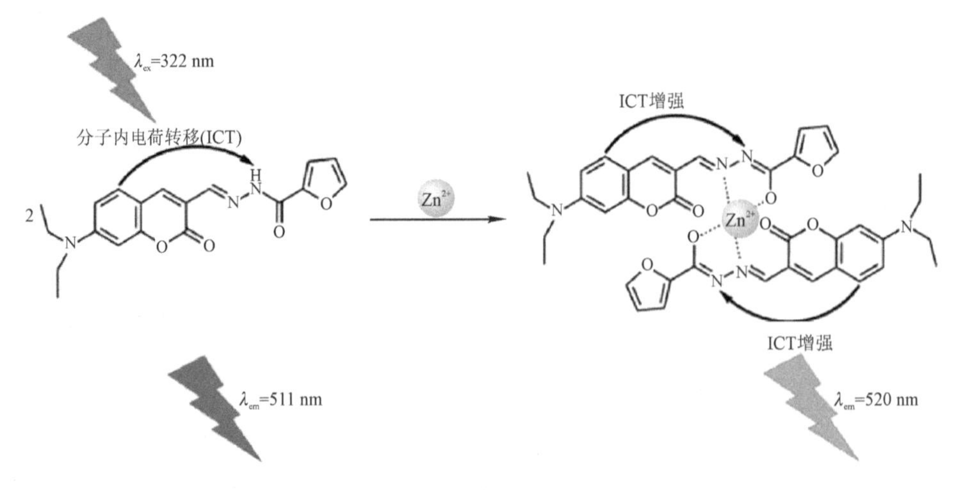

图 7-7 配体 DFFH 识别 Zn^{2+} 的机制示意图(参考文献[37])

DFFH 中加入 Zn^{2+} 之后，配体 DFFH 中的酰腙上的羰基氧原子和希夫碱氮原子同时参与和 Zn^{2+} 的配位，并且与 Zn^{2+} 之间形成了一个 2∶1 的稳定配合物，同时会使酰腙氮原子上的质子发生去质子化作用，这样就会增强酰腙氮原子的吸电子能力，从而导致由香豆素基团到酰腙氮原子的分子内电荷转移过程的增强，因此，Zn^{2+} 的加入会使配体 DFFH 中香豆素基团的荧光发射峰由 511 nm 红移到 520 nm。因此，配体 DFFH 可以被用于乙醇和水的混合体系中 Zn^{2+} 的实时检测和监控，并且应用于环境中和生物体系中 Zn^{2+} 的检测。

3. 荧光共振能量转移

两个荧光基团同样可以存在于基于荧光共振能量转移机制的小分子荧光探针中，只不过这两个荧光基团之间的距离要远远比它们的碰撞直径大。在这类小分子荧光探针中，其中一个荧光基团可以作为能量给体，而另一个荧光基团则可以作为能量受体，它们之间可以发生一种非辐射的能量转移过程，即荧光共振能量转移过程。当作为能量给体的荧光基团受到激发光的激发，如果作为能量受体的荧光基团是荧光淬灭团，就不会发生能量给体荧光基团向能量受体荧光基团的能量转移过程，因此最终只表现出能量给体荧光基团的荧光发射。然而，如果作为能量受体的荧光基团自身，就可以发射出比较强的荧光，这样就会促进能量给体荧光基团向能量受体荧光基团能量转移过程的发生，因此最终可以表现出能量受体荧光基团的荧光发射，而不会表现出能量给体荧光基团的荧光发射。符合这样一种荧光共振能量转移过程的条件是能量给体荧光基团的发射光谱必须与能量受体荧光基团的吸收光谱有效重叠。

Y. Zhou 等合成了基于香豆素和罗丹明 B 这两种荧光基团的含有硫代羰基结构的小分子荧光探针。在该探针分子中，香豆素基团作为能量给体，而罗丹明 B 基团则作为能量受体。在该探针分子中的香豆素基团受到 365 nm 激发光的激发后，处于闭环状态的罗丹明 B 基团自身不会发射出荧光，所以在该探针自身中，由香豆素基团到罗丹明 B 基团的荧光共振能量转移过程就无法发生，从而只表现出香豆素基团特征的荧光发射，最终在 468 nm 处有一个很强的发射峰。而 Hg^{2+} 的加入会使 Hg^{2+} 结合探针分子中硫代羰基结构上的硫元素，使罗丹明 B 基团发生开环作用，同时伴随着一分子 HgS 的脱去，这样就会促进由香豆素基团到罗丹明 B 基团荧光共振能量转移过程的发生，使罗丹明 B 基团接受从香豆素基团那里传递的能量，最终就只会在 590 nm 处产生罗丹明 B 基团特征的荧光发射峰。因此，该探针可以实现对 Hg^{2+} 的比率型荧光检测和识别(图 7-8)。

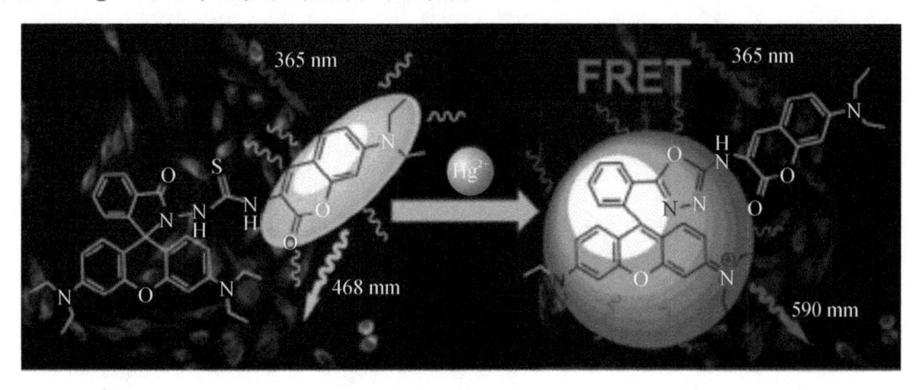

图 7-8 基于荧光共振能量转移机制的小分子荧光探针(参考文献[43])

4. 螯合荧光增强

基于螯合荧光增强机制的小分子荧光探针主要发生在对金属离子的识别方面，依赖于该探针分子与金属离子之间的螯合过程，通常与光诱导电子转移现象的抑制同时发生，在金属离子的识别过程中起到协同的作用。某种特定的金属离子的加入会使探针分子与其发生配位作用，进而增强探针分子的平面刚性，同时伴随着探针分子中识别基团给电子能力的降低，最终使识别基团到荧光基团的光诱导电子转移现象得到有效的抑制。另外，这一现象也可以伴随着光诱导的金属离子向荧光基团的电子或者能量转移过程的抑制，从而使荧光显著增强。

M. Hagimori 合成出了一个小分子荧光探针，与 Zn^{2+} 之间具有比较强的配位能力。该探针分子自身的平面刚性较弱，因此几乎不会表现出荧光发射，而 Zn^{2+} 的加入会使该探针分子中吡啶环上的两个氮原子同时参与与 Zn^{2+} 的配位，从而增强该探针分子的平面刚性，这样就使光诱导的 Zn^{2+} 向荧光基团的电子或者能量转移过程得到抑制，进而促使螯合荧光增强过程的发生，所以使荧光发生了一定程度的增强(图 7-9)。

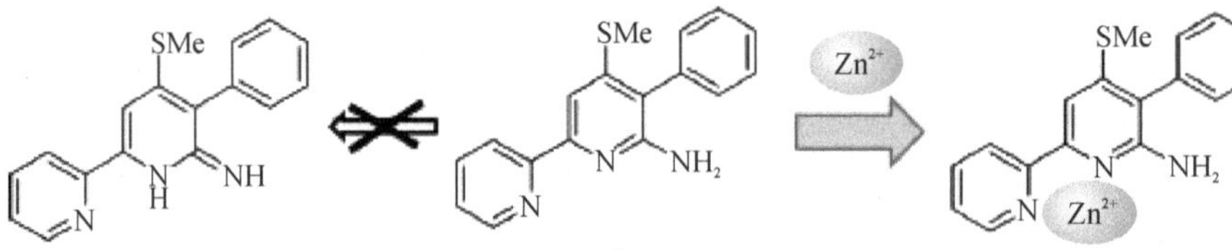

图 7-9 基于螯合荧光增强机制的小分子荧光探针(参考文献[46])

如图 7-10 所示，配体 7-二乙胺基香豆素-3-乙酮和 N-羟乙基-1,8-萘二甲酰亚胺-4 肼的缩合物 DHNH 对 Cu^{2+} 具有非常好的选择，并具有比率型荧光响应，而且配体 DHNH 对 Cu^{2+} 的比率型荧光检测不受其他各种常见金属离子的干扰。更重要的是，配体 DHNH 可以被用于不同 Cu^{2+} 当量数的范围内 Cu^{2+} 的检测，并且基于两种不同的机制。当加入的 Cu^{2+} 当量数为 0～0.5 时，配体 DHNH 会与 Cu^{2+} 之间发生配位过程，形成一个 2∶1 的稳定配合物，导致通过光诱导的 Cu^{2+} 向香豆素荧光团的电子或者能量转移过程引起的螯合荧光淬灭(chelation quenched fluorescence, CHQF)机制，从而使 441 nm 处的香豆素基团的荧

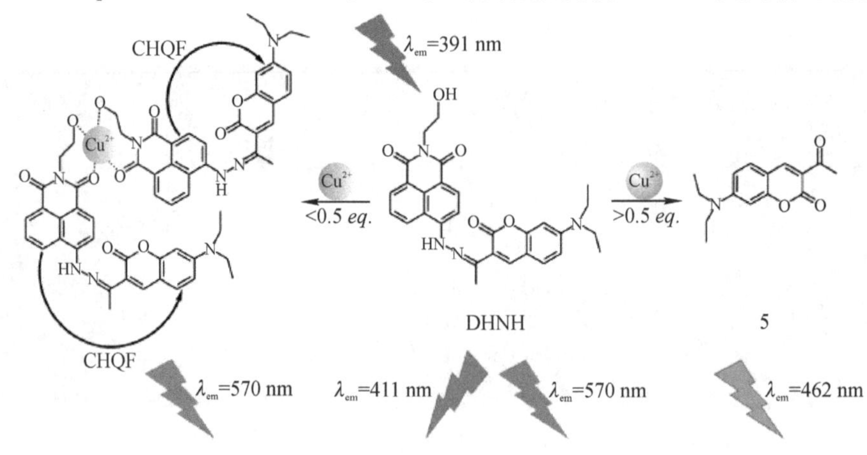

图 7-10 在不同 Cu^{2+} 当量数的范围内配体 DHNH 识别 Cu^{2+} 的机制示意图(参考文献[47])

光发射显著淬灭。然而，当加入 Cu^{2+} 的当量数超过 0.5 时，配体 DHNH 会与 Cu^{2+} 发生不可逆的化学反应，再次形成 7-二乙胺基香豆素-3-乙酮(5)，从而导致 462 nm 和 570 nm 处的荧光发射强度之比(F462 nm/F570 nm)显著增大。除此之外，配体 DHNH 对 Cu^{2+} 的淬灭型和比率型荧光检测都具有非常高的灵敏度。因此，配体 DHNH 可以被用作一个双功能荧光探针，在不同 Cu^{2+} 当量数的范围内，分别用于环境中和生物体系中 Cu^{2+} 的淬灭型和比率型荧光检测。

5. 荧光基团开环

在基于荧光基团开环机制的小分子荧光探针中，一些具有大的环状共轭结构的分子往往作为其荧光基团，如荧光素、罗丹明 B、罗丹明 6G 等。在这些荧光基团形成的探针分子中，处于闭环状态的荧光基团几乎不会表现出荧光发射。而探针分子与客体之间的结合通常会改变其荧光基团的结构，使荧光基团发生开环作用，最终表现出荧光基团较强的荧光发。

H. H. Wang 等设计并合成出一个基于罗丹明 B 基团的含有硫代羰基结构的小分子荧光探针，用于识别和检测 Hg^{2+}。该探针分子在受到激发罗丹明 B 基团光的激发之后，处于闭环状态的罗丹明 B 基团几乎不会使其发射出荧光。而 Hg^{2+} 的加入会使 Hg^{2+} 结合该探针分子中硫代羰基结构上的硫元素，使 Hg^{2+} 与硫元素之间发生化学反应，导致罗丹明 B 基团发生开环作用，同时伴随着一分子 HgS 的脱去，最终使该探针表现出罗丹明 B 基团较强的荧光发射。而进一步加入 Na_2S 后会使 S^{2-} 和 Hg^{2+} 发生化学反应，从而使罗丹明 B 基团再次闭环，进而使罗丹明 B 基团的荧光发射再次淬灭。因此，该探针可以实现对 Hg^{2+} 和 S^{2-} 的同时检测(图 7-11)。

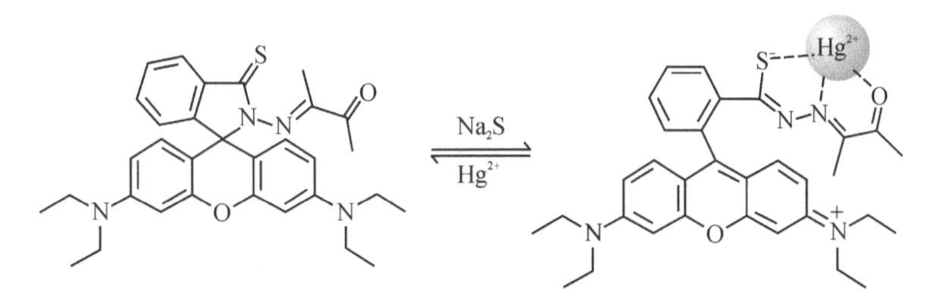

图 7-11　基于罗丹明 B 开环机制的小分子荧光探针(参考文献[52])

兰州大学杨正银、汪宝堆课题将 6-羟基色酮-3-甲醛与荧光素肼发生缩合反应，得到配体 HCFH，研究其与 Mg^{2+} 之间的识别机制。如图 7-12 所示，HCFH 中的荧光素基团为螺环结构，因此在 323 nm 激发光的激发下，HCFH 自身几乎不发射出荧光，而当在配体 HCFH 中加入 Mg^{2+} 之后，配体 HCFH 与 Mg^{2+} 之间的配位过程会导致配体 HCFH 中的荧光素基团发生开环作用，然后配体 HCFH 中色酮基团上的羰基氧原子、开环之后的荧光素基团上的羰基氧原子、溶液中的一个水分子和一个乙醇分子同时参与与 Mg^{2+} 的配位，同时在色酮羟基与荧光素羟基之间形成两个分子内氢键，从而形成一个 2∶1 的稳定配合物。因此，加入 Mg^{2+} 后会使配体 HCFH 的荧光发射显著增强，最终在 504 nm 处产生一个显著的荧光发射峰。并且配体 HCFH 对 Mg^{2+} 的荧光响应具有非常好的选择性和非常高的灵敏度，人体中富有的大多数金属离子都不会影响配体 HCFH 对 Mg^{2+} 的荧光响应。除此之外，配体 HCFH 与 Mg^{2+} 之间的反应过程在 3 min 之内就几乎全部完成。因此，配体 HCFH 可以被用作一个荧光探针，用于 Mg^{2+} 的实时检测和监控。

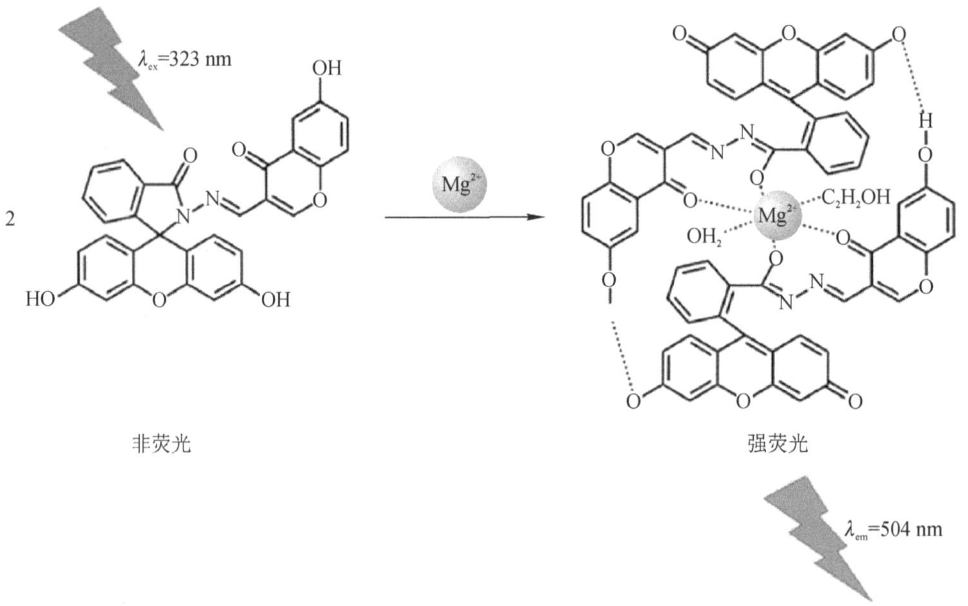

图 7 - 12 配体 HCFH 识别 Mg^{2+} 的机制示意图(参考文献[53])

A. Banerjee 等设计并合成出来一个能够识别 SCN^- 的基于罗丹明 B 衍生物的小分子荧光探针。实验结果表明，在可见光激发下，处于闭环状态的罗丹明 B 荧光基团使该探针自身在 577 nm 处具有非常微弱的荧光发射，而 SCN^- 的加入会使罗丹明 B 荧光基团的开环过程发生诱导，因此会显著增大 577 nm 处的荧光发射强度。而且，该探针对 SCN^- 的灵敏度非常高，其检测限可以达到 0.01 μmol/L(图 7 - 13)。

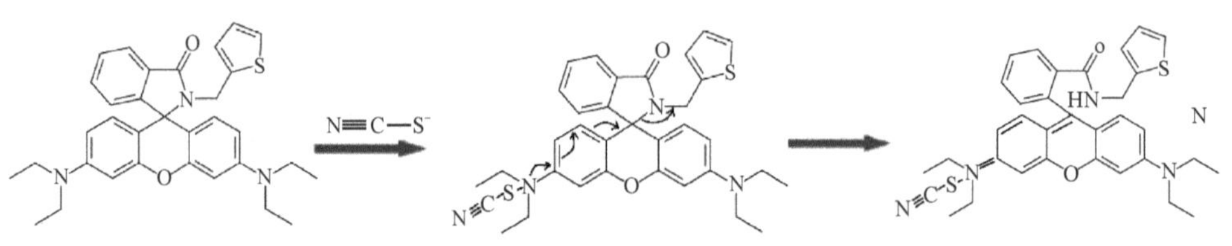

图 7 - 13 基于罗丹明 B 衍生物的小分子荧光探针识别 SCN^- 示意图(参考文献[54])

6. 聚集诱导发光

聚集诱导发光是指，发光分子在固态或者聚集态的条件下，具有比在溶液中的发光效率更高的现象，这类小分子荧光探针主要是基于探针分子在不同状态下发光效率的不同而设计的。活跃的振动和转动通常发生在这类小分子荧光探针的稀溶液中，当探针分子受到激发光的激发而吸收能量后，使其中的电子跃迁到激发态，然后再通过振动弛豫这种非辐射跃迁的方式回到第一电子激发单重态的最低振动能级，由于在这一过程中能量消耗较多，因此在返回基态的过程中荧光发射较弱。而探针分子内部的振动和转动在固态或者聚集态条件下会受到一定的限制，因此电子在通过振动弛豫这种非辐射跃迁的方式回到第一电子激发单重态的最低振动能级这一过程中能量消耗较少，最终在返回基态的过程中就会发射出较强的荧光。所以通过不同状态下荧光发射强度的不同，可以设计出一些小分子荧光探针应用于阴阳离子、生物分子及蛋白质(酶)的检。

S. Xie 等报道了一个基于聚集诱导发光机制的水溶性小分子荧光探针，用于 Ag^+ 的识别、检测及荧光生物染色。该研究充分利用 Ag^+ 与四氮唑化合物之间的结合能力，使 Ag^+ 被还原成 Ag 纳米颗粒，然后 Ag 纳米颗粒发生一定的聚集，从而显著增大 504 nm 处的荧光发射强度。另外，该课题组还通过凝胶电泳的方式对其中的蛋白质进行高灵敏度的检测，并用于 Ag^+ 的荧光生物染色(图 7－14)。

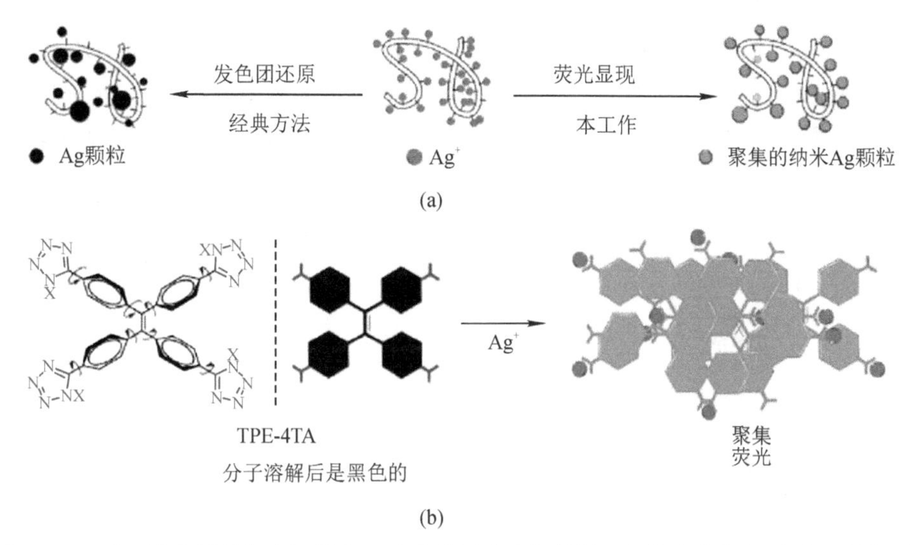

图 7－14　基于聚集诱导发光机制的 Ag^+ 小分子荧光探针用于银的生物染色(参考文献[57])

7. 化学反应型小分子荧光探针

化学反应型小分子荧光探针是指小分子荧光探针与客体之间发生的化学反应可以使化学键发生断裂或形成，从而改变探针分子的构型或者电子云密度，进而使荧光发射光谱发生变化。这类小分子荧光探针也通常被用在比率型荧光探针的设计方面。

L. Yi 等设计并合成出了通过比色和荧光两种方法检测 H_2S 的一系列探针。在这些探针分子中加入 H_2S 之后，这些探针分子会与 H_2S 之间发生胺、醚或者硫醚的硫解反应，最终产生具有桃红色的含有巯基的苯并二唑类衍生物，以及具有荧光发射的胺类、醇类或者硫醇类物质。因此，H_2S 的加入会使这些探针分子产生特征的紫外吸收峰及特征的荧光发射峰，进而实现该探针对 H_2S 比色和荧光的同时检测。而且，该课题组还对比了这些探针分子的优势和缺点，并讨论了它们在生物体系中的实际应用(图 7－15)。

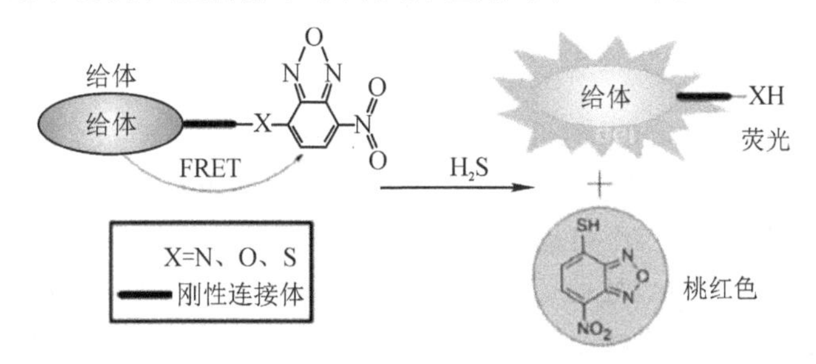

图 7－15　化学反应型小分子荧光探针用于 H_2S 的比色和荧光检测(参考文献[60])

(二)小分子荧光探针对阴阳离子及生物分子的识别、检测

近些年来,阴阳离子及生物分子荧光探针已经引起了科技工作者的广泛兴趣,一些用于识别和检测各种常见的金属离子(Al^{3+}、Mg^{2+}、Zn^{2+}、Cu^{2+}、Ag^{+}、Hg^{2+})、阴离子(ClO^{-}、SCN^{-})和生物分子(DPA)的小分子荧光探针已经被设计并合成出来。这类荧光探针常应用于环境中和生物体系中,且具有较高的选择性和灵敏度,用来识别和检测各种阴阳离子和生物分子的小分子荧光探针具有非常重要的意义。

Y. Zhao 等合成出了一个含有萘环和罗丹明 B 这两个独立荧光基团的小分子荧光探针,对 Hg^{2+} 和 Mg^{2+} 具有识别作用。该探针还可以渗透进入到细胞内,从而扩展了其在细胞成像方面的应用。Z. Zhang 等设计并合成出了一个基于脱氧胆酸的小分子荧光探针,可以应用于试纸中和实际样品中 Cu^{2+}、$C_2O_4^{2-}$ 和 $P_2O_7^{4-}$ 的检测(图 7-16)。

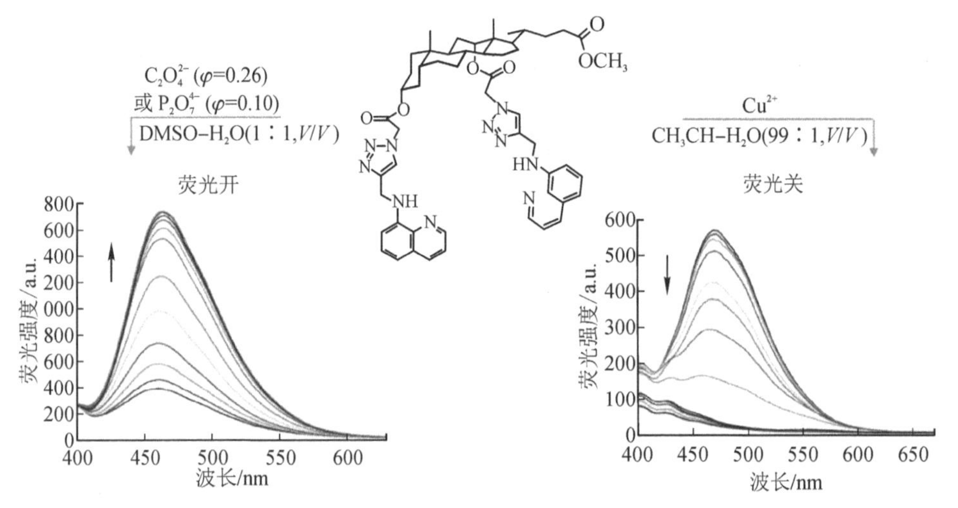

图 7-16 基于脱氧胆酸的小分子荧光探针用于 Cu^{2+}、$C_2O_4^{2-}$ 和 $P_2O_7^{4-}$ 的同时检测(参考文献[67])

O. Alici 等合成出来一个基于氰基联苯结构的配体作为 Al^{3+} 的小分子荧光探针,在该探针的乙腈和水的混合溶液中,存在着由希夫碱上的氮原子所含的孤对电子向联苯结构的光诱导电子转移现象,因此几乎不会发射出该探针自身的荧光;而 Al^{3+} 的加入会使该探针与 Al^{3+} 之间发生配位反应,使光诱导电子转移现象得到抑制,从而显著增强 516 nm 处荧光的发射。此外,该探针对 Al^{3+} 具有非常迅速的荧光响应,其荧光发射强度在半分钟之内就能够达到最大,克服了以往大多数 Al^{3+} 小分子荧光探针响应比较慢的缺点,可以对 Al^{3+} 进行实时检测(图 7-17)。

J. C. Xu 等报道的识别 ClO^{-} 的近红外小分子荧光探针,其检测不同于上述机制。该探针自身在 658 nm 处产生一个近红外区的荧光发射峰,而 ClO^{-} 的加入会使该探针与 ClO^{-} 之间发生化学反应,得到 7-二乙胺基香豆素-3-甲醛,因此在 475 nm 处发射出香豆素荧光基团的特征荧光,同时 658 nm 处的荧光发射强度显著降低。另外,ClO^{-} 的加入还使探针溶液颜色由无色变为黄色。因此,可以同时通过比色和比率型荧光这两种模式实现对 ClO^{-} 的检测(图 7-18)。

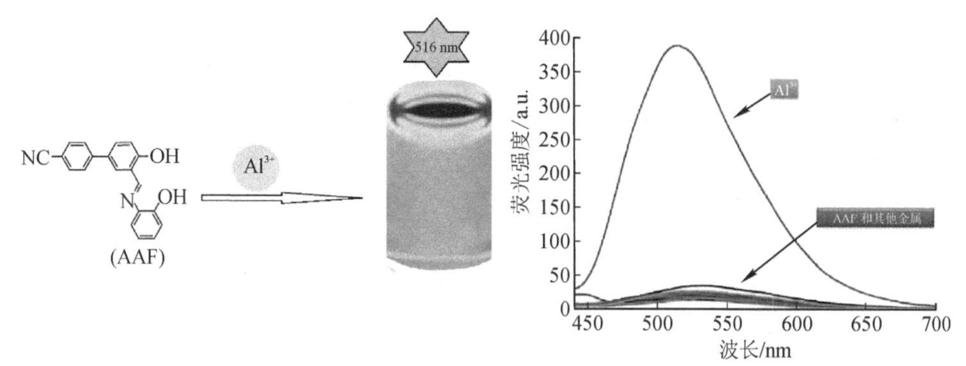

图 7－17　基于光诱导电子转移机制的小分子荧光探针对铝离子实时检测示意图(参考文献[68])

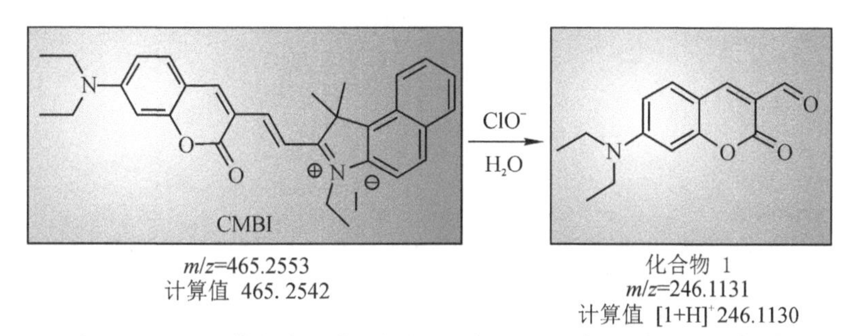

图 7－18　近红外小分子荧光探针识别 ClO^- 示意图(参考文献[64])

(三)双激发荧光探针对阴阳离子及生物分子的识别、检测

双激发荧光探针允许在相同的条件下，使用两个激发波长对荧光强度进行测量，这将为环境背景影响提供更多的校正手段。迄今为止，大多数小分子双激发荧光探针在激发波长上有非常小的波长分离(20～70 nm)，这是相当有限的，一个激发波长的摩尔吸收系数很小，这些缺点会导致交叉激发，从而导致荧光强度和荧光比的测量误差。自从 R. Y. Tsien 和他的同事提出了一种关于钙离子的双激发荧光探针(图 7－19)后，其他关于小分子的双激发荧光探针陆续被报道，包括检测钙离子、氢离子、铬离子和锌离子。与单激发的荧光探针不同，双激发荧光探针在与目标分析物结合或相互作用时，显示发射或激发光谱的光谱位移。可以通过两个发射带或激发带的自校准来消除大部分或全部的环境影响，也可以增加荧光测量的动态范围。实际有用的是，双激发荧光探针应该显示两个分离良好的激发峰，它们的强度是相当的，这对于确定发射强度和信号比是非常可取的。随着双激发显微系统和仪器获得重大进展，双激发成像将变得越来越有吸引力。

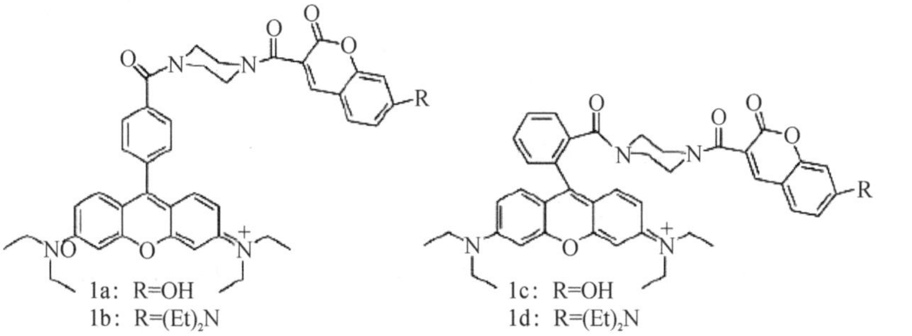

1a: R=OH
1b: R=(Et)$_2$N
1c: R=OH
1d: R=(Et)$_2$N

图 7－19　一种双激发荧光探针的分子结构图(参考文献[69])

H. L. Tan 等制备了一种稀土双发射荧光探针见图 7－20，用来检测 Hg^{2+}。通过采用 Tb－DPA 和 Eu－DTPA 配合物分别作为背景参考信号和响应信号，双发射荧光探针对 Hg^{2+} 具有良好的选择性，灵敏度高达 7.07 nmol/L。与其他荧光方法相比，其双发射荧光探针显示了可比较的检测限，对时间分辨荧光实验也证明具有足够长的荧光寿命，特别有利于通过自荧光检测进行生物样品的检测。

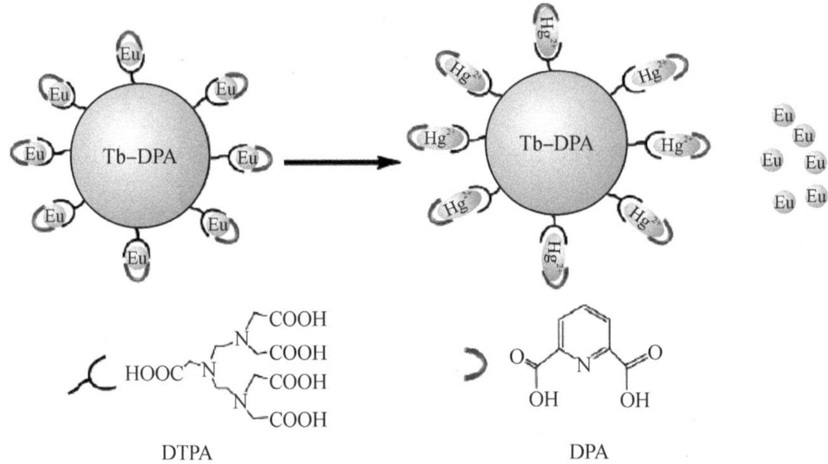

图 7－20　一种稀土配合物荧光探针的检测机制示意图(参考文献[76])

辽宁大学宋有涛教授团队设计合成了双激发荧光体系，当使用波长 247 nm 和 500 nm 激发时，分别出现了波长 550 nm 和 520 nm 的发射。因而 Tb^{3+}－dtpa－bis(fluorescein)配合物能被认为是一种双激发荧光探针，进而实现在溶液中对肼精准的、灵敏的检测(图 7－21)。

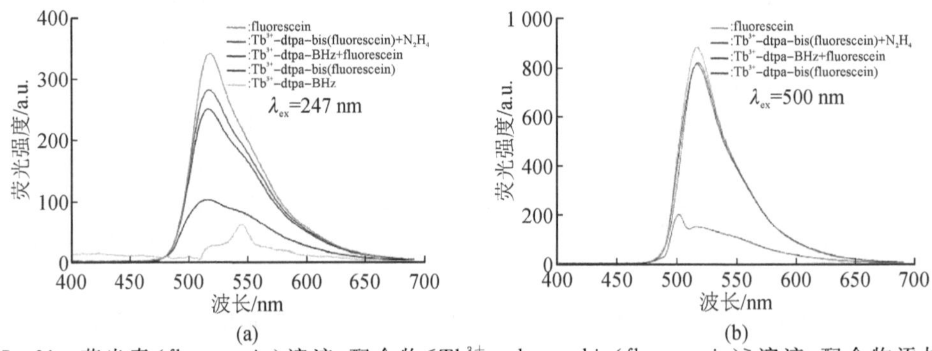

图 7－21　荧光素(fluorescein)溶液、配合物〔Tb^{3+}－dtpa－bis(fluorescein)〕溶液、配合物添加肼〔Tb^{3+}－dtpa－bis(fluorescein)＋N_2H_4〕溶液、Tb^{3+}－dtpa－BHz＋fluorescein 混合溶液和 Tb^{3+}－dtpa－BHz 溶液的荧光光谱(参考文献[77])

二、离子印迹材料用于污染物的检测

分子(离子)印迹是集高分子合成、分子设计、分子识别、仿生生物工程等学科优势而发展起来的一门边缘学科，是制备具有识别功能材料的技术。它是以目标分子(离子)为模板，将功能单体分子通过共价键或非共价键的方式与模板分子(离子)结合，再加入交联剂进行聚合反应。反应完成后将模板分子(离子)洗脱出来，在聚合物内留下了与模板(离子)在空间结构、结合位点完全匹配的三维空穴，此特征空穴能专一地或高选择地识别模板分子或离子，使分子印迹聚合物和离子印迹聚合物对模板分子（离子）具有识别功能。

印迹聚合物的特点：①高度预定的选择性，即它可以根据不同目的制备不同的分子印迹聚合物和离子印迹聚合物。②识别性，即分子印迹聚合物和离子印迹聚合物是按照模板分子定做的，可专一地识别印迹分子或离子，从而能消除共存元素和背景对目标物分析测量的干扰，如以分子印迹聚合物作为手性固定相用于色谱拆分手性药物，不仅可以完全分离一对异构体，而且可预测手性物的洗脱顺序，于是省去了测定洗脱物手性的过程；用作固相萃取剂来分离富集复杂样品中的痕量分析物，避免了医药、生物及环境样品体系复杂、预处理烦琐等不利因素，达到分离纯化的目的，从而降低检出限，提高分析的精密度和准确度；将分子印迹聚合物与高效毛细管电泳法（HPCE）相结合，可克服高效液相色谱柱效过低的缺点。③实用性，可以与天然的生物分子识别系统如酶与底物、抗原与抗体、受体与激素相比拟，在色谱、固相微萃取、膜分离和痕量金属离子等方面有着广泛的应用。④抗恶劣环境，对酸、热有很好的稳定性、不膨胀性，使用寿命长。⑤制备简便。

1. 分离富集水样中的丁基锡和三苯基锡

刘斌等以一丁基锡（MBT）、二丁基锡（DBT）、三丁基锡和三苯基锡（TPT）为模板，壳聚糖为基体，制备了壳聚糖 CTS-丁基锡复合物，再用戊二醛交联，用 pH 值为 10 的乙醇溶液反复洗脱交联 CTS-丁基锡聚合物中 MBT、DBT 和 TBT，制备在空间结构和结合位点上与各丁基锡完全匹配、能特异性识别各丁基锡的交联壳聚糖分子印迹聚合物。

2. 分离富集 UO_2^{2+}

在苯乙烯为单体、二乙烯基苯为交联剂和 2,2′-偶氮二异丁腈为引发剂存在下，从各种致孔剂用共聚 U_2^{2+} -5,7-二氯喹啉-8-醇-4-乙烯吡啶三元络合物方法制备了离子印迹聚合物材料，用 100 ml 50% HCl(1+1)浸取 2 h 除去 UO_2^{2+}，留下了聚合物颗粒的空腔。在所实验的致孔剂中，2-甲氧基乙醇给出最大的铀保留/吸附容量和较好的铀对钍的选择性。

三、化学传感器对污染物的检测

化学传感器是一种能将各种化学物质的特性（如气体、离子、电解质浓度、空气湿度等）的变化定性或定量地转换成电信号的传感器。它是由材料科学、超分子化学、光电子学、微电子学和信号处理技术等多种学科相互渗透成长起来的高新技术。化学传感器具有选择性好、灵敏度高、分析速度快、成本低、能在复杂的体系中进行在线连续监测的特点；可以高度自动化、微型化与集成化，减少了对使用者环境和技术的要求，在生物、医学、环境监测、食品、医药及国家安全等利用有着重要的应用价值。

1. 化学传感器对阳离子的识别

选择性是传感器在分子识别中最重要的特性之一。为了设计一个高选择性、高灵敏度的化学传感器，待识别的金属离子对配体的亲和力应该比配合物中的金属离子及其他金属离子对配体有更强的亲和力。因此，配体与被识别离子的稳定常数（K_s）是最大的。当与相同配体进行阳离子交换反应时，中心金属离子是决定 K_s 的主要因素，因此也决定了选择性行为。二价金属离子的稳定性顺序符合 Irving - Wiliams 稳定系列（$Ba^{2+} < Sr^{2+} < Ca^{2+} < Mg^{2+} < Mn^{2+} < Fe^{2+} < Co^{2+} < Ni^{2+} < Cu^{2+} > Zn^{2+}$），这在很大程度上独立于配体的性质，并有助于预测对识别离子的选择性行为[73]。然而，有一些常见的三价金属离子，如 Al^{3+}、Cr^{3+}、Fe^{3+} 对配体的亲和力比 Cu^{2+} 强，因为三价金属离子的结合能几乎是 Cu^{2+} 的两倍，这有力地支持了 Cu^{2+} 被 Al^{3+}、Cr^{3+}、Fe^{3+} 取代[74]。此外，软硬酸碱理论的广泛应用，可用来解释配合物的稳定性、反应机制和途径。金属离子可以作硬酸，也可以是软酸，从 HSAB 的理论可以解释金属离子的选择性行为，但要注意，大多数作为化学传感器的配体会具有不同的配位数及更复杂的配位环境。图 7－22 所示，Salamo 的小分子传感器，经研究发现其对锌(Ⅱ)离子具有较好的识别作用。同时，铜(Ⅱ)离子通过置换锌(Ⅱ)配合物的锌离子，表现出了明显的猝灭效应，锌(Ⅱ)配合物可以作为识别铜(Ⅱ)离子的化学荧光传感器，具有较好的识别效果和应用前景。

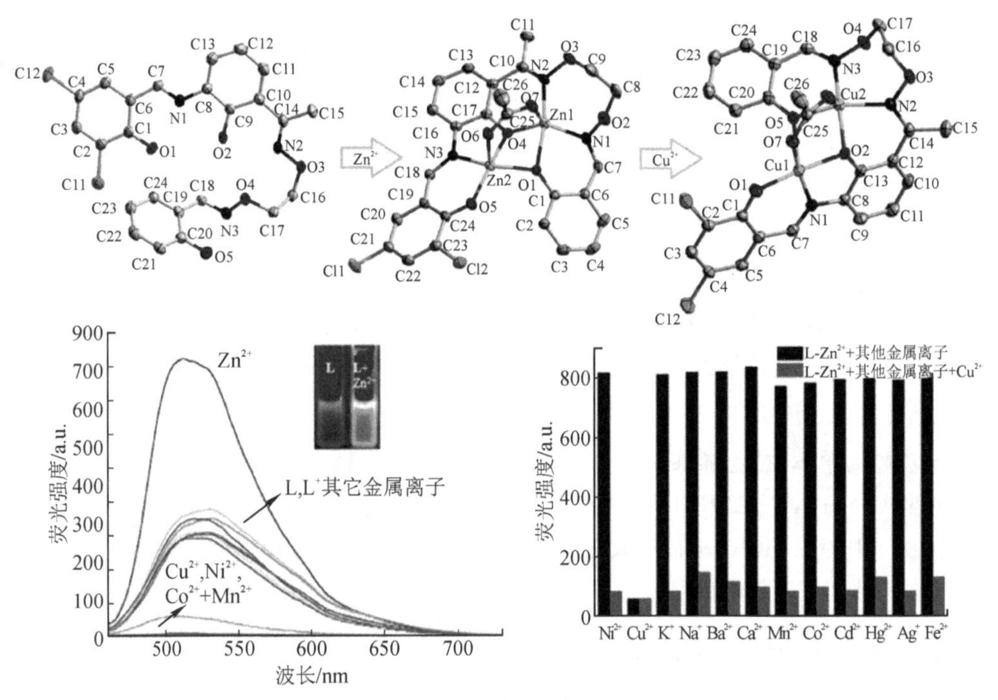

图 7－22 Salamo 型探针对 Zn^{2+}、Cu^{2+} 的识别(参考文献[82])

L. Zhou 课题组设计并合成了衍生自不同二胺的一系列水溶性磺酸基- Salen 型化学传感器(图 7－23)，配体的磺酸盐基团可确保在水中的良好稳定性和溶解性，而不会影响其激发态性能。这些配体表现出强烈的 UV/Vis 吸收和蓝色、绿色或橙色的荧光。由于它们的荧光被 Cu^{2+} 选择性地猝灭，因此磺酸基- Salen 型配体可以用作对 Cu^{2+} 高选择性和高灵敏的荧光传感器，用于检测水中的 Cu^{2+}。

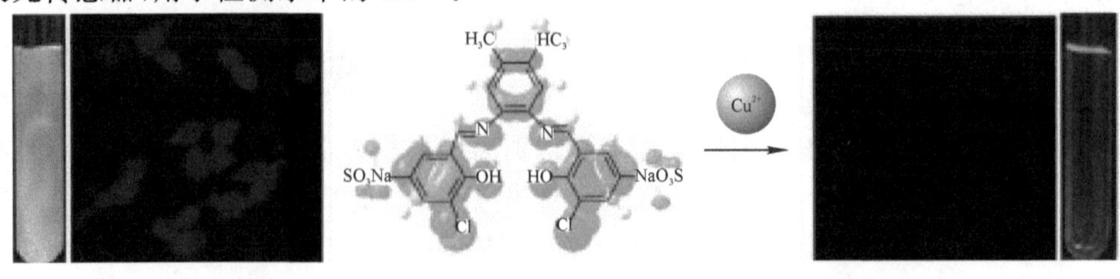

图 7－23 Salen 型探针对 Cu^{2+} 的识别(参考文献[83])

S. P. Anthony 课题组还报道了一个结构简单的基于 Salen 型化学传感器，用 DMF 或 DMSO 作为溶剂，证明了 Mg^{2+} 可以高选择性的开启荧光。通常 Ca^{2+} 存在会干扰荧光传感器对 Mg^{2+} 的识别。但该化学传感器在 Ca^{2+} 存在时显示出对 Mg^{2+} 良好的选择性，这一系列 Salen 型化学传感器醛基单元上不同的取代基除了灵敏度上有细微区别，对 Mg^{2+} 的识别都表现出相似的荧光传感(图 7-24)。

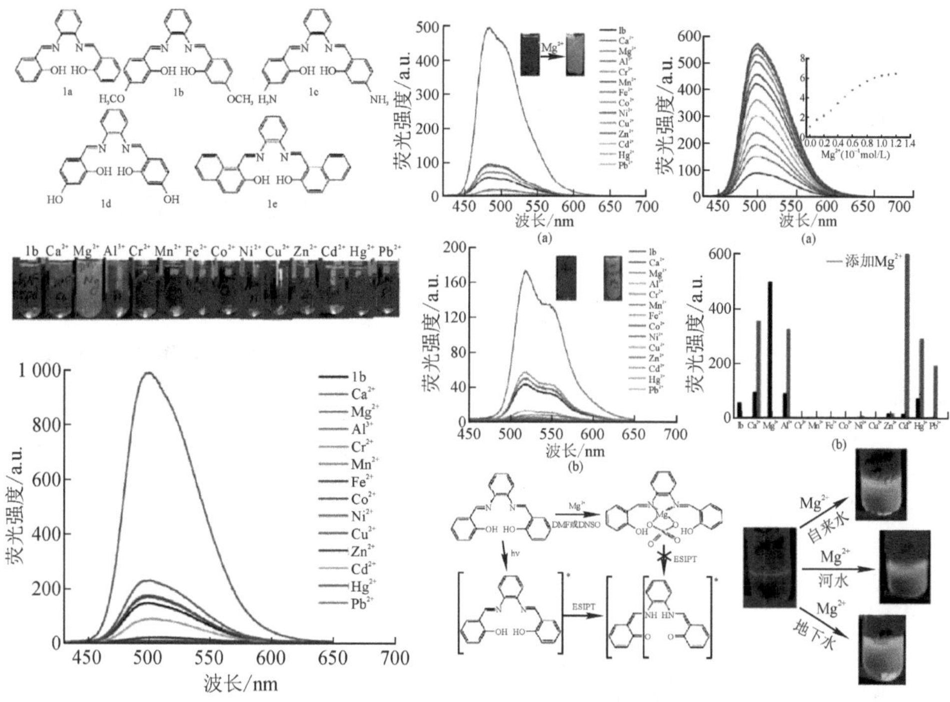

图 7-24　Salen 型化学传感器高选择性识别 Mg^{2+} 的荧光检测(参考文献[84])

董文魁课题组报道了一系列 Salamo 型化学传感器，可高灵敏地识别 Cu^{2+}(荧光关闭)(图 7-25)和 Cd^{2+}(图 7-26)。

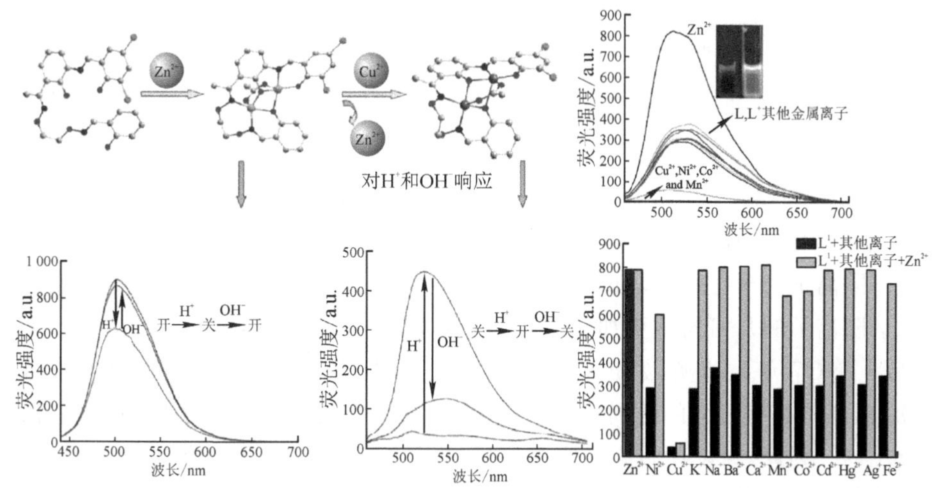

图 7-25　Salamo 型探针对 Zn^{2+} 和 Cu^{2+} 的识别过程及配合物对 H^{+} 和 OH^{-} 的荧光响应(参考文献[85])

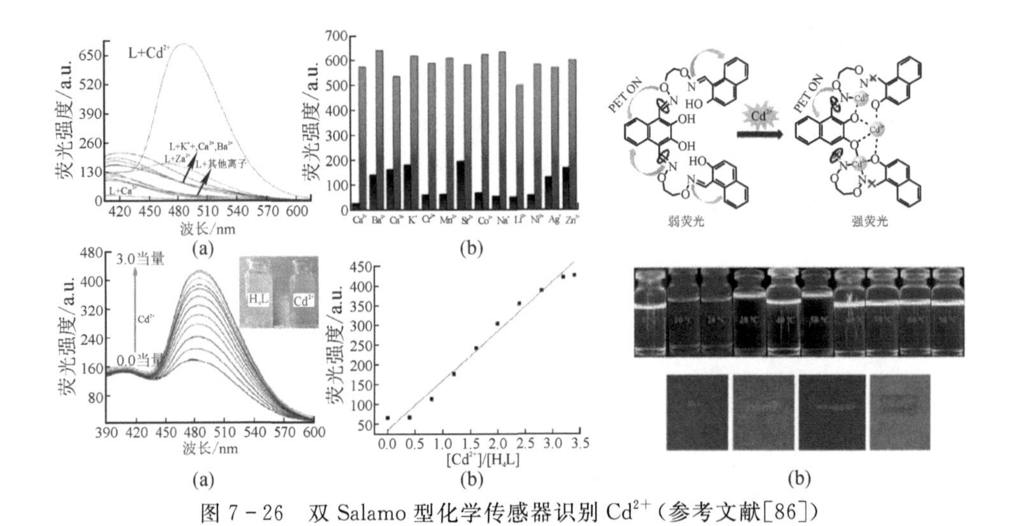

图 7-26　双 Salamo 型化学传感器识别 Cd^{2+}（参考文献[86]）

Y. Wang 课题组设计并合成了一种新型的吡嗪 Hydr。该吡嗪可作为传感器，基于具有三种不同发射颜色的荧光，选择性检测 DMSO 溶液中的 Al^{3+}、Mg^{2+} 和 Zn^{2+}（图 7-27）。

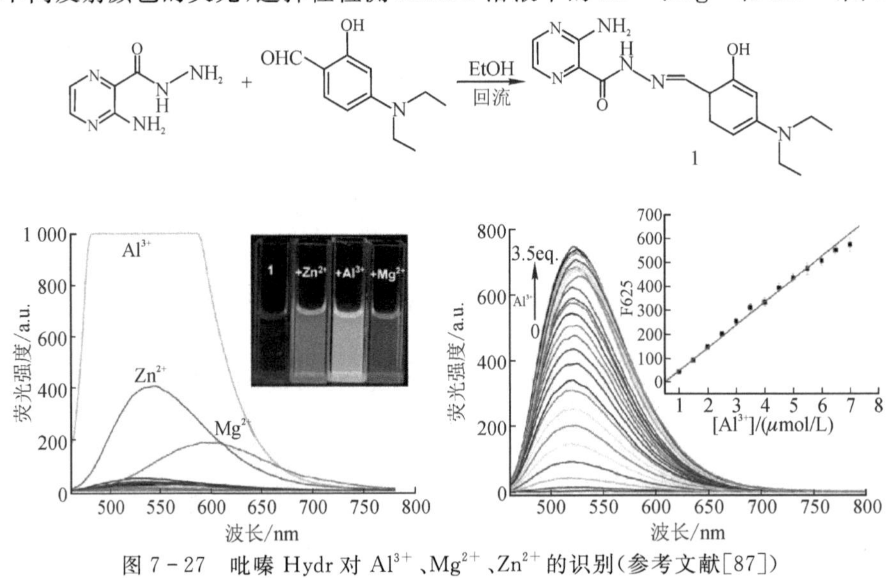

图 7-27　吡嗪 Hydr 对 Al^{3+}、Mg^{2+}、Zn^{2+} 的识别（参考文献[87]）

2. 对阴离子的识别

与阳离子相比，阴离子传感器的发展较为缓慢，这主要是由阴离子自身的特征所决定的。首先，阴离子的半径较大，电子云密度较低，因此与主体分子之间的静电相互作用较弱。其次，阴离子的几何构型更加多样化，包括直线型（如 CN^-、SCN^-、N^{3-} 等）、平面三角形（如 CO_3^{2-}、NO_3^- 等）、球型（如 F^-、Cl^-、Br^-、I^- 等）及四面体型（如 SO_4^{2-}、PO_4^{3-}、ClO_4^- 等）等。再次，阴离子具有很强的溶剂化趋势，存在形式对介质酸度较为敏感，只能存在于一定的 pH 范围内。因此，在设计阴离子传感器时，必须综合考虑以上全部影响因素，使阴离子传感器的设计更具挑战性。

D. S. Huerta-José 课题组制备了 N，N′-双（水杨基）乙二胺的铟（Ⅲ），并进行了阴离子的选择性识别。结果表明，该配合物选择性地检测 HSO_4^-，不受乙酸根以外其他阴离子的干扰(图 7-28)，并且配合物与 HSO_4^- 的相互作用的化学计量比为 1∶1。有趣的是，该配合物被用于红细胞的溶血，配合物通过与血红蛋白的羧基相互作用而严重破坏了细胞壁。但是，在 HSO_4^- 的存在下，由于 HSO_4^- 与配合物结合，配合物无法参与溶血。

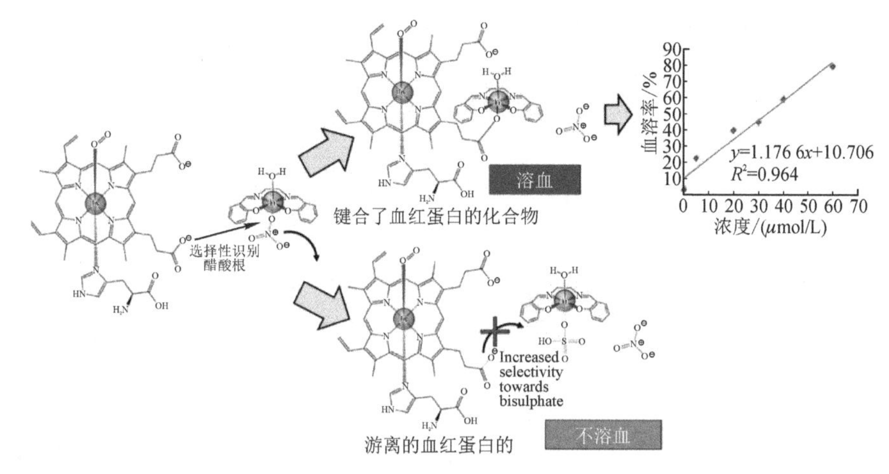

图 7-28　N,N′-双(水杨基)乙二胺的铟(Ⅲ)对 HSO_4^- 的识别(参考文献[89])

M. R. Prathapachandra Kurup 课题组在 2018 年报道了一系列新的 Salen 型化学传感器，用于识别和检测具有重要生物学意义 L-精氨酸(图 7-29)。这是首次报道关于 Salen 型传感器用于荧光和比色识别水溶液中的 L-精氨酸，为进一步研究 Salen 型配合物作为重要的生物传感器奠定了基础。

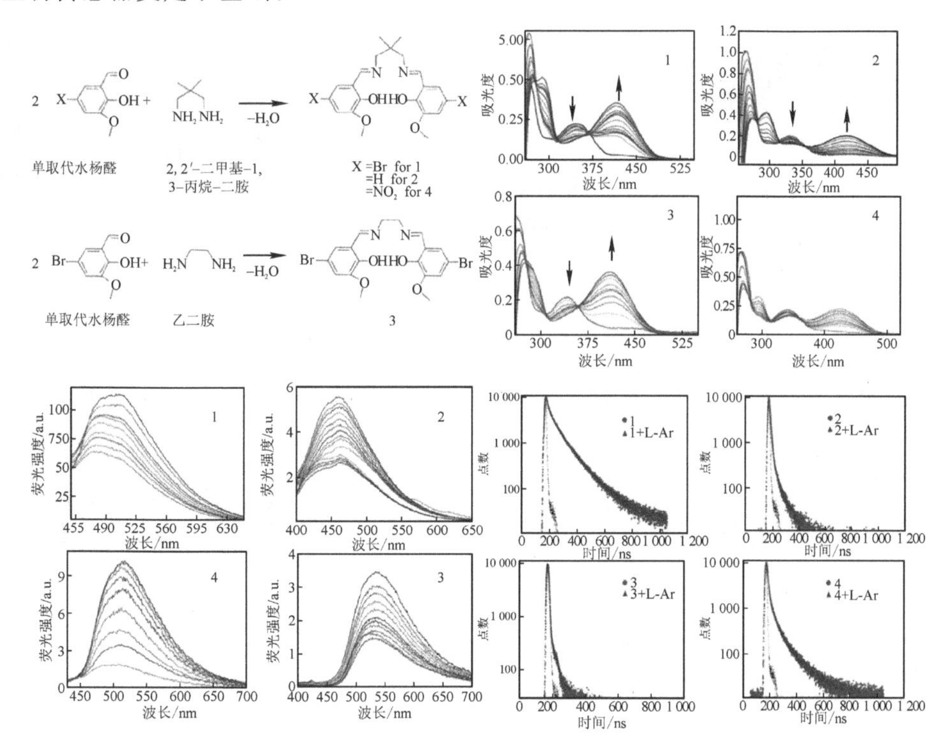

图 7-29　双响应型 Salen 型化学传感器，用于静态淬灭机制对 L-精氨酸的有效检测(参考文献[90])

以萘环为荧光发色团的 Salamo 型化学传感器 L 具有较宽的 pH 适用范围及优异的化学稳定性，在含水体系中选择性识别 Zn^{2+}，形成稳定的 L－Zn（Ⅱ）配合物，经 X 射线晶体学探究其结构，L－Zn（Ⅱ）配合物可作为传感器连续识别 CN^-（图 7－30）。双 Salamo 型四肟化学传感器可在生物细胞中选择性识别 $B_4O_7^{2-}$，且抗干扰能力强（图 7－31），与 $B_4O_7^{2-}$ 共存的其他阴离子对识别 $B_4O_7^{2-}$ 无影响。

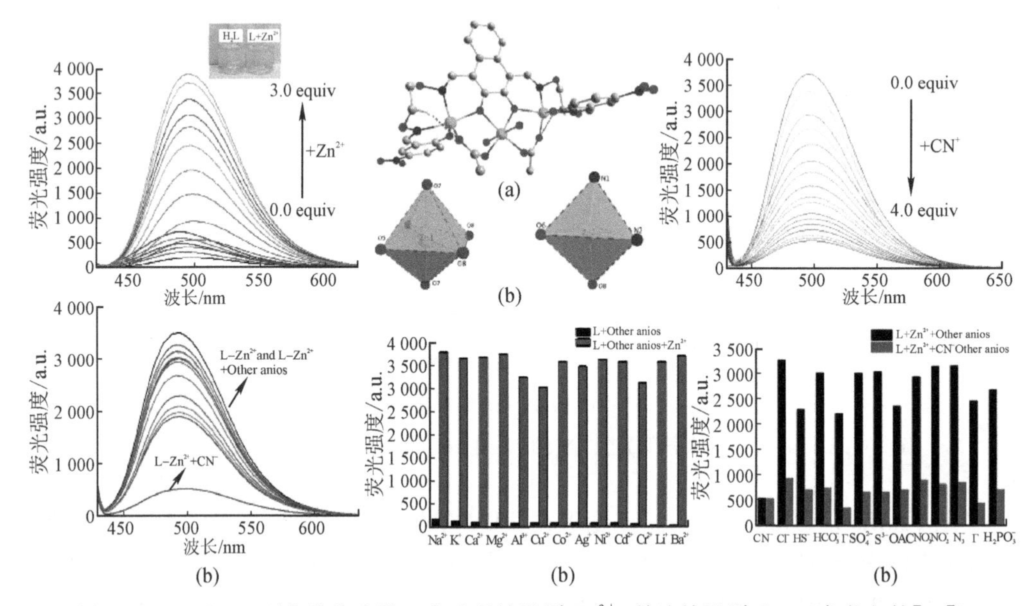

图 7－30 Salamo 型化学传感器 L 高选择性识别 Zn^{2+}，并连续识别 CN^-（参考文献[91]）

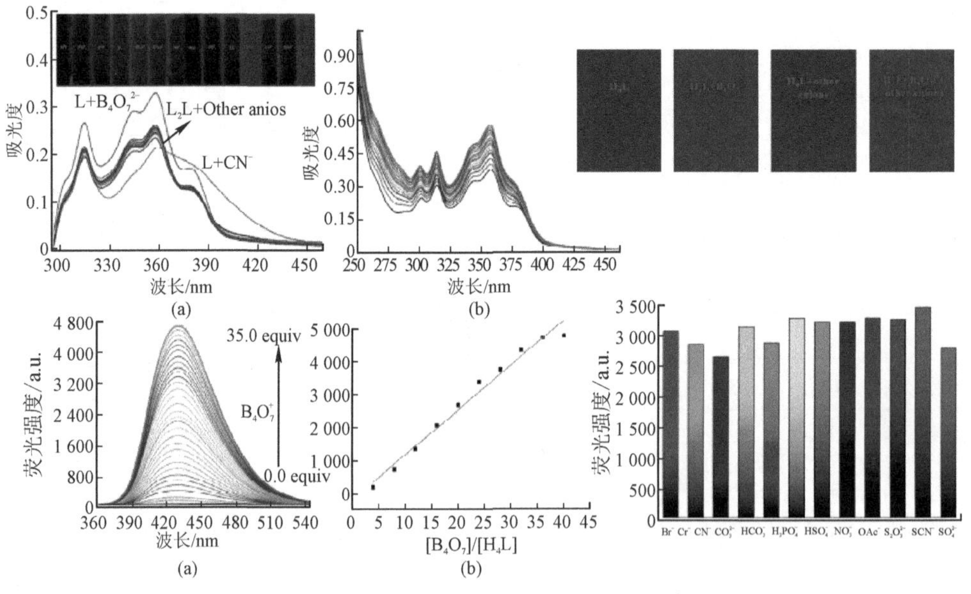

图 7－31 双 Salamo 型四肟化学传感器选择性识别 $B_4O_7^{2-}$（参考文献[92]）

四、MOF 材料用于污染物的检测

MOF 材料由于具有可调孔隙的几何形状和柔性框架，可以选择性地对气体进行吸附和分离。近年来，科研工作者根据 MOF 材料的荧光特性及其尺寸和形貌选择性吸附性质，使得其可用来组装成传感器装置。B. Chen 等合成得到一种具有荧光特性的 MOF 材料，其带有 Lewis 碱的吡啶基团可用来进行金属离子的检测。

华南理工大学林璋教授团队设计制备了一系列卟啉配体的锆基 MOF 作为光电材料，将其修饰在 ITO 电极表面实现对牲畜饲料添加剂苯胂酸类物质的检测。

P. Y. Du 课题组水热合成了两种新型的 3d－4f 异质三维金属有机骨架材料。它们可以作为很好的传感器，分别可以通过荧光淬灭过程来鉴别苯甲醛，以及用于在含有各种无色阴离子的水介质中选择性地检测亚硝酸盐(图 7 - 32)。

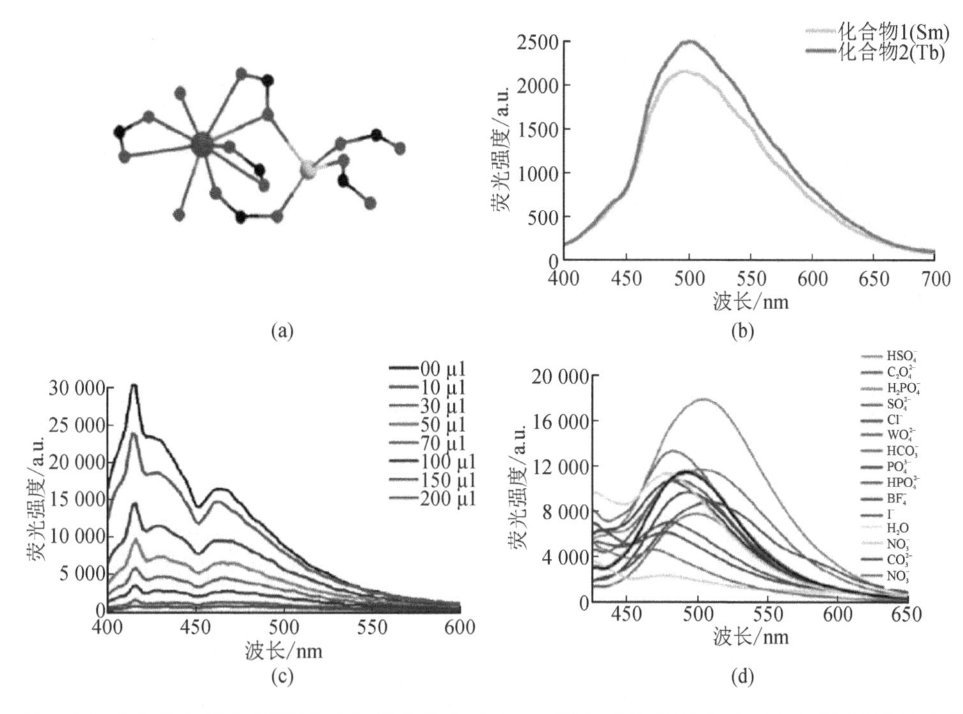

图 7 - 32　(a) 化合物的配位环境图；(b) 化合物在 362 nm 激发时的发射光谱；(c)在 THF 溶液中添加了苯甲醛的化合物 1 的荧光强度；(d) 在 370 nm 处化合物 2 对不同阴离子的荧光响应(参考文献[98])

第二节　配位化学在重金属废水处理方面的应用

重金属水体污染为我国正面临的普遍污染问题之一。频频发生的重金属污染事件为人们敲响了警钟：重金属污染已经成为我国亟待解决的环境问题。我国重金属主要污染源包括机械加工、建材生产、采矿冶炼、电子电锥等工矿企业生产过程。铜、镍、锌等作为典型的二价重金属污染物，其来源极为广泛且多共存于采矿、冶炼、电解等行业废水中。近年来，水环境中重金属的来源与迁移、生物毒性与生态效应、污染控制与资源利用等一直都是国内外的热点研究课题。一方面，重金属污染作为环境污染控制的重要指标之一，具有以下特点：一是难降解，重金属污染物可在环境中长期残留而不被微生物分解去除；二是毒性大，微量的重金属污染物就会产生较强的生物毒性，通常最低毒性范围在 1～10 mg/L；三是明显的累积效应，重金属污染物可通过食物链传递并在生物体内逐步富集并会累积进而造成慢性中毒。大量研究发现，铜与人体内分泌腺功能、造血功能、细胞生长及有些酶的活动息息相关。如果摄入过量的铜，铜与人体的脂肪发生氧化作用，可引起腹痛、呕吐等症状，也可能损害肝脏，长期接触还可引起肝硬化。而镍可参与血清沉着及酶和核糖核酸的生理活动，能激活肽酶活性，但过量的镍会引起皮肤炎症、癌症、神经衰弱症、系统紊乱、生育能力下降等症状，还有致畸、致突变等严重的危害。因此，我国对铜、镍、锌等重金属离子的控制和排放标准做出了明确规定，具体见表 7-1。

表 7-1　重金属排放标准　　单位：mg/L

项目	一级 A 标准 GB 18918	综合排放标准 GB 8978	行业标准		
			电镀	铅锌	铜镍钴
总钴	—	—	—	—	1.0
总铜	0.5	0.5	0.5	0.5	0.5
总镍	0.05	1.0	0.5	0.5	0.5
总铅	0.1	1.0	0.2	0.5	0.5
总铬	0.1	1.5	1	1.5	—
六价铬	0.05	0.5	0.2	—	—
总镉	0.01	0.1	0.05	0.05	0.1
总汞	0.001	0.05	0.01	0.03	0.05
总锌	1.0	2.0	1.5	1.5	1.5
总砷	0.1	0.5	—	0.3	0.5

另一方面，重金属资源作为重要的基础材料、结构材料和功能材料，被广泛应用于国民经济和国家安全的各个领域，建筑、交通运输、信息产业和能源工业为主要消费领域，回收利用这些资源对于资源污染控制意义重大。

重视废水的综合利用，不断开发并完善废水处理新技术、新工艺，不仅能消除环境污染的不良影响，而且可转化为可观的经济效益，这对重金属污染的减量化、无害化、资源化具有重要的现实意义。对重金属离子的低耗、高效分离回收不仅有巨大的环境生态保护意义，而且具有巨大的社会经济价值。

一、分子(离子)印迹材料

分子印迹是集高分子合成、分子设计、分子识别、仿生生物工程等学科优势而发展起来的一门边缘学科，是制备具有识别功能材料的技术。分子(离子)印迹技术是以目标分子(离子)为模板，将功能单体分子通过共价键或非共价键的方式与模板分子(离子)结合，再加入交联剂进行聚合反应。反应完成后将模板分子(离子)洗脱出来,在聚合物内留下了与模板分子在空间结构、结合位点完全匹配的三维空穴,此特征空穴能专一地或高选择地识别模板分子或离子,使分子印迹聚合物(molecularly imprinted polymer,MIP)或离子印迹聚合物(ionic imprinted polymer,IIP)对模板分子(离子)具有识别功能。金属印迹聚合物提供了一种从贫矿石、矿物和稀溶液中提取有价值的稀有金属,从工业废水中除去有毒重金属污染的有效方法。

1. 分离富集水样中的镉

Y. K. Lu等在制备的分层印迹吸附剂中,Cd(Ⅱ)和表面活性剂胶束十六烷基三甲基溴化铵为模板,通过自水解、自凝聚和与交联剂(四乙氧基硅酸盐)和功能先导物3-(2-氨基乙胺基)-丙三甲氧硅酸盐在碱性介质中共凝聚,接着凝胶化制备吸附剂。在pH值5～6,5 min内Cd(Ⅱ)吸附量达到95%。

用金属印迹聚合物技术基于Cd(Ⅱ)-二偶氮氨基苯-乙烯吡啶与二甲基丙烯酸乙二酯交联剂反应制备了聚-Cd(Ⅱ)-重氮氨基苯-乙烯基吡啶螯合树脂,发展了从水溶液中高选择性固相萃取和富集Cd(Ⅱ)的方法。

G. Z. Fang等表面印迹技术合成了新的离子印迹硫醇功能基硅胶凝胶吸附剂,用于选择性在线固相萃取Cd(Ⅱ),实验的共存离子Na(Ⅰ)、K(Ⅰ)、Ca(Ⅱ)、Mg(Ⅱ)、La(Ⅲ)、Co(Ⅱ)、Ni(Ⅱ)、Fe(Ⅲ)、Zn(Ⅱ)、Hg(Ⅱ)、Cu(Ⅱ)、Pb(Ⅱ)和As(Ⅲ)不干扰μg/L级Cd(Ⅱ)的测定。

2. 分离富集水样中的铜

用离子印迹聚合物技术合成了环氧-二乙烯基三胺和甲基丙烯酸-丙烯酰胺-N,N′-亚甲基-二-(丙烯酰胺)Cu(Ⅱ)-印迹渗透聚合物网状凝胶。用环氧凝胶与二乙烯基三胺形成第一个聚合物网状,用铜甲基丙烯酸与丙烯酰胺和N,N′-亚甲基-二(丙烯酰胺)交联剂共聚形成另一个聚合物网状。两组聚合物网状彼此支持形成Cu^{2+}识别腔。

苏蕾等以甲基丙烯酸为功能单体,乙二醇二甲基丙烯酸酯为交联剂,甲苯为溶剂,偶氮二异丁腈作为引发剂,应用反相微乳液聚合方法,制备了Cu(Ⅱ)离子印迹聚合物微球。聚合物微球外观形貌和内部孔隙清晰分明,对水中的重金属Cu(Ⅱ)离子具有良好的识别和吸附性能。

用分散共聚方法制备了平均大小为150～200 μm Cu(Ⅱ)-印迹的聚〔二甲基丙烯酸乙烯乙二酯-甲(基)丙烯酰基胺基组氨酸/Cu(Ⅱ)〕微球。Cu(Ⅱ)印迹微球能从金属溶液内吸附和解吸Cu(Ⅱ)。

3. 分离富集水样中的镍

用表面印迹技术一步反应制备了对Ni(Ⅱ)具有高选择性的Ni(Ⅱ)印迹胺基功能化硅胶吸附剂,用于ICP-AES测定之前选择性固相微萃取水中痕量Ni(Ⅱ)。该方法已成功地被用于植物和水样中痕量镍的测定。

合成无水Ni(Ⅱ)-甲(基)丙烯酰基组氨酸络合物单体,再与交联剂二甲基丙烯酸乙二酯反应得到Ni(Ⅱ)印迹聚合物,洗去Ni(Ⅱ)后得到Ni(Ⅱ)印迹吸附剂。

4. 分离富集水样中的钴

以Co^{2+}为模板,十六烷基三甲基溴化铵为表面活性剂,N-3-(三甲氧基硅基)丙基乙二胺为功能单体，四乙氧基硅烷为交联剂，采用表面印迹法合成了钴离子印迹聚合物。

5. 分离富集水样中的汞

在2,2′-偶氮二异丁酰腈引发剂存在下用二甲基丙烯酸乙二酯为交联剂，共聚氯化汞、重氮氨基苯和乙烯基吡啶得到汞印迹共聚物，使用Hg(Ⅱ)印迹共聚物柱，开发了从稀水溶液中选择性固相萃取和富集Hg(Ⅱ)的方法，分析自来水，河水和海水中的Hg(Ⅱ)，加标回收率是94%～105%。

6. 分离富集水样中的铅

辉永庆等采用对乙烯基苯甲酸为功能单体，铅作为模板分子，苯乙烯作为骨架单体，对乙烯基苯作为交联剂，二甲基甲酰胺作为反应溶剂，在氮气保护下，偶氮二异丁腈60℃引发聚合24 h，制得铅的分子印迹聚合物。在pH值为4.5～5.5时，MIP对铅的印迹吸附效率可以达到95%，吸附容量为725 μg/g。

二、高分子螯合材料

1. 含氨基的高分子

含氨基高分子是指含有氨基、亚氨基、酰胺基团的高分子，其代表物质有壳聚糖和聚丙烯酰胺。壳聚糖因其无毒、环保等优点，在重金属吸附剂领域备受人们的重视。壳聚糖是自然界中唯一的碱性多糖，可溶于弱酸(低于pH值为7)，原因在于氨基在酸性介质中能质子化，从而能溶解在有机酸中。而且壳聚糖的使用效率高，价格低廉，是性能优良的吸附材料。庞素娟等将壳聚糖成细丝，在50℃下吸附Cr(Ⅵ)，其最大吸附量为29 mg/g。陈扬等将壳聚糖做成不溶于水的片状固体，吸附水中的Cu(Ⅱ)，其最大吸附量为23.75 mg/g。聚丙烯酰胺所含—$CONH_2$—基团中的N原子带有孤对电子，能通过络合作用实现对重金属离子的吸附，也是被广为研究的氨基类高分子材料之一。鲁丹萍等将聚丙烯酰胺制成超大型孔晶胶微球，吸附水中的Cu(Ⅱ)，其最大吸附量为53.76 mg/g。但是在聚丙烯酰胺中，由于N原子与C═O的共轭效应，使电子云密度降低，导致络合作用减弱进而降低了吸附能力。为提高聚丙烯酰胺对重金属离子的吸附能力，常常在聚丙烯酰胺中引入高效且有选择性的特定功能基团，从而制成具有高吸附容量的聚丙烯酰胺类复合吸附材料。

2. 含羧基的高分子

含羧基高分子是指含有羧基的高分子，其代表物质有聚丙烯酸和海藻酸钠。聚丙烯酸共聚物具有无毒无害、成本低、生物相容性好等优点，不易产生二次污染，是一种环境友好型的吸附剂。聚丙烯酸作为一种来源广泛、无公害、高效能的高分子材料吸附剂，在废水处理、土壤修复和治理等方面都得到了广泛的关注和研究。但纯聚丙烯酸吸附剂对重金属离子吸附效果不佳，使得它在实际应用中受到了很大的限制。因此，必须对聚丙烯酸进行改性，优化其吸附能力，从而提高聚丙烯酸的应用价值。海藻酸钠是海藻酸的钠盐，由于海藻酸钠分子中含有大量游离的羧基，可以与金属离子发生化学反应，在吸附过程中，金属离子会与钠离子进行交换，从而可以吸附金属离子。研究表明，海藻酸钠对汞、铜、镉等重金属离子都具有一定的吸附能力，可以作为吸附重金属的吸附剂。刑等研究了海藻酸钠、海藻酸钠-聚乙烯醇和海藻酸钠-聚氧化乙烯三种凝胶球对金属离子的吸附效果，比较发现海藻酸钠、海藻酸钠-聚乙烯醇和海藻酸钠-聚氧化乙烯对Cd(Ⅱ)的去除率分别为53%、60%和74%。

3. 含羟基的高分子

含羟基高分子是指富含羟基基团的高分子，其代表物质有聚乙烯醇和纤维素。聚乙烯醇是一种亲水性半结晶聚合物，具有无毒、生物相容性好、耐化学性能好、力学性能好等优点，被广泛用于生物医药领域。纤维素表面富含羟基，其本身对重金属和染料等具有一定的吸附能力，但由于纤维素羟基之间存在较强的分子间和分子内氢键，纤维素结合十分紧密，易聚集成束并形成高度结晶结构，导致纤维素的比表面积减小，有效吸附面积和吸附位点减少，因此未经化学修饰的纤维素吸附能力十分有限。采用不同的改性方法，可以使纤维素在形貌、结构和性能等方面更利于吸附。

4. 含S的高分子

含S的高分子是指富含巯基、磺酸基和硫醚键等的高分子。磺酸可以看作硫酸分子中的羟基被烃基替代后的化合物。磺酸基是除去硫酸分子中的一个羟基后余下的基团，是磺酸的官能团。聚砜类聚合物是指在聚合物主链上含有砜基的一类芳香性高分子聚合物，包括聚砜、聚醚砜及其衍生物磺化聚砜、磺化聚醚砜等。这类聚合物具有良好的耐热性、抗氧化性、抗溶胀性。马敬红等研究了一种新型的重金属离子吸附体系——含磺酸基的光诱导电子转移高聚物对重金属离子Cr(Ⅲ)及Cu(Ⅱ)的吸附性能，其对Cr(Ⅲ)最大吸附量为7.1 mg/g，其对Cu(Ⅱ)最大吸附量为24.5 mg/g。徐波等合成的巯基树脂研究了对重金属离子Cu(Ⅱ)的吸附，其对Cu(Ⅱ)最大吸附量为51.2 mg/g。王彩等制备了一种功能聚醚砜螯合膜对Ni(Ⅱ)进行吸附，其最大吸附量为34.69 mg/g。

由此可见，高分子材料由于其含有的官能团如氨基、羧基、羟基和巯基等，相较于活性炭和沸石等材料，具有较好的吸附效果。但是综合来讲，高分子材料有成本高昂、机械性能差等缺点，其直接应用于对重金属的吸附效果依旧非常有限，而且其重复使用性差、选择性差，故对高分子材料进行改性和复合已成为研究热点。

黑色素是目前已知存在于自然界最多、最广的一类色素类物质，是由吲哚或者多酚类物质氧化聚合形成的高分子化合物。

由于黑色素带有电荷和高比表面积，因此金属离子很容易与黑色素的官能团结合，黑色素优异的吸附性能在污水处理等方面也有体现。Cuong等实验表明黑色素包埋材料可有效去除水溶液中的六价铬，且有一定的重复利用性，但是不同来源的黑色素的处理能力有所不同。S. Chen等研究了乌贼黑色素对Pb(Ⅱ)和Cd(Ⅱ)的吸附作用，在金属离子浓度为2 mmol/L时，对这两种金属离子的生物吸附效率可达95%。A. S. Saini和J. S. Melo等验证了黑色素能够有效去除水中所含的铀，也能吸附水介质中二价铜离子和铅离子。

有机高分子絮凝剂是20世纪60年代开始使用的第二代絮凝剂。与无机高分子絮凝剂相比，有机高分子絮凝剂用量少，絮凝速度快，受共存盐类、污水pH值及温度影响小，生成污泥量少，节约用水。强化废(污)水处理，并能回收利用。但有机高分子絮凝剂和无机高分子絮凝剂的作用机制不同：无机高分子絮凝剂主要通过絮凝剂与水体中胶体粒子间的电荷作用使N电位降低，实现胶体粒子的团聚，而有机高分子絮凝剂则主要是通过吸附作用将水体中的胶粒吸附到絮凝剂分子链上，形成絮凝体。有机高分子絮凝剂的絮凝效果受其分子量大小、电荷密度、投加量、混合时间和絮凝体稳定性等因素的影响。目前，有机高分子絮凝剂主要分两大类，即合成有机高分子絮凝剂和天然改性高分子絮凝剂。

杨梦凡等通过淀粉交联、黄原酸化、丙烯酰胺接枝三阶段反应制备出高分子重金属螯合絮凝剂，最佳制备条件下制得的药品在弱酸性及碱性条件下对 Cu^{2+} 去除效果最佳。刘立华等以二烯丙基甲基胺、环氧氯丙烷、三乙烯四胺、氢氧化钠和二硫化碳为原料合成了一种新型重金属絮凝剂聚(氯化二烯丙基甲基羟丙多胺基铵)基二硫代甲酸钠，当药品中—CSS^-。基团与 Cu^{2+} 的物质量之比为 2∶1 时，对 Cu^{2+} 的去除率大于 99.7%。

刘光畅等通过共聚合反应合成羟甲基化改性聚丙烯酰胺并用于工业废水处理实验中。结果表明：通过共聚合成的部分羟甲基化聚丙烯酰胺比相同聚合条件下的均聚聚丙烯酰胺具有更强的絮凝能力，絮团形成速度快粗而密，沉降快；结合化学沉淀用于处理工业废水时可在较低的 pH 值下有效地去除 Cd^{2+}、Pb^{2+} 等重金属离子。

三、MOF 材料

MOF 的骨架在可调性和功能化方面潜力巨大。通过改变 MOF 构建过程的金属离子和有机配体，可以改变材料组成和孔隙率，从而改变其发光及化学和物理性质。此外，后合成修饰还可以在制备的 MOF 上引入新的功能。

西北农林科技大学王丽教授团队以 2,5 -二羟基对苯二甲酸、$ZrOCl_2 \cdot 8H_2O$ 和罗丹明 B 为原料，通过简单的一步水热法制备了一种双发射金属有机骨架材料 UiO -$(OH)_2$@Rh B，用于水溶液中 Al^{3+} 的比例荧光传感，灵敏度高，荧光颜色变化明显，选择性和抗干扰性优异。

L. Zhang 合成了 NH_2 - MIL - 53(Al)，通过氨基或氮中心与 Hg^{2+} 的强配位，以及配体一金属电荷转移效应改变 MOF 的荧光强度，从而实现 Hg^{2+} 检测去除一体化。该材料对 Hg^{2+} 的检测能力较好、响应范围广、检出限低、选择性好、pH 适应范围广、抗干扰能力强，在检测和去除水中 Hg^{2+} 方面具有巨大的潜力。

为了提高配合物材料对于重金属离子的吸附性能，可以对配合物中存在的配位不饱和金属位点进行选择性配位功能化。

利用后合成修饰技术，F. Ke 等用经乙硫醇(DTG)巯基功能化后的 HKUST - 1 吸附去除水中的 Hg(Ⅱ)，而 HKUST - 1 在同等条件下对 Hg(Ⅱ)几乎没有吸附能力。可能是经过乙硫醇修饰后 HKUST - 1 表面的—SH 基团增加了吸附活性位点，从而间接提高了 SH - HKUST - 1 对 Hg(Ⅱ)的吸附能力。J. He 等利用硫醚基团($CH_3SCH_2CH_2S^-$)对配合物材料 MOF - 5 进行修饰，$CH_3SCH_2CH_2S^-$ 位于苯环的对位，被硫醚基团改性后的 MOF - 5 ($CH_3SCH_2CH_2S$ - MOF - 5)具有更好的水稳性、灵活性及更多的成键位点，可以快速高效地去除乙醇溶液中的 Hg^{2+}，其有效去除率高达 94%。

第三节 配合物为基体材料在有机污染物方面的应用

随着人们对环境保护和人类健康的日益关注，高效、低成本地降解水中有机污染物的绿色处理已经成为亟待解决的问题。这些有机污染物种类繁多，包括有机染料、化肥、联苯、酚类、杀虫剂、碳氢化合物、增塑剂、洗涤剂、油脂、药物、蛋白质、碳水化合物等。大多数的有机污染物稳定性高，在水中不易降解，对生态环境具有潜在的危害。因此，为了有效地去除废水中的有机污染物，人们提出了许多物理方法和化学方法，包括离子交换、混凝、吸附及光催化等。

一、吸附

> **树立环保观念，融入节约资源和保护环境的理念**
>
> 首先，让学生了解环保相关的重要论断和基本国策，如“绿水青山就是金山银山”和“坚持人与自然和谐共生，坚持节约资源和保护环境”。其次，利用网络搜索并归纳近年来我国特大环保事件，并进行总结归纳，让学生能够深入了解当前我国环保状况，从而唤起学生的环保意识，树立绿色发展理念，加强建设绿色中国的激情和信心。

吸附法是利用吸附剂将水环境系统中的有机污染物吸附到表面，达到分离和富集的效果，该方法具有成本较低、操作简单、吸附剂易回收利用等优点。目前，国内外在配合物材料用于废水处理的研究进展中，重点讨论配合物的孔结构、骨架电荷及功能性对去除废水中有害物质的影响。配合物材料作为吸附剂最大的优势是其独特的结构特点，如大的比表面积和可调控的孔结构。而且其他特点（引入官能团或者活性物质等）使其比其他吸附剂更具有竞争力。图 7－33 描述了配合物材料与污染物之间的作用机制，包括静电作用、酸碱作用、氢键作用、π－π 堆积作用和疏水作用。

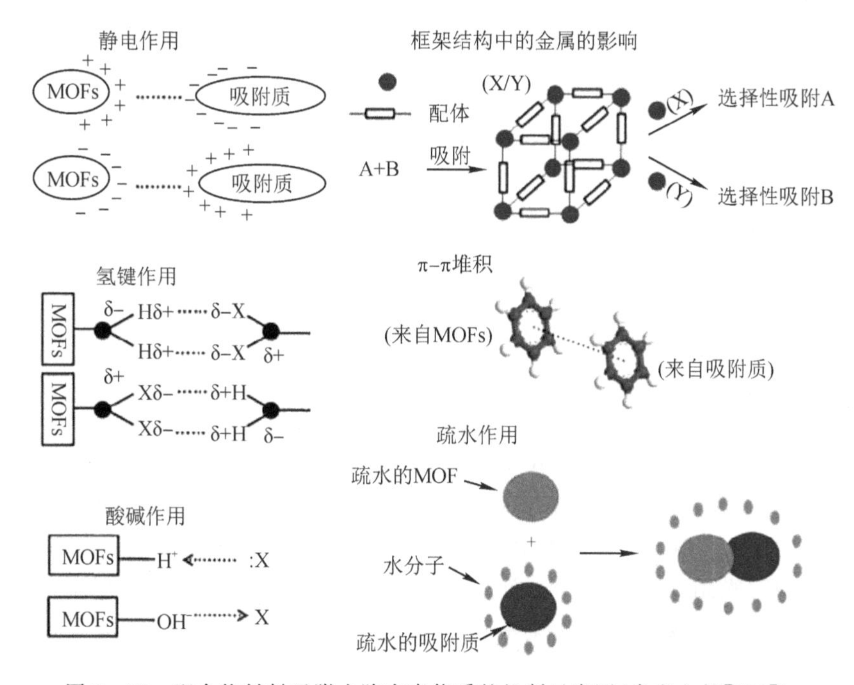

图 7－33　配合物材料吸附去除有毒物质的机制示意图（参考文献[103]）

有机污染物，包括有机染料、酚类、吡啶类等，通常具有致畸、致癌且难降解的特性。目前，许多研究院所利用配合物材料吸附去除水体中的有机污染物方面取得了较好的成效，包括甲基橙（MO）、亚甲基蓝（MB）、孔雀石绿（MG）、二甲苯酚橙（XO）、罗丹明 B（Rh B）、结晶紫（CV）和刚果红（CR）等。

Haque 等在 2010 年首次提出用配合物材料吸附去除有机染料，采用金属铬构筑的多孔配合物材料吸附去除废水中有毒有害的阴离子型染料甲基橙（MO）。结果表明：配合物的孔大小和尺寸是吸附过程的重要因素。

Y. Q. Zhang 等用 4 -氨基吡啶和钼多酸通过水热法制备了零维配合物材料。研究结果表明,该材料对于阳离子型染料亚甲基蓝、罗丹明 B 具有超高的吸附效果(图 7 - 34),其机制可能是由于带负电的钼多酸配合物与阳离子染料之间存在的静电作用所致。

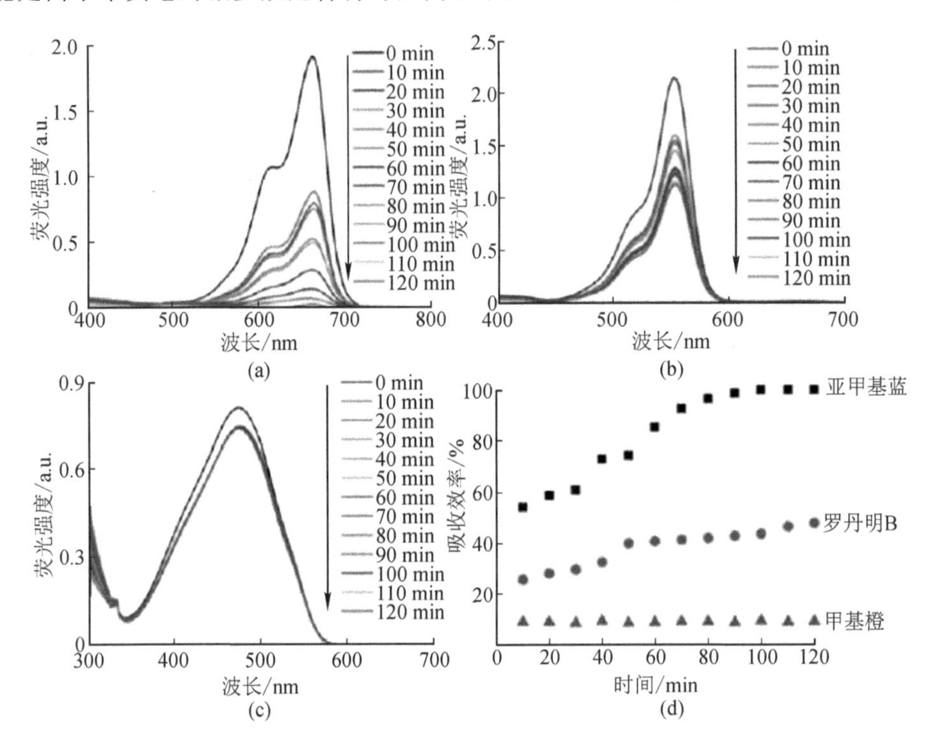

图 7 - 34 配合物对染料亚甲基蓝(a)、罗丹明 B(b)、甲基橙(c)的吸附性能研究;(d)配合物对染料亚甲基蓝、罗丹明 B 和甲基橙的吸附去除率比(参考文献[151])

吸附剂和吸附质之间的氢键作用力也是增大吸附量的主要原因。B. Liu 等究了三种配合物材料(MIL - 100 - Fe、Cr 和 NH_2 - MIL - 101 - Al)用于吸附去除对硝基苯酚。配合物 NH_2 - MIL - 101 - Al 能够快速高效地吸附去除硝基苯酚,分别是 MIL - 100 - Fe 和 MIL - 100 - Cr 吸附效果的 4.3 倍和 1.9 倍。主要是由于配合物 MIL - 100 - Fe/Cr 的金属离子和构筑单元对于硝基苯酚污染物的吸附作用力微小,而 NH_2 - MIL - 101 - Al 的大吸附作用力主要是因为 NH_2 - MIL - 101 - Al 中氨基基团与硝基苯酚之间存在的氢键作用力(图 7 - 35)。

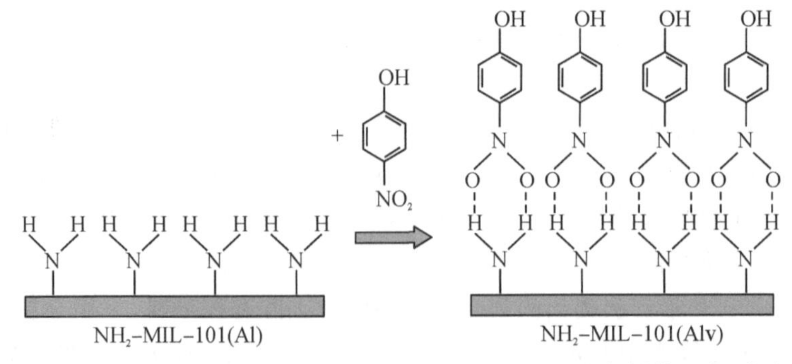

图 7 - 35 吸附反应机制:硝基苯酚与 NH_2 - MIL - 101 - Al 之间的氢键作用力(参考文献[152])

L. Xie 等研究了两种铝基的配合物材料，CAU-1 和 MIL-68-Al 能够有效地吸附去除废水中的硝基苯，高于目前所报道的其他多孔性材料。这两种配合物的 Al-O-Al 单元中均含有 μ-OH 官能团，与硝基苯中的氮原子之间产生的氢键对于高效吸附非常重要。Z. Hasan 等用锆基的配合物材料（UiO-66 和 NH_2-UiO-66）在液相中通过挥发吸附去除吡啶（pyridine，py），由理论计算可知，吡啶中的氮原子与 NH_2-UiO-66 中氨基基团中的氢原子产生了氢键作用力（图 7-36）。所以，氢键作用力是吸附反应过程中的重要作用力。

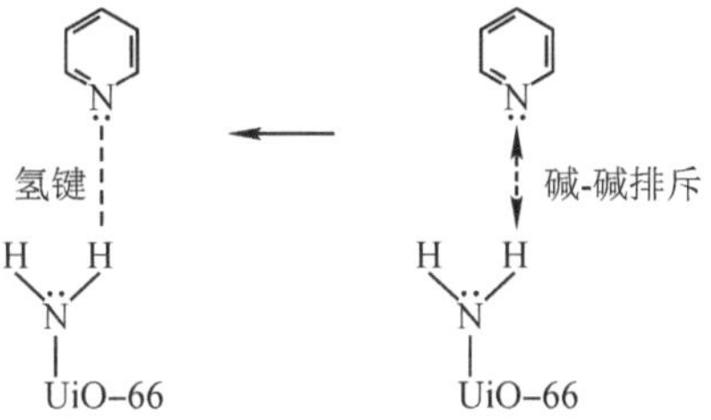

图 7-36 吡啶和 NH_2-UiO-66 之间的氢键作用力和碱性-碱性斥力示意图（参考文献[154]）

二、光催化

在水的有机污染物的处理中，光催化技术以其温和、环保的优点得到了广泛的应用。最早，主要是以半导体 TiO_2、CdS、ZnO 等作为消除水中污染物的光催化剂，但是由于其表面积小，易光电复合等缺点，使得科学家们致力寻找一种新型高效的催化剂。金属有机骨架材料的大比表面积和可调节吸收光的优点，使其在目前的光催化领域有着相当大的应用前景。

J. Chen 课题组探索了一种带隙为 2.85 eV 的双渗透多孔 MOF$[Zn_4O(2,6-ndc)_4(DMF)_{1.5}(H_2O)_{0.5}]\cdot 4DMF\cdot 7.5H_2O$(UTSA-38)，它对水溶液中甲基橙的降解具有光催化活性。在紫外光照射下，甲基橙可以在 120 分钟内完全分解成无色小分子，并且 UTSA-38 催化剂可以通过简单的过滤从反应混合物中回收，即使在使用循环 7 次后，催化效率也没有明显下降。

Z. C. Shao 课题组合成了一系列三维同结构的混合金属 MOFs$\{[M_3(L)_2(4,4'-bpy)_2(H_2O)_2]\cdot 14H_2O\}_n$〔M＝Co(1)，$Co_{0.7}Ni_{0.3}$(2)，$Ni_{0.5}Co_{0.5}$(3)，$Co_{0.3}Ni_{0.7}$(4)，$Co_{0.1}Ni_{0.9}$(5)和 Ni(6)〕。随着 Co 逐渐被 Ni 取代，晶体颜色由红色变为了绿色。研究它们的光催化性能发现，化合物 1 在可见光照射 1 h 后，对亚甲基蓝、罗丹明 B、龙胆紫（MV）、荧光素等有机染料均表现出了良好的降解效果（图 7-37）。其中对亚甲基蓝和罗丹明的降解率分别达到了 96.28％和 95.79％，并且随着化合物中 Ni 的比例越来越多，其对光催化降解罗丹明 6G 的效率则越来越低，这对通过改变金属离子来调控 MOF 的光催化性能提供了可能。

2016 年，M. Y. Masoomi 课题组合成了四种多金属中心的 MOF，$[Zn(oba)(4-bpdh)_{0.5}]_n\cdot 1.5DMF$(TMU-5)，$[Cd_{0.15}Zn_{0.85}(oba)(4-bpdh)_{0.5}]_n\cdot 1.5DMF$〔TMU-5(Cd 15％)〕，$[Cd_{0.3}Zn_{0.7}(oba)(4-bpdh)_{0.5}]_n\cdot 1.5DMF$〔TMU-5(Cd 30％)〕和$[Cd(oba)(4-bpdh)]_n\cdot DMF$(TMU-7)。研究其在不添加 H_2O_2 等氧化剂的条件下，其在紫外光和可见光照射下，对苯酚的降解效果。如图 7-38 所示，在紫外光和可见光照射下，TMU-5(Cd 30％)对苯酚的降解效果最好，并且在苯酚溶液的初始浓度在 25 ppm 时，其降解效率可

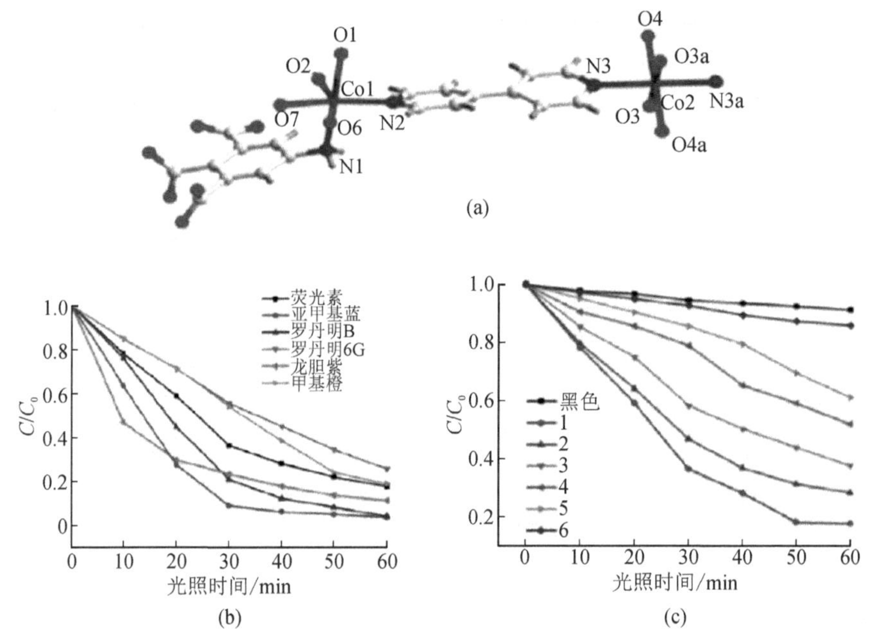

图 7-37 (a)化合物 1 的配位环境图;(b)化合物 1 对有机染料的降解速率;(c)化合物 1—6 对罗丹明 6G 的降解速率(参考文献[162])

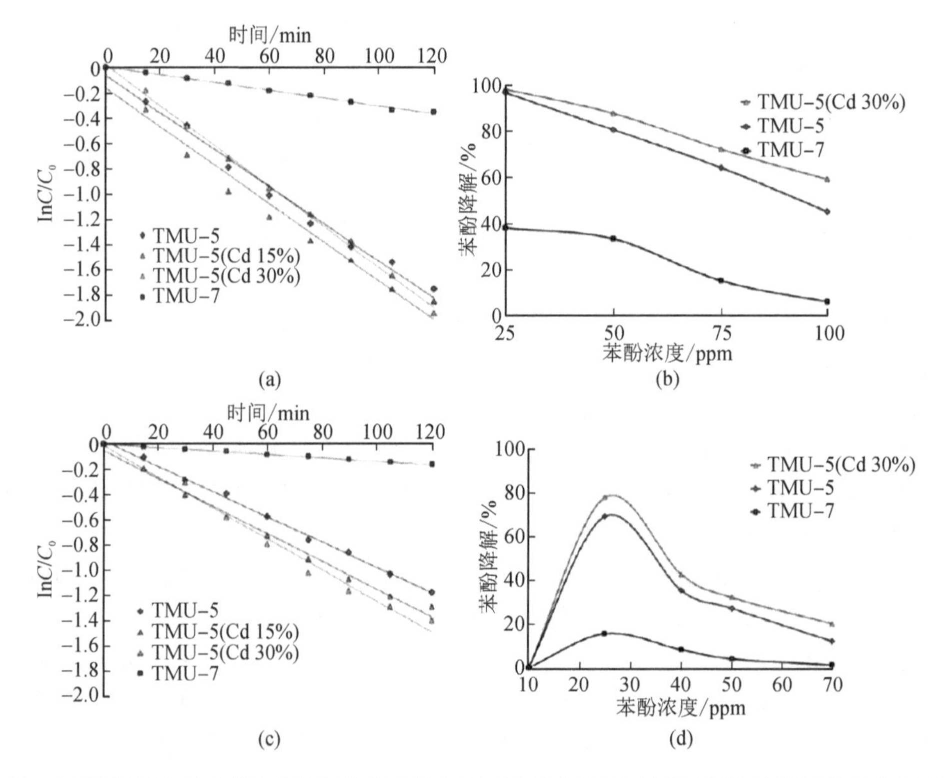

图 7-38 (a)紫外光下,化合物降解苯酚的动力学方程;(b)紫外光下,苯酚初始浓度对降解效率的影响;(c)可见光下,化合物降解苯酚的动力学方程;(d)可见光下,苯酚初始浓度对降解效率的影响(参考文献[163])

分别达到 87.5%和 67.8%。初始浓度太低，MOF 对苯酚只能产生吸附作用，而浓度增加，会有越来越多的有机物被吸附在颗粒表面，导致了 MOF 上光催化的活性位点的缺乏，羟基自由基下降，最终其光催化效果下降。

J. Li 等人以 1,2 -环己二胺- N,N′-双（3 -甲基- 5 -羧基水杨酸）为配体合成了 $[Zn_2(Fe-L)_2(\mu 2-O)-(H_2O)_2]\cdot 4DMF\cdot 4H_2O$ (1)和$[Cd_2(Fe-L)_2(\mu_2-O)(H_2O)_2]\cdot 2DMF\cdot H_2O$ (2)，并探索了其在光催化降解方面的应用。江苏理工学院的杨廷海教授课题组合成了一类吡唑羧酸类的金属有机骨架材料，并以亚甲基蓝和刚果红模拟染料废水来探索这类配合物的光催化活性，均有较好的降解效果。

习　题

1. 什么是荧光探针？查阅文献，了解荧光探针用于环境检测的应用。

2. 什么是离子印迹材料？该材料有什么特点？查阅文献，了解其在环境检测和环境治理方面的应用。

3. 什么是化学传感器？查阅文献，了解其在环境检测方面的应用。

4. MOF 材料有什么特征？查阅文献，了解其在环境检测和环境治理方面的应用。

5. 查阅文献，了解重金属废水对环境的危害，了解配位化学在重金属废水处理方面的应用。

6. 查阅文献，了解有机污染物对环境的危害，了解配合物为基体材料在有机污染物方面的应用现状。

第八章　配合物在冶金中的应用

学习目标：了解配合物在湿法冶金领域应用的相关案例。

培养目标：学生应能利用所学配合物的知识对应用案例进行相关理论分析；培养理论联系实际的科学精神和创新精神。

从矿石中冶炼金属通常需要在高温条件下进行，不仅能耗高，而且污染严重。相比之下，利用金属离子易于形成配合物的性质，选择合适的配位剂，则可以实现在温和条件下金属的冶炼。通过在含有金属离子的体系中加入合适的配位剂(萃取剂)，形成螯合物，再进一步分离。萃取剂的选择应遵循以下要求。首先，萃取剂化学稳定性好，毒性和腐蚀性都较小，不易燃爆，闪点高，凝固点低，蒸气压小，便于储存和运输。其次，要易于回收再生。

第一节　助萃配位剂

溶剂萃取在处理低品位难选氧化矿的堆浸液或低品位硫化物矿的浸出液中具有某些突出的优点，因此在金属冶金工业中得到广泛应用，特别是应用于湿法冶金中各种金属的净化和浓缩。

含萃取剂的有机相与含欲提取金属的水相充分接触，萃取剂与金属作用生成有机金属络合物进入有机相，杂质元素仍留在水相中；再分离萃取相与萃余相，最后通过反萃技术将萃取相中的金属回收和浓缩到另一水相。那么，能够提高萃取能力而使用的金属配位剂称为助萃剂。

助萃剂，也称为助萃络合剂，即水相中加入能促进被萃取物的分配比或萃取率增大的络合剂，是萃取过程中不可缺少的辅助试剂。

浸出是有色冶金湿法过程的第一步，浸出过程的速度及浸出率对整个工艺的合理性和经济性影响很大，而配合物的生成、离解平衡、配位反应的速率在一些金属的浸出过程中起着决定性作用。

溶剂萃取是配位化学在湿法冶金领域的重要应用。其本质上就是各物料在水相和有机相中的配合一解离及进行相转移的过程。这里以酸性配体的为例进行讨论。

以 M^{n+} 表示金属离子，HA 表示配位体，则萃取反应的总过程可写成：

$$M^{n+}_{(水)} + n\mathrm{HA}_{(有机)} \rightleftharpoons \mathrm{MA}_{n(有机)} + n\mathrm{H}^{+}_{(水)}$$

$$K = \frac{[\mathrm{MA}_{n(有机)}][\mathrm{H}^{+}_{(水)}]^{n}}{[\mathrm{M}^{n+}_{(水)}][\mathrm{HA}_{(有机)}]^{n}}$$

有关的反应与相分配平衡可表示成：

$$\mathrm{H}^{+}_{(水)} + \mathrm{A}^{-}_{(水)} \rightleftharpoons \mathrm{HA}_{(水)}$$

$$K_{\mathrm{HA}}=\frac{[\mathrm{HA}_{(水)}]}{[\mathrm{H}^{+}_{(水)}][\mathrm{A}^{-}_{(水)}]}$$

$$\mathrm{HA}_{(水)} \rightleftharpoons \mathrm{HA}_{(有机)}$$

$$P_{\mathrm{HA}}=\frac{[\mathrm{HA}_{(有机)}]}{[\mathrm{HA}_{(水)}]}$$

$$\mathrm{M}^{n+}_{(水)}+n\mathrm{A}^{-}_{(水)} \rightleftharpoons \mathrm{MA}_{n(水)}$$

$$\beta_{\mathrm{MA}_n}=\frac{[\mathrm{MA}_{n(水)}]}{[\mathrm{M}^{n+}_{(水)}][\mathrm{A}^{-}_{(水)}]^{n}}$$

$$\mathrm{MA}_{n(水)} \rightleftharpoons \mathrm{MA}_{n(有机)}$$

$$P_{\mathrm{MA}_n}=\frac{[\mathrm{MA}_{n(有机)}]}{[\mathrm{MA}_{n(水)}]}$$

其中，K 为 M^{n+} 的萃取平衡常数，K_{HA} 为萃取剂 HA 的加质子常数，也就是弱酸解离常数的倒数；P_{HA} 为萃取剂在两相中的分配常数，β_{MA_n} 为配合物 MA_n 的生成常数，P_{MA_n} 为配合物 MA_n 在两相中的分配常数。它们之间的相互关系为：

$$K=\frac{\beta_{\mathrm{MA}_n}\cdot P_{\mathrm{MA}_n}}{K_{\mathrm{HA}}^{n}\cdot P_{\mathrm{HA}}^{n}}$$

由此可见，欲获得较大的萃取平衡常数，需要选取适当的萃取剂，其加质子常数和分配常数要小，而它与欲萃取金属离子生成配合物的稳定常数和分配常数则要大。常见的助萃配位剂包括 TBP(磷酸三丁酯)和 DAMP(甲基膦酸二异戊酯)、异肟等。

一、含氮助萃配位剂

含氮的助萃配位剂包括吡啶、肟类、2，9－二甲基－1，10－二氮菲等。比如，肟中的氮原子具有孤对电子，因此肟类助萃剂通过 M－O 共价键和 M←N 配位键能够形成螯合环，从而实现金属元素的萃取，比如 Lix63 所涉及的反应：

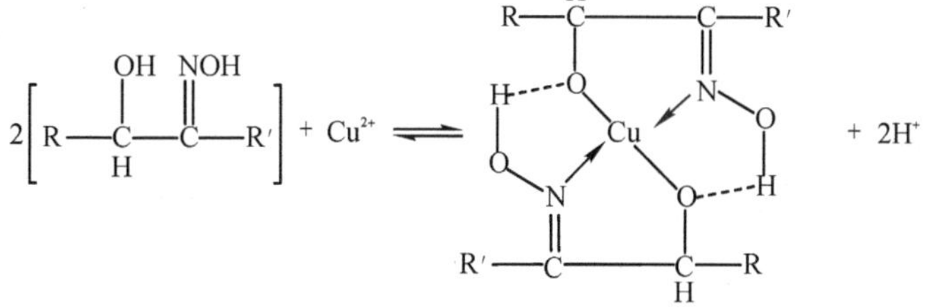

$$2\left[\mathrm{R-CH(OH)-C(=NOH)-R'}\right]+\mathrm{Cu^{2+}} \rightleftharpoons \mathrm{Cu[R-CH(O)-C(=NOH)-R']_2}+2\mathrm{H^{+}}$$

但是，由于其与铜离子形成的配合物稳定性不高，而且遇强酸易水解，仅能用于 pH 值大于 3 的溶液中萃取铜，因此工业应用受到限制。与其相比，酚肟类希夫碱萃取剂与铜离子形成的螯合物稳定性好，用有机溶剂可将水相中生成的中心的螯合物萃取分离出来，有机相再经过硫酸溶液反萃取而将硫酸铜返回水相，继续经电解得到精炼铜，而酚肟类萃取剂再生又可以循环到有机相中用于下一轮的酸浸取液中铜离子的萃取。除此之外，双肟类萃取剂可以与铜、镍和钴等离子形成可溶或者不溶于有机溶剂的螯合物，而且双肟的部分金属离子具有很强的选择性，因此双肟类萃取剂在实际冶金过程中有着重要的应用。

再比如，吡啶萃取 $Cu(SCN)_2$ 生成的配合物组成为 $Cu(SCN)_2(py)_2$，其结构式如下：

配合物 $Cu(SCN)_2(py)_2$ 的结构式

二、含硫助萃配位剂

锑和汞的碱性湿法浸出都是借助于配合物的形成。

$$Sb_2S_3 + 3Na_2S \xrightleftharpoons{NaOH} 2Na_3SbS_3$$

$$HgS + Na_2S \xrightleftharpoons{NaOH} Na_2HgS_2$$

虽然，实际浸出过程并非如此简单，中间还可能存在一系列的配合一解离平衡及逐级配位中间物种，但是配离子对浸出率中确实起着决定性作用。

硫代硫酸盐浸出提取金的方法涉及的配位反应如下：

$$2Au + 4S_2O_3^{2-} + H_2O + \frac{1}{2}O_2 \longrightarrow 2Au(S_2O_3)_2^{3-} + 2OH^-$$

铜电解过程中常加入少量配位剂，常用的有硫脲、β-萘酚等。比如，硫脲的加入会生成难溶的配合物 $[Cu(N_2H_4CS)_4]SO_4$ 或者 $[Cu(N_2H_4CS)_4]Cl$，涉及的配位反应如下：

$$Cu^{2+} + SC(NH_2)_2 \rightleftharpoons Cu(N_2H_4CS)_4^{2+}$$

事实上，铅、锌、镍等金属的电解液都使用添加剂，添加剂可以是有机的，也可以是无机的。

三、含氧助萃配位剂

萃取剂中含有含氧配位基 X═O，配位基中氧原子的配位能力随着 X 原子半

理论联系实际，践行实事求是的科研精神

徐光宪结合国家建设需要，坚持理论与实践相结合的研究方向，在量子化学、配位化学、萃取化学、稀土化学、化学键理论和串级萃取理论等领域，取得了显著成就。

1974 年 9 月，他亲赴包头稀土三厂参加这一新工艺流程用于分离包头轻稀土的工业规模试验，获得成功，从而在国际上首次实现了用推拉体系高效率萃取分离稀土的工业生产。在这些工作的基础上，他随后陆续提出了可广泛应用于稀土串级萃取分离流程优化工艺设计的设计原则和方法，极值公式，分馏萃取三出口工艺的设计原则和方法，建立了串级萃取动态过程的数学模型与计算程序，回流启动模式等。这些原则和方法用于实际生产，大大简化了工艺参数设计的过程，减少了化工试验的消耗；特别是能适应原料和设备不同的工厂，因而能普遍使用。他与李标国、严纯华等共同研究成功的“稀土萃取分离工艺的一步放大”技术，是在深入研究和揭示串级萃取过程基本规律的基础上，以计算机模拟代替传统的串级萃取小型试验，实现了不经过小试、扩试，一步放大到工业生产规模，大大缩短了新工艺设计到生产的周期，使中国稀土分离技术达到国际先进水平。

径增大和电负性减小而增大，萃合物是通过氧原子上的孤对电子和金属原子生成配位键而形成的。

常见的含氧助萃剂有醇、酮、醚和酯类等，由于这类萃取剂属于“硬碱”，因此主要用于金的萃取提纯。萃取剂在较强的酸溶液中能与氢离子作用，然后再与金的氯配阴离子作用生成离子缔合物，再溶于过量的萃取剂中而被萃入有机相，达到金与其他金属分离的目的。含氧萃取剂对金的氯配阴离子 $AuCl_4^-$ 萃取强弱为：醚＞醇＞酯＞酮。

用于萃取部分碱金属和碱土金属的萃取剂常常是含氧萃取剂，如丙醇、戊醇、丙酮和环己酮等。其中，双酮作为萃取剂可以与锂形成能溶于醚的配合物，而钠和钾却不能与其形成配合物，可以实现锂与钠、钾的分离。再比如，2-苯基-2(4-苯羟基)丙烷能萃取碱金属离子，因此是湿法冶金中重要的重要萃取剂。除此之外，冠醚也是一种典型的含氧配位剂，比如，用冠醚二苯并-18-冠-6可以萃取碱金属，基于冠醚环孔径差异可以与不同大小的金属形成配合物，因此其选择性强，有重要的实用意义。

四、其他助萃配位剂

中性萃取体系是最早用于稀土元素提取分离的萃取体系。该体系的特点是萃取剂是中性分子，被萃取物是无机盐，萃合物是中性配合物。其中，最重要的中性配位萃取剂是中性磷(膦)氧萃取剂，如磷酸三丁酯(tributyl phosphate，TBP)、甲基膦酸二甲更酯(P_{350})、二(2-乙基己基)磷酸(HDEHP，P_{204})和2-乙基己基磷酸单-2-乙基己基酯(HEH[EHP]，P_{507})等。中性磷(膦)氧萃取剂萃取稀土是通过磷酰氧上未配位的孤对电子与中性稀土化合物中的稀土离子配位，生成配位键的中性萃取配合物。

尽管氰化物因为其剧毒性而令人生畏，但是由于配位体氰根离子 CN^- 在所有配位体中其配位体场最强，所以在没有合适的性的试剂取代其之前，氰化法仍然是金精矿提炼过程中常用的方法。Au属于软酸，CN^- 属于软碱，氰化法溶金的反应如下：

$$4Au+8NaCN+O_2+2H_2O \rightleftharpoons 4NaAu(CN)_2+4NaOH$$

硫脲和丙二腈浸出提金法也都是基于配合物的形成为基础的。

$$Au+2CS(NH_2)_2 \rightleftharpoons Au[CS(NH_2)_2]_2^+$$

$$Au+CH_2(CN)_2+OH^- \rightleftharpoons Au[CH(CN)_2]+H_2O$$

第二节　选择性识别

一、高分子离子印迹材料对贵金属的回收

金属离子印迹技术是分子印迹技术的一个分支，它利用分子印迹原理(图8-1)，以金属离子作为模板剂来制备对目标离子具有选择性识别能力的金属离子印迹聚合物(metal ion-imprinted polymers，MIIPs)，对不同的模板离子，选取合适的功能单体与之作用，形成它们的复合物，在致孔剂、交联剂及引发剂的作用下，一定条件下发生聚合，再洗脱掉模板离子，即制得与模板在空间结构上相匹配的，具有特异性识别性能和高选择性的聚合物。金属离子作为模板剂，与功能单体之间通常是以配位作用相结合，其强弱可通过选择不同的配体或配离子来灵活调节。影响金属离子印迹效应的因素主要有配体与金属离子之间特异的反应

性、金属离子的配位几何构型和配位数、金属离子的电荷数及其离子尺寸大小等。

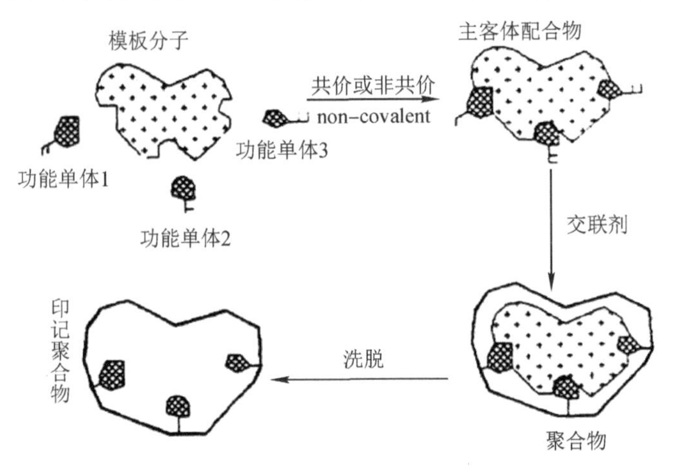

图 8-1 分子印迹过程示意图

离子印迹技术是合成对某种特定离子在尺寸和形状上相适应材料的一种方法。用离子印迹技术制备的高分子离子印迹材料空间结构比较稳定，而且对模板离子的洗脱也不会影响印迹空穴对目标离子的结合能力。因为离子印迹材料的合成要依靠选用的单体与模板的作用力，所以以它们之间不同的作用力及作用方式可将印迹分为共价（预组装）法和非共价（自组装）法。

1. 预组装

预组装又名共价键法，顾名思义，就是合成的印迹材料中模板和选用的单体形成的复合物是以共价键的方式结合的，聚合完成后，模板从聚合材料中被洗脱下来，当目标离子再与该印迹材料结合时，还会形成与前面相同的复合物。通过此法印迹合成的印迹材料，可以生成具有稳定结构的复合物，并且是可计量性的，所以其印迹过程是比较清晰的。正是因为它的稳定性，使得印迹材料的聚合过程可以在酸性或者温度较高等极端制备条件下完成。然而，共价法也具有一些弊端，其中最典型的缺点是对目标离子的识别过程和洗脱过程都比较慢，因为每一个过程都包括形成和破坏功能单体与模板之间共价键。

2. 自组装法

自组装法又名非共价键法，即选用的单体与模板离子是以包括配位键、静电或其他非共价键方式作用。聚合完成后，选取合适的洗脱液洗去模板离子。当目标离子与印迹材料结合时，再形成相应的作用力。非共价键法印迹的材料，优点是模板离子的洗脱不需要较高的条件，可以很容易地洗脱下来。此外，对目标离子的结合，由于是非共价键的相互作用力，也能比较快速地实现。但是，与共价法相反，此法在印迹过程形成的加合物是不能计量的。另外，在合成过程中，单体添加过量会使印迹材料产生更多非特异性的位点，会降低合成的印迹材料的专一性。

共价法和非共价法各有优缺点，在选择的时候，需要根据实际情况而定。除了以上两种方法外，还有学者采用两种方法相结合的方式进行印迹过程，就是以共价键方式形成功能单体与模板的复合物，而非共价键作用于印迹材料与目标离子的识别过程中。

二、固相萃取

与传统的溶剂萃取相比，固相萃取技术有明显的优点。①有机溶剂消耗小，待富集成分被固相萃取柱富集后仅需要少量的洗脱剂就能完全洗下，有机溶剂消耗远远低于传统的液—液萃取。②富集倍数高，用固相萃取富集样品时，可把几十至几百毫升样品中的待富集组分富集到几毫升，甚至更少，富集倍数达数十到数百倍，而且待富集组分的浓度越低方法优势越明显，富集倍数远远高于传统的溶剂萃取。③克服了液-液萃取需大量使用有机溶剂、易乳化、相分离慢的缺点，而且对环境的污染小，符合绿色化学的要求。④固相萃取过程中的加样、富集、洗脱等过程都可由带程控阀的泵控制，非常容易实现操作自动化，便于批量处理。

无机元素可与有机试剂反应生成稳定的疏水性螯合物或离子缔合物，可用反相键合硅胶固相萃取富集和分离，因此可以将固相萃取技术应用到无机元素分析中。

人们发现，将固相萃取与季铵盐（溴化十六烷基三甲基铵，CTAB）萃取金两种技术结合，$Au(CN)_2^-$ 配离子与 $C_{16}H_{33}N(CH_3)_3^+$ 生成疏水性一端体积很大的缔合物，可以被反相键合硅胶的固相萃取柱高倍数富集，即使对金浓度低到 0.1 mg/L 的碱性氰化液，一次萃取率仍可超过 98%。需要说明的是，这里季铵盐类型的选择及离子缔合物生成条件等会影响萃取条件的确定，CTMAB 浓度对于萃取有着显著的影响；对于不同烷基键合材料，随着烷基键合碳链的增加，Au 萃取回收率和柱萃取容量增加。

第三节　离子交换

离子交换法分离金属是利用离子交换树脂功能基中阳离子或阴离子与溶液中同性离子进行可逆交换过程使金属分离的方法。在冶金生产及科学研究中，离子交换树脂起着越来越重要的作用，尤其是利用离子交换法分离稀、贵及危害金属，在工业上已经得到应用。

凡是含有能够同溶液中的粒子进行交换的极性基团的高分子难溶固体通常称为离子交换剂。利用离子交换剂分离和提纯物质的方法称为离子交换法。

一、阳离子

离子交换剂按交换过程可分为多酸型的阳离子交换剂与多碱型的阴离子交换剂

$$R-H+NaCl \rightleftharpoons R-Na+HCl$$

$$R-OH+NaCl \rightleftharpoons R-Cl+NaOH$$

其中，R－x 项内 R 表示树脂基体，其后的－x 表示可交换的离子或离子团。

按化学组成则可分为无机离子交换剂和有机离子交换剂。离子交换工艺过程可分为简单离子交换法和色层分离法，在辉钼矿的氨浸液中，钼以 MoO_4^{2-} 阴离子态存在，而铜、铁和镍等杂质则以氨配位的阳离子态存在，即 $Cu(NH_3)_4^{2+}$、$Fe(NH_3)_6^{2+}$、$Ni(NH_3)_6^{2+}$。用铵型阳离子交换剂，当溶液通过树脂时，杂质阳离子被吸收，而钼酸根离子流出。以铜为例，杂质的吸附、淋洗，树脂的再生反应如下：

$$2RCOO-NH_4+[Cu(NH_3)_4]^{2+} \rightleftharpoons (RCOO)_2[Cu(NH_3)_4]+2NH_4^+$$

$$(RCOO)_2[Cu(NH_3)_4]+6HCl \rightleftharpoons 2RCOO-H+CuCl_2+4NH_4Cl$$

$$RCOO-H+NH_3\cdot H_2O \rightleftharpoons RCOO-NH_4+H_2O$$

由此可见，金属的分离提纯方法的选择要根据它们与杂质离子在溶液中存在的情况，如电荷正负、价态高低及浓度大小来确定。

二、螯合树脂

螯合树脂是以聚合物为骨架，连接有螯合基团。利用螯合基团上含孤对电子的 N、O、S、P 原子与重金属离子间形成配位键，构成与小分子螯合物相似的稳定结构。螯合树脂对重金属的选择性主要依据软硬酸碱理论，N、O、S 等属于碱，其碱软硬度大小为：S,S<S,N<S,O≈N,N<N,O<O,O。金属离子属于酸，包括硬离子、软离子和交界离子三类，其中 Ni^{2+}、Cu^{2+}、Zn^{2+}、Pb^{2+} 等交界离子可与 N、O 配体（中性配体）形成强配合物，Cd^{2+}、Hg^{2+} 等软离子易与 N 配体（中性配体）及 S 配体（软配体）形成强配合物，Ca^{2+}、Mg^{2+} 等硬离子与 N、S、O 等配体亲和性极弱。因此，不同重金属与功能基团间的作用力不同，使螯合树脂可选择性地吸附重金属离子，从而达到分离重金属的目的。综上，螯合树脂按配位基团的不同可分为 N－O 配位基螯合树脂、N－N 配位基螯合树脂、N－S 配位基螯合树脂、含 P 螯合树脂。不同类型的树脂对重金属的选择性不同。

1. N－O 配位基螯合树脂

N－O 配位基螯合树脂中最重要的品系是氨基羧酸类，其中亚胺二乙酸基树脂（Duolite ES 466、Amberlite XE－318、Purolite S－930、Amberlite IRC－748、Chelex－100、Ionac SR－5、Diaion CR10、Lewatit TP－207、D401）又是最主要的商品螯合树脂。亚氨基二乙酸基螯合树脂其突出优点在于能定量分离、提取某些重金属离子而不络合碱金属或碱土金属。该高选择性是由亚氨基二乙酸的化学特性所决定，亚氨基二乙酸基上 N、O 原子与重金属离子发生配位作用形成多元的螯合环。反应示意如下：

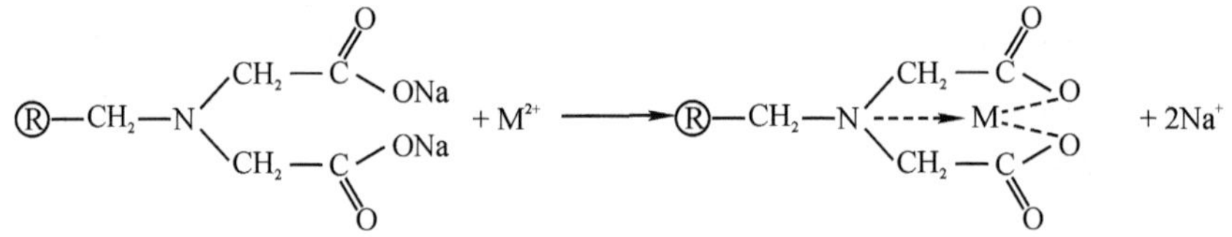

N、O 配位基螯合树脂除含亚氨基二乙酸官能团外，还有些包含偕胺肟、酰胺等官能团。

2. N－N 配位基螯合树脂

此类树脂包括多胺类、吡啶类、吡唑类、咪唑类等。Dowex M－4195 是一种含有双吡啶甲基胺官能团的螯合树脂，与重金属作用形式如下所示：

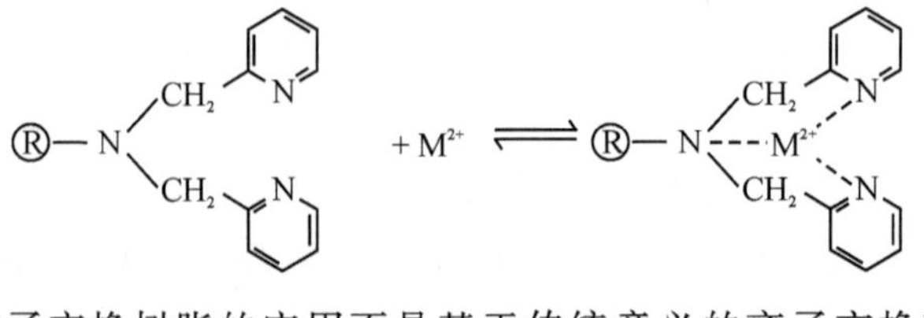

对一些弱碱性离子交换树脂的应用不是基于传统意义的离子交换理论，而是利用树脂上氨基官能团中的氮原子与重金属形成配位化合物的表面配合理论为基础。实验结果表明，苯乙烯系带伯胺、叔胺官能团的树脂的去除能力大于带仲胺官能团、季胺官能团树脂。

3. N－S 配位基螯合树脂

因为硫原子上有孤对电子极易极化产生负电场，所以能与过渡金属离子配位，形成稳定的螯合物。N－S 配位基螯合树脂上常含有硫脲、硫代酰胺、二硫腙、二硫代氨基甲酸、氮唑类、噻唑类等官能团。二硫代氨基甲酸螯合树脂以甲基丙烯酸缩水甘油酯（glycidyl methacrylate，GMA）与二乙烯基苯（divinylbenzene，DVB）合成树脂的骨架 GMA－DVB 后经氨化或直接用聚苯乙烯氨球与 CS_2 反应得到，与重金属作用反应如下：

$$\text{Ⓡ—N(H)—C}(=\text{SNa})(\text{SNa}) + M^{2+} \longrightarrow \text{Ⓡ—N(H)—C}(=\text{S})(\text{S})\text{M} + 2Na^{+}$$

该类型树脂利用其长链上的 N、S 配位基以离子键和共价键的形式捕集重金属离子，形成稳定化空间网状高分子螯合物，其与重金属离子的络合能力极强。二硫代氨基甲酸螯合树脂对 Hg^{2+}、Cu^{2+}、Pb^{2+}、Ni^{2+}、Fe^{3+} 吸附量大于氨基、二硫腙树脂的吸附容量。N、S 配位基螯合树脂目前还处于实验室研究阶段，大多数研究者针对双齿配位基螯合树脂活性基团结构和性能进行研究，通过改性强化树脂与不同重金属离子间的化学螯合作用，进一步提高吸附容量和吸附选择性。但目前 N、S 配位基螯合树脂对多种重金属离子的吸附和分离性能的研究缺乏系统性，研究结论尚不一致。

4. 含磷螯合树脂

氨基磷酸树脂是既含 O 又含 N 的新型的含磷的高分子吸附材料，它能与重金属离子形成比较稳定的螯合物，所以氨基磷酸树脂主要用于二价金属的回收及从含微量有害金属与大量碱金属离子共存的废水中将有害金属选择性除去。反应如下：

$$\text{Ⓡ—NH—}CH_2\text{—P}(=\text{O})(\text{ONa})\text{—ONa} + M^{2+} \longrightarrow \text{Ⓡ—N}\langle CH_2\text{—P}(=\text{O})(\text{O})\text{O}\cdots\text{M} + 2Na^{+}$$

Purolite S940 和 Purolite S950 是商业化的氨基磷酸树脂。虽是同一类树脂，但对重金属的选择性仍有一定差异，Purolite S940 对重金属的选择顺序为：$H^{+} > Cu^{2+} > Zn^{2+} > Ni^{2+} > Co^{2+}$，Purolite S950 选择性顺序为：$H^{+} > Cu^{2+} > Zn^{2+} > Co^{2+} > Ni^{2+}$。但与亚氨基二乙酸树脂相比，氨基磷酸树脂对 Cu^{2+} 和 Ni^{2+} 的亲和力小于亚氨基二乙酸型树脂。

习　题

1. 助萃剂的作用机制是什么，含硫和含氮的区别是怎样的？
2. 选择性识别依据的原理什么？
3. 固相萃取的核心是什么？与液相萃取的区别是什么？
4. 离子交换与配位化学的关系是怎么样的？
5. 螯合树脂对目标离子的选择性与配合物的配位键有什么关系？

第九章　配位化学在材料中的应用

学习目标：了解配合物在材料领域应用的相关案例。

培养目标：学生应能利用所学配合物的相关理论对材料领域应用案例进行相关理论分析；培养创新精神和实事求是的科学精神。

配合物中的中心金属原子 d、f 轨道参与成键，具有种类繁多的结构类型和成键方式，导致配合物种类繁多、结构可控，兼具无机化合物和有机化合物的特性。因此，以配合物作为组装子所组装的功能材料，将具有更为丰富的光、电、热、磁特性，具有广阔的应用前景。1987 年，诺贝尔化学奖获得者 J. M. Lehn 提出超分子概念以来，随着研究弱相互作用的超分子化学的发展，促使配位化学家使用键合作用介于弱相互作用和共价键间的配合物作为组装子，通过分子识别、选择性变换和传输等方式而组装成特有构造和功能的体系，从而在材料，特别是功能材料领域迅速崛起，具有不可替代的地位。

功能材料是一大类具有特殊电、磁、光、声、热、力、化学及生物功能的新型材料，是信息技术、生物技术和能源技术等高技术领域、国防建设的重要基础材料，同时对改造某些传统产业，如农业、化工、建材等起着重要作用。功能材料按使用性能可分为微电子材料、光电子材料、传感器材料、信息材料、生物医用材料、生态环境材料、能源材料和机敏（智能）材料等。功能材料是新材料领域的核心，对高新技术的发展起着重要的推动和支撑作用，在全球新材料研究领域中，功能材料约占 85%。随着信息社会的到来，特种功能材料对高新技术的发展起着重要的推动和支撑作用，是 21 世纪信息、生物、能源、环保、空间等高技术领域的关键材料，成为世界各国新材料领域研究发展的重点，也是世界各国高技术发展中战略竞争的热点。

第一节　配合物基 MOF 材料

一、超级电容器用 MOF 材料

李涛课题组于 2019 年在 *Journal of the American Chemical Society* 上发表了 *Directional Engraving within Single Crystalline Metal -Organic Framework Particles via Oxidative Linker Cleaving*。作者针对复杂结构的 MOF 虽然具有非常好的应用，但制备方法不够便捷这一问题，从更精准的化学反应入手，利用 OLC 不仅实现了对 MOF 刻蚀过程的高度可控，还实现了对刻蚀方向和刻蚀位置的控制。作者选取了 2,5 -二羟基对苯二甲酸（Do BDC）为配体合成 MOF 内核，随后选用其他配体合成通过外延生长获得一系列壳-核 MOF 结构。以 Do BDC 为牺牲剂，用 HNO_3 和活性氧自由基（ROS）实现对 Do BDC 上的 C—C 的剪切，实现中空 MOF 的制备。二者刻蚀路径不同，机制不同（实现了对刻蚀过程的高度可控）；采用 ROS 法，通过预嵌入钯纳米粒子（Pd NPs），刻蚀理论上会发生在 Pd NPs

周围(实现了刻蚀方向可刻蚀位置的控制),能将多个孤立的 Pd NPs 限制在一个单晶 MOF 颗粒中,形成多蛋黄-壳结构。

X. Liu 课题组利用 $CoCl_2 \cdot 6H_2O$ 为主要原料,在常温挥发条件下首次引入了基于 Co 的 2D 层状金属有机框架 Co-MOF,其粒径为 35～250 nm。在 1 mol/L KOH,电流密度为 2 A/g 时其比电容高达 1978 F/g,并且在 2000 次循环后仍可以保留原始电容的 94.3%。

Z. Zhang 课题组利用水热和在空气中退火在镍泡沫上合成了多孔的 $ZnCo_2O_4$ 纳米片。基于 Zn、Co 元素之间的互补性和协同作用,$ZnCo_2O_4$ 在 3 mA/cm^2 的电流密度下产生了 1957.7 F/g 的高比电容。G. J. H. Lim 课题组在碳布上分别合成了由 Co-MOF 衍生的 Co_3O_4 和由 Zn/Co-MOF 衍生的 $ZnCo_2O_4$,合成路线示意图见图 9-1。结果表明,与 Co_3O_4 相比,$ZnCo_2O_4$ 具有更多氧空穴及表面缺陷,并且晶体结构更稳定,因而表现出更高的电导率、比容量及循环稳定性。

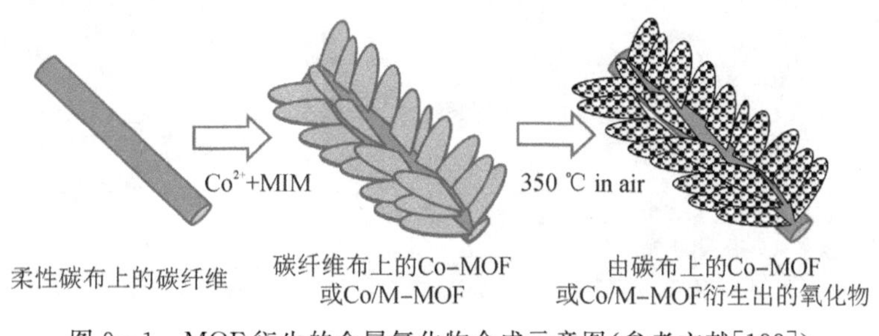

图 9-1　MOF 衍生的金属氧化物合成示意图(参考文献[188])

S. Chen 课题组设计并利用传统的溶剂热法合成了具有三维结构的新型混合金属 MOF 〔$ZnCo_2O(BTC)_2(DMF) \cdot H_2O$〕,并将其命名为 JUC-155。使用 JUC-155 作为前体,在三个不同的温度条件下,通过固相转化制备得到了纯相 $ZnCo_2O_4$ 纳米颗粒,在低温条件下获得了具有最佳表面积的样品。电化学测试结果表明,所制得的 $ZnCo_2O_4$ 材料具有高比电容和良好的循环稳定性。

L. Sarkisov 课题组报道了一种掺锌 Ni-MOF 的合成,其中制备的 $Zn_{0.26}Ni_{0.74}$-MOF 电极在 10 A/g 时的电容为 860 F/g,经过 3000 次循环后的保留率为 91%。C. Chen 等制备了具有花状形貌的双金属 Ni/Co-MOFs,其在 1 A/g 时的比电容高达 1220.2 F/g,经过 3000 次循环后电容保留率高达 87.8%。

二、传感器用 MOF 材料

2020 年,J. Wang 课题组报道了一种含有 MOF 复合材料的 Si 纳米颗粒(SiNPs),具有 pH 响应荧光和室温磷光,可用于多模态防伪和加密。通过微波辅助法在 SiNPs 表面原位生长 Zn-MOF 获得了 SiNPs@MOF 复合材料(图 9-2)。在该复合体系中,SiNPs 表面与 MOF 配体对苯二甲酸的羧酸基团之间具有很强的亲和力,从而使 SiNPs 表面形成羧酸锌次级构筑单元(SBUs),进而促使 MOF 晶体的生长。SiNPs@MOF 表现出从蓝色到橙色的 pH 依赖性荧光(图 9.2a,b)。具体来说,当 pH 值从 2 增加到 13 时,最大发射峰从 442 nm 红移到 592 nm。这种 pH 触发的发光开关被归因于用 NaOH 溶液处理后锌基 SBUs 的结构转变,这将减少 SiNPs 的带隙。此外,在室温下可以用肉眼观察到 SiNPs@MOF 的绿色磷光，用数码相机可以在 5 s 内识别。

在另一项研究中，G. Qian 课题组证实了 ZIF - 65 在羧基化碳纳米管(ZIF - 65 @CNTs)表面的原位生长。在本研究中，通过在碳纳米管上预结合锌离子和羧基，将 ZIF - 65 固定在羧基化的碳纳米管表面，并进一步生成 ZIF - 65。此外，羧基化的 CNTs 也有助于加速电子转移。制备的 ZIF - 65@CNTs 进一步用于 GCE 修饰以检测抗坏血酸(AA)。

N. Chauhan 课题组还描述了 MOF 乙酰胆碱酯酶(AChE)和胆碱氧化酶(ChO)在含有 Zn - MOF 的 Pt NPs 上的共固定化，以构建有效的乙酰胆碱(ACh)生物传感器。

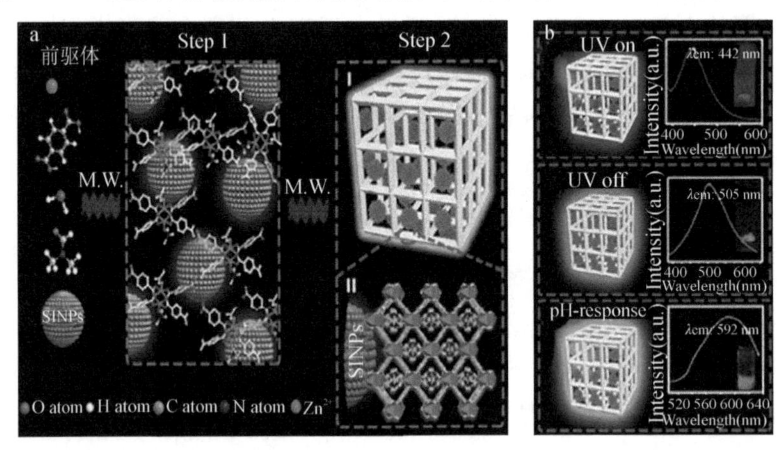

图 9 - 2 (a)MOFs@SiNPs 的合成示意图；(b)复合材料在紫外光开启、关闭和碱性条件下的发光性能(参考文献[193])

三、聚合催化用 MOF 材料

通过苯氧基亚胺配位的铬中心，B. Liu 等在 2014 年进行的开创性工作证明了乙烯聚合的有效性这，反过来又附着在苯二羧酸连接体上。因此，该配合物本质上是 MOF 异质分子催化剂。从基于锌的金属有机框架- 3〔IRMOF - 3，[$Zn_4O(ATA)_3$]；ATA＝2 -氨基对苯二甲酸〕开始，用水杨醛合成后，诱导与 2 -氨基对苯二甲酸的缩合反应，接着在 MOF 连接体中

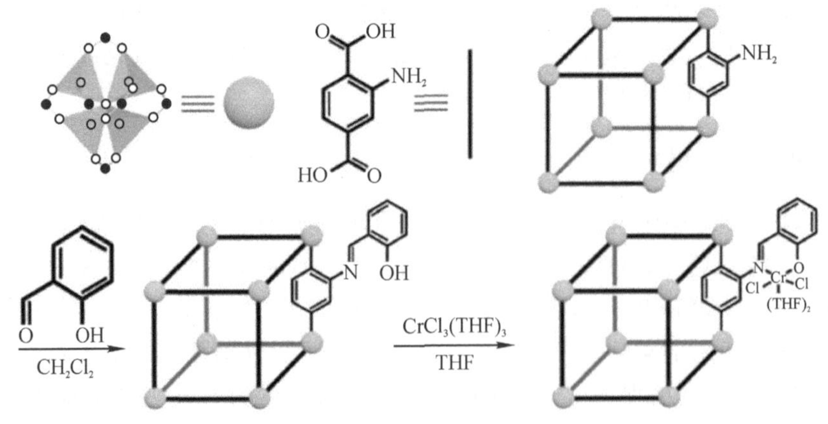

图 9 - 3 Zn 节点(左上)和 2 -氨基对苯二甲酸连接剂(中上)，IRMOF - 3(右上)；IRMOF - 3 - Si - Cr 的合成方案(下)(参考文献[196])

接枝水杨烷，然后连接 Cr^{3+}（IRMOF-3-Si-Cr，见图 9-3）。使用这种 Cr 基催化剂，接着筛选不同条件进行了乙烯聚合反应，在乙烯聚合的所有情况下，生产的聚乙烯都具有相对较高的多分散性指数(polymer dispersity index，PDI)。然而，IRMOF-3-Si-Cr 在最佳条件下〔62×10^4 g/mol(Cr)/h〕表现出显著的活性，为未来研究 MOF 基乙烯聚合催化剂铺平了道路。

在另一种新的催化剂开发方法中，Z. Lin 等将 MOF 的节点直接作为烯烃聚合的有机金属催化中心。他们开始合成 MOF-808(Zr-BTC；BTC＝均苯三甲酸)，这是一个由 Zr_6 节点和三聚均苯三甲酸连接子组成的 MOF。非结构甲酸配体首先被羟基取代，然后是一对氯化物，加上电荷平衡质子，得到图 9-4 中标记为 $ZrCl_2$-BTC 的单元。针对传统的聚合体系，Z. Lin 和同事随后用烷基铝试剂(MMAO-12 处理 $ZrCl_2$-BTC；改性甲基铝氧烷-12)，生成 ZrMe-BTC。这种活化的 MOF 被证明能够用于乙烯聚合，产生相对较低的多分散性指数和单模分子量分布的聚乙烯，这表明存在单一位址或接近单一位址的催化剂物种。

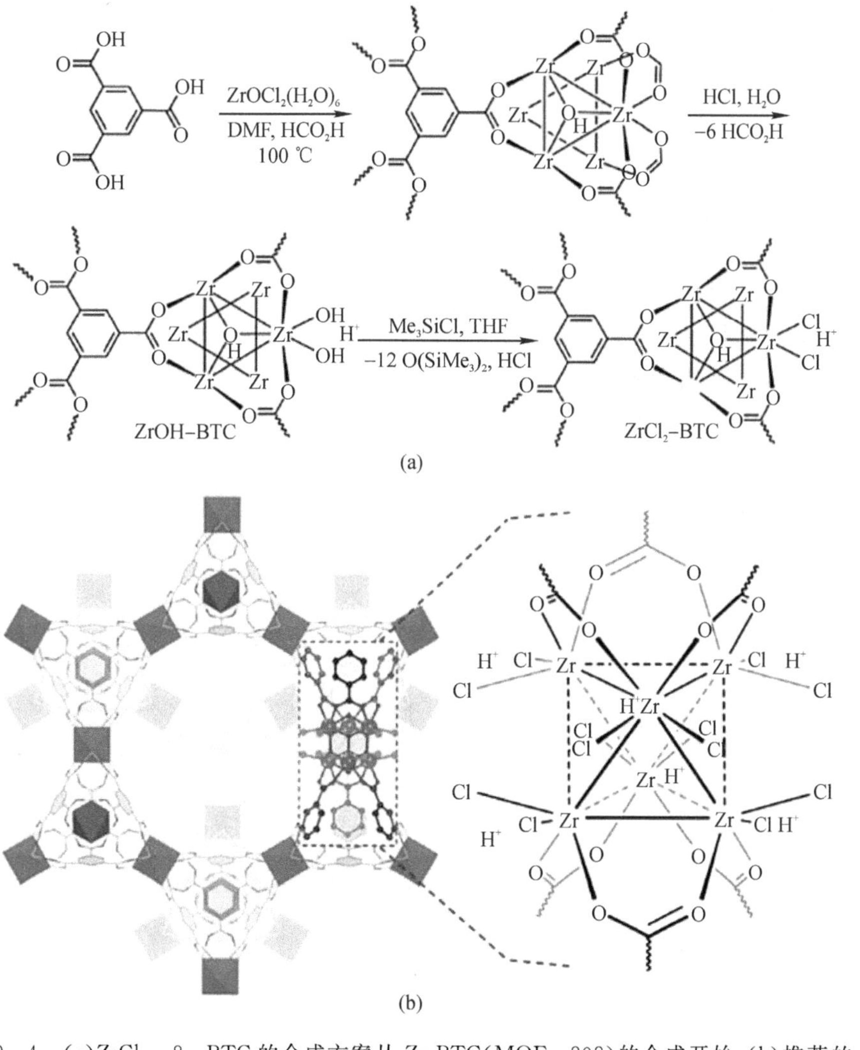

(a)

(b)

图 9-4 (a)$ZrCl_2$-8-BTC 的合成方案从 Zr BTC(MOF-808)的合成开始；(b)推荐的 $ZrCl_2$-BTC 的结构(参考文献[197])

到目前为止，只有 M. Dincǎ 和同事研究了 1,3 -丁二烯聚合的多相催化剂。从分子催化剂文献中，作者选择了一系列三维过渡金属（Ti、Cr、Fe、Co 和 Ni），通过上述在 MFU - 4l（图 9 - 5）中的阳离子交换来研究 1,3 -丁二烯的聚合活性。在忽略浸出率，具有明显的活性下，Co（Ⅱ）- MFU - 4l 表现出最高的立体选择性（>99%）。对 1,4 -顺式聚合的立体选择性是可取的，因为所得到的弹性体聚合物具有更好的耐磨性和抗冲击弹性。通过 X 射线吸收光谱（X - ray absorbtion spectra，XAS）结合分子模拟进一步确定 Co（Ⅱ）- MFU - 4l 具有框架内存在单一活性位点，具有预料的催化活性。

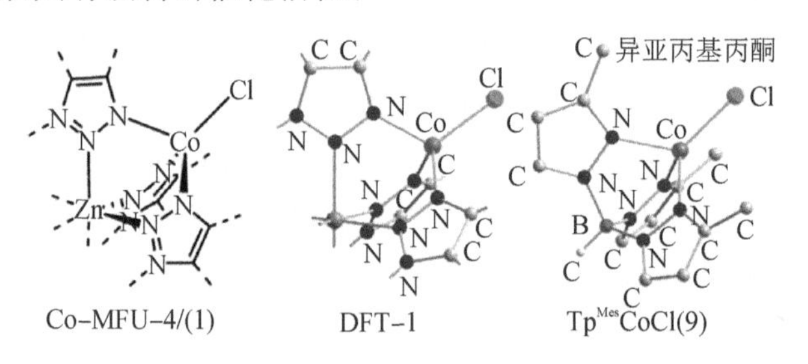

原子颜色：Zn（紫色）、Co（橙色）、Cl（绿色）、N（蓝色）、C（灰色）、B（洋红色）。

图 9 - 5 催化剂 1 与分子模型 9 之间的配位环境的比较（参考文献[198]）

四、药物运输用刺激响应性 MOF 材料

1. pH 响应 MOF

J. L. shi 和同事还报道了一种 pH 反应性药物载体 UiO - 66 MOF（图 9 - 6），由于其天然药物锚定物，它被用于阿仑膦酸盐（AL）传输。由于 Zr - O - P 键的强配合作用，高达 1.06 gAL/1 gUiO - 66。接下来，在 37 ℃下和 pH 值为 5.5/7.4 的 PBS 缓冲液中，评估负载阿仑膦酸盐的纳米复合物的释放行为；60 h 内的释放量分别为 59%和 42.7%。这种释放行为可能是由于阿仑膦酸盐在较低的 pH 值下的质子化作用，这削弱了 Zr - O - P 键的配合作用。然而，在较长的时间内，pH 值 7.4 时的释放速率高于 pH 值 5.5 时；这种独特的行为归

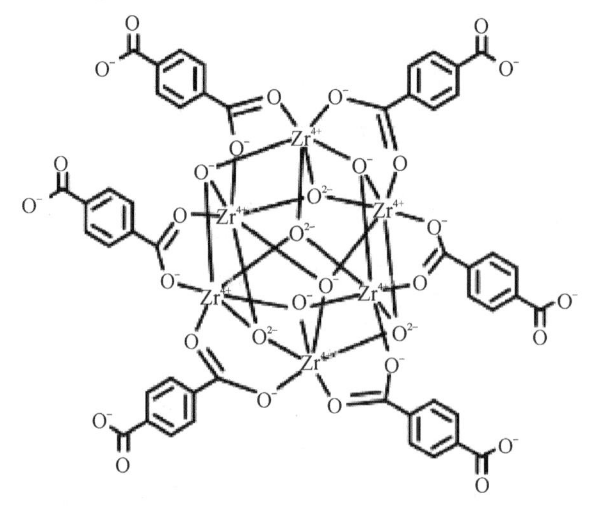

图 9 - 6 UiO - 66 MOF 的结构（参考文献[199]）

因于 UIO－66 在酸性条件下比在中性和碱性条件下具有更高的稳定性。体外细胞毒性测定显示，AL－UiO－66 在培养 48 h 后比游离阿仑膦酸盐具有更高的抗癌效果，表明 pH 响应性 AL－UiO－66 提高了抗肿瘤效率，使 UiO－66 成为一种很有前途的阿仑膦酸盐传递载体。

2. 磁响应 MOF 材料

磁响应系统由于其在磁分离、磁靶向、磁共振成像(magnetic resonance imaging，MRI)和磁热疗方面的潜在优势，允许药物传递的多样性。其中，自 J. H. L. Watson 等在 20 世纪 60 年代首次引入以来，肿瘤引导的抗癌药物磁靶向传递是将载药治疗探针集中在肿瘤部位以提高治疗效果的独特策略。基于 MOF 的候选纳米载体通常是核壳 NP，如四氧化三铁经常被用作带有 MOF 壳的磁核。例如，L. D. Zhang 等描述了一种基于磁性 MOF 的靶向药物载体，即 $Fe_3O_4/Cu_3(BTC)_2$(BTC＝苯-1,3,5-三羧酸盐)纳米复合物。通过 $Fe_3O_4/Cu_3(BTC)_2$ 浸泡在抗癌药物尼美舒利三氯甲烷溶液中，将抗癌药物尼美舒利负载于磁性纳米载体中。磁性测量结果表明，$Fe_3O_4/Cu_3(BTC)_2$ 具有理想的靶向给药和分离的磁性性能。2014 年，X. H. Guan 和同事报道了一种一步原位热解制备 $\gamma-Fe_2O_3$@MOFs 的方法。在他们的工作中，$\gamma-Fe_2O_3$@MIL－53(Al)(图 9－7)证明了其在可控磁分离和药物释放方面的潜力。与预期的一样，磁性纳米复合材料在 37 ℃的生理盐水中表现出可控释放行为，即封装的 IBU 在 7 天后完全释放：首先，约 30%的药物在前 3 小时迅速释放；其次，在接下来的 2 天内释放 50%的药物；最后，剩余 20%的药物在 5 天内释放。这些结果证实了磁性 $\gamma-Fe_2O_3$@MIL－53(Al)材料的给药效果是可行的。

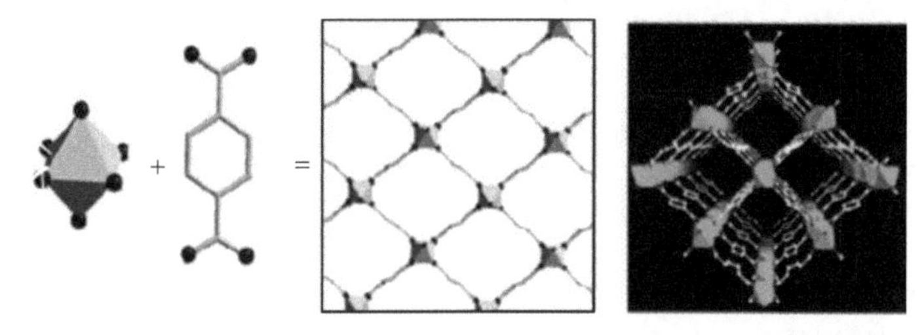

图 9－7 MIL—53(Al)的自组装过程与其三维网络结构(参考文献[203])

3. 离子响应型 MOF

离子响应型 MOF 引入了一种新的药物传递途径。在这种药物载体中，药物与框架之间的强静电相互作用控制着药物的扩散和释放。因此，离子药物和离子框架之间的强静电相互作用引起了人们特别的关注，因为离子药物的释放是一个仅通过离子交换发生的化学刺激响应过程。例如，Y. Yang 和同事通过氧化中性的 MOF－74－Fe(Ⅱ)开发了一种阳离子药物载体，MOF 74－Fe(Ⅲ)。这个阳离子 MOF 材料可以加载约 15.9wt%布洛芬负离子(图 9－8)。有趣的是，MOF 的制备过程可以产生氢氧化物，导致在 MOF 通道中存在两种独特的 Ibu^- 阴离子，从而观察到两种不同的释放行为。布洛芬钠和其他配位的游离阴离子首先被释放，这仅仅是由于药物封装的 MOF 和 PBS 溶液之间的扩散或离子交换。磷酸盐阴离子通过竞争性吸附触发了目标药物的释放。

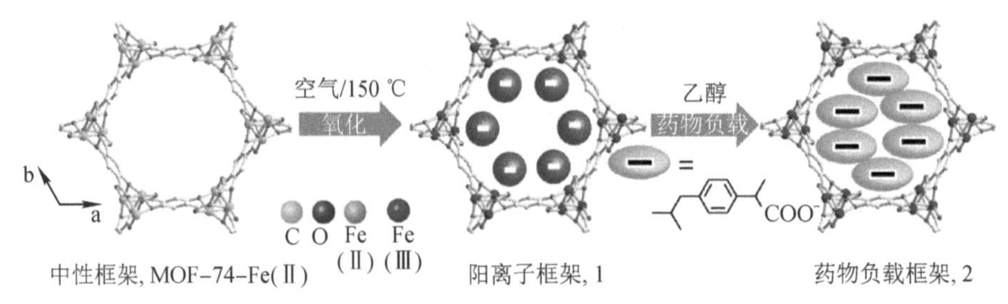

图 9-8 MOF-74-Fe(Ⅱ)氧化成晶体 1 和载药示意图(参考文献[204])

4. 温度响应性 MOF

一般来说,温度响应纳米载体是在 37 ℃时对轻微温度变化敏感的材料。聚(n-异丙基丙烯酰胺,PNIPAM)是一种很有前途的热敏药物纳米载体的载体。当温度降低到云点(Tc,约 32 ℃)以下时,PNIPAM 表现出亲水性,并倾向于溶解在水中;然而,它也形成一个聚集体。因此,K. Sada 等展示了一种可切换的 UiO-66-PNIPAM 纳米载体(图 9-9)。将 UiO-66-PNIPAM 浸泡在客体溶液中,将咖啡因和普鲁卡因酰胺装入纳米载体,然后在 25 ℃或 40 ℃下评估释放行为。与预期的一样,药物的释放量在 25 ℃时增加,在 40 ℃时几乎停止,这表明控制释放是由温度变化驱动的。

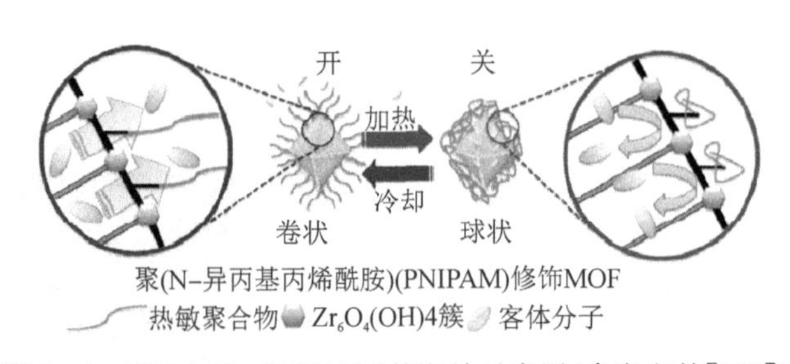

图 9-9 UiO-66-PNIPAM 控释放示意图(参考文献[205])

5. 压力响应性 MOF

为了避免它们到达病理组织前药物的过早释放,我们可以延长药物的释放时间和增强药物的释放效率。除了上述常见的刺激外,压力也被用于可控的药物释放。最近,Qian 和他的同事报道了一种基于(2E,2E′)-3,3′-(2-氟-1,4-苯)二丙烯酸(F-H_2PDA)和 Zr 簇的 MOF 材料。由于其极性增强和有机间隔层延长,该材料可装载 58.80wt%高模型药物双氯芬酸钠。这种载药 MOF 的物双氯芬酸钠释放动力学可以通过不同的压力进行调节,从而使释放时间延长到 2～8 天。该配方显示了一种新的 MOF 型药物传递方法。

第二节 离子印迹材料

离子印迹技术是能够特定识别目标离子的一种技术,被广泛应用于废水处理,金属离子的检测及催化等领域。离子印迹聚合物通常由模板离子、功能单体、交联剂等原料制备。离子印迹聚合物的制备(图 9-10)首先要确定目标离子,根据目标离子选择合适的功能单体、功能单体和模板离子通过配位作用、螯合作用或者是静电力的作用相结合,形成主客体配合物。其次使用交联剂使模板离子和功能单体结合得更牢固。最后用洗脱剂把模板离子从配合物中洗脱下来，就可以得到具有和目标离子空间构型相一致和许多特异性作用位点三维空穴的印迹聚合物。它对目标离子具有特异性识别能力。

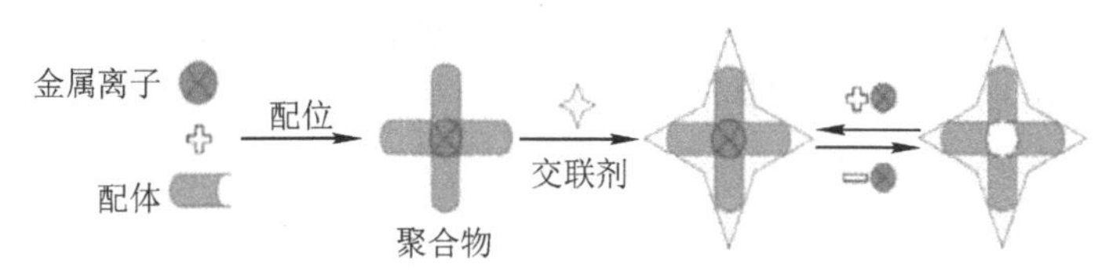

图 9-10　离子印迹技术原理图(参考文献[207])

一、金属离子表面印迹材料

1. *以硅基类材料为载体的离子印迹材料*

表面离子印迹技术原理图见图 9-11。

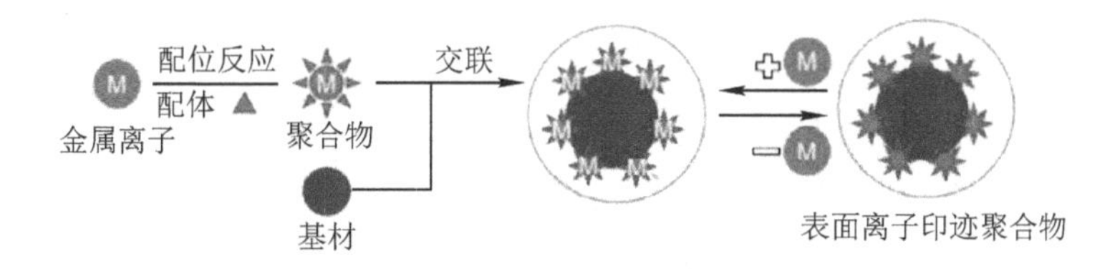

图 9-11　表面离子印迹技术原理图(参考文献[207])

硅基材料价格低廉、比表面积大，具有较好的热力学稳定性，可提高表面印迹聚合物的力学性能和耐用性。常用的硅基材料主要有硅胶、介孔硅材料(MCM-41)、硅藻土等。硅胶是一种高活性吸附材料，不溶于水和任何溶剂，化学性质稳定，与绝大多数物质都不发生反应，有较大的比表面积和机械强度。李生芳等采用表面印迹技术，以硅胶为载体，钴离子为模板离子，在功能单体三甲氧基硅烷和交联剂环氧氯丙烷的作用下制备了钴离子表面印迹聚合物。结果表明，该材料对 Co(Ⅱ)/Cd(Ⅱ)、Co(Ⅱ)/Pb(Ⅱ)、Co(Ⅱ)/Cu(Ⅱ)、Co(Ⅱ)/Ni(Ⅱ)的吸附选择性系数分别为 2.52、1.34、3.61、4.39，对 Co(Ⅱ) 离子有很好的选择吸附性能，最大吸附量为 20.05 mg/g，并且该材料经过五次吸附-解吸循环后的最大吸附量仍为初始最大吸附量的 82.14%，具有较好的循环再生效果。N. Fallah 等采用表面印迹的方法，分别使用 Mo(Ⅵ) 作为模板离子，异烟酸(IN)和硅胶作为功能单体和载体，在交联剂 3-氨基丙基三甲氧基硅烷的作用下制备了一种新型的 Mo(Ⅵ)离子印迹聚合物。结果表明，该材料对 Mo(Ⅵ)/Cr(Ⅵ)、Mo(Ⅵ)/P(Ⅴ)、Mo(Ⅵ)/V(Ⅴ)、Mo(Ⅵ)/Se(Ⅵ)、Mo(Ⅵ)/Cu(Ⅱ)、Mo(Ⅵ)/Ni(Ⅱ)、Mo(Ⅵ)/Zn(Ⅱ)的吸附选择系数分别为 43.70、11.44、19.10、1.04、1333.30、186.50、7.60，对 Mo(Ⅵ)的最大吸附量为 126.06 mg/g，并且在经过吸附-解吸六个循环后，Mo(Ⅵ)离子印迹材料对 Mo(Ⅵ)的吸附能力降低了约 6%，具有较好的循环再生性。

M. Li 课题组以氨基和可发生聚合反应的碳碳双键功能基团修饰的硅烷为载体，烯丙基硫脲为功能单体，制备了镉离子表面印迹聚合物。结果表明，在对镉离子的吸附实验中，

8 min 就可以达到平衡，吸附容量可以达到 38.30 mg/g，对镉离子有一定的选择性。

介孔硅材料 MCM-41 是一种新型的纳米结构材料，具有孔道呈六方有序排列、大小均匀、孔径可在 2～10 nm 内连续调节、比表面积大等特点。但是，传统的纯硅基类载体材料的机械强度不高、水热稳定性较差，李美等通过对材料进行有机功能化后，介孔硅基材料在许多吸附反应中表现出良好的选择吸附性。李婷等用表面印迹技术，以三价 Cr 离子为模板离子、2(2-吡啶) 甲醇为功能单体、3-碘甲基三乙氧基为交联剂，在 MCM-41 为固相载体的情况下合成了双吡啶基功能化的三价铬离子印迹介孔二氧化硅材料〔Cr(Ⅲ)-IIPs，图 9-12〕。实验结果表明，该印迹材料对 Cr(Ⅲ)/Cr(Ⅵ)、Cr(Ⅲ)/Cu(Ⅱ)、Cr(Ⅲ)/Cd(Ⅱ)、Cr(Ⅲ)/Hg(Ⅱ)、Cr(Ⅲ)/Co(Ⅱ)、Cr(Ⅲ)/Ni(Ⅱ)的吸附选择性系数分别为 59.00、2.13、17.22、6.51、6.18 和 24.15，最大吸附量达到 151.2 mg/g，在经过 10 次循环再生后的最大吸附量仍有初始最大吸附量的 90.7%，具有较好的循环再生效果。

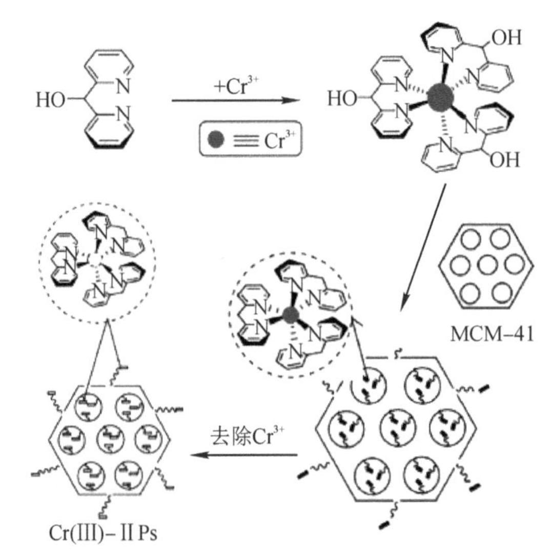

图 9-12 双吡啶基功能化的三价铬离子印迹介孔二氧化硅材料的制备(参考文献[213])

2. *碳基类材料为载体的离子印迹材料*

碳纳米管是一维纳米材料，质量轻且抗拉强度好、结构稳定，还可以与其他材料结合制备出性能更为优异的复合材料。尚宏周等以多壁碳纳米管(multi-walled carbon nanotubes，MWCNTs) 为载体、壳聚糖为功能单体、二价镍离子为模板，在交联剂戊二醛的作用下采用静电自组装的方法制备了镍离子印迹材料(图 9-13)。选择性实验结果表明：Ni(Ⅱ)与 Pb(Ⅱ)、Cu(Ⅱ)的吸附选择性系数分别为 11.27、9.22，证明该离子印迹材料对 Ni(Ⅱ)具有很好的选择吸附性，平衡吸附量达到 32.20 mg/g。

二、聚合物为载体的离子印迹材料

壳聚糖纤维是常见的人造纤维。壳聚糖分子上有大量的氨基和羟基官能团，能螯合金属离子，故可用壳聚糖为原料制备纤维基离子印迹材料，并用其吸附溶液中的金属离子。

如图 9-14 所示，利用离子印迹技术，以目标金属离子为模板，通过聚合物中的功能单体的配位作用，进行高分子壳聚糖中功能基团的空间位置调控，目标是形成符合银离子特征

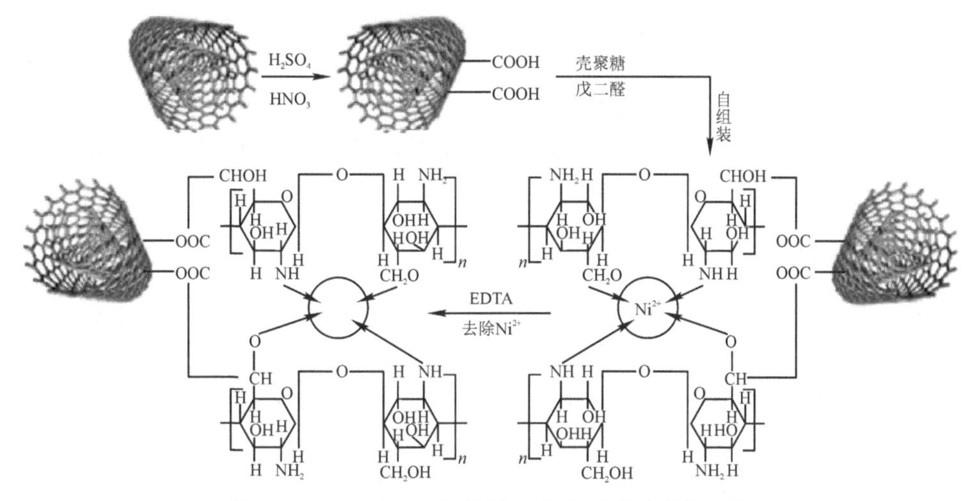

图 9-13 Ni(Ⅱ)-IIP 的制备过程(参考文献[214])

配位数及官能团的空间匹配的复合功能材料，在模板银离子洗脱后，所留官能团空间位置及配位作用能够对目标金属离子进行选择性识别。

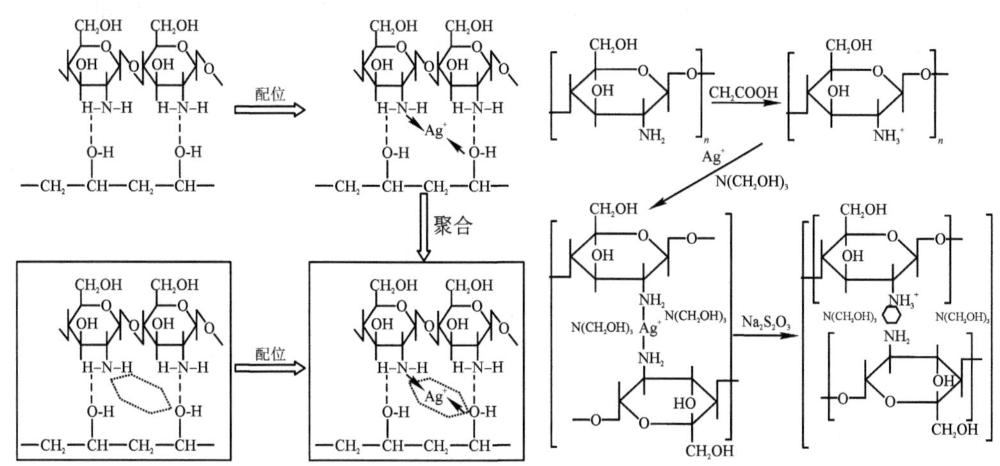

图 9-14 银离子印迹 CTS/PVA 复合膜[Ag(Ⅰ)-IIM]的制备机制图(左)；银离子印迹 CTS/TEA 凝胶珠(Ag-ICTHB)的制备机制图(右)(参考文献[216])

利用图 9-14 中所示的制备原理，王笑微和张良等合成了对银离子具有选择性的复合材料银离子印迹 CTS/PVA 膜和银离子印迹 CTS/TEA 凝胶珠复合材料。利用类似的合成机制，张良团队也合成了对镍离子具有特异选择性的镍离子印迹复合功能材料[Ni(Ⅱ)-IMCPs]等系列印迹功能材料，由于具有配位空间和配位键的选择性，这些材料对目标金属离子均呈现出优异的选择性。在多离子体系，Ag(Ⅰ)-IIM 对银离子的吸附量分别是对铜离子、钾离子、铅离子的 2.8 倍、3 倍、2.6 倍；Ag-ICTHB 对银离子的吸附量分别是对铜离子、锌离子、铅离子的 3.7 倍、28.6 倍、30.6 倍；Ni(Ⅱ)-IMCPs 对镍离子的吸附量分别是对铜离子、银离子、锌离子的 15.1 倍、23.1 倍、18.2 倍。由上可知，这些印迹材料明显对目标离子的吸附量远高于共存的其他金属离子，也明显优于非印迹材料对这些离子的吸附。

Di nu课题组基于壳聚糖制备一种铜离子印迹聚合物,然后进行选择性研究。结果表明,该离子印迹聚合对铜离子的选择性高于其他离子。Z. Ren课题组利用溶胶凝胶法合成了铜离子印迹聚合物,该聚合物对铜离子表现出良好的吸附性能和选择性能。J. He课题组以壳聚糖和丙烯酰胺为功能单体、以镍离子为模板离子,合成了离子印迹聚合物,结果显示该印迹聚合物对镍离子有良好的识别性能。

三、离子印迹聚合物

许多金属离子及其配合物都可以作为模板剂来制备金属离子印迹聚合物,如Fe^{2+}、Co^{2+}、Cu^{2+}、Zn^{2+}、Cd^{2+}、Hg^{2+}、Pb^{2+}及镧系元素等,其中,以过渡族金属及其配合物来制备金属离子印迹聚合物的研究居多。R. Say采用分散聚合法在聚乙烯醇分散液中制备了Ni^{2+}印迹聚合物微球,该微球对Ni^{2+}的选择性吸附能力远远强于Co^{2+}、Cu^{2+}、Zn^{2+},具有明显的印迹效应;周杰以Co^{2+}-敌鼠配合物为模板剂,制备了具有类似于金属螯合抗体结合位点的金属离子印迹聚合物,实验结果表明,Co^{2+}在最佳浓度下可显著提高模板聚合物对敌鼠的选择性识别能力;此外,Ni^{2+}、Cu^{2+}都常用于金属离子印迹聚合物的制备中。

石光等以Cu^{2+}为模板制备了交联CTS微球(Cu^{2+} CSCPM)并对Cu^{2+}的吸附性能进行了研究。结果表明,初始浓度为60 mmol/L的溶液Cu^{2+} CSCPM对其饱和吸附量为1.89 mmol/g。贺小进等以Ni^{2+}为模板、以环氧氯丙烷、乙二醇双缩水环氧丙基醚为交联剂合成了新型球状Ni^{2+}模板螯合CTSZn^{2+}印迹微球树脂。研究结果表明,印迹树脂与非印迹树脂相比,对Ni^{2+}、Cu^{2+}、Zn^{2+}的吸附容量提高1倍左右,对Cr^{6+}的吸附容量基本不变。

王玲玲等以CTS为单体,硅胶为载体、以γ-(2,3环氧丙烷)丙基三甲氧基硅烷为交联剂、以Pb^{2+}为模板制备了Pb^{2+}印迹聚合物。研究结果表明,Pb^{2+}印迹聚合物对模板离子有较高的选择性,饱和吸附量可达非印迹2倍。赖晓绮等以钇(Ⅲ)离子为模板,4-乙烯吡啶、乙酰丙酮和钇(Ⅲ)形成的三元配合物为单体,乙二醇二甲基丙烯酸酯为交联剂制备了印迹聚合物。研究表明,该印迹聚合物对钇(Ⅲ)有较强的识别性,并且重复使用性稳定。周杰等以Co^{2+}-敌鼠配合物作为模板,制备了一种印迹聚合物,结果表明,Co^{2+}在最佳浓度下可明显提高模板聚合物对敌鼠的选择性识别能力。此外,Ni^{2+}、Cu^{2+}都常用于金属离子印迹聚合物的制备。

从上述研究可以看出,离子印迹技术的应用主要集中于重金属阳离子的印迹聚合物,其应用已经从分析领域逐渐拓展到重金属离子的去除和再利用。

第三节　配合物功能材料

功能材料是一大类具有特殊电、磁、光、声、热、力、化学及生物功能的新型材料,是信息技术、生物技术和能源技术等高技术领域和国防建设的重要基础材料,同时对改造某些传统产业,如农业、化工、建材等起着重要作用。本节主要针对发光配合物材料、磁性配合物功能材料和导电性配合物功能材料进行概述。

一、发光配合物材料

无机发光物质大多集中在稀土,d^{10}和d^{8}等过渡金属化合物及其配合物上。其发光机制大致有两种，一种是金属离子本身可以发光的配合物，如稀土，低价 d^{10} 和 d^{8} 金属离子及其化合物，它们与电子接受体配体作用形成了发光强度大，寿命长的荧光物质，这些配合物具有大环结构和共轭体系，同时 d^{10} 和 d^{8} 高价大体积金属离子（Pb^{4+}、Pt^{2+}、Au^{+}）等可以形成 M—M 键，电子通过 d－d 跃迁产生 MC 电荷转移跃迁而表现出较好的光学性能。

1. 含 Re、Ru 和 Pt 等过渡金属发光配合物

$[Re(N\hat{}N)(CO)_3L]^{n+}$（N^N＝二亚胺配体，L＝单齿配体，$n=0,1$）类的 Re(Ⅰ)配合物由于具有室温磷光性质而受到关注。它们通常在大约 600 nm 处表现出无结构的红色发光，量子产率很小（$\varnothing em<10^{-3}$），发光来自三重态的金属到配体电荷跃迁（^{3}MLCT）激发态。通过对配体进行合理修饰可以实现 Re(Ⅰ)配合物的近红外发光，当前室温下固体状态和液体状态的 Re(Ⅰ)配合物的最大发射波长分别为 685 nm 和 805 nm。L. A. Worl 等人通过在二亚胺配体上引入供电子基团或吸电子基团，获得了一系列配合物$[Re(4,4'-X_2-bpy)-(CO)_3Cl]$（X＝$NH_2$、$CH_3$、$CO_2Et$）（图 9－15a），它们^{3}MLCT 激发态的光物理性质随取代基 X 的变化而发生系统地变化。

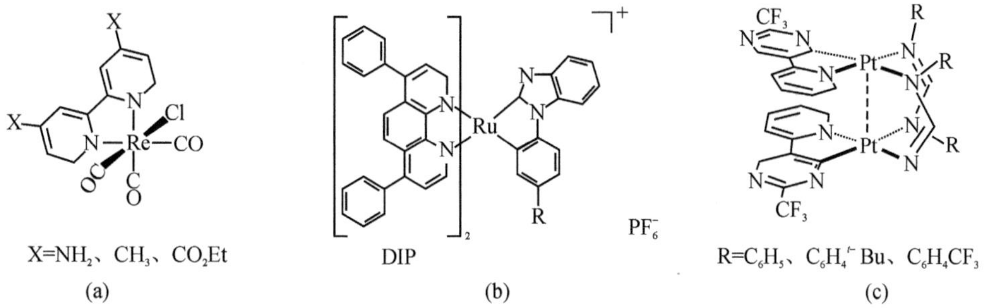

图 9－15　$[Re(4,4'-X_2-bpy)(CO)_3Cl]$的分子结构（a）、$Ru(DIP)_2(C\hat{}C^*)]^{+}$的分子结构（b）和$[Pt(pypm)(\mu-R)]_2$的分子结构（c）（参考文献[233,236,240]）

八面体构型的 Ru(Ⅱ)多吡啶配合物的发光主要来自 MLCT 激发态。目前，室温下固体状态和液体状态的 Ru(Ⅱ)配合物的最大发射波长分别为 810 nm 和 1440 nm。使 Ru(Ⅱ)配合物的发光红移至近红外区域的策略主要包括增大配体的共轭程度、利用配体上取代基的电子效应，以及在配体上引入 D－A 体系。2021 年，Y. Y. Zhou 等利用第一种方法合成出一系列具有近红外发光性质的 Ru(Ⅱ)配合物$[Ru(DIP)_2(C\hat{}C^*)]^{+}$（DIP＝4,7－diphenyl－1,10－phenoline，C^* 来自苯并咪唑的卡宾）（图 9－15b）。

Pt(Ⅱ)配合物具有四配位的平面方形几何结构，这种结构可以通过 Pt－Pt 相互作用形成不同的聚集体，导致基态和激发态之间能隙减小，发光能量降低，产生来自^{3}MMLCT 激发态的近红外发光。目前，室温下固体状态和液体状态的 Pt(Ⅱ)配合物的最大发射波长分别为 800 nm 和 1047 nm。其中，分子间 Pt－Pt 相互作用对发射光谱的红移起重要作用，研究表明，随着参与到 Pt－Pt 相互作用中铂原子数目的增加，铂配合物的发光能量会越来越低。因此与单体或二聚体相比，具有一维铂链堆积结构的 Pt(Ⅱ)配合物通常具有更低的发光能量，更容易实现近红外发光。2019 年，S. F. Wang 等报道了一系列深红色的吡啶-嘧啶环金属化双核 Pt(Ⅱ)配合物$[Pt(pypm)(\mu-R)]_2$（pypm＝pyridine－pyrimidinate，R＝C_6H_5、$C_6H_4^{t-}Bu$、$C_6H_4CF_3$）（图 9－15c）。

2. 含膦配体与 Cu（Ⅰ）和 Au（Ⅰ）离子形成的光致发光性能配合物

许多含膦配体与 Cu^{+}、Au^{+} 等低价过渡金属离子形成的配合物有良好的光致发光性质，金属到配体电荷转移为主要跃迁转移途径，其中能够产生 M－M 金属键的配合物容易通过 MC 电子传输途径而发光。通常为获得近红外发光的 Cu（Ⅰ）配合物，可以在配体中引入硫原子以降低发光能量。例如，文献报道的一系列 Cu（Ⅰ）配合物 $CuI(PPh_3)_2$ 和 $CuI(DPEPhos)_2$〔DPEPhos＝bis[(2－diphenylphosphino)phenyl]ether〕，在这些配合物中 S 原子取代的配合物相比于 C/N(H) 原子取代的配合物发光发生红移，并且发光移动至近红外区域（图 9－16）。

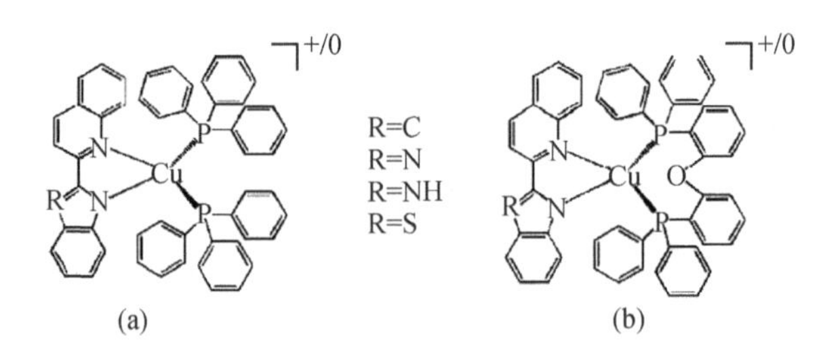

图 9－16　(a)$CuI(PPh_3)_2$ 和 (b)$CuI(DPEPhos)_2$ 的分子结构和在室温下二氯甲烷溶液中的发射波长（参考文献[242]）

由于双核 Au（Ⅰ）配合物 $[Au_2(dcpm)(S-benzo[15]crown-5)_2]$ 和 $[Au_2(dppm)(S-benzo[15]crown-5)_2]$〔dcpm＝bis(dicyclohexylphosphanyl)methane，dppm＝bis(diphenylphosphanyl) methane〕的发光性质表现出对 Au－Au 相互作用的强烈依赖性，可以将它们用作 K^{+} 传感器（图 9－17a）。2001 年，V. W. W. Yam 课题组利用辅助二膦配体作为"保护涂层"获得了六核 Au（Ⅰ）硫化物 $[Au_6\{\mu-Ph_2PN(p-CH_3C_6H_4)PPh_2\}_3(\mu_3-S)_2](ClO_4)_2$（图 9－17b），配合物的 Au…Au 距离为 2.939～3.378 Å，在室温下二氯甲烷溶液中具有近红外发光。

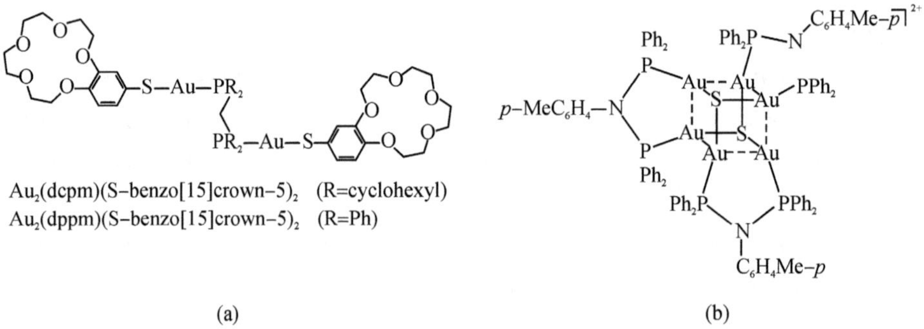

Au₂(dcpm)(S-benzo[15]crown-5)₂ (R=cyclohexyl)
Au₂(dppm)(S-benzo[15]crown-5)₂ (R=Ph)

(a)　　(b)

图 9－17　(a)$[Au_2(dcpm)(S-benzo[15]crown-5)]_2$ 和 (b)$[Au_6\{\mu-Ph_2PN(p-CH_3C_6H_4)PPh_2\}_3(\mu_3-S)_2](ClO_4)_2$ 的分子结构（参考文献[244,245]）

3. 含有金属-金属成键的发光功能配合物

自从 F. A. Cotton 在 20 世纪 60 年代发现 $[Re_2Cl_8]^{2-}$ 中的金属-金属多重键以来，由于其结构上的多样性和良好的物理化学性质，双金属及多金属中心成键的化合物与材料就越来越受到化学家、物理学家和材料科学家的重视。Pt－Pt 相互作用同样对发射光谱的红移起重要作用。2019 年，S. F. Wang 等报道了一系列深红色的吡啶-嘧啶环金属化双核 Pt(Ⅱ)配合物[Pt(pypm)(μ－R)]$_2$(pypm＝pyridine－pyrimidinate，R＝C_6H_5、C_6H_4t－Bu 或 $C_6H_4CF_3$)(图 9－18a)。其中，[Pt(pypm)(μ－C_6H_5)]$_2$ 的晶体结构显示相邻配合物分子的 pypm 部分采用反平行方式排列，以最大化 π－π 堆积相互作用，观察到配合物分子内 Pt…Pt 距离为 2.885 Å，相邻分子之间的最短 Pt…Pt 距离为 6.790 Å，因此配合物中仅存在分子内 Pt－Pt 相互作用(图 9－18b)。

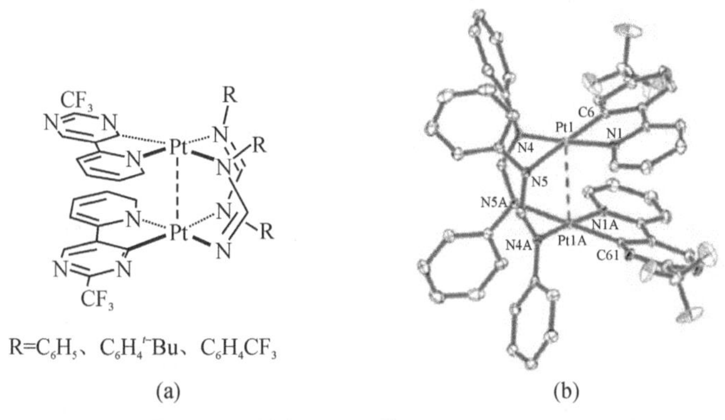

图 9－18　(a)[Pt(pypm)(μ—R)]$_2$ 的分子结构和 (b)[Pt(pypm)(μ—C_6H_5)]$_2$ 的结构图(参考文献[240])

2005 年，于澍燕合成出了全金属骨架超分子大环化合物。在 Au－Au 相互作用的推动下，非手性的分子砖块可以自组装形成由 16 个金原子连续键合的手性大环，并发出很强的绿色磷光(图 9－19)。值得注意的是，手性自组装过程是由配位先形成非手性的单体，然后单体通过 Au—Au 相互作用形成不对称的二聚体，最后结晶形成手性四聚体大环，其晶体以 70％以上的优势选择同一种手性。通过 3 个非手性的双齿螯合配体与 6 个 Au(Ⅰ)在溶液中自组装，可得到一个拥有超分子手性(Δ-构型或 Λ-构型)的配位于同心三角平面 Au_6 簇核的手性结构单体；然后在溶液中由 3 个 Δ－Au_6 与 3 个 Λ－Au_6 自组装得到一个外消旋的 Au_{36} 六聚体大环，其分子量达到 20000。这种新颖的构筑全金属骨架超分子手性材料的合成方法可能为设计和制备新颖纳米结构材料与器件提供一条新的路线。

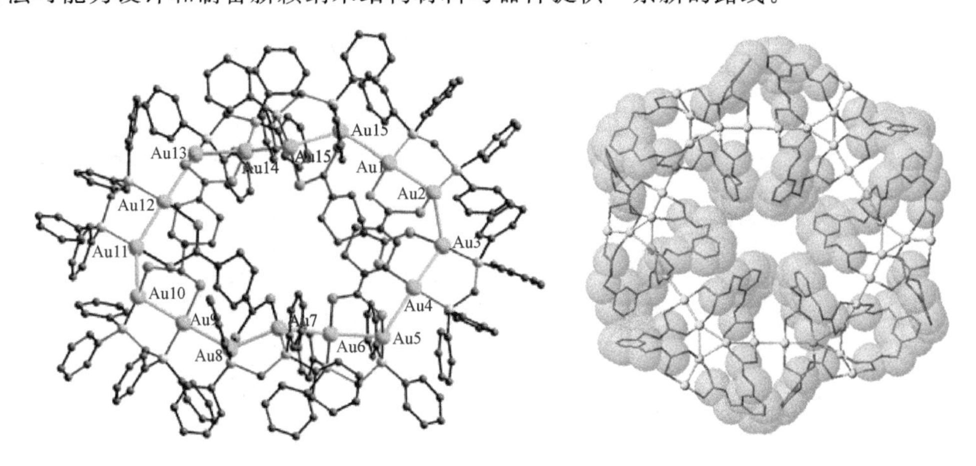

图 9－19　自组装全金属骨架超分子 Au_{16} 手性发光大环和发光 Au_{36} 大环结构(参考文献[246])

4. 电致发光功能配合物

电致发光(electroluminescence, EL)现象是指通过加在两电极的电压产生电场,被电场激发的电子碰击发光中心,而引致电子能级的跃进、变化、复合导致发光的一种物理现象。电致发光功能配合物可以应用于有机发光二极管(organic light - emitting diode, OLED)。它的基本原理是当元件受到直流电所衍生的顺向偏压时,外加之电压能量将驱动电子与空穴分别由阴极与阳极注入元件,当两者在传导中相遇、结合,即形成所谓的电子-空穴复合。在化学分子受到外来能量激发后,从单重态回到基态所释放的光为荧光,进而实现了将电能转化成光能的电致发光过程。

5. 稀土发光功能配合物

M. Mazzanti 课题组利用手性不对称四齿配体与铕离子进行配位,通过超分子自组装首次合成了可控的具有高量子产率的手性轮状七核配合物(图 9 - 20)。2008 年,J. Hamacek 等合成了第一个基于铕离子配合物的四面体组装体,并利用 X 射线衍射等检测方式对组装体的结构进行了详细的解析。随后,该课题组报道了基于铕多齿配体合成的金属轮状超分子组装体,并对其结构和性能进行了详细的研究(图 9 - 21)。R. Nishiyabu 课题组报道了一类基于镧系配合物的分子成像荧光探针,此类探针为多种酶活性进行特异性 PARACEST 的 MRI 检测提供了可能(图 9 - 22,纳米粒子呈现绿色荧光)。此外,由于镧系离子半径大,容易与 DNA、核苷及核苷酸等生物分子结合形成兼具镧系离子特征荧光和生物分子良好的生物相容性的新型功能性材料。

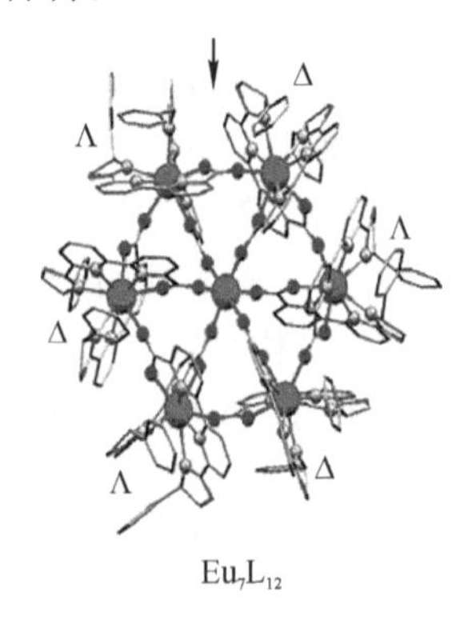

图 9 - 20 Eu(Ⅲ)配合物的手性轮状七核配合物(参考文献[247])

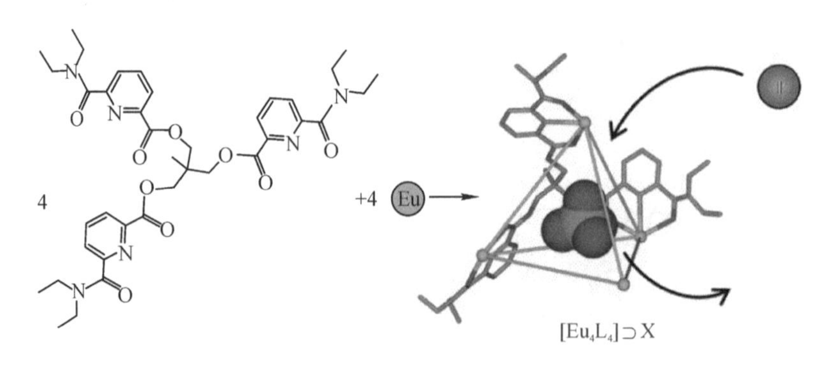

图 9 - 21 Eu(Ⅲ)多齿配体轮状组装体的形成(参考文献[248])

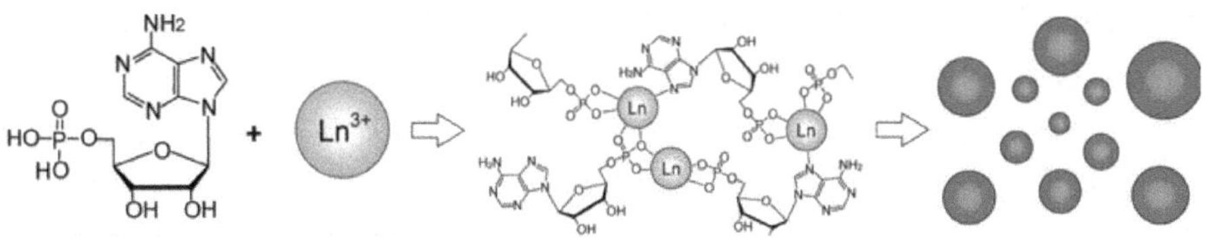

5′-磷酸腺苷　镧系离子　超分子网络　纳米粒子

图 9-22　镧系配合物的分子成像荧光探针(参考文献[249])

6. MOF 发光功能配合物

2015 年,R. Banerjee 课题组以萘四羧酸二酰亚胺(1,4,5,8-naphthalenediimide, NDI)衍生物为配体,采用不同的金属离子,制备了三种具有光致变色性能的有机金属框架(MOF)材料,实现了无墨打印与信息擦除(图 9-23)。首先,作者对中性的 N,N′-双(5-间苯二甲酸)萘二酰亚胺[N, N′-double (5-mesphthalate) naphthalene diimide, BINDI]晶体进行研究。在光照下,中性的 BINDI 晶体通过电子转移会形成自由基,导致其颜色发生改变,而短时间内这种不成对的自由基会发生淬灭,导致颜色恢复。相比于 BINDI 晶体,具有较长的 π-π 堆积距离的 MOF(Mg-NDI)的褪色时长可达 12 h。然而,在 MOF(Ca-NDI、Sr-NDI)中,相邻 BINDI 分子之间的堆积模式是正交堆积,这种堆积模式不利于电子转移,可以稳定自由基。因此,MOF(Ca-NDI、Sr-NDI)也具有较长的漂白时间。此外,他们将这类 MOF 材料涂刷在纸上,利用光照进行信息记录,通过氧气实现信息擦除。

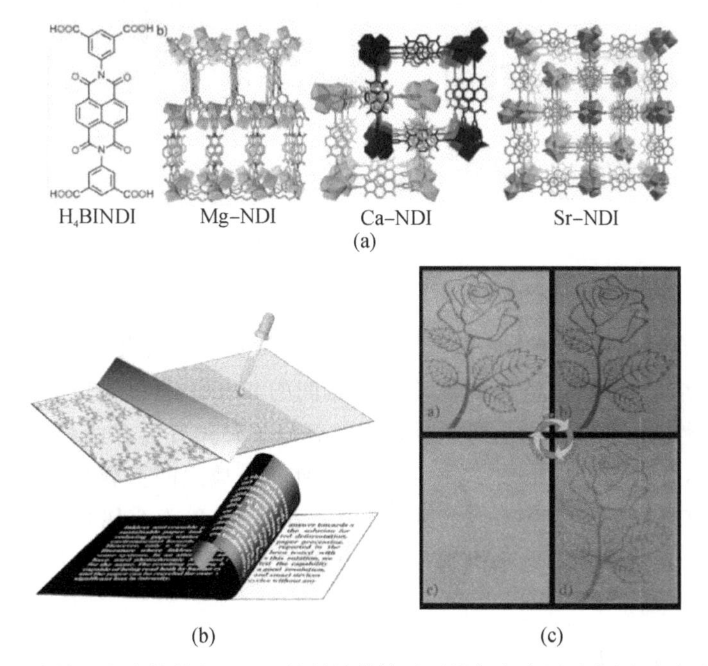

图 9-23　具有热至变色性能的 MOF 材料的结构及无墨打印应用示意图(参考文献[250])

2019 年,S. X-A. Zhang 课题组以聚合物中荧光团在熔融/结晶状态下会发生分散/聚集,从而改变分子的吸收和荧光颜色这一理论为基础设计并制备出多彩的热致变色体系。如图 9-24a 所示,在紫外光照射下,具有不同取代基的荧光分子的二氯甲烷溶液显示出相似的强蓝光发射。然而，这些材料的固态粉末显示出不同于溶液的发光颜色，表明了荧光材料在分散/聚集状态下具有不同的发光颜色。基于以上研究结果，他们将这些荧光材料按照一定比例掺入聚合物基质中，制备了一系列具有热致变色性能的薄膜。在室温下，薄膜的发光颜色与材料粉末的颜色相同，说明聚合物中的荧光分子处于聚集状态。当加热温度接近聚合物熔点(50 ℃)时，这些薄膜开始从结晶态转化为熔融态，聚合物中的荧光分子发生分散，导致薄膜的发光颜色蓝移。此外，他们还将这类热致变色材料应用在信息防伪领域。如图 9-24b 所示，在室温下，采用 365 nm 紫外光照射，可以观察到发光的加密图案；在温度升高后，加密图案的发光颜色发生蓝移。因此，这种热致变色材料在信息安全方面具有潜在的应用价值。

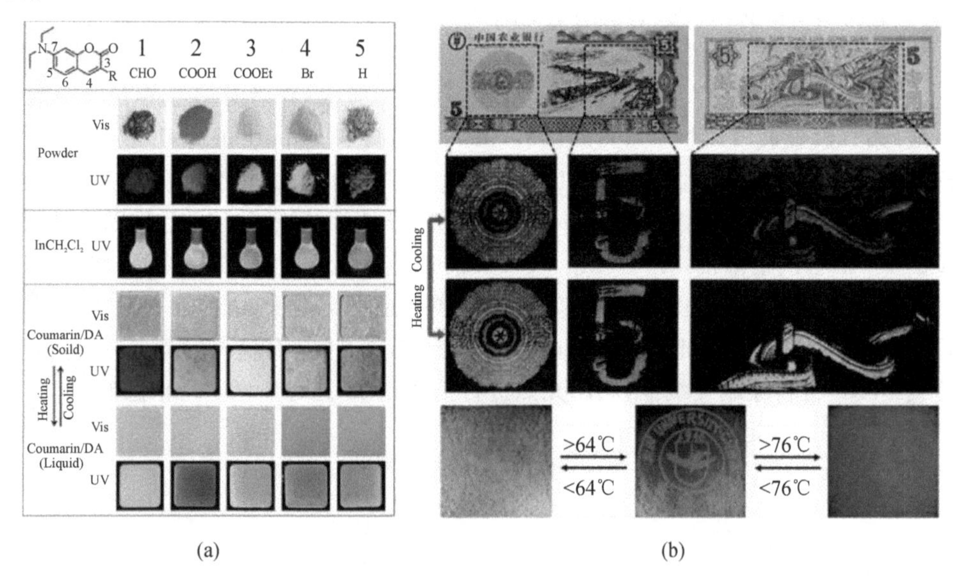

图 9-24 荧光分子结构、变色图片及其信息防伪示意图(参考文献[251])

二、磁性配合物功能材料

磁性功能配合物以多金属中心的配合物为主。要使分子具有磁性，金属离子必须形成三维空间的网状结构，并通过桥联配体使金属之间的相互作用力得到适当的调节。与基于有机化合物的磁性分子比较，用金属配合物来得到分子磁体有很多优势，不同金属离子可提供不同的配位数，并因此可以形成不同的构型，这使得金属之间更容易形成三维空间的网状结构。此外，过渡金属的自旋量子数范围为 $S=1/2\sim5/2$，稀土金属自旋量子数更可以达到 $S=7/2$，更加容易利用这一特性来控制整个分子的磁性。目前，配合物磁性材料的研究主要集中在如下几个方面。

1. 电荷转移配合物

基于多腈配体的金属配合物，在电荷转移方面具有较广泛的应用。第一个分子磁体就是多腈配体(四氰基乙烯，TCNE)与 $FeCp_2^*$ 所形成的离子盐，T_c 为 4.8 K，为铁磁体。早期合成的偏铁磁体 $[FeCp_2^*]^+[TCNQ]^-$ 离子盐 (1,1,2,2-Tetrachloro-1,4-dinitrobenzene，TCNQ，四氰基对苯二醌二甲烷)，它的磁性强烈地受到外磁场的影响，当外加磁场强到一定程度时，其自旋就会定向排列而呈铁磁性。

2．金属骨架一维结构功能配合物

线性的磁体分子称为单链磁体(single - chain magnets，SCMs)，通过将金属中心桥联起来的配体来达成磁相互作用。如图 9 - 25a 中，该化合物通过氰基将交替的 $Fe_2(CN)_6Ni_2$ 和 Ni(Ⅱ)连接成新的氰桥杂金属 3，2 -链对映体配合物，磁性测试表明一维链内铁和镍间通过氰基桥传递的铁磁耦合。2005 年，S. Hayami 等报道了第一例氰根桥联的一维异核配位聚合物(图 9 - 25b)，在线型结构中- NC - Fe - CN - Mn -作为重复的单元，其显著特点在于二价铁离子和二价锰离子间存在磁相互作用。这种磁性变化甚至在光照停止后仍可保持几个小时。

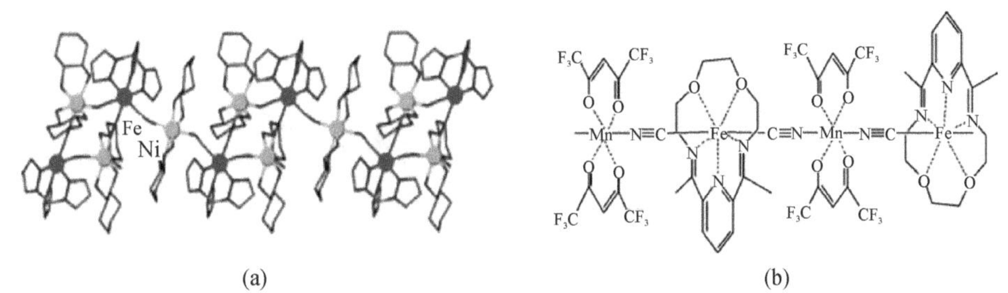

图 9 - 25　(a){$(Tp)_2Fe_2(CN)_6Ni_3[(1S,2S)-chxn)_6](ClO_4)_4\cdot 2H_2O\}_n$ 的分子结构和 (b)1 - D[Fe(L)$(CN)_2$][Mn$(hfac)_2$]的分子结构(参考文献[252,253])。

3．自旋交叉配合物

过渡金属配合物的自旋交叉(spin crossover) 双稳态现象是指具有 $3d^4\sim3d^7$ 电子结构的中心过渡金属离子配合物在适当强度的配位场中，由于温度或光照等外界微扰而引起轨道电子的重新排布，从而产生高低自旋的转变现象。1966 年，Baker 等发现了第一个 Fe(Ⅱ)自旋交叉配合物 Fe$[(phen)_2NCS]_2$(phen 为 1，10 -邻菲啰啉)。已报道的自旋交叉配合物绝大部分是热激发自旋交叉配合物，如 $Fe(NCS)_2(bipy)_2$ 在低于 212 K 时处于低自旋态，在温度高于 212 K 时处于高自旋态。目前发现的热激发自旋交叉体系的临界温度 T_c 绝大多数在 200 K 左右。要使该体系成为真正可以应用的材料，体系的 T_c 必须在常温附近，且化合物还必须具有一定的强度和稳定性。

4．单分子磁体配合物

单分子磁体具有量子隧道磁化效应(quantum tunneling of magnetization)和量子干涉效应等独特性质，使它们有可能在量子计算机等方面得到广泛的应用。从能量的角度考虑，如果一个分子在翻转磁矩方向上有一定的势能壁垒，那么这种分子就是一种单分子磁体。如果进行磁性测量，单分子磁体在某一温度、外磁场作用下，磁化强度对外场的曲线会出现磁滞回线。低温下显示明显的量子隧道磁化效应，交流磁化率虚部的最大值随频率变化而变化，表现出超顺磁性。

目前，所发现的单分子磁体(single - molecule magnets，SMMs)主要有如下几类。①Mn_{12} 和 Mn_4 离子簇，如$[Mn_{12}O_{12}(O_2CPh)_{16}(H_2O)_4]$和$[Mn_4O_3Cl(O_2CMe)_3(dbm)_3]$($dbm^-$ =二苯甲酰甲烷阴离子)(图 9 - 26)。②Fe_8 离子簇$[Fe_8O_2(OH)_{12}(tacn)_6]^{8+}$(tacn= 1，4，7 -三氮杂环壬烷)，$Fe_{19}$ 是目前 Fe 簇单分子磁体中基态自旋最大的单分子磁体(图 9 - 27)。

③V_4 离子簇，如[$V_4O_2(O_2CEt)_7(bpy)_2$]ClO_4，这些单分子磁体呈现磁弛豫效应的温度都很低(小于 10 K)，使其应用受到很大限制，要提高这一温度，必须增大分子磁矩反转的势垒，这就要求分子基态具有更高的自旋和更大的负零场分裂，此外要保证在工作温度下只有高自旋基态有热布居。

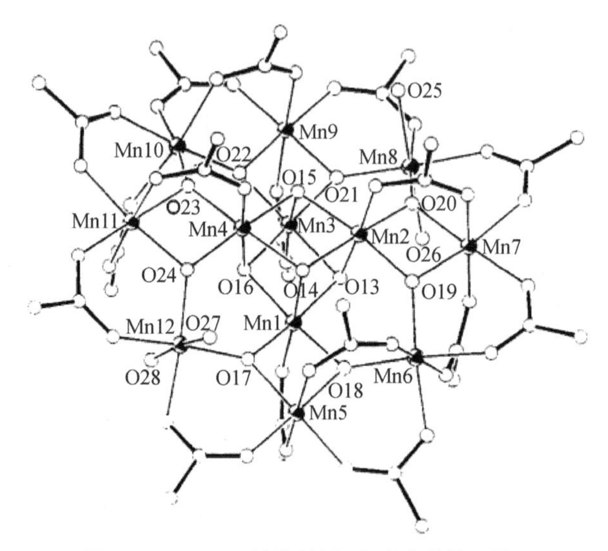

图 9-26 Mn_{12} 结构简图(参考文献[255])

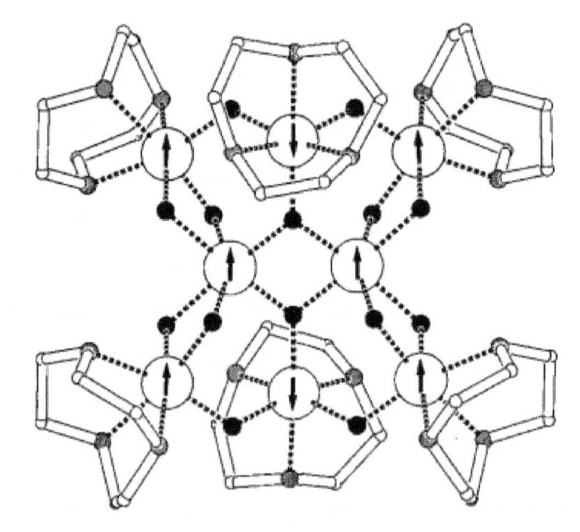

图 9-27 Fe_{19} 结构图(参考文献[258])

三、导电性配合物功能材料

近年来，随着有机导体及有机-金属导电材料研究工作的发展，人们合成和发现了一些具有较好导电性能的配合物。从 20 世纪 60 年代第一个“无机分子导体”到 80 年代该领域第一个“无机分子超导体”的出现，这个新兴领域的研究突飞猛进。到目前为止，这类导电配合物的种类繁多，性能各异，已被广泛应用于修饰电极、光电二极管、L-B 膜、导电涂料等实际之中。1973 年，研究人员发现了一种具有金属性质的导电率非常高的有机电荷转移配合物四硫代富瓦烯-四氰基对苯醌二甲烷（TTF－TCNQ）。1980 年，丹麦的 K. Bechgaard 等发现$(TMTSF)_2PF_6$ 具有超导特性。此后，导电配合物的研究开始迅速发展。

（一）导电功能低维配位聚合物

具有导电功能的低维配位聚合物是基于分子间近距离相互作用而形成的一维或准二维结构的分子导体，如卟啉、酞菁等。其导电性的特点是具有很强的各向异性，并且低温时会出现 Peierls 畸变（与电荷密度波相关的周期性晶格遭受破坏并导致一维导体转变为绝缘体的现象）。低维配位聚合物包括以下三种类型。

1. M－M 型导电配合物

通过相邻中心金属离子的 d_{z^2} 轨道的相互重叠构筑的类似金属的一维导电通道。如 KCP 盐，相邻 Pt－Pt 间通过 d 轨道的重叠形成金属-金属键一维导电分子（图 9－28）。

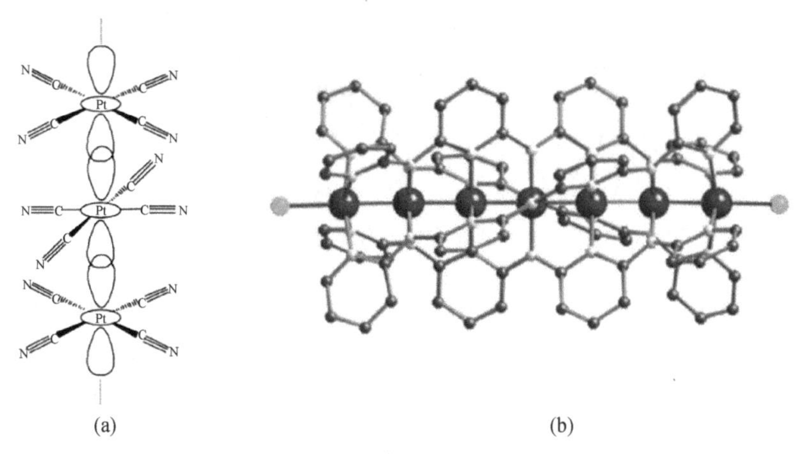

图 9－28　金属-金属键一维导电分子（参考文献[261]）

2. π－π 型导电配合物

配体为具有 18π 电子的共轭平面大环时，配合物通过配体分子间 π 轨道的重叠形成的一维导电通道。如 TCNE、TCNQ 等共轭分子，通过分子间的 π－π 堆积作用聚合成一维导电通道。

3. M－π 型导电配合物

当金属的 d_{xz} 和 d_{yz} 轨道与大环配体的 π 轨道发生重叠时，表现出导电性的大环金属配位聚合物。此处重点讲述功能配合物发光材料中的一维全金属骨架分子导线，它属于 M－M 型导电配合物。

20 世纪 70 年代，美国 Alan J. Heeger、Alan G. MacDiarmid 和日本白川英树发现，聚乙炔掺杂后电导率为，该导电高分子有机化合物与金属掺杂后具有与金属接近的电导率。1842 年，Knop 偶然合成出第一个全金属骨架一维分子导体材料 $K_2[Pt(CN)_4]$，直到 1968 年，K. Krogmann 测定了该化合物的晶体结构，这类材料现在被称为 Krogmann 盐。1972 年，H. R. Zeller 发现了 Krogmann 盐的导电性能，从此引起了材料科学界、化学界和物理学界研究人员对全金属骨架的分子材料的持久研究兴趣。F. A. Cotton 在 20 世纪 60 年代发现$[Re_2Cl_8]^{2-}$ 中的金属-金属多重键，由此有机金属一维含金属-金属键分子导线的研究也变得丰富起来。1996年,K. R. Dunbar等利用金属-金属成键技术成功合成$[Rh_6(CH_3CN)_{24}]^{9+}$分子导线(图9-29),该一维混合价态的分子导线由双核Rh单元通过分子间的金属-金属键作用连接而形成金属链状。1998年,R. Eisenberg课题组报道了一个含有Au(Ⅰ)…Au(Ⅰ)键合作用的一维线状超分子聚合物,由其制备的膜材料可作为易挥发性有机气体传感器。

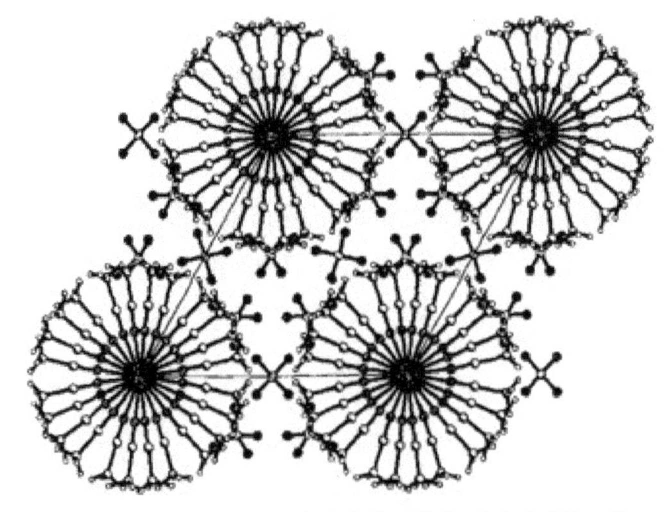

图9-29 K. R. Dunbar合成的分子导线(参考文献[264])

2005年M. Mitsumi等利用邻苯二酚与$[Rh_4(CO)_{12}]$组装出M-π型导电配合物,在室温下,该一维M-M(metal to metal)链状全金属骨架导电分子的导电率为17~34 S/cm。有意思的是,该中性一维MMF(metal to metal framework)配合物通过改变内在条件(光照、加热和压强等)从而诱导金属和配体之间的电荷转移,改变导电分子的导电能力。2006年,M. Yamashita等利用乙二胺作螯合配体,卤素离子作桥联配体,以M…X…M(M=Pd、Pt)模式配位的一维混合价态M…X…M型导电配合物,电子转移是在四价铂和二价铂之间进行。

2006年,C. M. Che等合成了$[Pt(CNtBu)_2(CN)_2]$一维MMF纳米线(图9-30)。该化合物具有较强的发光性能,在550 nm左右发绿色荧光。特别是混合价态一维链状导电配合物有着很好的导电性能,在光、电、磁等方面有着潜在的应用价值。

图9-30 $[Pt(CNtBu)_2(CN)_2]$一维MMF纳米线(参考文献[268])

(二)电荷转移配合物

在电荷转移配合物中,要达到较高的导电率,要求给体与给体重叠,受体与受体重叠,并且这两种重叠是分开的。沿着重叠方向,相邻分子之间的电子转移相互作用强,因此沿这一重叠方向可以导电。具有高电导率的给体或受体分子的分子结构(图 9-31)及其堆积的特点:①分子的几何结构为平面型,电子高度离域,分子易于沿一个方向堆积而形成能带结构;②电子给体和电子受体同时具有非整数的氧化态;③进行堆积的分子具有非偶数电子并且在垂直分子的平面上具有未充满轨道;④分子应该有规则、均匀地堆积排列,以防止导带的分裂;⑤给体和受体之间具有适当的氧化还原电位差(一般为 0.1~0.4 V),电位差太大或太小都是不合适的。

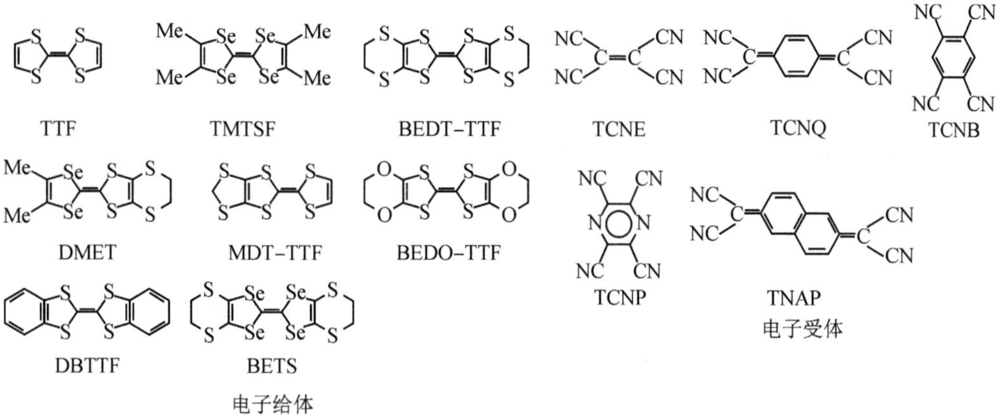

TTF　TMTSF　BEDT-TTF　DMET　MDT-TTF　BEDO-TTF　DBTTF　BETS

电子给体

TCNE　TCNQ　TCNB　TCNP　TNAP

电子受体

图 9-31　具有高导电率电子给体(左)和电子受体(右)

常见的电荷转移配合物有金属二硫醇配合物、共轭多腈和 dmit (4,5-二硫基-1,3-二硫杂环戊烯-2-硫酮) 配合物等。金属二硫醇配合物几何结构为平面型,因而易于形成一维堆积。另外具有较延展的电子体系,低电荷的稳定氧化态和可逆的氧化还原行为,有可能形成金属与金属间 d-d 的相互作用。

D. O. Cowan 等在 1973 年合成了 TTF-TCNQ,它是共轭多腈配合物的最早代表。它的导电率非常高,在很大的温度范围内与金属一样。导电率在低温(低于 66 K)时也能达到 $10^4/(\Omega \cdot cm)$,而低于 66K 时,导电率迅速下降,因为在 66K 时发生了从金属到半导体的相变。TTF-TCNQ 具有如此高的导电率是由其结构决定的,TTF 是可以形成高导电率的阳离子自由基,而 TCNQ 是可形成高导电率的阴离子自由基,并且两者都具有 $\pi-\pi$ 重叠性,在它们形成的晶体中存在大量的未成对电子,这些电子在阴离子、阳离子的各自重叠方向上高度离域,因此具有较高的导电率。

综上所述,无机和有机分子功能相结合的“功能配合物”的研究是一个与材料和信息科学密切相关,具有重要应用前景的领域。相信随着人们的进一步研究,功能配合物必将发挥越来越大的作用,为功能材料领域增添更多的色彩。

创新的发展理念

新材料产业涉及领域众多，是高新技术产业发展的基础，对国民经济的发展起到重大作用。我国正由制造大国向制造强国转变，从《中国制造 2025》规划来看，制造业转型升级、装备材料国产化提升是未来发展的重点。新材料是全球各国战略竞争的焦点，是实现高新技术突破、跨越式发展的强有力支撑，是高端制造的重要保障，具有重要的发展意义。习近平总书记于 2015 年 10 月在党的十八届五中全会上提出新发展理念即创新、协调、绿色、开放、共享，指出创新发展注重的是解决发展动力问题。中国共产党第二十次全国代表大会又一次强调“创新是第一动力，深入实施科教兴国战略，人才强国战略，创新驱动发展战略，开辟发展新领域新赛道，不断塑造发展新动能新优势”。新材料的核心是“创新”的理念，因此新材料的开发符合创新发展理论，而以配合物为基础的新材料，是新材料领域的重要方向之一。

习　题

1. 举例说明 MOF 材料的结构与 MOF 配合物之间具有什么关系？
2. 举例说明印迹材料的空间结构和配位键作用对模板离子的专一选择性。
3. 举例说明配合物在导电性功能材料中的作用。
4. 举例说明配合物在磁性功能材料中的作用。
5. 举例说明配合物在发光功能材料中的作用。

参考文献

[1] 戴安邦. 配位化学[M]. 北京：科学出版社，1987.

[2] 张祥麟. 配合物化学[M]. 北京：高等教育出版社，1991.

[3] 章慧. 配位化学：原理与应用[M]. 北京：化学工业出版社，2009.

[4] 罗勤慧. 配位化学[M]. 北京：科学出版社，2012.

[5] 刘伟生. 配位化学[M]. 2 版. 北京：化学工业出版社，2019.

[6] 游效曾. 配位化合物的结构和性质[M]. 2 版. 北京：科学出版社，2022.

[7] 刘又年，周建良. 配位化学[M]. 北京：化学工业出版社，2012.

[8] 成飞翔. 配位化学[M]. 北京：科学出版社，2020.

[9] ZHANG Y-Q, WANG C-C, ZHU T, et al. Ultra-high uptake and selective adsorption of organic dyes with a novel polyoxomolybdate-based organic-inorganic hybrid compound[J]. RSC Advances, 2015, 5(57): 45688-45692.

[10] WANG C-C, LI J-R, LV X-L, et al. Photocatalytic organic pollutants degradation in metal-organic frameworks[J]. Energy & Environmental Science, 2014, 7(9): 2831-2867.

[11] RUNGTAWEEVORANIT B, ZHAO YINGBO, CHOI K M, et al. Cooperative effects at the interface of nanocrystalline metal-organic frameworks[J]. Nano Research, 2016, 9(1): 1-12.

[12] JAMES S L. MOFs prepared by solvent-free grinding reactions[J]. Acta Crystallographica, 2009, 65(a1): s100.

[13] ZHOU H-C, KITAGAWA S. Metal-organic frameworks (MOFs)[J]. Chemical Society Reviews, 2014, 43(16): 5415-5418.

[14] ZHANG W-X, LIAO P-Q, LIN R-B, et al. Metal cluster-based functional porous coordination polymers [J]. Coordination Chemistry Reviews, 2015, s293-294(1): 263-278.

[15] ZHONG H, LIU C, WANG Y, et al. Tailor-made porosities of fluorene-based porous organic frameworks for the pre-designable fabrication of palladium nanoparticles with size, location and distribution control[J]. Chemical Science, 2015, 7(3): 2188-2194.

[16] 裘式纶. 多孔有机骨架材料[C]//中国化学会. 中国化学会第 29 届学术年会摘要集——第 27 分会：多孔功能材料. 无机合成与制备化学国家重点实验室，2014:1.

[17] LI X, ZHOU L, WEI Y, et al. Anisotropic encapsulation-induced synthesis of asymmetric single-hole mesoporous nanocages[J]. Journal of the American Chemical Society, 2015, 137(18): 5903-5906.

[18] LIAO Z, WANG D, ZHENG J-Q, et al. A single chemosensor for bimetal Cu(Ⅱ) and Zn(Ⅱ) in aqueous medium[J]. RSC Advances, 2016, 6(40): 33798-33803.

[19] XU H, LIU X-F, CAO C-S, et al. A porous metal-organic framework assembled by [Cu_3O] nanocages: Serving as recyclable catalysts for CO_2 fixation with ziridines [J]. Advanced Science, 2016, 3(11): 1-7.

[20] YU Z H, LI J B, O'CONNOR D B, et al. Large resonant stokes shift in CdS nanocrystals[J]. Journal of Physical Chemistry B, 2003, 107(24): 5670-5674.

[21] SADEGHI S, JALALI H B, MELIKOV R, et al. Stokes-shift-engineered indium phosphide quantum dots for efficient luminescent solar concentrators[J]. ACS Applied Materials & Interfaces, 2018, 10(15): 12975-12982.

[22] DADASHI-SILAB S, DORAN S, YAGCI Y. Photoinduced electron transfer reactions for macromolecular syntheses[J]. Chemical Reviews, 2016, 116(17): 10212-10275.

[23] BASKARAN D, MAYS J W, ZHANG X P, et al. Carbon nanotubes with covalently linked porphyrin antennae: Photoinduced electron transfer[J]. Journal of the American Chemical Society, 2005, 127(19): 6916-6917.

[24] MALKONDU S. A highly selective and sensitive perylenebisimide-based fluorescent PET sensor for Al^{3+} determination in Me CN[J]. Tetrahedron, 2014, 70(35): 5580-5584.

[25] LI CHAO-RUI, QIN JING-CAN, WANG GUAN-QUN, et al. A novel pyrazine derivative as a "turn on" fluorescent sensor for the highly selective and sensitive detection of Al^{3+}[J]. Analytical Methods, 2015, 7(8): 3500-3505.

[26] BHANJA A K, PATRA C, MONDAL S, et al. Macrocycle aza-crown chromogenic reagent to Al^{3+} and fluorescence sensor for Zn^{2+} and Al^{3+} along with live cell application and logic operation[J]. Sensors and Actuators B-Chemical, 2017, 252(1): 257-267.

[27] WU Q Q, FANG A J, LI H T, et al. Enzymatic-induced upconversion photoinduced electron transfer for sensing tyrosine in human serum[J]. Biosensors& Bioelectronics, 2016, 77(1): 957-962.

[28] ARRIGO A, SANTORO A, PUNTORIERO F, et al. Photoinduced electron transfer in donor-bridge-acceptor assemblies: The case of Os(Ⅱ)-bis(terpyridine)-(bi) pyridinium dyads[J]. Coordination Chemistry Reviews, 2015, 304-305(1): 109-116.

[29] YANYKIN D V, KHOROBRYKH A A, MAMEDOV M D, et al. Trehalose stimulation of photoinduced electron transfer and oxygen photoconsumption in Mn-depleted photosystem 2 membrane fragments[J]. Journal of Photochemistry And Photobiology B-Biology, 2015, 152(1): 279-285.

[30] LIU Z D, XU H J, CHEN S S, et al. Solvent-dependent "turn-on" fluorescence chemosensor for Mg^{2+} based on combination of C=N isomerization and inhibition of ESIPT mechanisms[J]. Spectrochimica Acta Part A—Molecular and Biomolecular Spectroscopy, 2015, 149(1): 83-89.

[31] TORAWANE P, TAYADE K, BOTHRA S, et al. A highly selective and sensitive

fluorescent “turn - on” chemosensor for Al^{3+} based on C═N isomerisation mechanism with nanomolar detection[J]. Sensors and Actuators B - Chemical, 2016, 222: 562 - 566.

[32] LI L, LIU F, LI H W. Selective fluorescent probes based on C═N isomerization and intramolecular charge transfer (ICT) for zinc ions in aqueous solution[J]. Spectrochimica Acta Part A—Molecular and Biomolecular Spectroscopy, 2011, 79(5): 1688 - 1692.

[33] DENG H H, HUANG K Y, HE S B, et al. Rational design of high - performance donor - linker - acceptor hybrids using a Schiff base for enabling Hotoinduced electron transfer[J]. Analytical Chemistry, 2020, 92(1): 2019 - 2026.

[34] YOSHIHARA T, DRUZHININ S I, ZACHARIASSE K A. Fast intramolecular charge transfer with a planar rigidized electron donor/acceptor molecule[J]. Journal of the American Chemical Society, 2004, 126(27): 8535 - 8539.

[35] BROQUIER M, SOORKIA S, DEDONDER - LARDEUX C, et al. Twisted intramolecular charge transfer in protonated amino pyridine[J]. Journal of Physical Chemistry A, 2016, 120(21): 3797 - 3809.

[36] HUO F J, KANG J, YIN C X, et al. A turn on fluorescent sensor for cyanide based on ICT off in aqueous and its application for bioimaging[J]. Sensors and Actuators B - Chemical, 2015, 215(1): 93 - 98.

[37] LI CHAORUI, LI SILIANG, YANG ZHENGYIN. Development of a coumarin - furanconjugate as Zn^{2+} ratiometric fluorescent probe in ethanol - water system[J]. Spectrochimica Acta Part A: Molecular and Biomolecular Spectroscopy, 2017, 174 (1): 214 - 222.

[38] LI Z F, SUN Y X, LI H, et al. Efficient blue fluorescent electroluminescence based on a tert - butylated 9, 9′- bianthracene derivative with a twisted intramolecular charge - transfer excited state[J]. Synth Met, 2016, 217(1): 102 - 108.

[39] KUWABARA T, TAO X Y, GUO H C, et al. Monocationic ionophores capable of ion - responsive intramolecular charge transfer absorption variation[J]. Tetrahedron, 2016, 72(8): 1069 - 1075.

[40] PHUKAN S, SAHA M, PAL A K, et al. Intramolecular charge transfer in coumarin based donor - acceptor systems: formation of a new product through planar intermediate[J]. Journal of Photochemistry and Photobiology A - Chemistry, 2015, 303 - 304(1): 67 - 79.

[41] NAGASAKI Y, ISHII T, SUNAGA Y, et al. Novel molecular recognition via fluorescent resonance energy transfer using a biotin - PEG/polyamine stabilized Cd S quantum dot[J]. Langmuir, 2004, 20(15): 6396 - 6400.

[42] DENNIS A M, BAO G. Quantum dot - fluorescent protein pairs as novel fluorescence resonance energy transfer probes[J]. Nano Lett, 2008, 8(5): 1439 - 1445.

[43] ZHOU Y, CHU K H, ZHEN H F, et al. Visualizing Hg^{2+} ions in living cells using

a FRET - based fluorescent sensor[J]. Spectrochimica Acta Part A: Molecular and Biomolecular Spectroscopy, 2013, 106(1): 197 - 202.

[44] RAHIER R, NOIRIEL A, ABOUSALHAM A. Development of a direct and continuous phospholipase D assay based on the chelation - enhanced fluorescence property of 8 - hydroxyquinoline[J]. Analytical Chemistry, 2016, 88(1): 666 - 674.

[45] WILLIAMS N J, GAN W, REIBENSPIES J H, et al. Possible steric control of the relative strength of chelation enhanced fluorescence for zinc (Ⅱ) compared to cadmium (Ⅱ): Metal ion complexing properties oftris(2 - quinolylmethyl) amine, a crystallographic, UV - visible, and fluorometric study[J]. Inorg Chem, 2009, 48(4): 1407 - 1415.

[46] HAGIMORI M, TEMMA T, MIZUYAMA N, et al. A high - affinity fluorescent Zn^{2+} sensor improved by the suppression of pyridine - pyridone tautomerism and its application in living cells[J]. Sensors and Actuators B - Chemical, 2015, 213(1): 45 - 52.

[47] LI CHAO - RUI, YANG ZHENG - YIN, LI SI - LIANG. 1, 8 - Naphthalimide deriveddual - functioning fluorescent probe for "turn - off" and ratiometric detection of Cu^{2+} based on two distinct mechanisms in different concentration ranges[J]. Journal of Luminescence, 2018, 198(1): 327 - 336.

[48] KHAN B, SHAH M R, AHMED D, et al. Synthesis, characterization and Cu^{2+} triggered selective fluorescence quenching of Bis - calix[4] arene tetra - triazole macrocycle[J]. J Hazard Mater, 2016, 309(1): 97 - 106.

[49] KANDAZ M, GUNEY O, SENKAL F B. Fluorescent chemosensor for Ag(Ⅰ) based on amplified fluorescence quenching of a new phthalocyanine bearing derivative of benzofuran[J]. Polyhedron, 2009, 28(14): 3110 - 3114.

[50] ZHU J H, WONG K M C. Dual - responsive fluorescent probe for hypochlorite via pH - modulated, ring - opening reactions of a coumarin - fused rhodol erivative[J]. Sensors and Actuators B - Chemical, 2018, 267(1): 208 - 215.

[51] HUANG Q, ZHOU Y M, ZHANG Q Y, et al. A new"off - on"fluorescent probe for Pd^{2+} in aqueous solution and live - cell based on spirolactam ring - opening reaction[J]. Sensors and Actuators B - Chemical, 2015, 208(1): 22 - 29.

[52] WANG H H, XUE L, YU C L, et al. Rhodamine - based fluorescent sensor for mercury in buffer solution and living cells[J]. Dyes Pigments, 2011, 91 (3): 350 - 355.

[53] LI CHAO - RUI, LI SI - LIANG, WANG GUAN - QUN, et al. Spectroscopic properties of a chromone - fluorescein conjugate as Mg^{2+} "turn on" fluorescent probe[J]. Journal of Photochemistry and Photobiology A - Chemistry, 2018, 356(1): 700 - 707.

[54] BANERJEE A, SAHANA A, LOHAR S, et al. A rhodamine derivative as a "lock" and SCN^- as a "key": visible light excitable SCN^- sensing in living cells[J]. Chem Commun, 2013, 49(25): 2527 - 2529.

[55] HE Z K, KE C Q, TANG B Z. Journey of aggregation - induced emission research[J]. ACS Omega, 2018, 3(3): 3267 - 3277.

[56] ZHANG N, CHEN H, FAN Y J, et al. Fluorescent polymersomes with aggregation - induced emission[J]. ACS Nano, 2018, 12(4): 4025 - 4035.

[57] XIE S, WONG A Y H, KWOK R T K, et al. Fluorogenic Ag^+ - tetrazolate aggregation enables efficient fluorescent biological silver staining[J]. Angew Chem Int Ed, 2018, 57(1): 1 - 5.

[58] SHI Z H, TANG X L, ZHOU X Y, et al. A highly selective fluorescence "turn - on" probe for Cu (Ⅱ) based on reaction and its imaging in living cells[J]. Inorg Chem, 2013, 52(21): 12668 - 12673.

[59] JIANG X Q, YU Y, CHEN J W, et al. Quantitative imaging of glutathione in live cells using a reversible reaction - based ratiometric fluorescent probe[J]. ACS Chem Biol, 2015, 10(3): 864 - 874.

[60] YI L, XI Z. Thiolysis of NBD - based dyes for colorimetric and fluorescence detection of H_2S and biothiols: design and biological applications[J]. Org Biomol Chem, 2017, 15(18): 3828 - 3839.

[61] ZHU S L, ZHANG J T, JANJANAM J, et al. Highly water - soluble BODIPY - based fluorescent probes for sensitive fluorescent sensing of zinc (Ⅱ)[J]. Journal of Materials Chemistry B, 2013, 1(12): 1722 - 1728.

[62] ZHANG Z, ZOU Y, DENG C Q. A novel and simple solvent - dependent fluorescent probe based on a click generated 8 - aminoquinoline - steroid conjugate for multidetection of Cu (Ⅱ), oxalate and pyrophosphate[J]. RSC Adv, 2017, 7(24): 14742 - 14751.

[63] TSUKAMOTO K, SHINOHARA Y, IWASAKI S, et al. A coumarin - based fluorescent probe for Hg^{2+} and Ag^+ with an N′- acetylthioureido group as a fluorescence switch[J]. Chem Commun, 2011, 47(17): 5073 - 5075.

[64] XU J C, YUAN H Q, QIN C Q, et al. A mitochondria - targetednear - infrared probe for colorimetric and ratiometric fluorescence colorimetric and ratiometric fluorescence[J]. RSC Adv, 2016, 6(109): 107525 - 107532.

[65] GAO N, ZHANG Y F, HUANG P C, et al. Perturbing tandem energy transfer in luminescent heterobinuclear lanthanide coordination polymer nanoparticles enable real - time monitoring of release of the anthrax biomarker from bacterial spores[J]. Analytical Chemistry, 2018, 90(11): 7004 - 7011.

[66] ZHAO Y, ZHENG B Z, DU J, et al. A fluorescent "turn - on" probe for the dual - channel detection of Hg (Ⅱ) and Mg (Ⅱ) and its application of imaging in living cells[J]. Talanta, 2011, 85(4): 2194 - 2201.

[67] ZHANG Z, ZOU Y, DENG C Q. A novel and simple solvent - dependent fluorescent probe based on a click generated 8 - aminoquinoline - steroid conjugate for multi - detection of Cu(Ⅱ), oxalate and pyrophosphate[J]. RSC Adv, 2017, 7(24): 14742 - 14751.

[68] ALICI O, ERDEMIR S. A cyanobiphenyl containing fluorescence "turn on" sensor

for Al^{3+} Ion in CH_3CN - water[J]. Sensors and Actuators B - Chemical, 2015, 208 (1): 159 - 163.

[69] GRYNKIEWICZ G, POENIE M, TSIEN R Y. A new generation of Ca^{2+} indicators with greatly florescence properties[J]. Journal of Biological Chemistry, 1985, 260 (1): 3440 - 3450.

[70] IATRIDOU H, FOUKARAKI E, KUHN M A, et al. The development of a new family of intracellular calcium probes[J]. Cell, 1994, 15(1): 190 - 198.

[71] TSIEN R Y, RINK T J, POENIE M. The use of fura - 2 to determine the relationship between cytoplasmic free Ca^{2+} and oxidase activation in rat neutrophils[J]. Cell Calcium, 1985, 6(1): 145 - 153.

[72] HAUGLAND R P. Handbook of Fluorescent Probes and Research Chemicals[M]. Eugene, OR: Molecular Probes, 1996: 552.

[73] TAKI M, DESAKI M, OJIDA A, et al. Fluorescence imaging of intracellular cadmium using a dual - excitation ratiometric chemosensor[J]. Journal of the American Chemical Society, 2008, 130(38): 12564 - 12565.

[74] MIZUKAMI S, OKADA S, KIMURA S, et al. Design and Synthesis of Coumarin - Based Zn^{2+} Probes for Ratiometric Fluorescence Imaging[J]. Inorganic Chemistry, 2009, 48(16): 7630 - 763848.

[75] FUKANO T, SHIMOZONO S, MIYAWAKI A. Simultaneous dual - excitation ratiometry using orthogonal linear polarized lights[J]. Biochemical & Biophysical Research Communications, 2004, 317(1): 77.

[76] TAN H L, LI Q, MA C J, et al. Lanthanide based dual - emission fluorescent probe for detection of mercury (Ⅱ) in milk[J]. Biosensors & Bioelectronics, 2015, 63(1): 566 - 571.

[77] 宋有涛，任佩佩，刘冠宏，等. 一种双激发型荧光探针的制备及在检测水中肼的应用：CN107699233A[P]. 2019 - 08 - 09.

[78] 刘斌，张名楠，孙向英，等. 三苯基锡印迹聚合物的合成及吸附性能[J]. 华侨大学学报自然科学版，2005，26(1)：47 - 50.

[79] GLADIS J M, RAO T P. Effect of Porogen Type on the Synthesis of Uranium Ion Imprinted Polymet Materials for the Preconcentration/Separation of Traces of Uranium[J]. Microchim Acta, 2004, 146(3 - 4): 251 - 258.

[80] IRVING H, WILLIAM R J P. The stability of transition - metal complexes[J]. Journal of the Chemical Society, 1953, 8(1): 3192 - 3210.

[81] VENKATESWARULU M, SINHA S, MATHEW J, et al. Quencher displacement strategy for recognition of trivalent cations through "turn - on" fluorescence signaling of an amino acid hybrid[J]. Tetrahedron Lett, 2013, 54(1): 4683 - 4688.

[82] DONG W K, LI X L, WANG L, et al. A new application of Salamo - type bisoximes: As a relay - sensor for Zn^{2+}/Cu^{2+} and its novel complexes for successive sensing of H^+/OH^-[J]. Sens Actuators B, 2016, 229(1): 370 - 378.

[83] ZHOU L, CAI P Y, FENG Y. Synthesis and photophysical properties of water - soluble sulfonato - Salen - type Schiff bases and their applications of fluorescence sensors for Cu^{2+} in water and living cells[J]. Analytica Chimica Acta, 2012, 735(1): 96 - 106.

[84] HARIHARAN P S, ANTHONY S P. Selective fluorescence sensing of Mg^{2+} ions by Schiff base chemosensor: effect of diaminestructural rigidity and solvent[J]. RSC Adv, 2014, 4(1): 41565 - 41571.

[85] DONG W K, LI X L, WANG L, et al. A new application of Salamo - type bisoximes: As a relay - sensor for Zn^{2+}/Cu^{2+} and its novel complexes for successive sensing of H^+/OH^-[J]. Sensors and Actuators B: Chemical, 2016, 229(28): 370 - 378.

[86] HAO J, LI X Y, ZHANG Y, et al. A Reversible Bis(Salamo)- Based Fluorescence Sensorfor Selective Detection of Cd^{2+} in Water - ContainingSystems and Food Samples[J]. Materials, 2018, 11(1): 523.

[87] WANG Y, WANG W W, XUE W Z, et al. A simple hydrazone as a fluorescent turn - on multianalyte (Al^{3+}, Mg^{2+}, Zn^{2+}) sensor with different emission color in DMSO and resultant Al^{3+} complex as a turn - off sensor for F^- in aqueous solution[J]. J Lumin, 2019, 212(1): 191 - 199.

[88] MORAGUES M E, MARTÍNEZ - MÁÑEZ R, SANCENÓN F. Chromogenic and fluorogenic chemosensors and reagents for anions. A comprehensive review of the year 2009[J]. Chemical Society Reviews, 2011, 40(5): 2593 - 2643.

[89] HUERTA - JOSÉ D S, HERNÁNDEZ - HERNÁNDEZ J G, HUERTA - AGUILARC A, et al. Novel insight of indium(Ⅲ) complex of N, N′- bis (salicylidene) ethylenediamine as chemo - sensor for selective recognition of HSO_4^- and hemolytic toxicity (Red Blood Cells) studies: Experimental and theoretical studies[J]. Sens Actuators B, 2019, 293(1): 357 - 365.

[90] MOHAN N, SREEJITH S S, BEGUMA P M S, et al. Dual responsive salen - type Schiff bases for the effective detection of L - arginine via a staticquenching mechanism [J]. New J Chem, 2018, 42(1): 13114 - 13121.

[91] LIU L Z, WANG L, YU M, et al. A highly sensitive and selective fluorescent "off - on - off" relaychemosensor based on a new bis (salamo)- type tetraoxime for detecting Zn^{2+} and CN^-[J]. Spectrochimica Acta Part A, 2019, 222(5): 117209.

[92] 郝静. 双 Salamo 型 3d—4f 金属配合物的合成、结构、性质及其荧光探针的研究[D]. 兰州：兰州交通大学，2018.

[93] MA S, WANG X - S, COLLIER C D, et al. Ultramicroporous metal - organic framework based on 9, 10 - anthracenedicarboxylate for selective gas adsorption[J]. Inorganic Chemistry, 2007, 46(21): 8499 - 8501.

[94] DINCĂ M, LONG J R. Strong H_2 binding and selective gas adsorption within the microporous coordination solid $Mg_3(O_2CC_{10}H_6-CO_2)_3$[J]. Journal of the American Chemical Society, 2005, 127(26): 9376 - 9377.

[95] MA S, WANG X－S, YUAN D, et al. A coordinatively linked Yb metal－organic framework demonstrates high thermal stability and uncommon gas－adsorption selectivity[J]. Angewandte Chemie International Edition, 2008, 47(22): 4130－4133.

[96] CHEN B, WANG L, XIAO Y, et al. A luminescent metal－organic framework with lewis basic pyridyl sites for the sensing of metal ions[J]. Angewandte Chemie International Edition, 2009, 48(3): 500－503.

[97] PENG MIAO, GUAN GUIJIAN, DENG HONG, et al. PCN－224/rGO nanocomposite based photoelectrochemical sensor with ntrinsic recognition ability for efficient p－arsanilic acid detection[J]. Environmental Science: Nano, 2019, 6(1): 207－215.

[98] DU P Y, GU W, LIU X. Highly selective luminescence sensing of nitrite and benzaldehyde based on 3d－4f heterometallic metal－organic frameworks[J]. Dalton Trans, 2016, 45(21): 8700－8704.

[99] REPO E, WARCHOL J K, KURNIAWAN T A, et al. Adsorption of Co(Ⅱ) and Ni(Ⅱ) by EDTA－and/or DTPA－modified chitosan: Kinetic and equilibrium modeling[J]. Chemical Engineering Journal, 2010, 161(1－2): 73－82.

[100] KO Y G, CHOI U S. Observation of metal ions adsorption on novel polymeric chelating fiber and activated carbon fiber[J]. Separation and Purification Technology, 2007, 57(2): 338－347.

[101] SHENG P X, TING Y P, CHEN J P, et al. Sorption of lead, copper, cadmium, zinc, and nickel by marine algal biomass: characterization of biosorptive capacity and investigation of mechanisms[J]. Journal of Colloid and Interface Science, 2004, 275(1): 131－141.

[102] 陈玲娜，胥丁文，包樱，等. 生化法去除电矿废水中重金属离子的研究[J]. 工业水处理，2010，30(10)：60－63.

[103] 孙水裕，缪建成，刘如意，等. 选矿废水净化处理与回用的研究与生产实践[J]. 环境工程，2005，23(1)：7－9.

[104] BASHA S, MURTHY Z V P, JHA B. Removal of Cu(Ⅱ) and Ni(Ⅱ) from Industrial Effluents by Brown Seaweed, Cystoseira indica[J]. Industrial & Engineering Chemistry Research, 2009, 48(2): 961－975.

[105] LING C, LIU F－Q, XU C, et al. An Integrative Technique Based on Synergistic Coremoval and Sequential Recovery of Copper and Tetracycline with Dual－Functional Chelating Resin: Roles of Amine and Carboxyl Groups[J]. ACS Applied Materials & Interfaces, 2013, 5(22): 11808－11817.

[106] LU YUN－KAI, YAN XIU－PING. An Imprinted Organic－Inorganic Hybrid Sorbent for Selective Separation of Cadmium from Aqueous Solution [J]. Analytical Chemistry, 2004, 76(2): 453－457.

[107] LIU YONGWEN, CHANG XIJUN, WANG SUI, et al. Solid－phase extraction and preconcentration of cadmium(Ⅱ) in aqueous solution with Cd(Ⅱ)imprinted resin (poly－Cd(Ⅱ)－DAAB－VP) packed columns[J]. Anal Chim Acta, 2004, 519

(2)：173 - 179.

[108] FANG GUO - ZHEN，TAN JIN，YAN XIU - PING. An Ion - imprinted Functionalized Silica Gel Sorbent Prepared by a Surface Imprinting Technique Combined with a Sol - Gel Process for Selective Solid - Phase Extraction of Cadmium(Ⅱ)[J]. Anal Chem，2005，77(6)：1734 - 1739.

[109] WANG SUI，ZHANG RUIFENG. Selective Solid - Phase Extraction of Trace Copper Ions in Aqueous Solution with a Cu(Ⅱ)- Imprinted Interpenetrating Polymer Network Gel Prepared by Ionic Imprinted Polymer echniquer[J]. Microchim Acta，2006，154(1 - 2)：73 - 80.

[110] 苏蕾，吴根华，汪竹青. Cu(Ⅱ)离子印迹聚合物微球制备及其性能[J]. 安庆师范学院学报：自然科学版，2010，16(1)：81 - 84.

[111] SAY R，BIRLIK E，ERSÖZ A，et al. Preconcentration of copper on ion - selective imprinted polymer microbeads[J]. Anal Chim Acts，2003，480(2)：251 - 258.

[112] JIANG NA，CHANG XIJUN，ZHENG HONG，et al. Selective solid - phase extraction of nickel(Ⅱ)using a surface - imprinted silica gel sorbent[J]. Anal Chim Acta，2006，577(2)：225 - 231.

[113] ERSÖZ A，SAY R，DENIZLI A. Ni(Ⅱ)ion - imprinted solid - phase extraction and preconcentration in aqueous solutions by packed - bed columns[J]. Anal Chim Acta，2004，502(1)：91 - 97.

[114] 汪竹青，吴根华，汪婕，等. 钴离子印迹聚合物的制备及性能研究[J]. 安庆师范学院学报：自然科学版，2007，13(1)：87 - 88，91.

[115] LIU YONGWEN，CHANG XIJUN，YANG DONG，et al. Highly selective determination of inorganic mercury(Ⅱ) after preconcentration with Hg(Ⅱ)- imprinted diazoamino - benzene - vinylpyridine copolymers[J]. Anal Chim Acta，2005，538(1 - 2)：85 - 91.

[116] 辉永庆，钟志京，何小波，等. 铅分子印迹聚合物合成及其在痕量测量中的应用[J]. 应用化学，2009，26(6)：721 - 725.

[117] 庞素娟，钱倚剑，黎良权. 壳聚糖净水剂对 Cr(Ⅵ)的吸附研究[J]. 海南大学学报(自然科学版)，1998(03)：32 - 35.

[118] 陈扬. 壳聚糖的制备工艺及作为吸附剂在水处理中的应用[J]. 西北纺织工学院学报，1999(03)：294 - 298.

[119] 鲁丹萍，占晓勇，林东强，等. 超大孔聚丙烯酰胺晶胶微球的制备及其生物相容性和吸附性能[J]. 化工学报，2014，65(06)：2350 - 2356.

[120] 龚伟，李美兰，雷小飞，等. P(AA - co - AMPS)/DME 复合材料的制备及其对 Cd^{2+} 的吸附行为[J]. 化学研究与应用，2018，30(11)：1804 - 1811.

[121] 林永波，邢佳，孙伟光. 海藻酸钠在重金属污染治理方面的研究[J]. 环境科学与管理，2007(09)：85 - 88.

[122] 邢佳. 高分子凝胶球吸附重金属特性研究[D]. 哈尔滨：东北林业大学，2008.

[123] 马敬红，梁伯润，郑煜民. 含磺酸基离聚物(SPET)对重金属离子吸附性能的研究[J].

东华大学学报(自然科学版)，2001(02)：107－109.

[124] 黄海兰，徐波，曲荣君．巯基树脂吸附重金属离子机制的研究[J]．青岛大学学报(工程技术版)，2004(01)：25－29.

[125] 王彩．功能聚醚砜螯合膜对重金属废水中镍离子吸附处置研究[D]．秦皇岛：燕山大学，2020.

[126] 杨柳，赵英虎，王芳，等．黑色素纳米颗粒的特性与应用研究进展[J]．生物医学工程学杂志，2017，34(6)：972－976.

[127] AN M C, NA N T L, THANG P N, et al. [J]. Environmental Health& Preventive Medicine, 2018, 23(1): 9. CUONG A M, LE NA N T, THANG P N, et al. Melanin－embedded materials effectively remove hexavalent chromium (CrⅥ) from aqueous solution [J]. Environmental health and preventive medicine, 2018, 23(1): 1－11.

[128] CHEN S, XUE C, WANG J, et al. Adsorption of Pb (Ⅱ) and Cd (Ⅱ) by squid Ommastrephes bartrami melanin [J]. Bioinorganic Chemistry and Applications, 2009: 901563.

[129] SAINI A S, MELO J S. Biosorption of uranium by melanin: kinetic, equilibrium and thermodynamic studies[J]. Bioresource Technology, 2013, 149(1): 155－162.

[130] SAJJAN S S, ANJANEYA O, GURUPRASAD B K, et al. Properties and functions of melanin pigment from Klebsiella sp. GSK[J]. Korean J Microbiol& Biotechnol, 2013, 41(1): 60－69.

[131] 杨梦儿，程建华，齐亮，等．淀粉改性重金属螯合絮凝剂 ISXA 的制备及性能研究[J]．工业用水与废水，2015，46(3)：39－45.

[132] 刘立华，刘星，李艳红，等．两性高分子重金属螯合絮凝剂的合成及其对 Cu(Ⅱ)的去除性能[J]．环境工程学报，2015，9(3)：1049－1056.

[133] 刘光畅，潘长发．羟甲基化改性聚丙烯酰胺在工业废水处理中的应用[J]．云南化工，1995(2)：50－52，64.

[134] ZHENG X, ZHAO Y, JIA P, et al. Dual－Emission Zr—MOF－Based Composite Material as a Fluorescence Turn－On Sensor for the Ultrasensitive Detection of Al^{3+} [J]. Inorganic Chemistry, 2020, 59(24): 18205－18213.

[135] ZHANG L, WANG J, DU T, et al. NH_2－MIL－53(Al) Metal－Organic Framework as the Smart Platform for Simultaneous High－Performance Detection and Removal of Hg^{2+} [J]. Inorganic Chemistry, 2019, 58 (19): 12573－12581.

[136] KE F, QIU L－G, YUAN Y－P, et al. Thiol－functionalization of metal－organic framework by a facile coordination－based postsynthetic strategy and enhanced removal of Hg^{2+} from water[J]. Journal of Hazardous Materials, 2011, 196(12): 36－43.

[137] HE J, YEE K K, XU Z, et al. Thioether side chains improve the stability, fluorescence, and metal uptake of a metal－organic framework[J]. Chemistry of Materials, 2011, 23(11): 2940－2947.

[138] FAN W, GAO W, ZHANG C, et al. Hybridization of graphene sheets and carbon－coated Fe_3O_4 nanoparticles as a synergistic adsorbent of organic dyes[J]. Journal of

Materials Chemistry, 2012, 22(48): 25108-25115.

[139] OLLER I, MALATO S, SANCHEZ-PEREZ J A. Combination of Advanced Oxidation Processes and biological treatments for wastewater decontamination - A review [J]. Sci Total Environ, 2011, 409: 4141-4166.

[140] FANG X D, YANG L B, DOU A N, et al. Synthesis, crystal structure and photocatalytic properties of a Mn (Ⅱ) metal-organic framework based on a thiophene-functionalized dicarboxylate ligand Inorg[J]. Chem Commun, 2018, 54(96): 124-127.

[141] DIAS E M, PETIT C. Towards the use of metal-organic frameworks for water reuse: a review of the recent advances in the field of organic pollutants removal and degradation and the next steps in the field[J]. Journal of Materials Chemistry A, 2015, 3(45): 22484-22506.

[142] SHEN T, LUO J, ZHANG S, et al. Hierarchically mesostructured MIL-101 metal-organic frameworks with different mineralizing agents for adsorptive removal of methyl orange and methylene blue from aqueous solution[J]. Journal of Environmental Chemical Engineering, 2014, 3(2): 1372-1383.

[143] TAN Y-X, HE Y-P, WANG M, et al. A water-stable zeolite-like metal-organic framework for selective separation of organic dyes[J]. RSC Advances, 2013, 4(3): 1480-1483.

[144] HE Y-C, YANG J, KAN W-Q, et al. A new microporous anionic metal-organic framework as a platform for highly selective adsorption and separation of organic dyes[J]. Journal of Materials Chemistry A, 2015, 3(4): 1675-1681.

[145] LI L, LIU X, GAO M, et al. The adsorption on magnetic hybrid Fe_3O_4/HKUST-1/GO of methylene blue from water solution[J]. Journal of Materials Chemistry, 2014, 2(6): 1795-1801.

[146] ZHU Y, WANG Y-M, ZHAO S-Y, et al. Three N-H functionalized metal-organic frameworks with selective CO_2 uptake, dye capture, and catalysis[J]. Inorganic Chemistry, 2014, 53(14): 7692-7699.

[147] CHEN C, ZHANG M, GUAN Q, et al. Kinetic and thermodynamic studies on the adsorption of xylenol orange onto MIL-101(Cr)[J]. Chemical Engineering Journal, 2012, 183(8): 60-67.

[148] YANG C, WU S CHENG J, et al. Indium-based metal-organic framework / graphite oxide composite as an efficient adsorbent in the adsorption of rhodamine B from aqueous solution[J]. Journal of Alloys and Compounds, 2016, 687(1): 804-812.

[149] HASAN Z, CHO D W, NAM I H, et al. Preparation of calcined zirconia-carbon composite from metal organic frameworks and its application to adsorption of crystal violet and salicylic acid[J]. Materials, 2016, 9(4): 261.

[150] WANG X-X, LI Z-X, YU B, et al. Synthesis and characterizations of a bis(triazole)-based 3D crystalline copper (Ⅱ) MOF with high adsorption capacity for congo red dye[J]. Inorganic Chemistry Communications, 2015, 54(1): 9-11.

[151] HAQUE E, JI E L, JANG I T, et al. Adsorptive removal of methyl orange from aqueous solution with metal - organic frameworks, porous chromium - benzenedicarboxylates[J]. Journal of Hazardous Materials, 2010, 181(1 - 3): 535 - 542.

[152] LIU B, YANG F, ZOU Y, et. al. Adsorption of phenol and *p* - nitrophenol from aqueous solutions on metal - organic frameworks: Effect of hydrogen bonding[J]. Journal of Chemical and Engineering Data, 2014, 59(5): 430 - 432.

[153] XIE L, LIU D, HUANG H, et. al. Efficient capture of nitrobenzene from waste water using metal - or ganic frameworks[J]. Chemical Engineering Journal, 2014, 246(16): 142 - 149.

[154] HASAN Z, TONG M, JUNG B K, et al. Adsorption of pyridine over amino - functionalized metal - organic frameworks: Attraction via hydrogen bonding versus base - base repulsion[J]. Journal of Physical Chemistry C, 2014, 118(36): 21049 - 21056.

[155] YONEMOTO B T, HUTCHINGS G S, FENG G, et al. A General Synthetic Approach for Ordered Mesoporous Metal Sulfides[J]. Journal of the American Chemical Society, 2014, 136(25): 8895 - 8898.

[156] PAN X Y, YANG M Q, FU X Z, et al. Defective TiO_2 with oxygen vacancies: synthesis, properties and photocatalytic applications[J]. Nanoscale, 2013, 5(9): 3601 - 3614.

[157] SHI Y H, CHEN Y J, TIAN G H, et al. Hierarchical $Ag/Ag_2S/CuS$ Ternary Heterostructure Composite as an Efficient Visible - Light Photocatalyst[J]. Chem Cat Chem, 2015, 7(11): 1684 - 1690.

[158] HOFFMANN M R, MARTIN S T, CHOI W Y, et al. Environmental Application of Semiconductor Photocatalysis[J]. Chem Rev, 1995, 95(1): 69 - 96.

[159] THOMPSON T L, YATES J T. Surface Science Studies of the Photoactivation of TiO_2 - New Photochemical Processes[J]. Chem Rev, 2006, 106(10): 4428 - 4453.

[160] RAUBACH C W, DE SANTANA Y V B, FERRER M M, et al. Photocatalytic activity of semiconductor sulfide heterostructures [J]. Dalton Trans, 2013, 42(31): 11111 - 11116.

[161] YANG S J, IM J H, KIM T, et al. MOF - derived ZnO and ZnO@C composites with high photocatalytic activity and adsorption capacity [J]. J Hazard Mater, 2011, 186(1): 376 - 382.

[162] CHENG J, WANG S, SHI Z, et al. Five metal - organic frameworks based on 5 - (pyridine - 3 - yl) pyrazole - 3 - carboxylic acid ligand: Syntheses, structures and properties[J]. Inorganica Chim Acta, 2016, 453(1): 86 - 94.

[163] SHAO Z C, HAN X, LIU Y Y, et al. Metal - dependent photocatalytic activity and magnetic behaviour of a series of 3D Co - Nimetal organic frameworks[J]. Dalton Trans, 2019, 48(18): 6191 - 6197.

[164] MASOOMI M Y, BAGHERI M, MORSALI A, et al. High photodegradation efficiency of phenol bymixed - metal - organic frameworks[J]. Inorg Chem Front, 2016, 3(7): 944 - 951.

[165] LI J, YANG J, LIU Y, et al. Two Heterometallic - Organic Frameworks Composed of Iron (Ⅲ)- Salen - Based Ligands and d^{10} Metals: Gas Sorption and Visible - Light Photocatalytic Degradation of 2 - Chlorophenol[J]. Chem Eur J, 2015, 21 (11): 4413 - 4421.

[166] LIN CHEN - LAN, CHEN YAN - FEI, QIU LI - JUN, et al. Synthesis, structure and photocatalytic properties of coordination polymers based on pyrazole carboxylic acid ligand[J]. Cryst Eng Comm, 2020, 20(1): 6847 - 6855.

[167] 侯立平. 湿法冶金过程中若干金属富集分离技术的应用研究[D]. 兰州: 兰州大学, 2011.

[168] 殷群生. 冶金配位化学(络合物冶金)[J]. 湖南有色金属, 1987 (01): 41 - 47, 35.

[169] 殷群生. 冶金配位化学(络合物冶金)(续)[J]. 湖南有色金属. 1987(02): 30 - 34, 17.

[170] 陈胜. 新型萃取剂萃取电子垃圾中贵金属的技术研究[D]. 南京: 东南大学, 2016.

[171] 余建民. 贵金属萃取化学[M]. 2 版. 北京: 化学工业出版社, 2010.

[172] 杨华. 稀土萃取分离中的配位化合物[J]. 稀土, 2003, 24(6): 74 - 80.

[173] WULFF G, GROBE E, VESPER W, et al. Enzyme Analogue Built Polymer[J]. Macromol Chem, 1977, 178(1): 2817 - 2825.

[174] EKBERG B, MOSBACH K. Molecular imprinting: A technique for producing specific separation materials[J]. Trends in Biotechnology, 1989, 7(4): 92 - 96.

[175] 刘欢. 铜离子印迹材料的制备及应用[D]. 北京: 北京化工大学, 2017.

[176] SELLERGREN B, ANDERSSON L. Molecular recognition in macroporous polymers prepared by a substrate analog imprinting strategy[J]. Journal of Organic Chemistry, 1990, 50(10): 3381 - 3383.

[177] WHITCOMBE M J, RODRIGUEZ M E, VILLAR P, et al. Anew method for the introduction of recognition site tinctionality into polymers prepared by molecular imprinting: synthesis and characterization of polymeric receptors for cholesterol[J]. Journal of the American Chemical Society, 1995, 117(27): 7105 - 7111.

[178] KLEIN J U, WHITCOMBE M J, MULHOLLAND F, et al. Template - mediated synthesis of a polymeric receptor specific to amino acid sequences[J]. Angewandte Chemie International Edition, 1999, 38(13 - 14): 2057 - 2060.

[179] LI Z, YANG G Y, WANG B X, et al. Setermination of transition metal ions in tobacoo as their 2 -(2 - quinolinylazo)- 5 - dimethylaminophenol derivatives using revered - phase liquid chromatography with UV - VIS detection[J]. Journal of Chromatography A, 2002, 971(1/2): 243 - 248.

[180] YANG G Y, HUANG Z J, HU Q F, et al. Study on the solid phase extraction of Co(Ⅱ)- QADEAB chelate with C18 disk and its application to the determination of trace cobalt[J]. Talanta, 2002, 58(3): 511 - 515.

[181] HU Q F, YANG X J, HUANG Z J, et al. Simultaneous determination of palladium, platinum, rhodium and gold by on - line solid phase extraction and high per-

formance liquid chromatography with 5 -(2 - hydroxy - 5 - nitrophenylazo) thiorhodanine as pre - column derivatization regents[J]. Journal of chromatography A, 2005, 1094(1 - 2): 77 - 82.

[182] 胡秋芬. 固相萃取技术在金提取和分析中的应用研究[D]. 昆明: 昆明理工大学, 2008 .

[183] LUO L, LO W S, SI X, et al. Directional Engraving within Single Crystalline Metal - Organic Framework Particles Via Oxidative Linker Cleaving[J]. Journal of the American Chemical Society, 2019, 141(51): 20365 - 20370.

[184] 周浩. Co - MOF 基材料的制备及其在锂硫电池中的应用研究[D]. 哈尔滨: 哈尔滨工业大学, 2021.

[185] LIU X, SHI C, ZHAI C, et al. Cobalt - Based Layered Metal - Organic Framework as an Ultrahigh Capacity Supercapacitor Electrode Material[J]. Acs Applied Materials & Interfaces, 2016, 8 (7): 4585 - 4591.

[186] 吕林林. Co - MOF 基衍生物电极材料的制备及电化学性能的研究[D]. 绵阳: 西南科技大学, 2021.

[187] ZHANG Z, ZHANG X, FENG Y, et al. Fabrication of porous $ZnCo_2O_4$ nanoribbon arrays on nickel foam for high - performance supercapacitors and lithium - ion batteries [J]. Electrochim Acta, 2018, 260(1): 823 - 829.

[188] LIM G J H, LIU X, GUAN C, et al. Co/Zn bimetallic oxides derived frommetal organic frameworks for high performance electrochemical energy storage [J]. Electrochim Acta, 2018, 291(1): 177 - 187.

[189] 朱佳慧. Zn/Co - MOF 衍生物复合材料在超级电容器中的应用研究[D]. 天津: 天津大学, 2020.

[190] CHEN S, XUE M, LI Y, et al. Porous $ZnCo_2O_4$ nanoparticles derived from a new mixed - metal organic framework for supercapacitors [J]. Inorganic Chemistry Frontiers, 2015, 2 (2): 177 - 183.

[191] MOOSAVI S M, BOYD P G, SARKISOV L, SMIT B. Improving the mechanical stability of metal - organic frameworks using chemical caryatids[J]. ACS Cent Sci, 2018, 4(1): 832 - 839.

[192] CHEN C, WU M K, TAO K, et al. Formation of bimetallic metal - organic framework nanosheets and their derived porous nickel - cobalt sulfides for supercapacitors[J]. Dalton Trans, 2018, 47(1): 5639 - 5645.

[193] WANG J, SONG B, TANG J, et al. Multi - modal anti - counterfeiting and encryption enabled through silicon - based materials featuring pH - responsive fluorescence and room - temperature phosphorescence[J] . Nano Res, 2020,13(6): 1614 - 1619.

[194] LI Y, YE W, CUI Y, et al. A metal - organic frameworks@carbon nanotubes based electrochemical sensor for highly sensitive and selective determination of ascorbic acid[J] . J Mol Struct, 2020, 1209(1): 12986.

[195] CHAUHAN N, TIWARI S, NARAYAN T, et al. Bienzymatic assembly formed @

Pt nano sensing framework detecting acetylcholine in aqueous phase[J]. Appl Surf Sci, 2019, 474 (1): 154 - 160.

[196] LIU B, JIE S, BU Z, et al. A MOF - supported chromium catalyst for ethylene polymerization through post - synthetic modification[J]. Journal of Molecular Catalysis A: Chemical, 2014, 387(1): 63 - 68.

[197] JI P, SOLOMON J B, LIN Z, et al. Transformation of metal - organic framework secondary building units into hexanuclear Zr - alkyl catalysts for ethylene polymerization[J]. Journal of the American Chemical Society, 2017, 139(33): 11325 - 11328.

[198] DUBEY R J C, COMITO R J, WU Z, et al. Highly stereoselective heterogeneous diene polymerization by Co - MFU - 41: A single - site catalyst prepared by cation exchange[J]. Journal of the American Chemical Society, 2017, 139(36): 12664 - 12669.

[199] ZHU X, GU J, WANG Y, et al. Inherent anchorages in UiO - 66 nanoparticles for efficient capture of alendronate and its mediated release[J]. Chemical communications, 2014, 50(63): 8779 - 8782.

[200] CAVKA J H, JAKOBSEN S, OLSBYE U, et al. A new zirconium inorganic building brick forming metal organic frameworks with exceptional stability[J]. Journal of the American Chemical Society, 2008, 130(42): 13850 - 13851.

[201] FREEMAN M W, ARROTT A, WATSON J H L. Magnetism in medicine[J]. Journal of Applied Physics, 1960, 31(5): S404 - S405.

[202] KE F, YUAN Y P, QIU L G, et al. Facile fabrication of magnetic metal - organic framework nanocomposites for potential targeted drug delivery[J]. Journal of Materials Chemistry, 2011, 21(11): 3843 - 3848.

[203] WU Y, ZHOU M, LI S, et al. Magnetic metal - organic frameworks: $\gamma - Fe_2O_3$@MOFs via confined in situ pyrolysis method for drug delivery[J]. Small, 2014, 10(14): 2927 - 2936.

[204] HU Q, YU J, LIU M, et al. A low cytotoxic cationic metal - organic framework carrier for controllable drug release[J]. Journal of Medicinal Chemistry, 2014, 57(13): 5679 - 5685.

[205] NAGATA S, KOKADO K, SADA K. Metal - organic framework tethering PNIPAM for ON - OFF controlled release in solution[J]. Chemical Communications, 2015, 51(41): 8614 - 8617.

[206] JIANG K, ZHANG L, HU Q, et al. Pressure controlled drug release in a Zr - cluster - based MOF[J]. Journal of Materials Chemistry B, 2016, 4(39): 6398 - 6401.

[207] 孔志云，樊龙伟，杜亚杰，等. 金属表面离子印迹材料的研究进展[J]. 材料导报，2021，35(15)：10.

[208] 尚宏周，赵敬东，何俊男，等. 离子印迹聚合物的最新研究进展[J]. 现代化工，2016(9)：32 - 35.

[209] 李生芳，杨林，孙春艳. 钴离子表面印迹聚合物的制备及其吸附性能研究[J]. 化工

新型材料，2016，44(11)：44－47.

[210] FALLAH N，TAGHIZADEH M，HASSANPOUR S. Selective adsorption of Mo（Ⅵ）ions from aqueous solution using a surface－grafted Mo（Ⅵ）ion imprinted polymer[J]. Polymer，2018，144(1)：80－91.

[211] LI M，FENG C G，LI M Y，et al. Synthesis and characterization of a surface－grafted Cd(Ⅱ)ion－imprinted polymer for selective separation of Cd(Ⅱ) ion from ague－ous solution [J]. Applied Surface Science，2015，332(4)：463－472.

[212] 李美，王晓钟，王培勋，等. 有机基团改性介孔硅基材料的研究进展[J]. 应用化工，2019，48(12)：3009－3013.

[213] 李婷，刘曙，蔡婧，等. 双吡啶基功能化Cr(Ⅲ)印迹介孔二氧化硅材料的制备及其吸附性能研究[J]. 分析化学，2018，46(11)：1836－1844.

[214] 尚宏周，何俊男，赵敬东，等. 碳纳米管/壳聚糖自组装离子印迹材料的制备及性能[J]. 精细化工，2017(11)：1213－1218.

[215] WANG X，ZHANG L，MA C，et al. Enrichment and separation of silver from waste solutions by metal ion imprinted membrane[J]. Hydrometallurgy，2009，100(1－2)：82－86.

[216] ZHANG L，YANG S，HAN T，et al. Improvement of Ag（Ⅰ）adsorption onto chitosan/triethanolamine composite sorbent by an ion－imprinted technology[J]. Applied Surface Science，2012，263(1)：696－703.

[217] ZHANG L，ZHONG L，YANG S，et al. Adsorption of Ni（Ⅱ）ion on Ni（Ⅱ）ion－imprinted magnetic chitosan/poly（vinyl alcohol）composite[J]. Colloid and Polymer Science，2015，293(1)：2497－2506.

[218] DINU M V，DINU I A，LAZAR M M，et al. Chitosan－based ion－imprinted cryo－composites with excellent selectivity for copper ions[J]. Carbohydrate Polymers，2018，186(1)：140－149.

[219] REN Z，ZHU X，DU J，et al. Facile and green preparation of novel adsorption materials by combining sol－gel with ion imprinting technology for selectiveremoval of Cu(Ⅱ) ions from aqueous solution[J]. Applied Surface Science，2018，435(1)：574－584.

[220] HE J，SHANG H，ZHANG X，et al. Synthesis and application of ion imprinting polymer coated magnetic multi－walled carbon nanotubes for selective adsorption of nickel ion[J]. Applied Surface Science，2018，428(1)：110－117.

[221] 周杰，何锡文，史慧明. 金属配位模板聚合物的分子识别特性的研究[J]. 分析科学学报，1999，15(2)：89－93.

[222] 王学军，许振良，杨座国，等. 配合物分子印迹聚合物的识别性能[J]. 华东理工大学学报(自然科学版)，2006，32(6)：690－694.

[223] 朱建华，李欣，强亮生. 铜离子印迹聚合物的制备及性能[J]. 高等学校化学学报，2006，27(10)：1853－1855.

[224] 石光，胡小艳，郑建泓，等. Cu^{2+}印迹壳聚糖交联多孔微球去除水中金属离子[J]. 离子交换与吸附，2009，26(2)：103－109.

[225] 贺小进，张冰凌，谭天伟，等. 球形 Ni^{2+} 模板壳聚糖树脂吸附性能及物性研究[J]. 高校化学工程学报，2001，15(1)：23-28.

[226] 王玲玲，闫永胜，邓月华，等. 铅离子印迹聚合物的制备表征及其在水溶液中的吸附行为研究[J]. 分析化学，2009，37(4)：537-542.

[227] 赖晓绮，杨远奇，薛珺. 钇(Ⅲ)离子印迹聚合物的制备及性能研究[J]. 化学学报，2009，67(8)：863-868.

[228] 马倩敏. 基于核苷/镧系配合物的超分子功能材料的构筑与性能研究[D]. 天津：天津大学，2020.

[229] KUMAR A，SUN S S，LEES A J. Photophysics of organometallics[M]. Top Organomet Chem，2010，29(1)：1-35.

[230] KIRGAN R A，SULLIVAN B P，RILLEMA D P. Photochemistry and photophysics of coordination compounds Ⅱ [M]. Top Curr Chem，2007，281(1)：45-100.

[231] ARTEM'EV A V，PETYUK M Y，BEREZIN A S，et al. Synthesis and study of Re(Ⅰ) tricarbonyl complexes based on octachloro-1，10-phenanthroline：Towards deep red-to-NIR emitters [J]. Polyhedron，2021，209(1)：115484.

[232] SHAKIROVA J R，NAYERI S，JAMALI S，et al. Targeted synthesis of NIR luminescent rhenium diimine *cis*，*trans* -[Re(N N)$(CO)_2(L)_2]^{n+}$ complexes containing N-donor axial ligands：photophysical，electrochemical and theoretical studies [J]. Chem Plus Chem，2020，85(11)：2518-2527.

[233] WORL L A，DUESING R，CHEN P Y，et al. Photophysical properties of polypyridyl carbonyl complexes of rhenium(I) [J]. J Chem Soc，Dalton Trans，1991，S：849-858.

[234] CHEN J L，CHI Y，CHEN K，et al. New series of ruthenium(Ⅱ) and osmium(Ⅱ) complexes showing solid-state phosphorescence in far-visible and near-infrared [J]. Inorg Chem，2010，49(3)：823-832.

[235] TREADWAY J A，STROUSE G F，RUMINSKI R R，et al. Long-lived near-infrared MLCT emitters [J]. Inorg Chem，2001，40(18)：4508-4509.

[236] ZHOU Y Y，DING Y M，ZHAO W，et al. Efficient NIR electrochemiluminescent dyes based on ruthenium(Ⅱ) complexes containing an N-heterocyclic carbene ligand [J]. Chem Commun，2021，57(10)：1254-1257.

[237] YAM V W W，TANG R P L，WONG K M C，et al. Synthesis，luminescence，electrochemistry，and ion-binding studies of platinum(Ⅱ) terpyridyl acetylide complexes [J]. Organometallics，2001，27(6)：4476-4482.

[238] SOLDATOVA A V，KIM J，RIZZOLI C，et al. Near-infrared-emitting phthalocyanines. A combined experimental and density functional theory study of the structural，optical，and photophysical properties of Pd(Ⅱ) and Pt(Ⅱ) α-butoxyphthalocyanines [J]. Inorg Chem，2011，50(3)：1135-1149.

[239] KANG J J，ZHANG X X，ZHOU H J，et al. 1-D "platinum wire" stacking structure built of platinum(Ⅱ) diimine bis (σ-acetylide) units with luminescence in the

NIR region [J]. Inorg Chem, 2016, 55(20): 10208 - 10217.

[240] WANG S F, FU L W, WEI Y C, et al. Near - infrared emission induced by shortened Pt - Pt contact: diplatinum(Ⅱ) complexes with pyridyl pyrimidinato cyclometalates [J]. Inorg Chem, 2019, 58(20): 13892 - 13901.

[241] HUPP B, SCHILLER C, LENCZYK C, et al. Synthesis, structures, and photophysical properties of a series of rare near - IR emitting copper(Ⅰ) complexes [J]. Inorg Chem, 2017, 56(15): 8996 - 9008.

[242] LIU X H, SUN W, ZOU L Y, et al. Neutral cuprous complexes as ratiometric oxygen gas sensors [J]. Dalton Trans, 2012, 41(4): 1312 - 1319.

[243] MIN J H, ZHANG Q S, WEI S, et al. Neutral copper(Ⅰ) phosphorescent complexes from their ionic counterparts with 2 -(2′- quinolyl)benzimidazole and phosphine mixed ligands [J]. Dalton Trans, 2011, 40(3): 686 - 693.

[244] YAM V W W, LI C K, CHAN C L. Proof of potassium ions by luminescence signaling based on weak gold - gold interactions in dinuclear gold (Ⅰ) complexes [J]. Angew Chem, Int Ed, 1998, 37(20): 2857 - 2859.

[245] YAM V W W, CHENG E C C, ZHU N Y. A novel polynuclear gold - sulfur cube with an unusually large stokes shift [J]. Angew Chem, Int Ed, 2001, 40(9): 1763 - 1765.

[246] YU S Y, ZHANG Z X, CHENG C C, et al. A Chiral Luminescent Au_(16) Ring Self - Assembled from Achiral Components[J]. Journal of the American Chemical Society, 2005, 127(51): 17994 - 17995.

[247] BOZOKLU G, GATEAU C, IMBERT D, et al. Metal - controlled diastereoselective self - assembly and circularly polarized luminescence of a chiral heptanuclear europium wheel[J]. Journal of the American Chemical Society, 2012, 134(20): 8372 - 8375.

[248] HAMACEK J, BERNARDINELLI G, FILINCHUK Y. Tetrahedral assembly with lanthanides: toward discrete polynuclear complexes[J]. European Journal of Inorganic Chemistry, 2008, 2008(22): 3419 - 3422.

[249] NISHIYABU R, HASHIMOTO N, CHO T, et al. Nanoparticles of adaptive supramolecular networks self - assembled from nucleotides and lanthanide ions[J]. Journal of the American Chemical Society, 2009, 131(6): 2151 - 2158.

[250] GARAI B, MALLICK A, BANERJEE R. Photochromic metal - organic frameworks for inkless and erasable printing[J]. Chemistry Science, 2016, 7(3): 2195 - 2200.

[251] DU J H, SHENG L, CHEN Q N, et al. Simple and general platform for highly adjustable thermochromic fluorescent materials and multi - feasible applications[J]. Materials Horizons, 2019, 6(8): 1654 - 1662.

[252] WANG C F, LI D P, CHEN X, et al. Assembling chirality into magnetic nanowires: cyano - bridged iron(Ⅲ)- nickel (Ⅱ) chains exhibiting slow magnetization relaxation and ferroelectricity[J]. Chemical Communications, 2009, 45(45):

6940 - 6942.

[253] HAYAMI S, JUHÁSZ, GERGELY, MAEDA Y, et al. Novel structural and magnetic properties of a 1 - D iron(Ⅱ)- manganese(Ⅱ) LIESST compound bridged by cyanide [J]. Inorganic Chemistry, 2005, 44(21): 7289 - 7291.

[254] BAKER W A, BOBONICH M. Magnetic Properties of Some High - Spin Complexes of Iron(Ⅱ) [J]. Inorganic Chemistry, 1964, 3(8): 1184 - 1188.

[255] BOYD P D W, LI Q, VINCENT J B, et al. Potential building blocks for molecular ferromagnets: [$Mn_{12}O_{12}(O_2CPh)_{16}(H_2O)_4$] with a S=14 ground state[J]. Journal of the American Chemical Society, 1988, 110(25): 8537 - 8539.

[256] AUBIN S M J, WEMPLE M W, ADAMS D M, et al. Distorted $Mn^{Ⅳ}Mn^{Ⅲ}$3 cubane complexes as single - molecule magnets[J]. Journal of the American Chemical Society, 1996, 118(33): 7746 - 7754.

[257] AUBIN S M J, DILLEY N R, PARDI L, et al. Resonant magnetization tunneling in the trigonal pyramidal $Mn^{Ⅳ}Mn^{Ⅲ}$3 complex [$Mn_4O_3Cl(O_2CCH_3)_3(dbm)_3$] [J]. Journal of the American Chemical Society, 1998, 120(20): 4991 - 5004.

[258] BARRA A L, DEBRUNNER P, GATTESCHI D, et al. Superparamagnetic - like behavior in an octanuclear iron cluster[J]. Europhysics Letters, 1996, 35(2): 133.

[259] CASTRO S L, SUN Z, GRANT C M, et al. Single - molecule magnets: tetranuclear vanadium (Ⅲ) complexes with a butterfly structure and an S=3 ground state[J]. Journal of the American Chemical Society, 1998, 120(10): 2365 - 2375.

[260] BECHGAARD K, JACOBSEN C S, MORTENSEN K, et al. The properties of five highly conducting salts: (TMTSF) 2X, X=PF6 -, AsF_6^-, SbF_6^-, BF_4^- and NO_3^-, derived from tetramethyltetraselenafulvalene (TMTSF)[J]. Solid State Communications, 1980, 33(11): 1119 - 1125.

[261] JITENDRA K. BERA, KIM R DUNBAR. Chain Compounds Based on Transition Metal Backbones: New Life for an Old Topic[J]. Angew Chem Int Ed, 2002, 41(1): 4453 - 4457.

[262] KROGMANN K. Planar Complexes Containing Metal - Metal Bonds[J]. Angewandte Chemie International Edition, 1969, 8(1): 35 - 42.

[263] KUSE D, ZELLER H R. Anisotropic thermopower in the quasi - one - dimensional conductor $K_2Pt(CN)_4Br0.3 \cdot 3H_2O$[J]. Solid State Communications, 1972, 11(2): 355 - 359.

[264] FINNISS G M, CANADELL E, CAMPANA C, et al. Präzedenzlose Umwandlung einer Verbindung mit Metall - Metall - Bindung in einen solvatisierten molekularen Draht[J]. Angewandte Chemie, 1996, 108(23 - 24): 2946 - 2948.

[265] MANSOUR M A, CONNICK W B, LACHICOTTE R J, et al. Linear chain Au(Ⅰ) dimer compounds as environmental sensors: A luminescent switch for the detection of volatile organic compounds[J]. J Am Chem Soc, 1998, 120(6): 1329 - 1330.

[266] MITSUMI M, GOTO H, UMEBAYASHI S, et al. A Neutral Mixed - Valent Conducting Polymer Formed by Electron Transfer between Metal d and Ligand π Orbitals[J]. Angewandte Chemie, 2005, 117(27): 4236 - 4240.

[267] KAWAKAMI D, YAMASHITA M, MATSUNAGA S, et al. Halogen - Bridged PtⅡ/PtⅣ Mixed - Valence Ladder Compounds[J]. Angewandte Chemie, 2006, 118(43): 7372 - 7375.

[268] SUN Y, YE K, ZHANG H, et al. Luminescent One - Dimensional Nanoscale Materials with PtⅡ ... PtⅡ Interactions[J]. Angewandte Chemie, 2006, 118(34): 5738 - 5741.

[269] BLOCH A N, FERRARIS J P, COWAN D O, et al. Microwave conductivities of the organic conductors TTF - TCNQ and ATTF - TCNQ[J]. Solid State Communications, 1973, 13(7): 753 - 757.

[270] 游效曾. 分子材料-光电功能化合物[M]. 2 版. 北京: 科学出版社, 2014.

[271] 朱道本. 功能材料化学进展[M]. 北京: 化学工业出版社, 2005.

[272] 樊美公. 光化学基本原理与光子学材料科学[M]. 北京: 科学出版社, 2001.

附录　常见配合物的稳定常数

附录一　金属-无机配体配合物的稳定常数(291～298 K)

配位体	金属离子	配位体数目 n	$\lg K_n$
NH_3	Ag^{+}	1,2	3.24,7.05
	Au^{3+}	4	10.30
	Cd^{2+}	1,2,3,4,5,6	2.65,4.75,6.19,7.12,6.80,5.14
	Co^{2+}	1,2,3,4,5,6	2.11,3.74,4.79,5.55,5.73,5.11
	Co^{3+}	1,2,3,4,5,6	6.70,14.00,20.10,25.70,30.80,35.20
	Cu^{+}	1,2	5.93,10.86
	Cu^{2+}	1,2,3,4,5	4.31,7.98,11.02,13.32,12.86
	Fe^{2+}	1,2	1.40,2.20
	Hg^{2+}	1,2,3,4	8.80,17.50,18.50,19.28
	Mn^{2+}	1,2	0.80,1.30
	Ni^{2+}	1,2,3,4,5,6	2.80,5.04,6.77,7.96,8.71,8.74
	Pd^{2+}	1,2,3,4	9.60,18.50,26.00,32.80
	Pt^{2+}	6	35.30
	Zn^{2+}	1,2,3,4	2.37,4.81,7.31,9.46
Br^{-}	Ag^{+}	1,2,3,4	4.38, 7.33, 8.00, 8.73
	Bi^{3+}	1,2,3,4,5,6	2.37, 4.20, 5.90, 7.30, 8.20, 8.30
	Cd^{2+}	1,2,3,4	1.75, 2.34, 3.32, 3.70
	Ce^{3+}	1	0.42
	Cu^{+}	2	5.89
	Cu^{2+}	1	0.30
	Hg^{2+}	1,2,3,4	9.05, 17.32, 19.74, 21.00
	In^{3+}	1,2	1.30, 1.88
	Pb^{2+}	1,2,3,4	1.77, 2.60, 3.00, 2.30
	Pd^{2+}	1,2,3,4	5.17, 9.42, 12.70, 14.90
	Rh^{3+}	2,3,4,5,6	14.30, 16.30,17.60, 18.40, 17.20
	Sc^{3+}	1,2	2.08, 3.08
	Sn^{2+}	1,2,3	1.11,1.81, 1.46
	Tl^{3+}	1,2,3,4,5,6	9.70, 16.60, 21.20, 23.90, 29.20, 31.60
	U^{4+}	1	0.18
	Y^{3+}	1	1.32

续表

配位体	金属离子	配位体数目 n	$\lg K_n$
Cl^-	Ag^+	1,2,4	3.04, 5.04, 5.30
	Bi^{3+}	1,2,3,4	2.44, 4.70, 5.00, 5.60
	Cd^{2+}	1,2,3,4	1.95, 2.50, 2.60, 2.80
	Co^{3+}	1	1.42
	Cu^+	2,3	5.50, 5.70
	Cu^{2+}	1,2	0.10, −0.60
	Fe^{2+}	1	1.17
	Fe^{3+}	2	9.80
	Hg^{2+}	1,2,3,4	6.74, 13.22, 14.07, 15.07
	In^{3+}	1,2,3,4	1.62, 2.44, 1.70, 1.60
	Pb^{2+}	1,2,3	1.42, 2.23, 3.23
	Pd^{2+}	1,2,3,4	6.10, 10.70, 13.10, 15.70
	Pt^{2+}	2,3,4	11.50, 14.50, 16.00
	Sb^{3+}	1,2,3,4	2.26, 3.49, 4.18, 4.72
	Sn^{2+}	1,2,3,4	1.51, 2.24, 2.03, 1.48
	Tl^{3+}	1,2,3,4	8.14, 13.60, 15.78, 18.00
	Th^{4+}	1,2	1.38, 0.38
	Zn^{2+}	1,2,3,4	0.43, 0.61, 0.53, 0.20
	Zr^{4+}	1,2,3,4	0.90, 1.30, 1.50, 1.20
CN^-	Ag^+	2,3,4	21.10, 21.70, 20.60
	Au^+	2	38.30
	Cd^{2+}	1,2,3,4	5.48,10.60,15.23,18.78
	Cu^+	2,3,4	24.00, 28.59, 30.30
	Fe^{2+}	6	35.00
	Fe^{3+}	6	42.00
	Hg^{2+}	4	41.40
	Ni^{2+}	4	31.30
	Zn^{2+}	1,2,3,4	5.30, 11.70, 16.70, 21.60
F^-	Ag^+	2,3,4	21.10, 21.70, 20.60
	Al^{3+}	1,2,3,4,5,6	6.11,11.12,15.00,18.00,19.40,19.80
	Be^{2+}	1,2,3,4	4.99,8.80, 11.60, 13.10
	Bi^{3+}	1	1.42
	Co^{2+}	1	0.40
	Cr^{3+}	1,2,3	4.36, 8.70, 11.20
	Cu^{2+}	1	0.90
	Fe^{2+}	1	0.80
	Fe^{3+}	1,2,3,5	5.28,9.30, 12.06, 15.77

续表

配位体	金属离子	配位体数目 n	$\lg K_n$
F^-	Ga^{3+}	1,2,3	4.49,8.00,10.50
	Hf^{4+}	1,2,3,4,5,6	9.00,16.50,23.10,28.80,34.00,38.00
	Hg^{2+}	1	1.03
	In^{3+}	1,2,3,4	3.70, 6.40, 8.60,9.80
	Mg^{2+}	1	1.30
	Mn^{2+}	1	5.48
	Ni^{2+}	1	0.50
	Pb^{2+}	1,2	1.44, 2.54
	Sb^{3+}	1,2,3,4	3.00, 5.70, 8.30, 10.90
	Sn^{2+}	1,2,3	4.08, 6.68, 9.50
	Th^{4+}	1,2,3,4	8.44, 15.08, 19.80, 23.20
	TiO^{2+}	1,2,3,4	5.40, 9.80, 13.70, 18.00
	Zn^{2+}	1	0.78
	Zr^{4+}	1,2,3,4,5,6	9.40,17.20,23.70,29.50,33.50,38.30
I^-	Ag^+	1,2,3	6.58, 11.74, 13.68
	Bi^{3+}	1, 4,5,6	3.63, 14.95, 16.80, 18.80
	Cd^{2+}	1,2,3,4	2.10,3.43,4.49,5.41
	Cu^+	2	8.85
	Fe^{3+}	1	1.88
	Hg^{2+}	1,2,3,4	12.87, 23.82, 27.60, 29.83
	Pb^{2+}	1,2,3,4	2.00, 3.15, 3.92, 4.47
	Pd^{2+}	4	24.50
	Tl^+	1,2,3	0.72, 0.90, 1.08
	Tl^{3+}	1,2,3,4	11.41, 20.88, 27.60, 31.82
OH^-	Ag^+	1,2	2.00, 3.99
	Al^{3+}	1,4	9.27, 33.03
	As^{3+}	1,2,3,4	14.33, 18.73, 20.60, 21.20
	Be^{2+}	1,2,3	9.70, 14.00, 15.20
	Bi^{3+}	1,2, 4	12.70, 15.80, 35.20
	Ca^{2+}	1	1.30
	Cd^{2+}	1,2,3,4	4.17, 8.33, 9.02, 8.62
	Ce^{3+}	1	4.60
	Ce^{4+}	1,2	13.28, 26.46
	Co^{2+}	1,2,3,4	4.30, 8.40, 9.70, 10.20
	Cr^{3+}	1,2,4	10.10, 17.80, 29.90
	Cu^{2+}	1,2,3,4	7.00, 13.68, 17.00, 18.50

续表

配位体	金属离子	配位体数目 n	$\lg K_n$
OH^-	Fe^{2+}	1,2,3,4	5.56,9.77,9.67,8.58
	Fe^{3+}	1,2,3	11.87,21.17,29.67
	Hg^{2+}	1,2,3	10.60,21.80,20.90
	In^{3+}	1,2,3,4	10.00,20.20,29.60,38.90
	Mg^{2+}	1	2.58
	Mn^{2+}	1,3	3.90,8.30
	Ni^{2+}	1,2,3	4.97,8.55,11.33
	Pa^{4+}	1,2,3,4	14.04,27.84,40.7,51.4
	Pb^{2+}	1,2,3	7.82,10.85,14.58
	Pd^{2+}	1,2	13.00,25.80
	Sb^{3+}	2,3,4	24.30,36.70,38.30
	Sc^{3+}	1	8.90
	Sn^{2+}	1	10.40
	Th^{3+}	1,2	12.86,25.37
	Ti^{3+}	1	12.71
	Zn^{2+}	1,2,3,4	4.40,11.30,14.14,17.66
	Zr^{4+}	1,2,3,4	14.30,28.30,41.90,55.30
NO_3^-	Ba^{2+}	1	0.92
	Bi^{3+}	1	1.26
	Ca^{2+}	1	0.28
	Cd^{2+}	1	0.40
	Fe^{3+}	1	1.00
	Hg^{2+}	1	0.35
	Pb^{2+}	1	1.18
	Tl^{+}	1	0.33
	Tl^{3+}	1	0.92
$P_2O_7^{4-}$	Ba^{2+}	1	4.60
	Ca^{2+}	1	4.60
	Cd^{3+}	1	5.60
	Co^{2+}	1	6.10
	Cu^{2+}	1,2	6.70,9.00
	Hg^{2+}	2	12.38
	Mg^{2+}	1	5.70
	Ni^{2+}	1,2	5.80,7.40
	Pb^{2+}	1,2	7.30,10.15
	Zn^{2+}	1,2	8.70,11.00

续表

配位体	金属离子	配位体数目 n	$\lg K_n$
SCN^-	Ag^+	1,2,3,4	4.60,7.57,9.08,10.08
	Bi^{3+}	1,2,3,4,5,6	1.67,3.00,4.00,4.80,5.50,6.10
	Cd^{2+}	1,2,3,4	1.39,1.98,2.58,3.60
	Cr^{3+}	1,2	1.87,2.98
	Cu^+	1,2	12.11,5.18
	Cu^{2+}	1,2	1.90,3.00
	Fe^{3+}	1,2,3,4,5,6	2.21,3.64,5.00,6.30,6.20,6.10
	Hg^{2+}	1,2,3,4	9.08,16.86,19.70,21.70
	Ni^{2+}	1,2,3	1.18,1.64,1.81
	Pb^{2+}	1,2,3	0.78,0.99,1.00
	Sn^{2+}	1,2,3	1.17,1.77,1.74
	Th^{4+}	1,2	1.08,1.78
	Zn^{2+}	1,2,3,4	1.33,1.91,2.00,1.60
$S_2O_3^{2-}$	Ag^+	1,2	8.82,13.46
	Cd^{2+}	1,2	3.92,6.44
	Cu^+	1,2,3	10.27,12.22,13.84
	Fe^{3+}	1	2.10
	Hg^{2+}	2,3,4	29.44,31.90,33.24
	Pb^{2+}	2,3	5.13,6.35
SO_4^{2-}	Ag^+	1	1.30
	Ba^{2+}	1	2.70
	Bi^{3+}	1,2,3,4,5	1.98,3.41,4.08,4.34,4.60
	Fe^{3+}	1,2	4.04,5.38
	Hg^{2+}	1,2	1.34,2.40
	In^{3+}	1,2,3	1.78,1.88,2.36
	Ni^{2+}	1	2.40
	Pb^{2+}	1	2.75
	Pr^{3+}	1,2	3.62,4.92
	Th^{4+}	1,2	3.32,5.50
	Zr^{4+}	1,2,3	3.79,6.64,7.77

注:本表数据摘自 James G. Speight. TABLE 1.75 [M]//Lange's Handbook of Chemistry. 16th ed. New York: McGraw-Hill, 2005。

附录二　金属-有机配体配合物的稳定常数

配体	金属离子	配位体数目 n	$\lg K_n$
乙二胺四乙酸(EDTA)$[(HOOCCH_2)_2NCH_2]_2$	Ag^+	1	7.32
	Al^{3+}	1	16.11
	Ba^{2+}	1	7.78
乙二胺四乙酸(EDTA)$[(HOOCCH_2)_2NCH_2]_2$	Be^{2+}	1	9.30
	Bi^{3+}	1	22.80
	Ca^{2+}	1	11.00
	Cd^{2+}	1	16.40
	Co^{2+}	1	16.31
	Co^{3+}	1	36.00
	Cr^{3+}	1	23.00
	Cu^{2+}	1	18.70
	Fe^{2+}	1	14.83
	Fe^{3+}	1	24.23
	Ga^{3+}	1	20.25
	Hg^{2+}	1	21.80
	In^{3+}	1	24.95
	Li^+	1	2.79
	Mg^{2+}	1	8.64
	Mn^{2+}	1	13.80
	Mo^{5+}	1	6.36
	Na^+	1	1.66
	Ni^{2+}	1	18.56
	Pb^{2+}	1	18.30
	Pd^{2+}	1	18.50
	Sc^{2+}	1	23.10
	Sn^{2+}	1	22.10
	Sr^{2+}	1	8.80
	Th^{4+}	1	23.20
	TiO^{2+}	1	17.30
	Tl^{3+}	1	22.50
	U^{4+}	1	17.50
	VO^{2+}	1	18.00
	Y^{3+}	1	18.32
	Zn^{2+}	1	16.40
	Zr^{4+}	1	19.40

续表

配体	金属离子	配位体数目 n	$\lg K_n$
乙酸 CH_3COOH	Ag^+	1,2	0.73,0.64
	Ba^{2+}	1	0.41
	Ca^{2+}	1	0.60
	Cd^{2+}	1,2,3	1.50,2.30,2.40
	Ce^{3+}	1,2,3,4	1.68,2.69,3.13,3.18
	Co^{2+}	1,2	1.50,1.90
	Cr^{3+}	1,2,3	4.63,7.08,9.60
	Cu^{2+}①	1,2	2.16,3.20
	In^{3+}	1,2,3,4	3.50,5.95,7.90,9.08
	Mn^{2+}	1,2	9.84,2.06
	Ni^{2+}	1,2	1.12,1.81
	Pb^{2+}	1,2,3,4	2.52,4.00,6.40,8.50
	Sn^{2+}	1,2,3	3.30,6.00,7.30
	Tl^{3+}	1,2,3,4	6.17,11.28,15.10,18.30
	Zn^{2+}	1	1.50
乙酰丙酮 $CH_3COCH_2COCH_3$	Al^{3+}②	1,2,3	8.60,15.50,21.30
	Cd^{2+}	1,2	3.84,6.66
	Co^{2+}	1,2	5.40,9.54
	Cr^{2+}	1,2	5.96,11.70
	Cu^{2+}	1,2	8.27,16.34
	Fe^{2+}	1,2	5.07,8.67
	Fe^{3+}	1,2,3	11.40,22.10,26.70
	Hg^{2+}	2	21.50
	Mg^{2+}	1,2	3.65,6.27
	Mn^{2+}	1,2	4.24,7.35
	Mn^{3+}	3	3.86
	Ni^{2+}①	1,2,3	6.06,10.77,13.09
	Pb^{2+}	2	6.32
	Pd^{2+}②	1,2	16.20,27.10
	Th^{4+}	1,2,3,4	8.80,16.20,22.50,26.70
	Ti^{3+}	1,2,3	10.43,18.82,24.90
	V^{2+}	1,2,3	5.40,10.20,14.70
	Zn^{2+}②	1,2	4.98,8.81
	Zr^{4+}	1,2,3,4	8.40,16.00,23.20,30.10
草酸 HOOCCOOH	Ag^+	1	2.41
	Al^{3+}	1,2,3	7.26,13.00,16.30
	Ba^{2+}	1	2.31
	Ca^{2+}	1	3.00
	Cd^{2+}	1,2	3.52,5.77
	Co^{2+}	1,2,3	4.79,6.70,9.70

续表

配体	金属离子	配位体数目 n	$\lg K_n$
草酸 HOOCCOOH	Cu^{2+}	1,2	6.23,10.27
	Fe^{2+}	1,2,3	2.90,4.52,5.22
	Fe^{3+}	1,2,3	9.40,16.20,20.20
	Hg^{2+}	1	9.66
	Hg_2^{2+}	2	6.98
	Mg^{2+}	1,2	3.43,4.38
	Mn^{2+}	1,2	3.97,5.80
	Mn^{3+}	1,2,3	9.98,16.57,19.42
	Ni^{2+}	1,2,3	5.30,7.64,8.50
	Pb^{2+}	1,2	4.91,6.76
	Sc^{2+}	1,2,3,4	6.86,11.31,14.32,16.70
	Th^{4+}	4	24.48
	Zn^{2+}	1,2,3	4.89,7.60,8.15
	Zr^{4+}	1,2,3,4	9.80,17.14,20.86,21.15
乳酸 $CH_3CHOHCOOH$	Ba^{2+}	1	0.64
	Ca^{2+}	1	1.42
	Cd^{2+}	1	1.70
	Co^{2+}	1	1.90
	Cu^{2+}	1,2	3.02,4.85
	Fe^{3+}	1	7.10
	Mg^{2+}	1	1.37
	Mn^{2+}	1	1.43
	Ni^{2+}	1	2.22
	Pb^{2+}	1,2	2.40,3.80
	Sc^{2+}	1	5.20
	Th^{4+}	1	5.50
	Zn^{2+}	1,2	2.20,3.75
柠檬酸 $HOOCH_2C$ OH C $HOOCH_2C$ COOH	$Ag^+(HL^{3-})$	1	7.10
	$Al^{3+}(L^{4-})$	1	20.00
	$Cu^{2+}(L^{4-})$	1	11.20
	$Fe^{2+}(L^{4-})$	1	15.50
	$Fe^{3+}(L^{4-})$	1	25.00
	$Ni^{2+}(L^{4-})$	1	14.30
	$Zn^{2+}(L^{4-})$	1	11.40

续表

配体	金属离子	配位体数目 n	$\lg K_n$
水杨酸 $C_6H_4(OH)COOH$	Al^{3+}	1	14.11
	Cd^{2+}	1	5.55
	Co^{2+}	1,2	6.72,11.42
	Cr^{2+}	1,2	8.40,15.30
	Cu^{2+}	1,2	10.60,18.45
	Fe^{2+}	1,2	6.55,11.25
	Mn^{2+}	1,2	5.90,9.80
	Ni^{2+}	1,2	6.95,11.75
	Th^{4+}	1,2,3,4	4.25,7.60,10.05,11.60
	TiO^{2+}	1	6.09
	V^{2+}	1	6.30
	Zn^{2+}	1	6.85
磺基水杨酸 $HO_3SC_6H_3(OH)COOH$	Al^{3+}③	1,2,3	13.20,22.83,28.89
	Be^{2+}③	1,2	11.71,20.81
	Cd^{2+}③	1,2	16.68,29.08
	Co^{2+}③	1,2	6.13,9.82
	Cr^{3+}③	1	9.56
	Cu^{2+}③	1,2	9.52,16.45
	Fe^{2+}③	1,2	5.90,9.90
	Fe^{3+}③	1,2,3	14.64,25.18,32.12
	Mn^{2+}③	1,2	5.24,8.24
	Ni^{2+}③	1,2	6.42,10.24
	Zn^{2+}③	1,2	6.05,10.65
酒石酸 HO—CHCOOH HO—CHCOOH	Ba^{2+}	2	1.62
	Bi^{3+}	3	8.30
	Ca^{2+}	1,2	2.98,9.01
	Cd^{2+}	1	2.80
	Co^{2+}	1	2.10
	Cu^{2+}	1,2,3,4	3.20,5.11,4.78,6.51
	Fe^{3+}	1	7.49
	Hg^{2+}	1	7.00
	Mg^{2+}	2	1.36
	Mn^{2+}	1	2.49
	Ni^{2+}	1	2.06
	Pb^{2+}	1,3	3.78,4.70
	Sc^{2+}	1	5.20
	Zn^{2+}	1,2	2.68,8.32

续表

配体	金属离子	配位体数目 n	$\lg K_n$
丁二酸 CH_2COOH | CH_2COOH	Ba^{2+}	1	2.08
	Be^{2+}	1	3.08
	Ca^{2+}	1	2.00
	Cd^{2+}	1	2.20
	Co^{2+}	1	2.22
	Cu^{2+}	1	3.33
	Fe^{3+}	1	7.49
	Hg^{2+}	2	7.28
	Mg^{2+}	1	1.20
	Mn^{2+}	1	2.26
	Ni^{2+}	1	2.36
	Pb^{2+}	1	2.80
	Zn^{2+}	1	1.60
硫脲 $H_2NC(=S)NH_2$	Ag^{+}	1,2	7.40,13.10
	Bi^{3+}	6	11.90
	Cd^{2+}	1,2,3,4	0.60,1.60,2.60,4.60
	Cu^{2+}	3,4	13.00,15.40
	Hg^{2+}	2,3,4	22.10,24.70,26.80
	Pb^{2+}	1,2,3,4	1.40,3.10,4.70,8.30
乙二胺 CH_2NH_2 | CH_2NH_2	Ag^{+}	1,2	4.70,7.70
	Cd^{2+} ①	1,2,3	5.47,10.09,12.09
	Co^{2+}	1,2,3	5.91,10.64,13.94
	Co^{3+}	1,2,3	18.70,34.90,48.69
	Cr^{2+}	1,2	5.15,9.19
	Cu^{+}	2	10.80
	Cu^{2+}	1,2,3	10.67,20.00,21.00
	Fe^{2+}	1,2,3	4.34,7.65,9.70
	Hg^{2+}	1,2	14.30,23.30
	Mg^{2+}	1	0.37
	Mn^{2+}	1,2,3	2.73,4.79,5.67
	Ni^{2+}	1,2,3	7.52,13.84,18.33
	Pd^{2+}	2	26.90
	V^{2+}	1,2	4.60,7.50
	Zn^{2+}	1,2,3	5.77,10.83,14.11

续表

配体	金属离子	配位体数目 n	$\lg K_n$
吡啶 C_5H_5N	Ag^+	1,2	1.97.4.35
	Cd^{2+}	1,2,3,4	1.40,1.95,2.27,2.50
	Co^{2+}	1,2	1.14,1.54
	Cu^{2+}	1,2,3,4	2.59,4.33,5.93,6.54
	Fe^{2+}	1	0.71
	Hg^{2+}	1,2,3	5.10,10.00,10.40
	Mn^{2+}	1,2,3,4	1.92,2.77,3.37,3.50
	Zn^{2+}	1,2,3,4	1.41,1.11,1.61,1.93
甘氨酸 H_2NCH_2COOH	Ag^+	1,2	3.41,6.89
	Ba^{2+}	1	0.77
	Ca^{2+}	1	1.38
	Cd^{2+}	1,2	4.74,8.60
	Co^{2+}	1,2,3	5.23,9.25,10.76
	Cu^{2+}	1,2,3	8.60,15.54,16.27
	Fe^{2+}①	1,2	4.30,7.80
	Hg^{2+}	1,2	10.30,19.20
	Mg^{2+}	1,2	3.44,6.46
	Mn^{2+}	1,2	3.60,6.60
	Ni^{2+}	1,2,3	6.18,11.14,15.0
	Pb^{2+}	1,2	5.47,8.92
	Pd^{2+}	1,2	9.12,17.55
	Zn^{2+}	1,2	5.52,9.96
2-甲基-8-羟基喹啉 (50%二噁烷)	Cd^{2+}	1,2,3	9.00,9.00,16.60
	Ce^{3+}	1	7.71
	Co^{2+}	1,2	9.63.18.50
	Cu^{2+}	1,2	12.48,24.00
	Fe^{2+}	1,2	8.75,17.10
	Mg^{2+}	1,2	5.24,9.64
	Mn^{2+}	1,2	7.44,13.99
	Ni^{2+}	1,2	9.41,17.76
	Pb^{2+}	1,2	10.30,18.50
	UO_2^{2+}	1,2	9.40,17.00
	Zn^{2+}	1,2	9.82,18.72

注:本表数据摘自 James G. Speight. TABLE 1.76 [M]//Lange's Handbook of Chemistry. 16th ed. New York: McGraw-Hill, 2005。

①在 20 ℃下;②在 30 ℃下;③浓度为 0.1 mol/L。